Wolfgang Glaser

Von Handy, Glasfaser und Internet

Aus dem Programm
Nachrichtentechnik

Übertragungstechnik
von O. Mildenberger

Satellitenortung und Navigation
von W. Mansfeld

System- und Signaltheorie
von O. Mildenberger

Nachrichtentechnik
von M. Werner

Datenkommunikation
von D. Conrads

Von Handy, Glasfaser und Internet
von W. Glaser

Kommunikationstechnik
von M. Meyer

Signalverarbeitung
von M. Meyer

Kanalcodierung
von H. Schneider-Obermann

Bilddatenkompression
von T. Strutz

vieweg

Wolfgang Glaser

Von Handy, Glasfaser und Internet

So funktioniert moderne Kommunikation

Mit 173 Abbildungen und 4 Tabellen

Herausgegeben von Otto Mildenberger

Die Deutsche Bibliothek – CIP-Einheitsaufnahme
Ein Titeldatensatz für diese Publikation ist bei
Der Deutschen Bibliothek erhältlich.

1. Auflage April 2001

Herausgeber: Prof Dr.-Ing. Otto Mildenberger lehrt an der Fachhochschule Wiesbaden
in den Fachbereichen Elektrotechnik und Informatik.

Alle Rechte vorbehalten
© Friedr. Vieweg & Sohn Verlagsgesellschaft mbH, Braunschweig/Wiesbaden, 2001

Der Verlag Vieweg ist ein Unternehmen der Fachverlagsgruppe BertelsmannSpringer.

Das Werk einschließlich aller seiner Teile ist urheberrechtlich geschützt. Jede Verwertung außerhalb der engen Grenzen des Urheberrechtsgesetzes ist ohne Zustimmung des Verlags unzulässig und strafbar. Das gilt insbesondere für Vervielfältigungen, Übersetzungen, Mikroverfilmungen und die Einspeicherung und Verarbeitung in elektronischen Systemen.

www.vieweg.de

Konzeption und Layout des Umschlags: Ulrike Weigel, www.CorporateDesignGroup.de

Gedruckt auf säurefreiem Papier

ISBN 978-3-528-03943-1   ISBN 978-3-322-91569-6 (eBook)
DOI 10.1007/978-3-322-91569-6

Vorwort

Die Welt um uns herum ist erfüllt von Signalen. Keine Gesellschaft kann ohne den Austausch von Signalen, ohne Kommunikation zwischen ihren Mitgliedern existieren. Aber auch jedes einzelne Individuum befindet sich in ständiger Kommunikation mit seiner Umgebung. Die bunten Blumen locken Schmetterlinge an, der Geruch der Fährte das Raubtier zur Beute, raschelnde Zweige schrecken das äsende Reh auf, das Magnetfeld der Erde lenkt Tiere auf ihren Wanderungen und wir Menschen orientieren uns mindestens durch optische, akustische und taktile Signale unserer Umwelt. Dazu aber kommen die Signale unserer technischen Welt. Autohupen und Werbetafeln sprechen unser Gehör und unser Auge an, eine überwältigende Vielzahl von Sendemasten und Antennen schicken elektromagnetische Wellen in den Raum, die keinen anderen Sinn haben, als Signale zu tragen, die nur mit hochkomplizierten Apparaten wieder hörbar oder sichtbar oder auf andere Weise auswertbar und nutzbar gemacht werden können.

Warum ist eine derartige Vielzahl von Signalarten notwendig? Warum nutzen manche Lebewesen und technische Einrichtungen Farben, andere aber Töne, die dritten elektrische Felder zum Signalaustausch, zum Erkennen der Umgebung, zum Finden der Beute?

Unsere Welt mit ihren so vielfältigen technischen Verfahren der Signalübertragung, -verarbeitung, -vermittlung und -erkennung ist so interessant und dabei leider oft so unverständlich geworden, dass es schon nützlich ist, sich über einige Zusammenhänge Gedanken zu machen.

Dieses Buch handelt von der *Funktion technischer Systeme* zur Signalverarbeitung und Signalübertragung. Darin unterscheidet es sich von den vielen anderen Veröffentlichungen, in denen der zweite wesentliche Aspekt der modernen Kommunikationstechnik untersucht wird – ihr Einfluss auf unser Leben und unsere Wirtschaft. Es mag damit einen gewissen Seltenheitswert auf dem Büchermarkt haben. Das eigentliche Anliegen des Buches ist es, einige sicher schwer durchschaubare Zusammenhänge und Funktionsweisen moderner nachrichtentechnischer Verfahren und Systeme ein bisschen verständlicher zu machen. Dabei wird sich gelegentlich zeigen, dass zwischen dem, was sich die Natur in den Jahrmillionen ihrer Entwicklung ausgedacht hat, und unseren heutigen technischen Verfahren doch sehr viele funktionelle Gemeinsamkeiten bestehen.

Ein Blick in das Inhaltsverzeichnis zeigt die Themen des Buches. Dabei ist Vollständigkeit bei der Beschreibung heutiger technischer Kommunikationsverfahren schon nicht mehr erreichbar. Immer neue Prinzipien und Möglichkeiten werden entdeckt oder durch die Entwicklung moderner Technologien realisierbar. Aber das Grundwissen über Signale und ihre Wandlungen, über signaltragende Kabel und Frequenzen, über den Sinn von Redundanzreduktion und Hinzufügung von nur anscheinend überflüssigen Daten zu einem Informationsfluss – das alles bleibt und wird auch für zukünftige Techniken Bedeutung haben.

Dieses Buch ist nicht für Experten geschrieben. Es soll all denen eine Hilfe sein, die sich über die Grundlagen und Verfahren der modernen Kommunikationstechnik informieren wollen. Das sind sicher nicht nur Schüler und Studenten. Auch als Fachmann auf seinem eigenen Arbeitsgebiet sucht man heute nur allzu oft den Kontakt zu benachbarten Wissensgebieten, und möchte doch bei einem ersten Schritt nicht gleich in schwerverständliche und spezielle Fachartikel mit meist hohem theoretischen Niveau einsteigen. Man möchte exakt informiert werden – aber möglichst so, dass man das Buch auch nach einem anstrengenden Arbeitstag noch mit Lust in die Hand nimmt. Weil das der Autor oft genug selbst so empfand, wenn er sich in fremde Fachgebiete einlesen musste, hat er versucht, es denen leicht zu machen, die sich nun für seinen eigenen Arbeitsbereich interessieren – die Nachrichtentechnik. Ob es ihm gelungen ist, wird der Leser entscheiden müssen.

Steigen wir also ein in diese interessante Welt der Kommunikationstechniken – unbelastet durch lange mathematische Formeln und hohe Theorie. Ich würde mich freuen, wenn ich den einen oder anderen Leser für dieses faszinierende Wissensgebiet begeistern könnte – so, wie es mich über ein langes Berufsleben hinweg begeistert hat.

Dresden, im April 2001 *Wolfgang Glaser*

Inhaltsverzeichnis

1	**Information und Signal**	1
	1.1 Was eigentlich ist Information?	1
	1.2 Eine andere Defintion der Information	5
	1.3 Das Bit als Einheit der Informationsmenge	8
	1.4 Von der Information zum Signal	14
	1.5 Signale um uns herum	16
	1.6 Dualität der Beschreibung	20
	1.7 Sprache und Bilder	26
	1.8 Störungen – nicht zu vermeiden	31
2	**Signalwandlung**	35
	2.1 Vorbild Natur	35
	2.2 Digitale und binäre Signale	38
	2.3 Digitale Sprache durch Begrenzung	39
	2.4 Das exakte Rezept	43
	2.5 Kodierung im Dualsystem	47
	2.6 Die Quantisierung	49
	2.7 Die Kanalkapazität	54
3	**Quellenkodierung**	59
	3.1 Der Vokoder	59
	3.2 Irrelevanz und Redundanz	63
	3.3 Telefonsignale über Funk	67
	3.4 Sprache mit wenigen Tausend Bit/s	68
	3.5 Digitale CD-Qualität	71
	3.6 Layer mit Unterschieden	77
	3.7 Das bewegte Bild	80
	3.8 Digitales Fernsehen	84

4	**Übertragungswege**		95
	4.1	Signale über Leitungen und Kabel	95
	4.2	Das elektromagnetische Feld	98
	4.3	Die elektrische Resonanz	101
	4.4	Energie im freien Raum	105
	4.5	Antennenkonstruktionen – sehr variabel	107
	4.6	Frequenzabhängige Wellenausbreitung	111
5	**Anpassung an den Kanal**		119
	5.1	Modulation einer Trägerfrequenz	119
	5.2	Komplizierte Spektren	122
	5.3	Tausche Störsicherheit gegen Bandbreite	128
	5.4	Erzeugung neuer Frequenzen	132
	5.5	Übertragungsfehler erkennen	137
	5.6	Noch besser: Fehlerkorrektur	141
6	**Bündeln und trennen**		147
	6.1	Schachteln im Frequenzband	147
	6.2	Es geht auch zeitlich nacheinander	153
	6.3	Signale auf der gleichen Trägerfrequenz	159
	6.4	Das Vergleichsprinzip	164
	6.5	Der Korrelationsfaktor	166
	6.6	Gleichzeitig im gleichen Frequenzband	171
	6.7	Tausend Träger für ein einziges Signal	176
7	**Signale im Rauschen**		183
	7.1	Rezept für den Optimalempfang	183
	7.2	Entfernungsortung – militärisch und zivil	186
	7.3	Kodierte Impulse	190
	7.4	Optimalempfänger in der Natur	193
	7.5	Signaladaption par excellence	197
	7.6	Zufallssignale und Zufallsorganisation	201

8 Optische Signale 207
8.1 Mit Licht Nachrichten übertragen 207
8.2 Photonen statt Elektronen 209
8.3 Glasfasern übertragen Signale 213
8.4 Fast unbegrenzte Bandbreiten 217
8.5 Terabit und große Entfernungen 221
8.6 Licht wird verstärkt 227
8.7 Optische Signalverarbeitung 233
8.8 Wo sind die Grenzen? 239

9 Verbindungen im Weltraum 243
9.1 Satelliten als Zwischenverstärker 243
9.2 Zugriffsverfahren 247
9.3 Direktverbindungen vom Himmel 251
9.4 LEO-Satelliten umkreisen die Erde 255
9.5 Navigationssatelliten 257

10 Nachrichtennetze 265
10.1 Der größte Computer der Welt 265
10.2 Fast-synchrone und synchrone Netze 270
10.3 ISDN – ein einziges Netz für alle Dienste 275
10.4 Der mobile Teilnehmer 282
10.5 Zugriff über Frequenz und Zeit 287
10.6 Versteigerte Frequenzen – das UMTS 290
10.7 Die letzte Meile – problematisch 294
10.8 Container sind oft zweckmäßig 301
10.9 LANs als Ring- und Busstrukturen 305
10.10 König Harolds Piconetz 309
10.11 Das „Netz der Netze" 312

11 Wie geht es weiter? 319

Abkürzungen 323
Sachwortverzeichnis 327

1 Information und Signal

1.1 Was eigentlich ist Information?

Wir leben im Informationszeitalter. Die Menge der Informationen, der wir über Zeitungen, Bücher, Rundfunk, Kabel und Satelliten ausgesetzt sind, wächst unaufhörlich und ist dabei uns zu überrollen.

Diese Sätze hören und lesen wir täglich. Beim Telefonieren tauschen wir mit unserem Partner Informationen aus, beim allabendlichen Treff vor dem Bildschirm lassen wir uns von Informationen überschwemmen. Das Internet, jedem zugänglich, bietet Millionen von Seiten mit Text-, Ton- und Bildinformationen. Dabei sind wir oft überhaupt nicht bereit, alles, was uns da über die verschiedenen Medien angeboten wird, tatsächlich als „Informationen" anzuerkennen.

Wenn wir uns mit all dem beschäftigen wollen, müssen wir also erst einmal einige Begriffe klären. Mit dem vergleichsweise trockenen Kapitel der Definition der Information anzufangen, ist dabei vielleicht nicht kundenfreundlich. Aber es ist in mancher Hinsicht sinnvoll.

Denn erstens müssen wir leider gleich einen dicken Trennungsstrich zwischen dem ziehen, was wir in der Umgangssprache unter Information verstehen, und dem, was in der Technik – der Not gehorchend, aber doch recht zweckmäßig – aus diesem Begriff gemacht wurde. Und zweitens, weil wir damit auch gleich die technische Einheit der Informationsmenge – das Bit – kennen lernen werden, ohne das wir auf den folgenden Seiten kaum auskommen werden. Denn ebenso, wie man bei der Diskussion um die verschiedenen Möglichkeiten des modernen Gütertransports nicht darauf verzichten kann, vom Gewicht und der Größe der verschiedenen Güter zu sprechen – manche kann man mit der Hand transportieren, andere brauchen Lastwagen und wieder andere sind nur per Container zu bewegen – so brauchen wir auch den Begriff der Informationsmenge. Auch hier sind die Unterschiede groß: Ein Fernsehbild beinhaltet eine viel größere Informationsmenge als ein kurzer Text. Wie kann man also Information messen?

Und vor allem – was ist das eigentlich: Information?

Es gibt eine Vielzahl von Erklärungsversuchen, aus den verschiedensten Wissenschaftsbereichen. Die Philosophen haben sich darum bemüht, selbst die Mathematiker, natürlich die Nachrichtentechniker.

Experten vieler anderer Wissensgebiete haben diesen Begriff verwendet, oft mit verschiedenen Bedeutungen. Und allzu oft sind aus diesen verschiedenen Interpretationen Missverständnisse erwachsen. Dicke Bücher und theoretische Abhandlungen sind darüber geschrieben worden, und immer noch wird gestritten und gesucht. Denn tatsächlich gibt es bis heute keine eindeutige und einheitliche Definition dieses Begriffes.

Einigermaßen klar scheint dieser Terminus zu sein, wenn man sich auf den umgangssprachlichen Sinn beschränkt. Jemand wurde informiert, jemanden wurde im Informationsbüro eine Auskunft erteilt – das ist doch wohl eine klare Sache. Denn das bedeutet: Es ist jemandem auf eine Frage geantwortet worden. Vorher wusste er nicht, wohin es zum Parkplatz ging, und deshalb fragte er danach – nun weiß er es. Oder ihn interessierte der Preis für eine Ferienreise – er wurde informiert, und nun kann er entscheiden, ob er sie sich leisten kann oder nicht.

Information = beseitigte Unsicherheit

Die Information, die er erhielt, hat eine Unsicherheit beim Fragenden beseitigt. Information als beseitigte Unsicherheit: Das ist ein wichtiger Ansatz und ein guter Anfang. Leider nicht mehr als ein Anfang. Denn wir möchten es doch vielleicht etwas exakter.

Die Länge unseres Bleistiftes messen wir in Zentimetern und wissen, dass diese Aussage reproduzierbar und eindeutig ist. Wiederholt ein anderer diese Messung, wird er das gleiche Ergebnis finden. Das trifft auch für die Masse, das Gewicht des Bleistifts zu. Das Meter ist die Einheit der Länge, das Gramm die Einheit der Masse. Das sind handhabbare Größen für jeden von uns. Vielleicht nicht ganz so eingängig ist die Messung von Leistung und Energie. Aber auch dafür gibt es klare und eindeutige Definitionen. Der Motor eines Autos leistet 160 Kilowatt, und eine Glühbirne verbraucht eine Leistung von 100 Watt. Nach 10 Betriebsstunden hat sie eine Energie von 1000 Wattstunden oder 1 Kilowattstunde verschluckt und einen Bruchteil davon in Licht, den weitaus meisten Teil davon leider in Wärme umgewandelt. Ganz verschiedene Dinge also – die Masse eines Körpers, die Leistung einer Maschine – beide aber klar definiert.

Kann man eine Informationsmenge mit den Einheiten der Masse oder der Energie beschreiben? Offenbar nicht. Information ist nicht Materie und nicht Energie – diese Worte stammen von Norbert Wiener, einem amerikanischen Mathematiker, der sich in den vierziger Jahren unseres Jahrhunderts intensiv mit diesem Problem befasst hat. Wir werden später noch auf ihn zurückkommen. Wir können ihm wohl zustimmen. Sicherheit einer gewonnenen Erkenntnis, beseitigte Unsicherheit durch eine gegebene Information – das hat doch nichts mit Gramm und Watt zu tun. Eine Auskunft, eine Mitteilung, ist nicht an den Austausch von Material oder von Energie gebunden.

1.1 Was eigentlich ist Information?

Halt, sagt da der aufmerksame Kritiker. Alle Welt ärgert sich über die Gebühren der Fernmeldeverwaltungen. Ich erhalte eine telefonische Auskunft, etwa das eben schon zitierte Preisangebot des Ferienhauses – zweifellos für mich eine wertvolle Information – und muss dafür Telefongebühren bezahlen. Verständlich, denn die Post schickt ja mein Telefonat als elektrischen Strom durch die Leitungen und mindestens der kostet Geld. Lasse ich mir statt dessen eine Postkarte schicken, auf der mir die freundliche Dame des Reisebüros genau die gleiche Summe aufschreibt, die sie mir vorher telefonisch genannt hatte, muss ich den Materialtransport bezahlen: Ein Blatt Papier aus einer Stadt in eine andere transportiert und in meinen Briefkasten geworfen, macht (heute noch) 1.10 DM. Allerdings könnte ich mir auch einen Kurier leisten. Auch der würde mir die gleiche Information überbringen, aber noch ein bisschen teurer werden. Ist nicht da doch ein Zusammenhang mit Materialtransport oder Aufwand an elektrischer oder sonstiger Energie?

Wir antworten ihm: Nein. Denn, wie an diesem Beispiel zu sehen, ist tatsächlich die Menge einer vermittelten Information ganz offensichtlich nicht davon abhängig, wie und mit welchen Kosten diese Information zu uns gelangt. Und deshalb zweitens: Wir müssen unterscheiden zwischen der eigentlichen Information – das ist in unserem Fall der Preis der Ferienreise – und den Mitteln, die eingesetzt oder genutzt werden, um diese Information zu transportieren. Diese Mittel werden als die *Träger* der Information bezeichnet. Im Gegensatz dazu wird die Information oft das *Getragene* genannt.

Über die Vielzahl der möglichen Träger werden wir in späteren Abschnitten noch viel zu sagen haben, und wir werden den Begriff auch noch genauer definieren müssen. Vorerst aber soll uns die Aussage genügen, dass zum Transport der Information zwar immer ein materieller Träger gebraucht wird, der aber mit der eigentlichen Information nichts zu tun hat. Und diese ist für uns jedenfalls nicht materieller Art.

Träger und Getragenes

Auch in einem anderen Sinne verhält sich die Information ganz anders als Materie oder Energie: Information ist teilbar, aber bleibt dabei erhalten – ein wohl einzigartiger Vorgang. Teile ich einen Korb voll Äpfel zwischen mehreren Kindern auf, erhält jedes von ihnen nur einen Teil der Äpfel. Schließe ich an einen Stromgenerator mehrere Verbraucher an, kann jeder nur einen Teil der maximal erzeugbaren Leistung nutzen. Informiere ich aber zehn Zuhörer über eine interessante Tatsache, trägt jeder von ihnen die Erkenntnis ganzheitlich und ungeteilt nach Hause! Vielleicht ist diese einzigartige Eigenschaft der Information am meisten geeignet, den Unterschied zu den beiden anderen Kategorien – Materie und Energie – deutlich zu machen.

Wie misst man eine Informationsmenge?

Aber wir wollten ja einen Schritt weiterkommen: Wie quantifiziert man die Menge einer Information? Kann man überhaupt ein Maß für den Wert einer Information finden?

Bleiben wir bei dem genannten Beispiel und nehmen einmal an, dass die Adresse auf der Postkarte falsch war oder der Kurier an der falschen Tür geklingelt hat. Kurz und gut, die Mitteilung über die Kosten der Ferienreise landet nun bei unserem Nachbarn. Der verbringt heuer seinen Urlaub zu Hause, weil er anbauen will. Er liest die Karte und wirft sie weg. Die Kosten einer Ferienreise interessieren ihn nicht. Die Information hat für ihn keinen Wert, der Informationsgehalt dieser Mitteilung ist für ihn gleich Null. Es könnte natürlich auch sein, der Nachbar wäre zwar prinzipiell an dieser Ferienreise durchaus interessiert, und deshalb hatte er gerade eben erst beim Reisebüro in derselben Angelegenheit vorgesprochen und genau dieselbe Auskunft schon erhalten. Vor zwei Stunden wäre die Mitteilung auf der Karte also für ihn neu und interessant gewesen. Jetzt ist sie für ihn Schnee von gestern. Ein schon bekannter Sachverhalt ist für ihn keine Information mehr. Je nach Veranlagung wird er ebenso wie der Häuslebauer reagieren und die Karte wegwerfen, da sie für ihn ja nichts Neues bringt, denn es gibt für ihn ja keine zu beseitigende Unsicherheit mehr, der Informationsgehalt der Mitteilung ist auch für ihn gleich Null. Bestenfalls betrachtet er die ihm nun auch noch schriftlich vorliegende Auskunft als nochmalige Bestätigung dessen, was ihm schon vorher bekannt war. Wenn wir ihn in diesem Fall um eine Einschätzung der Informationsmenge bitten würden, die er der empfangenen Postkarte zuordnen würde, wird er uns als freundlicher Mensch einen gewissen kleinen Informationszuwachs bestätigen; die Sicherheit dessen, was er ohnehin schon wusste, sei ja schließlich, sagt er, doch noch um ein Weniges gestiegen.

Dieses letzte Beispiel mit der verirrten Postkarte macht uns nun natürlich außerordentlich unsicher in unserem Vorhaben, ein objektives Maß für die Information zu finden. Ein Ziegelstein hat bei uns und unserem Nachbarn das gleiche Gewicht, und die gleiche Glühlampe braucht bei uns und bei ihm genauso viel Energie. Aber die gleiche Mitteilung, die selbst auf der gleichen Postkarte einmal uns, zum anderen unserem Nachbarn zugestellt wird, bedeutet ganz offensichtlich für den einen eine große Menge beseitigte Unsicherheit und damit eine große Informationsmenge, für den anderen möglicherweise eine viel kleinere oder gar keine.

Das ist das Hauptdilemma des umgangssprachlichen Begriffes Information. Wir wissen und akzeptieren sofort, dass da etwas ist, außerhalb der Welt der Massen und Stoffe und Energien, das für uns wertvoll und unverzichtbar ist. Treffen wir doch jede Entscheidung aufgrund von Informationen, die wir gerade eingeholt haben, oder die in unserem Gedächtnis als Fakten oder Erfahrungen gespeichert sind. Aber wie wertvoll eine einzelne solche angebotene Antwort ist, hängt doch zunächst vom subjektiv verschiedenen, bereits vorhandenen Wissensstand des Empfängers ab, also davon, wie neu sie für ihn ist.

Und nicht nur davon: Sie kann sogar für den Empfänger absolut neu sein, aber möglicherweise – mindestens im betrachten Moment – für ihn nutzlos. Und auch dann wird er den Informationsgehalt als unbedeutend oder nicht vorhanden einordnen. Eine Mitteilung über den bevorstehenden 100. Geburtstag von Frau Müller ist für den Bürgermeister, der ihr gratulieren muss, aus wahltaktischen Gründen ein Hinweis mit hohem Informationsgehalt. Wir dagegen, die wir Frau Müller nie kennen gelernt haben, können auf diese Mitteilung ohne Schaden verzichten; sie ist für uns zwar neu, aber wertlos.

Wir kommen damit zu einer niederschmetternden Erkenntnis: Die Quantifizierung des Informationsgehaltes einer ganz bestimmten empfangenen Mitteilung hängt unmittelbar vom Nutzen dieser Mitteilung für den Empfänger ab. Der Informationsgehalt kann für ihn hoch sein, wenn auf Grund dieser Mitteilung vielleicht weitreichende Entscheidungen getroffen werden können. Er kann aber auch verschwindend klein oder gleich Null sein, wenn die Mitteilung dem Empfänger bereits bekannt ist, oder wenn er mit ihr nichts anfangen kann und er sie mit einem Na und? aus Desinteresse beiseite legt und vergisst. Die in einer Mitteilung enthaltene Informationsmenge, in ihrem umgangssprachlichen Sinn verstanden, ist also subjektiv von der momentanen Situation des jeweiligen Empfängers abhängig und damit objektiv zunächst überhaupt nicht angebbar.

Die Information – eine subjektive Größe?

1.2 Eine andere Definition der Information

So kommen wir also nicht weiter. Suchen wir einen neuen Anfang. Nennen wir ihn: Die Entwicklung der Nachrichtentechnik.

Wo liegt ihr Ursprung? Wann und wie sind das erste Mal technische Mittel – also nicht natürliche wie die Sprache – eingesetzt worden, um Information zu übertragen, um zu kommunizieren? Vielleicht waren es Buschtrommeln oder Rauch- und Lichtsignale, mit Hilfe von Feuern von Berg zu Berg weitergegeben, Flaggenzeichen zwischen Schiffen. Und schließlich die umstrittene Erfindung des Franzosen Chappe (war er wirklich der Erfinder, oder hat er sie von einem Herrn Linguet übernommen, der 1794 unter der Guillotine starb?). In Minutenschnelle konnte er mit seinen Flügeltelegrafen Worte und Sätze über Dutzende Kilometer übermitteln.

Der Flügeltelegraf: siehe Bild 8.1

Der elektrische Telegraf

Schließlich die zündende Idee, den elektrischen Strom als Träger der Informationen zu verwenden: Gauß und Weber, die über Göttingens Dächer zwei Drähte spannten und einen elektrischen Telegrafen bauten, nicht den ersten, wohl aber den bekanntesten. Und Morse, der als Kunstmaler eigentlich branchenfremd war. Aber was heißt das schon, es gab ja überhaupt noch keinen professionellen Nachrichtentechniker. Er brachte das magnetische Relais ins Spiel und übertrug am 27. Mai 1844 die Ergebnisse der Parlamentswahlen von Baltimore nach Washington – als Folgen vereinbarter Stromstöße für jeden Buchstaben.

Das Telefon

Um 1860 schließlich das erste Telegrafie-Transatlantikkabel zwischen England und Amerika, verlegt nach mehreren missglückten Versuchen im dritten Anlauf, das allein eine technische Meisterleistung. Wenige Jahre später das Telefon – von Graham Bell konstruiert und 1876 von einem weitsichtigen Generalpostmeister auch in Deutschland eingeführt. Noch vor der Jahrhundertwende die ersten Schritte der Funktechnik, wichtig für Verbindungen zwischen Schiff und Land und über große Entfernungen, und gleichzeitig die Voraussetzung für die rasante Entwicklung des Tonrundfunks nach dem ersten Weltkrieg und bald darauf des Fernsehrundfunks.

Das elektromagnetische Feld

Diese Entwicklung geschah fast immer empirisch. Für die drahtlose Übertragungstechnik hatte James Clerk Maxwell 1865 zwar mit seiner Theorie der elektromagnetischen Felder eine wesentliche theoretische Vorarbeit geleistet, die dann durch Heinrich Hertz im Labor experimentell bestätigt wurde. Aber auch Marconi, der sie kurz danach in die Praxis umsetzte und damit erstmalig eine praktikable drahtlose Nachrichtenverbindung realisierte, arbeitete intuitiv. Große Experimentatoren waren gefragt in dieser Zeit und noch lange danach.

So etwas geht eine Weile gut. Aber die Geräte und Verfahren wurden immer komplizierter und komplexer. Jetzt waren die Theoretiker zunehmend gefordert. Sie analysierten die bekannten Prinzipien. Aber das reichte nicht aus. Die Praktiker und Experimentatoren suchten Antworten auf ihre Fragen: Ist unser Weg richtig? Gibt es bessere Lösungen? Wo sind unsere Grenzen?

Neben der Übertragung von Signalen entstand in den dreißiger Jahren ein weiteres großes und wirtschaftlich interessantes Anwendungsgebiet: die Steuerungs- und Regeltechnik. Auch sie ging mit Informationen um. Messwerte wurden entnommen, verarbeitet, und steuerten Maschinen und Aggregate. Und ganz vorsichtig zeichnete sich eine Technikanwendung ab, die in den folgenden Jahrzehnten die Informationslandschaft revolutionieren sollte: Zuse in Deutschland und Aiken in den USA bauten ihre ersten elektronischen Rechenmaschinen ZUSE 1 und ENIAC.

1.2 Eine andere Definition der Information

Alle drei Richtungen – die Nachrichtenübertragung, die Regelungstechnik und die Rechentechnik – hatten ähnliche Probleme. Der zweite Weltkrieg behinderte manche Arbeiten und förderte andere. In jedem Fall stockten über Jahre der internationale wissenschaftliche Austausch und die Publikationsarbeit. Aber schließlich, drei Jahre nach Kriegsende, im Jahre 1948, erschienen in den USA zwei Veröffentlichungen, die wahrhaftig wie Trompetenstöße wirkten – und dies nicht nur im engen Kreis der Nachrichtentechniker.

Die eine stammte vom schon zitierten Mathematiker Norbert Wiener. Es war ein Buch mit signalrotem Einband und hieß *Cybernetics or Control and Communication in the Animal and the Machine*. Es behauptete nicht mehr und nicht weniger, als dass die Prinzipien der Steuer- und Regelmechanismen und des Informationsaustausches in organismischen und in technischen Systemen vollkommen den gleichen Gesetzen gehorchen würden – ein Ergebnis jahrelanger Zusammenarbeit des Autors mit Biologen, Medizinern und Nachrichtentechnikern. Auch der Autor der zweiten Publikation war ein Mathematiker: Claude E. Shannon. Er veröffentlichte im weltweit renommierten Bell System Technical Journal eine *Theory of Communication*, eine mathematische Nachrichtentheorie oder besser: eine Kodierungstheorie. Sie sollte später als Informationstheorie in die Wissenschaftsgeschichte eingehen.

Die Kybernetik

Sie untersuchte die grundsätzlichen Möglichkeiten einer Übertragung von Nachrichten unter realen Bedingungen, also unter der Voraussetzung gestörter Übertragungskanäle.

Die Informationstheorie

Um das zu tun, musste Shannon das gleiche Problem lösen, das wir im vorangegangenen Abschnitt letzten Endes aufgegeben hatten, nämlich erst einmal eine klare Definition dafür schaffen, womit sich schließlich seine Arbeit auseinander setzte – mit der Information.

Er übernahm die Auffassung, dass Information beseitigte Unsicherheit bedeutet. Im Übrigen aber zog er sich auf elegante Art aus der Schlinge. Er löste sich von dem semantischen Aspekt der Information – dem Aspekt der Bedeutung der übertragenen Information für den Empfänger. Er war Mathematiker. Er definierte einen mathematisch-technischen Informationsbegriff. Wenn wir uns den und die daraus folgenden Zusammenhänge nun in den nächsten Abschnitten näher ansehen wollen, werden wir wohl oder übel um einige abstrakte Gedankengänge nicht herumkommen. Wir wollen aber jedenfalls versuchen, uns immer eine Rettungsleine zum Land der Plausibilität zu sichern. Der manchmal trockene Diskurs wird sich lohnen. Denn ohne eine klare Vorstellung über die Einheit der Information kommen wir nicht weiter.

Folgen wir also den Shannonschen Gedankengängen.

1.3 Das Bit als Einheit der Informationsmenge

Quelle, Kanal und Senke

Als Mathematiker suchte Shannon vor allem Allgemeinheit. Er reduzierte zunächst alle unsere Beispiele auf ein einziges und sehr einfaches Modell: Die Information wird von einer *Nachrichtenquelle* geliefert (das wäre etwa das Reisebüro). Sie gelangt über den *Nachrichtenkanal* (das Telefon, die Post, den Kurier) zur *Nachrichtensenke* (das sind wir, die die Nachricht empfangen). Wenn wir nicht ganz so abstrakt sein wollen, können wir die Kette auch wieder Sender – Übertragungskanal – Empfänger nennen. Wir werden sie später noch durch ein paar weitere Funktionsblöcke ergänzen. Das zum ersten.

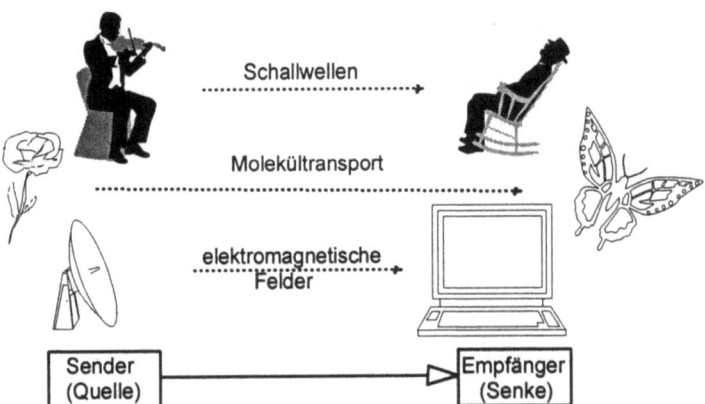

Bild 1.1 Das elementare Modell der Nachrichtenübertragung

Die Information gelangt vom Sender (der Quelle) über den Übertragungskanal zum Empfänger (der Senke). Später wird dieses Modell durch weitere Funktionen auf beiden Seiten des Übertragungskanals erweitert werden.

Und seine zweite Feststellung: Zwischen Quelle und Senke werden eigentlich immer nur *Zeichen* oder auch *Symbole* übergeben – irgendwelche vorher vereinbarten Aktivitäten, vom Rauchsignal über Morsezeichen bis hin zu gedruckten Buchstaben und zu den Stromimpulsen unserer heutigen digitalen Fernsehsignale. Wir werden später sehen, dass selbst der kontinuierliche Fluss der gesprochenen Laute sich als Folge solcher Zeichen interpretieren lässt. Die Liste oder *Menge* der Zeichen, über die ein bestimmter Sender verfügen kann, ist begrenzt, und die Bedeutung der Zeichen ist immer zwischen Sender und Empfänger vereinbart.

1.3 Das Bit als Einheit der Informationsmenge

Hier ist schon wieder Vorsicht angesagt: Das Wort *Bedeutung* ist keinesfalls gleichbedeutend mit dem *Wert* des Zeichens für den Empfänger – von diesem Begriff müssen wir uns jetzt endgültig lösen. Wir tun es nicht gern, wirklich nicht, aber es bleibt uns gar nichts anderes übrig. Die Vereinbarung der Bedeutung der verwendeten Zeichen stellt nur sicher, dass der Empfänger überhaupt etwas mit dem übertragenen Zeichen anfangen kann. Beide vereinbaren etwa die Bedeutung einer vom Sender vertikal oder seitlich gehaltenen Flagge als „Anhalten" oder „gehe nach rechts", oder die Zuordnung gesendeter Morsezeichen zu den Buchstaben des Alphabets. Über den Wert und die Wichtigkeit dieser Zeichen für den Empfänger sagt das natürlich gar nichts aus.

Bedeutung und Wert eines Zeichens

Und deshalb weicht Shannon drittens durch eine ganz andersartige Definition des Informationsgehalts auf einen eher mageren Teilaspekt der Information aus. Er definiert als Informationsgehalt eines Zeichens dessen Überraschungseffekt beim Empfänger.

Was soll man darunter verstehen?

Nehmen wir als Beispiel wieder das Alphabet als zwischen Quelle und Senke vereinbarte Zeichenliste – man spricht auch von einem *Zeichenvorrat* – der Quelle. Der Empfänger sitzt und wartet auf das erste übertragene Zeichen. Natürlich kennt er es nicht von vornherein, denn in diesem Fall wäre eine Übertragung ja überflüssig. Aber er kann Vermutungen anstellen. Sollte ihm eine Wette angeboten werden, wird er dabei eher auf ein **E** oder ein **A** als auf ein **X** oder ein **Y** tippen. Warum? Weil die Häufigkeit oder Wahrscheinlichkeit der Buchstaben **E** oder **A** im deutschen Wortschatz eben größer ist als die von **X** oder **Y**. Wird jetzt von der Nachrichtenquelle tatsächlich ein **X** übertragen, ist seine Überraschung groß – er hat das nicht erwartet. Er ordnet diesem Zeichen also einen großen Informationsinhalt zu. Kommt dagegen ein **A**, stellt er einen geringen Informationsinhalt fest: Das **A** war von vornherein eines der Zeichen, die mit hoher Wahrscheinlichkeit zu erwarten waren, die beseitigte Unsicherheit ist nun nur gering.

Zeichenvorrat einer Quelle

Der Informationsgehalt wächst also nach Shannon, wenn die Wahrscheinlichkeit abnimmt, mit der das Zeichen erwartet werden kann. Selten auftretenden Zeichen haben einen hohen Informationsgehalt, häufig auftretende, weil man sie ohnehin erwartet, einen geringeren.

Der Informationsgehalt

Man könnte geneigt sein, jetzt einfach zu sagen: Informationsgehalt = 1/Wahrscheinlichkeit. Diese mathematische Formulierung würde prinzipiell den genannten Zusammenhang zwischen beiden Größen erst einmal wiedergeben: Je größer die Erwartungswahrscheinlichkeit, desto kleiner die übertragene Information, und umgekehrt. Aber ganz so einfach ist die Sache nicht.

Machen wir folgendes Gedankenexperiment: Zwei Leute haben sich zur gegenseitigen Verständigung über nicht allzu weite Entfernung eine Art Alphabet ausgedacht, mit dem sie mit nur 16 verschiedenen Pfeiftönen alle im betreffenden Fall erforderlichen Mitteilungen (wir wollen sie der Einfachheit halber mit den Buchstaben **A** bis **P** bezeichnen) austauschen können. Die Quelle hat also – in unserem Sprachgebrauch – einen Zeichenvorrat von 16 Symbolen oder Zeichen. Jede ihrer Mitteilungen ist damit durch einen Pfiff ganz spezifischer Tonhöhe übertragbar. Die beiden werden aber schnell merken, dass 16 verschiedene Töne gar nicht so leicht zu unterscheiden sind.

Da kommt ihnen eine kluge Idee, die sie schnell in die Praxis umsetzen: Sie verwenden nur 4 verschiedene Töne, aber ordnen jedem ihrer 16 verschiedenen Mitteilungen einen Doppelpfiff zu. Im Bild 1.2 ist das noch einmal dargestellt; die 16 Zeichen sind mit **A** bis **P** bezeichnet. Links sind die 16 Töne durch 16 Noten beschrieben, und rechts die Doppelpfiffe durch Kobinationen je zweier Töne. So ist die Kennzeichnung ihres gesamten rudimentären Alphabets jetzt einfacher und mit viel weniger und damit besser unterscheidbaren Zeichen möglich; die beiden haben nur eine andere Art des gegenseitig vereinbarten Kodes gefunden.

Bild 1.2
Varianten der Kodierung bei gleicher Informationsmenge

Die 16 Zeichen A...P eines Wertevorrats einer Quelle lassen sich mit je einem Pfiff einer bestimmten Tonhöhe kodieren (Pfiffe Nr. 1 bis 16; links), genauso gut aber auch durch die Aussendung je eines Paares von Pfiffen. Dazu sind dann jeweils nur 4 verschiedene Tonhöhen (jeweils zu Paaren kombiniert) erforderlich (rechts). Die übertragene Informationsmenge einer mit diesen Zeichen übermittelten Botschaft bleibt dadurch natürlich unverändert.

Uns interessiert die Theorie dieses Verfahrens. Hat sich die zwischen Sender und Empfänger ausgetauschte Informationsmenge je Mitteilung dadurch verändert?

Keinesfalls. Die beiden haben ja nur eine andere Regel der Übertragungsart vereinbart. Die von der Quelle zur Senke zu übertragende Information wird dadurch nicht berührt. Ob sie eine Mitteilung **C-A-D-D-H-B-P** mit 7 Einzelpfiffen aus ihrem Alphabet mit 16 Tönen übertragen, was ihnen schwer fallen wird, wenn sie nicht ausgesprochen musikalische Menschen sind, oder mittels 7 Doppelpfiffen unter Verwendung nur noch 4 verschiedener Tonhöhen, ist absolut gleich-

1.3 Das Bit als Einheit der Informationsmenge

gültig. Der Empfänger wird in jedem Fall mit Hilfe seiner jeweils vorher vereinbarten Kodetabelle die Mitteilungsfolge **C-A-D-D-H-B-P** entschlüsseln. Der Informationsgehalt oder die Informationsmenge der übertragenen Nachricht bleibt unverändert.

Wenn wir also eine Regel zur Berechnung der Informationsmenge aufstellen wollen, müssen wir verlangen, dass der berechnete Informationsgehalt je Zeichen durch solche Manipulationen, d.h. durch vollkommen willkürliche Änderungen des vereinbarten Kodes, nicht beeinflusst wird. In beiden Fällen – eine Liste mit 16 Zeichen, oder eine Liste mit 4 Doppelzeichen – muss sich also der gleiche Informationsgehalt ergeben.

Das ist aber mit unserem obigen Ansatz offenbar nicht erreichbar: Wenn wir der Einfachheit halber annehmen, dass alle Zeichen der Gesamtliste die gleiche Wahrscheinlichkeit $p = 1/16$ haben, wäre der Informationsgehalt jedes Zeichens demnach gleich 16. Die Wahrscheinlichkeit jedes Zeichens der Doppelzeichenliste ist aber $p = 1/4$, ihr Informationsgehalt also gleich 4 und der des Doppelzeichens folglich zweimal so groß und damit gleich 8. Es ergibt sich also trotz offensichtlicher Gleichheit der übertragenen Information ein Unterschied im berechneten Informationsgehalt.

Informationsgehalt muss unabhängig von der Art der Kodierung sein

So geht es also nicht. Die einfache Formel Information = 1/Wahrscheinlichkeit ist nicht zulässig. Deshalb begannen die Mathematiker in ihrem unerschöpflichen Reservoir von komplizierten Zusammenhängen zu wühlen, und fanden tatsächlich eine Funktion, die beiden Bedingungen gehorchte: Einmal der, dass mit kleiner werdender Wahrscheinlichkeit der Informationsgehalt wächst, und zweitens der, dass eine solche Veränderung des vereinbarten Übertragungskodes, gleich, wie sie erfolgt, immer wieder das gleiche Resultat für den Informationsgehalt liefert.

Das Ergebnis ist ein logarithmischer Zusammenhang zwischen beiden. Mathematisch ausgedrückt: Der Informationsgehalt eines Zeichens ist dem Logarithmus seiner reziproken Wahrscheinlichkeit proportional.

$I = \log_2 (1/p)$

I – Informationsgehalt in bit,
p – Wahrscheinlichkeit des Zeichens

Ehe wir ein einfaches Beispiel für diese hochtrabende Aussage nennen, gehen wir gleich noch den letzten Schritt. Wir haben jetzt zwar eine exakte Definition und einen einwandfreien Zusammenhang zwischen den Eigenschaften der Zeichen und ihrem Informationsgehalt gefunden, aber noch ist die Einheit offen, die wir vernünftigerweise wählen wollen.

Was ist hier vernünftig? Doch offenbar, dass wir versuchen, den kleinstmöglichen Wert zu finden, den bei Gleichwahrscheinlichkeit aller Zeichen eine Informationsmenge überhaupt annehmen kann. Dieser geringste Wert ist offensichtlich dann zu erwarten, wenn der

Sender nur zwei Symbole zur Verfügung hat, oder mit anderen Worten: nur zwei verschiedene mögliche Zustände unterscheidet, die er dem Empfänger mitteilen kann. Das ist der kleinstmögliche sinnvolle Wertevorrat einer Nachrichtenquelle; nur ein Zeichen als Symbolvorrat des Senders wäre unsinnig, denn dann würde ja der Empfänger von vornherein jedes gesendete Zeichen kennen und eine Informationsübertragung wäre überflüssig. Jedes Zeichen ist in diesem Fall also mit einer Wahrscheinlichkeit von ½ zu erwarten. Der Informationsgehalt eines solchen Zeichens soll gewissermaßen unser „Informationsquantum" sein. Das erreicht man, wenn man bei der Logarithmierung den *dualen Logarithmus* (den Logarithmus auf der Basis 2) verwendet.

Das bit als Einheit der Information Diese Einheit des Informationsgehalts ist damit das berühmte bit.

Bild 1.3
Der duale Logarithmus ganzer und gebrochener Zahlen

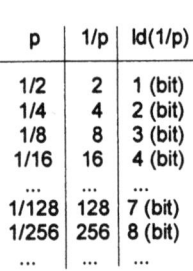

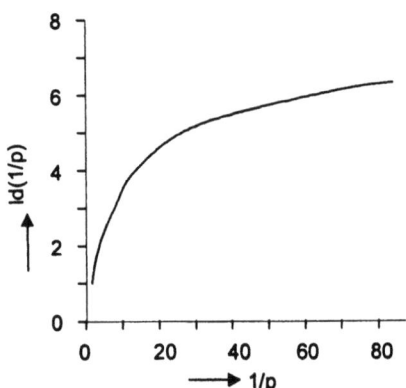

Der Logarithmus ist die Umkehrung der Potenzierung: $100=10^2$, $log_{10}100=2$; log_{10} bedeutet dabei den Logarithmus auf der Basis 10. Zur Definition des bit wird der Logarithmus auf der Basis 2 verwendet, geschrieben log_2 oder einfacher ld (logarithmus dualis). Im Bild links sind einige oft benutzte Werte von 1/p angegeben, die ganzzahligen Logarithmen entsprechen. Aber natürlich sind auch gebrochene Werte für den Informationsgehalt zulässig (rechts). Jeder unserer 26 Buchstaben – würden sie mit gleicher Wahrscheinlichkeit auftauchen – würde also eine Informationsmenge von ld 26 = 4.7 bit enthalten.

Jetzt können wir das Zahlenexperiment von oben noch einmal wiederholen. Jedes Zeichen der ersten Liste mit 16 Symbolen führt demnach zu einem Informationsgehalt von 4 bit (ld 16 = 4, denn 2^4 =16). Wenn jedes Zeichen dagegen mit einem Doppelpfiff aus nur 4 Tönen gebildet wird, berechnet sich die Informationsmenge zu zweimal (wegen der zwei notwendigen Pfiffe je Zeichen) ld 4 = 2 bit, also 2·2 bit = 4 bit, und ist damit nun tatsächlich genau so groß wie bei der Übertra-

1.3 Das Bit als Einheit der Informationsmenge

gung mit 16 einfachen Pfiffen. Und wir können jetzt den musikalischen Kode sogar noch einmal und nun ganz rigoros vereinfachen: Anstelle von 16 Einzelpfiffen mit 16 verschiedenen Frequenzen oder von 4 Doppelpfiffen – zwei Pfiffe je Zeichen unter Benutzung von 4 verschiedenen Frequenzen – nutzen wir nun nur 2 verschiedene Frequenzen. Allerdings müssen wir für jedes Zeichen jetzt 4 Pfiffe nacheinander aussenden (Bild 1.4). Rechnen wir spaßeshalber noch einmal nach: Der Informationsgehalt je Zeichen ergibt sich unverändert zu vier mal (weil 4 Pfiffe je Zeichen nötig sind) ein bit (weil nur zwei verschiedene Frequenzen, jede also mit der Wahrscheinlichkeit ½, genutzt werden) gleich 4 bit.

A	0 0 0 0
B	0 0 0 1
C	0 0 1 0
D	0 0 1 1
E	0 1 0 0
...	...
P	1 1 1 1

Und so sähe die zwischen Sender und Empfänger vereinbarte Kodetabelle aus, wenn nur 2 Tonhöhen der Pfiffe vereinbart worden wären, aber jedes Zeichen dafür mit einer Folge vom 4 aufeinander folgenden Pfiffen gekennzeichnet würde. Der Einfachheit halber sind jetzt die beiden Tonhöhen nur durch die Zahlen 0 und 1 gekennzeichnet.

Bild 1.4
Die Kodetabelle mit einem Zweierkode

Sind die Zeichen einer Nachrichtenquelle einmal nicht gleichwahrscheinlich, ist das auch nicht tragisch. Dann wird einfach eine mittlere Informationsmenge pro Zeichen dieser Quelle angegeben. Die ergibt sich, wenn man die Informationsmenge jedes einzelnen Zeichens der Quelle mit der Wahrscheinlichkeit multipliziert, mit der es auftritt, und diese Werte für alle Zeichen der Quelle addiert. Diese Summe wird dann als *Entropie* der Quelle bezeichnet.

Entropie:
$H = \sum p_i \, \mathrm{ld}\,(1/p_i)$

Solange der Zeichenvorrat eines Senders zahlenmäßig angebbar ist, wird eine solche Quelle als digitale Quelle bezeichnet. Das Wort kommt vom englischen digit, womit dort die arabischen Ziffern von Null bis Neun bezeichnet werden. Entsprechend redet man von einer digitalen Übertragung. Verwendet der Sender nur noch zwei Zeichen, heißt die Übertragung binär. In unserem Beispiel würde also die Verbindung mit 16 Einzel- oder mit 4 Doppelpfiffen als digitale Übertragung, die mit dem Vierfachpfiff je Zeichen als binäre Übertragung anzusprechen sein.

Digitale und analoge Quellen

> Zwei Erklärungen für die Abkürzung *bit*:
>
> *1.) bit* = *b*asic *i*ndissoluble informa*t*ion = nicht mehr weiter auflösbare Informationsgrundeinheit
>
> *2.) bit* = *bi*nary digi*t* = Zweierstelle, Zweierzahl
>
> Zwei Schreibweisen sind üblich:
>
> - die binäre Einheit; Einheit für die Anzahl von Zweierschritten, d. h. Alternativentscheidungen in der Datenverarbeitung u. Nachrichtentechnik: bit;
>
> - der einzelne Zweierschritt oder Impuls: das Bit

Das Gegenteil von den *digitalen* Quellen sind die kontinuierlichen oder *analogen* Quellen, also etwa das schon erwähnte Sprachsignal. Dort scheint der Zeichenvorrat theoretisch unbegrenzt groß zu sein, denn innerhalb vernünftiger Grenzen können ja alle nur denkbaren Amplitudenwerte vorkommen. Zu den analogen Quellen gehören neben den Fernsprechsignalen auch die Videosignale mit ihren scheinbar unendlich vielen möglichen Helligkeitswerten. Alle diese analogen Signale lassen sich allerdings ebenfalls in digitaler Form beschreiben und in bit messen, womit wir uns noch ausführlich beschäftigen werden.

1.4 Von der Information zum Signal

Wir haben bisher von der Information und dem Informationsgehalt gesprochen und mit dem bit nun endlich auch eine handhabbare Maßeinheit dafür gefunden – wenn auch mit einem weinenden Auge, weil wir ja dabei den Wertaspekt zugunsten einer trockenen mathematisch-statistischen Definition aufgeben mussten. Trotzdem ist dieser Informationsbegriff abstrakt geblieben, wir sprachen ja immer nur von Zeichen oder Symbolen. Und ebenso allgemein ist der Begriff *Nachricht*. Man kann aber die Nachricht als Folge von Zeichen oder Symbolen definieren, und deshalb sind die Begriffe Nachricht und Information ziemlich äquivalent. Zwischen dem Begriff der Nachrichtentechnik und dem der Informationstechnik – dieser ist vielleicht in der praktischen Anwendung ein kleines bisschen allgemeiner – wollen wir hier deshalb keinen Unterschied machen.

Greifbar aber wird die Information für uns erst dann, wenn sie zusammen mit einem der vielen möglichen *Träger* auftritt, also etwa

1.4 Von der Information zum Signal

durch einen zugerufenen Befehl. In diesem Fall und damit auch bei jeder normalen Unterhaltung zwischen zwei Menschen ist die akustische Welle der Träger der Information. In der elektrischen Nachrichtentechnik ist der Strom in einer Leitung der Träger, dessen Änderungen am Empfangsort registriert werden, oder das elektromagnetische Feld eines Funksenders, das Morsezeichen zum Empfänger am anderen Ende der Welt trägt.

Träger der Information

Diese Realisierungen des abstrakten Begriffs der übertragenen Information werden als *Signale* bezeichnet.

Und da finden wir, dass die Sache mit den beiden Elementarentscheidungen, die die Zweierliste bietet, durchaus eine handfeste praktische Entsprechung hat. Die meisten unserer heutigen digitalen Übertragungsverfahren nutzen nämlich unmittelbar diese Zweideutigkeit – es sind *binäre* Verfahren Die Signale aller möglichen ursprünglich analogen Nachrichtenquellen – vom Fernsprech- bis zum Videosignal – werden in Folgen von Stromimpulsen umgesetzt, wobei jedem einzelnen Impuls genau zwei Möglichkeiten offen gelassen werden: Er darf z.B. im betreffenden Zeitpunkt entweder da sein oder nicht da sein. *Strom vorhanden* oder *kein Strom* können also die beiden elementaren Zustände in realen elektrischen Übertragungssystemen sehr einfach darstellen.

Signal = Realisierung der Information

Allerdings ist damit eine gewisse Nicht-Gleichberechtigung ins Spiel gekommen. Ein ausgesendeter Impuls bedeutet in technischen Übertragungssystemen auch weitergegebene Sendeleistung, ein fehlender Impuls bringt keine Sendeleistung zum Empfänger. Das ist manchmal nachteilig. Nehmen wir an, unsere beiden pfeifenden Kommunikationspartner aus dem oben genannten Beispiel hätten sich auf einen binären Kode wie in Bild 1.4 verständigt und darauf, eine **1** durch einen Pfiff beliebiger Frequenz und eine **0** durch keinen Pfiff zu kennzeichnen. Das wäre sicher unzweckmäßig.

Spätestens am Ende einer Mitteilung wüsste der Empfänger nicht, ob der letzte Pfiff tatsächlich das Ende der Mitteilung darstellt, oder ob noch eine **0** oder sogar noch mehrere Nullen als gar nicht ausgesendete Töne unhörbar verhallt wären.

Deshalb hat man sich noch ein anderes Verfahren ausgedacht: die wahlweise Aussendung eines positiven Impulses oder eines negativen Impulses. Das würde in unserem Beispiel wiederum zwei unterscheidbaren Pfiffen entsprechen. Die Unsicherheit des Empfängers wäre aber dann beseitigt: Jeder Pfiff bedeutet eindeutig ein Zeichen, und beide verschiedenen Zeichen haben die gleiche Chance, richtig empfangen und erkannt zu werden. Technisch ist das bei der elektrischen Signalübertragung auf einer Leitung einfach dadurch zu bewerkstelligen, dass man die Polarität einer sendeseitig angeschlossenen Batterie umpolt. Der Strom fließt dann einmal so herum und einmal anders herum durch die Leitung, und der empfangene Impuls wäre dann entsprechend ein positiver oder ein negativer Stromstoß. Das lässt sich beim Empfang besser unterscheiden als das Senden oder das Fehlen eines Impulses immer gleicher Polarität. Es gibt aber noch viele andere Möglichkeiten – wesentlich ist, dass beide Symbole eindeutig unterscheidbar sind.

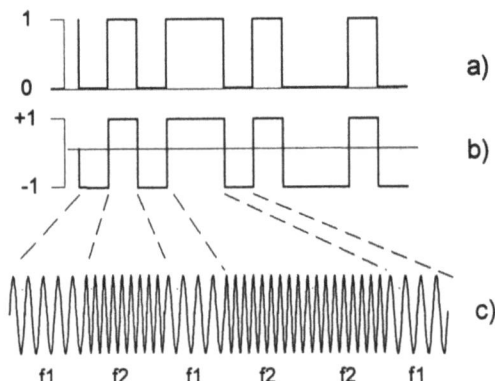

Bild 1.5
Mehrere Realisierungen der binären Symbole

Die zwei Symbole 1 und 0 oder auch +1 und -1 für eine binäre Entscheidung können auf vielfältige Weise als Signale dargestellt werden: als Strom-, Spannungs- oder auch Lichtimpuls vorhanden oder nicht vorhanden (a), als positiver oder negativer elektrischer Impuls (b), als Wechselspannungsimpuls mit verschiedener Frequenz (c) usw.

Eine Folge solcher Impulse, deren jeder eben die genannten *zwei* Möglichkeiten – Eins und Null, oder plus Eins und minus Eins – darstellen kann, wird Binärfolge genannt und die Quelle dann – wie schon erwähnt – *binäre Quelle*. Binäre Quellen sind also eine Untermenge der *digitalen* Quellen, nämlich der Quellen mit quantifizierbarer Zeichenzahl – obgleich, wenn man heute von der Digitalisierung spricht und von digitalen Signalen, meint man doch meistens Verfahren und Geräte, die mit binären Signalen arbeiten.

1.5 Signale um uns herum

Auf der Straße dröhnen Lastwagen vorbei, noch lauter ist das durchdringende Tatü-Tata eines Krankenwagens, über uns übt der Nachbar auf seiner Geige, im Garten streiten sich tschilpend die Spatzen – wir

1.5 Signale um uns herum

leben in einer Welt der akustischen Signale. Vom tiefen Brummen eines Rasenmähers bis zum Zirpen einer Grille nimmt unser Ohr Schallschwingungen auf, mit denen wir uns in unserer Umwelt orientieren und – nicht zuletzt – auch gegenseitig verständigen.

Der Frequenzbereich, in dem wir „hören" können, reicht bei jungen Menschen von einigen 10 Hertz bis nahezu an 20 000 Hertz heran, zwanzigtausend Schwingungen je Sekunde der uns umgebenden Luft. Das ist viel, und trotzdem wird damit bei weitem nicht die ganze Vielfalt des uns umgebenden Schallfeldes erfasst. Bis zu einigen Hertz herunter, ja bis zu Bruchteilen eines Hertz reichen die sogenannten Infraschallwellen, die von natürlichen Erdstößen, aber auch von Maschinen verursacht werden können. Wir hören sie nicht, aber spüren sie doch gelegentlich, etwa dann, wenn uns auf einer Seefahrt auf schaukelndem Schiff übel wird. Und auch noch viel schnellere Schwingungen gibt es – den Ultraschall. Viele Tiere hören ihn, technische Geräte nutzen diesen Frequenzbereich. Mit Ultraschallgebern und Ultraschallsensoren tastet der Arzt unser Inneres ab, in Ultraschallbädern werden Uhren, Geräte und Mikrochips gereinigt.

Infraschall – Ultraschall

Diese Frequenzen werden von uns nicht wahrgenommen. Nicht etwa, weil sie zu leise wären. Der Schrei einer Fledermaus hat die Intensität eines Presslufthammers, die Infraschallsignale eines Wals tragen im Wasser Tausende von Kilometer weit. Die Empfindlichkeit unseres Hörapparates – und hier muss neben dem Ohr die anschließende neuronale Verarbeitung im Gehirn genannt werden – ist außerordentlich hoch und erreicht die Grenze des physikalisch noch Sinnvollen. Nicht die Leistung ist es also, die Grenzen setzt, sondern eben die zweite und außerordentlich wichtige kennzeichnende Eigenschaft der Schwingung: die Frequenz.

Diese Möglichkeit, durch die Konstruktion des Empfangsapparates dessen Empfindlichkeit bewusst begrenzen zu können ist wichtig und interessant; wir werden ihr später bei der Betrachtung technischer Geräte noch oft begegnen. Denn offensichtlich ist diese Begrenzung unseres Hörvermögens nicht zufällig und durchaus zweckmäßig: Da wir höhere und tiefere Frequenzen nicht selbst erzeugen können, wäre mindestens zum Zwecke der verbalen Verständigung eine Vergrößerung des hörbaren Frequenzbereiches unsinnig, und auch sonst besteht für den Menschen in natürlicher Umgebung keine Notwendigkeit, wesentliche tiefere und wesentlich höhere Schallfrequenzen unbedingt hören zu müssen. Im Gegenteil: Wäre das Ohr tatsächlich in der Lage, weit höhere und weit niedrigere Frequenzen von Schallschwingungen zu empfangen, würde das zu einem ständigen nutzlosen und störenden Hintergrundgeräusch führen.

Das Ohr nutzt die Frequenzselektion

Präzisieren wir den Begriff der Schwingung noch etwas.

Amplitude, Frequenz, Periodendauer und Wellenlänge

Ein reiner Ton würde einen zeitlichen Verlauf der Luftdruckschwankungen an unserem Trommelfell wie in Bild 1.6 zur Folge haben: ein gleichmäßiges Auf und Ab um einen Mittelwert. Die Dauer einer vollen Schwingung dieser Art mit – beispielsweise – einer *Frequenz* von 400 Hertz beträgt somit 1/400 Sekunde; sie wird als *Periodendauer* bezeichnet. Je lauter der Ton ist, desto größer ist die maximale Druckabweichung vom Mittelwert, also die *Amplitude* dieser *harmonischen Schwingung*.

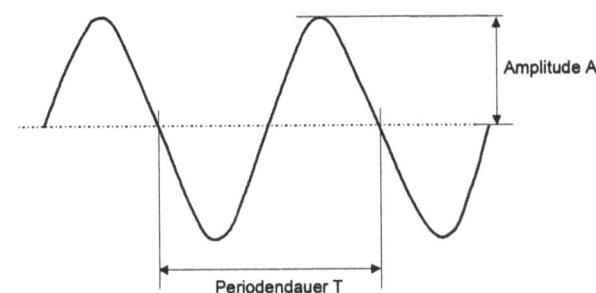

Bild 1.6 Die periodische Schwingung

Schwingungen aller Art – Luftdruckschwankungen ebenso wie elektrische Wechselspannungen – werden durch ihre Periodendauer T, ihre Frequenz f = 1/T, und ihre Amplitude A gekennzeichnet. Dabei wollen wir unter A den Maximalwert verstehen, den die Schwingung in der einen oder anderen Richtung erreichen kann. Die Werte dazwischen werden wir bei Bedarf als momentane Amplitudenwerte *bezeichnen.*

$$\lambda = v \cdot T$$

λ – Wellenlänge,
v – Ausbreitungsgeschwindigkeit der Welle,
T – Periodendauer

Der Vollständigkeit halber, und weil wir später immer wieder darauf zurückkommen werden, sei auch noch ein dritter und letzter Begriff genannt:

Die *Wellenlänge* der Schwingung. Darunter versteht man einfach diejenige Strecke, die eine solche Druckwelle (und allgemein jede Welle) im Laufe genau einer einzigen Periode bei ihre Ausbreitung zurücklegt. Die Wellenlänge einer Schwingung hängt damit ganz offensichtlich einerseits von der Frequenz, andererseits aber wesentlich von der Ausbreitungsgeschwindigkeit der Welle in einem bestimmten Medium ab.

Die Wellenlänge ist also keine neue, unabhängige Größe zur Kennzeichnung einer Schwingung, sondern nur eine andere (allerdings oft zweckmäßige) Maßeinheit. Der Schall pflanzt sich in der Luft mit einer Geschwindigkeit von 300 m/s fort. Daraus folgt die akustische Wellenlänge einer 400 Hz-Schallschwingung zu 0.75 m. Im Wasser und anderen flüssigen oder festen Medien ist die Schallgeschwindigkeit übrigens viel höher, einige Kilometer je Sekunde, die Wellenlän-

1.5 Signale um uns herum

ge der gleichen Tonfrequenz also entsprechend größer. Die primäre, weil vom Medium unabhängige und damit unveränderliche Größe ist demnach immer die Frequenz.

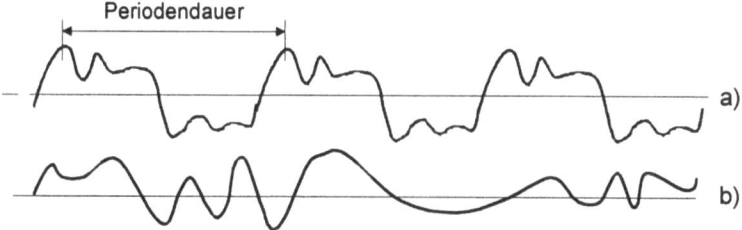

Bild 1.7
Periodische und aperiodische Signale

Die angeschlagene Saite eines Klaviers verursacht keine reine Sinusschwingung der Schallwelle. Ihr überlagert sind Oberwellen, also Schwingungen mit kleineren Amplituden und Frequenzen, die ganzzahlige Vielfache der Grundschwingung sind (a). Werden mehrere Töne gleichzeitig angeschlagen, wird der Schalldruck und entsprechend auch der zeitliche Verlauf der Spannung am Ausgang eines Mikrofons, das diesen Schalldruck aufnimmt und in ein elektrisches Signal überführt, zunehmend „chaotisch" (b). Eine Periode ist nicht mehr erkennbar. Ein ähnliches Bild entsteht bei einem Sprachsignal.

Dieser „reine" Ton wie in Bild 1.6 ist normalerweise fast eine Illusion. Schlägt man auf dem Klavier die entsprechende Taste an, sieht der Verlauf des Schalldrucks durchaus nicht mehr so ideal aus. Die glatte Schwingung – der Mathematiker spricht von einem sinusförmigen Verlauf oder einfacher von einer Sinusschwingung – ist etwas ruckelig geworden. Der sinusförmigen Grundschwingung sind jetzt in der Amplitude kleinere *Oberwellen* überlagert – weitere Schwingungen, deren Frequenzen in diesem Fall ganzzahlige Vielfache der Grundfrequenz des angeschlagenen Tones sind (Bild 1.7a). Tatsächlich sind es diese Abweichungen von der reinen Sinusform, die den typischen Klang des Klaviers von dem einer Orgel oder einer Flöte oder einer Violine – bei immer gleicher Tonhöhe, also gleicher Grundfrequenz – unterscheiden. Die Periodizität aber ist erhalten, und deshalb ist immer noch die Periodendauer und damit die Grundfrequenz des Tones eindeutig beschreibbar.

Grundfrequenz und Oberwellen

Wenn nun aber der Solist endlich loslegt und mit beiden Händen in die Tasten greift, dann ist es zunächst einmal aus mit der Berechnung von Frequenzen und Wellenlängen. In jedem Moment wird uns eine andere Kombination von Tönen aus dem gesamten Reservoir des Instruments angeboten. Die Summe aller dieser Einzelereignisse, die teils gleichzeitig, teils nacheinander an unserem Trommelfell oder an der Membran eines Mikrofons ankommen, sieht jetzt eher einem chaotischen, zufälligen Vorgang ähnlich (Bild 1.7b). Wir wissen zwar, dass der Pianist auf seiner Klaviatur nur Frequenzen zwischen 27.5 und 4186 Hz erzeugen kann, nämlich vom A_2 bis zum c^5 als höchsten Ton, aber wir können sie in der zeitlichen Darstellung nicht mehr unterscheiden. Bestenfalls können wir über eine gewisse Zeit hinweg gemittelt angeben, welche Töne und wie laut – exakter: welche Frequenzen mit welcher mittleren Leistung – in dem gespielten Stück vorkommen.

Zeitliche und spektrale Darstellung

Ein solches Tongemisch kann also offenbar auf zweierlei Art beschrieben werden: Einmal als ein zeitlich auf bestimmte Weise wechselnder Verlauf von momentanen Amplitudenwerten, andererseits aber auch über die Angabe einer Summe von harmonischen Schwingungen verschiedener und zeitlich wechselnder Frequenzen und Maximalamplituden. Die erstgenannte wird als *zeitliche*, die zweite als *spektrale* Darstellung bezeichnet. Diese Begriffe werden wir uns zweckmäßigerweise, ehe wir weitergehen, etwas näher ansehen müssen. Einfach deshalb, weil diese einfache und triviale Schwingung und ihre Darstellung in Zeit und Spektrum die Grundlage für jede weitere Verständigung in diesem Buch ist.

1.6 Dualität der Beschreibung

In unserer täglichen Umgebung sind wir gewohnt, Vorgänge in zeitlicher Abfolge ablaufen zu sehen. Das kann ein Fahrzeug sein, das seinen momentanen Ort zeitabhängig wechselt. Oder, um ein Beispiel zu wählen, das unserem Modell der Signalübertragung etwas näher kommt, die Temperatur, die wir vom Thermometer an unserem Fenster ablesen und über einen Tag oder über Wochen hinweg registrieren. Oder eben der Verlauf der impulsartig oder kontinuierlich und scheinbar zufällig schwankenden Ausgangsspannung des Mikrofons, das neben dem Klavier steht.

Gleichzeitig spricht aber der Nachrichtentechniker in jedem zweiten Satz von Frequenzen, von Spektren und von Bandbreiten, und beschreibt damit genau die gleichen Vorgänge, die er eben als zeitlich ablaufende Prozesse diskutiert hat. Er lebt tatsächlich in zwei Welten gleichzeitig – in der Welt der Zeitfunktionen, und in der Welt der Frequenzen, der spektralen Welt.

Zeitbereich und Frequenzbereich

Wichtig ist zunächst einmal: Beide Betrachtungsweisen sind eng und mathematisch eindeutig miteinander verbunden. Prinzipiell wäre es durchaus möglich, sich auf eine von beiden zu beschränken und die andere völlig zu ignorieren. Noch dazu, weil mindestens eine von beiden, nämlich die der Spektralfunktionen, einigermaßen willkürlich gewählt ist; es gibt auch andere „Welten" ähnlicher Art. (Hier muss

1.6 Dualität der Beschreibung

man sich ehrlicherweise fragen, ob nicht auch die zeitliche Darstellung eine willkürliche Wahl ist. Haben wir uns so sehr an die Zeitachse gewöhnt, dass diese Frage verboten zu sein scheint?) Aber man tut es nicht. Beharrlich bewegt sich der Techniker, je nach momentaner Zweckmäßigkeit, mal in der einen, mal in der anderen Welt, und wechselt diesen Standpunkt oft innerhalb eines einzigen Gedankengangs oder einer einzigen Überlegung gar mehrmals.

Warum zum Teufel tut er das?

Zunächst: Weil es zweckmäßig ist. Weil viele Zusammenhänge besser in der einen, andere besser in der anderen Gedankenwelt interpretiert werden können. Deshalb ist es notwendig, sich mit beiden Anschauungen vertraut zu machen. Auch wir werden diese Dualität der Betrachtungsweise in den nächsten Kapiteln zu schätzen wissen und mit Nutzen gebrauchen. Versuchen wir also die Brücke zu schlagen zwischen der zeitlichen und der spektralen Darstellung eines veränderlichen Vorgangs. Tatsächlich lassen sich die gleichen Überlegungen auch auf *räumlich* orientierte Signale anwenden, und das werden wir später auch noch tun. Nur der Verständlichkeit halber wollen wir uns jedoch zunächst auf *zeitlich* veränderliche Vorgänge beschränken.

Dieser Brückenschlag ist viel leichter, als die lange Einleitung vermuten lässt. Das Rezept lässt sich in einem einzigen Satz zusammenfassen: Der Verlauf jedes zeitlich veränderlichen Signals – einer Impulsfolge, eines Mikrofonsignals, eines zeitabhängigen Temperaturverlaufs – lässt sich als eine Summe mehr oder weniger vieler harmonischer Funktionen verschiedener Frequenzen darstellen.

In Bild 1.8 ist als Beweis für diese Behauptung in der ersten Zeile eine periodische Folge schmaler Impulse dargestellt, wie sie etwa ein Radargerät ausstrahlt. In den folgenden Zeilen wird dieser zeitliche Verlauf durch die Summe einer zunehmenden Zahl von sinusförmigen Funktionen nachgebildet, deren Frequenzen aber immer ganzzahlige Vielfache der Grundfrequenz sind.

Eine erste Annäherung wird offenbar durch eine harmonische Schwingung der gleichen Frequenz erreicht, mit der sich auch die Impulse wiederholen (b). Von einer Nachbildung der Impulsform in der ersten Zeile kann da allerdings noch keine Rede sein. Es gilt lediglich, dass beide Verläufe – der impulsartige und der harmonische – zu gleichen Zeiten und mit der gleichen Frequenz ihr Maximum erreichen.

Das sieht schon etwas besser aus, wenn eine Harmonische mit der doppelten Frequenz und einer geeigneten Amplitude (c) dazu addiert wird und damit ein zeitlicher Verlauf wie in (d) erreicht wird. Jetzt ist doch mit einigermaßen gutem Willen schon eine Andeutung eines

Impulses an den betreffenden Stellen zu erkennen. Nimmt man auch noch Schwingungen mit der dreifachen Frequenz (e), der vierfachen, fünffachen usw. Frequenz dazu, immer mit passend ausgewählten Amplituden der betreffenden Schwingungen, wird die Annäherung an den impulsartigen Vorgang der ersten Zeile immer besser. Die folgenden Zeilen zeigen das.

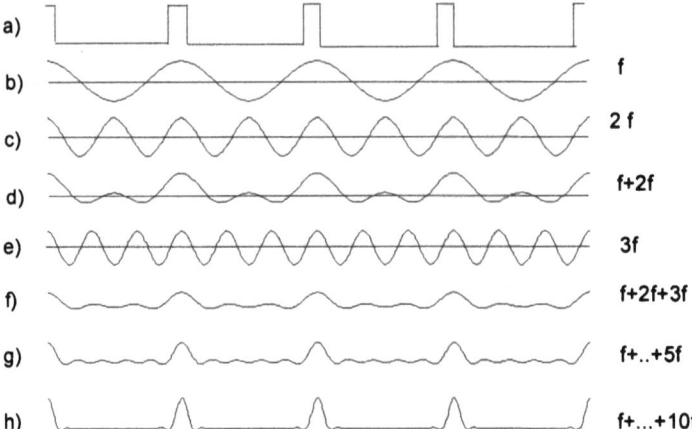

Bild 1.8
Die Darstellung eines periodischen Vorgangs durch eine Vielzahl von Oberwellen der Grundschwingung

Ein periodischer zeitlicher Vorgang kann durch eine Summe von harmonischen Funktionen wiedergegeben werden, deren Frequenzen ganze Vielfache der Grundfrequenz des Vorgangs sind. Die Annäherung an den wirklichen Verlauf (a) – hier eine Folge von Rechteckimpulsen – ist umso besser, je mehr der Vielfachen, der Oberwellen, addiert werden. Jede Oberwelle muss dabei einen ganz bestimmten Amplitudenwert haben, der mathematisch aus dem Zeitverlauf der Originalfunktion berechnet werden kann.

die Tendenz. In Zeile f ist das Impulsbild nach Summierung der ersten drei Harmonischen, in Zeile g der ersten 5 und in Zeile h der ersten 10 Harmonischen dargestellt. In der letzten Zeile ist der Impuls zwar schon sehr deutlich zu erkennen, die ideale Rechteckform ist aber offensichtlich immer noch nicht erreicht. Dafür sind tatsächlich noch viele weitere Harmonische erforderlich, viele Frequenzen, die sehr viel höher sind als die Grundfrequenz des Impulses – eine Forderung, auf deren technisch außerordentlich wichtige Aussagekraft wir später wieder stoßen werden.

Die Impulsfolge ist also durch die Angabe einer zugegebenermaßen sehr großen Zahl von harmonischen Schwingungen bestimmter Frequenz und zugeordneter Amplitudenwerte vollständig beschreibbar.

1.6 Dualität der Beschreibung

Das lässt sich durch eine Darstellung wie in Bild 1.9 deutlich machen. Hier sind auf einer *Frequenz*achse – nicht mehr auf einer *Zeit*achse! – die einzelnen Frequenzen als Striche aufgetragen, deren Länge gleichzeitig die notwendigen Amplitudenwerte darstellen. Das ist eine andere, aber ebenfalls völlig eindeutige Beschreibung der Impulsfolgen in Bild 1.6 oder 1.7. Diese Darstellung wird als das *Amplitudenspektrum* z.B. der Impulsfolge von Bild 1.8a bezeichnet.

Das Amplitudenspektrum

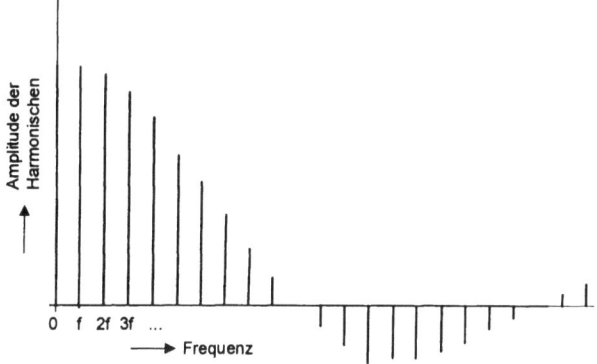

Bild 1.9
Die spektrale Darstellung

Die spektrale Darstellung – das Amplitudenspektrum – der Impulsfolge aus Bild 1.8a: Es sind jetzt auf einer Frequenzachse die Frequenzen derjenigen Harmonischen angegeben, die in ihrer Summe den zeitlichen Verlauf der Impulsfolge nachbilden. Die Länge der Striche kennzeichnet dabei die jeweils notwendigen Amplituden. Die negativen Werte bedeuten, dass die betreffende Schwingung um 180° in der Phase verschoben ist, „andersherum" schwingt.

Es soll nicht verschwiegen werden, dass genaugenommen neben der Frequenz und der Amplitude jeder Linie des Spektrums auch noch eine bestimmte zeitliche Verschiebung – die sogenannte Phase jeder einzelnen Schwingung – im Spektrum mit angegeben werden muss. Diese Verschiebung beträgt Bruchteile einer Periode der jeweiligen Schwingung und kann das Aussehen, also den zeitlichen Verlauf des Summensignals wesentlich beeinflussen. Ist aber das vollständige Spektrum – die Amplituden und Phasen des Spektrums – bekannt, dann ist daraus, so wie in Bild 1.8 demonstriert, auch der Zeitverlauf vollständig reproduzierbar. Spektrum und Zeitverlauf erklären sich also gegenseitig ohne jede Einschränkung. Sie sind tatsächlich nur zwei Seiten ein und desselben Vorgangs.

Nun mag man mit Recht einwenden, dass dieses Signal ein recht spezielles ist, denn es ist ebenso wie die harmonischen Schwingungen, aus denen es zusammengesetzt werden kann, periodisch. Es wiederholt sich also ständig, ebenso wie sich der Verlauf der harmonischen

Schwingung ständig wiederholt. Tatsächlich ist das aber keine Einschränkung. Auch nichtperiodische Vorgänge wie z.B. ein einzelner Impuls oder auch ein Stück eines Mikrofonsignals können auf die gleiche Weise durch eine Summe von Schwingungen verschiedener Frequenz nachgebildet werden.

Das Spektrum einmaliger und aperiodischer Vorgänge

In diesem Fall ist es allerdings nicht ausreichend, nur die ganzzahligen Vielfachen irgendeiner Grundfrequenz – die ja gar nicht mehr existiert – als Bausteine zu verwenden. Jetzt muss man damit rechnen, dass ein dichtes Netz aller möglichen Frequenzen eingesetzt werden muss, um solch ein Signal nachzubilden. Anstelle der diskreten Linien erscheint jetzt im Spektrum ein Kontinuum von Frequenzen mit bestimmten Amplituden und zugehöriger Phasen. Auch solche kontinuierlichen Spektren sind ebenso wie die diskreten Spektren periodischer Vorgänge auf mathematischem Wege wieder in ihre zeitlichen Vorgänge rückwandelbar. Dieser rechnerischen Wandlung vom Signal zum Spektrum und wieder zurück werden wir in den folgenden Kapiteln noch oft begegnen – sie ist ein außerordentlich wichtiges Werkzeug für viele moderne Verfahren der Signalverarbeitung.

Das Leistungsspektrum

Oft allerdings ist man an einer spektralen Signaldarstellung nur deshalb interessiert, weil man wissen möchte, über welchen Frequenzbereich sich ein bestimmtes Signal erstreckt, um Verstärker oder Übertragungsleitungen entsprechend dimensionieren zu können. Dazu wird die Phaseninformation nicht gebraucht. Man berechnet dann einfach die im betreffenden Signal enthaltenen *Leistungs*anteile in Abhängigkeit von der Frequenz. Allerdings müssen auch dazu exakte Kenntnisse über den Signalverlauf bekannt sein. Handelt es sich dagegen um ein scheinbar regelloses Signal wie das Sprachsignal oder auch den zeitlichen Verlauf der Helligkeiten in einem Bildsignal, wird eine Berechnung nahezu aussichtslos. Dann kann man sich nur noch durch die Angabe eines *gemessenen* und über eine längere Zeit gemittelten Leistungsspektrums retten, wie es in Bild 1.10 für das Sprachsignal dargestellt ist. In jedem Fall gelingt es aber nun nicht mehr, aus einem Leistungsspektrum wieder den zeitlichen Verlauf zu berechnen – eben weil die dazu entscheidende Information über die Phase nicht zur Verfügung steht. Aber das ist für den genannten Zweck auch nicht nötig.

In Bild 1.9 war von den „zugeordneten Amplituden" der einzelnen spektralen Anteile die Rede, und später dann von der *Berechnung* des Spektrums. Ohne weiter ins Detail zu gehen, können wir uns hier auf die lapidare Aussage beschränken: Zur Berechnung dieser notwendigen Amplituden und Phasen der Teilschwingungen eines Spektrums gibt es mathematische Formeln, unter der Voraussetzung, dass der zeitliche Verlauf eines Signals gegeben ist. Die Mathematiker nennen sie *Fourierreihe* für periodische Vorgänge und *Fouriertransformation*

1.6 Dualität der Beschreibung

für aperiodische Vorgänge. Ist umgekehrt das vollständige Spektrum bekannt, dann lässt sich daraus rückwirkend die Zeitfunktion – durch eine ähnliche Operation – wiedergewinnen. Fouriertransformation und – als umgekehrter Vorgang – *Fourier-Rücktransformation* (auch *inverse Fouriertransformation* genannt) stellen also eine mathematische Verbindung zwischen einem zeitlichen Vorgang und seinem Spektrum dar.

Fourierreihe und Fouriertransformation

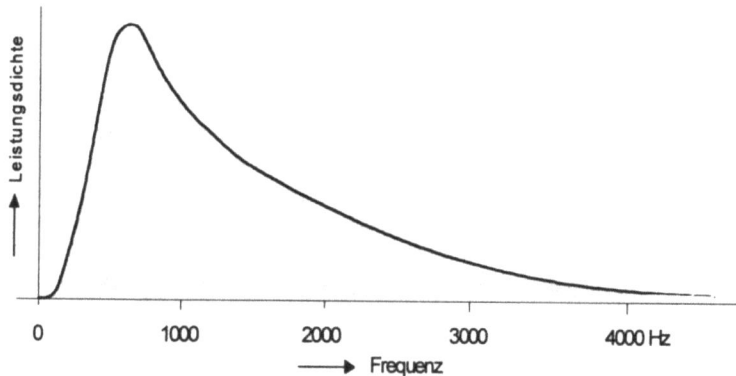

Bild 1.10
Prinzipieller Verlauf des mittleren Sprachspektrums

Das Leistungsspektrum des Sprachsignals hat etwa diesen Verlauf mit einem Maximum bei 500 ... 800 Hz. Tiefere und höhere Frequenzen sind mit weit geringeren Leistungsanteilen vertreten.

Das Spektrum eines Signals ist also nach all dem Gesagten nichts weiter als dessen Darstellung im Frequenzbereich – als eine Angabe oder grafische Darstellung derjenigen Frequenzen und ihrer jeweiligen Amplituden- und Phasenwerte, die in ihrer Summe das Signal, oder allgemeiner: die ursprüngliche Zeitfunktion nachbilden. Ungeachtet der vielen möglichen Signalformen und ihrer Spektren kann man einige grundsätzlich geltende Zusammenhänge schon aus dem Beispiel in Bild 1.8 erkennen.

Eine wichtige Erkenntnis ist diese: Je schneller ein Signal sich ändert, desto schnellere, also hochfrequentere Schwingungen sind erforderlich, um diese Änderungen zu beschreiben, desto ausgedehnter oder breiter ist folglich auch sein Spektrum. Dieser zur mehr oder weniger guten Darstellung des Signals notwendige Frequenzbereich wird als die *Bandbreite* des Signals bezeichnet.

Die Bandbreite eines Signals

Bild 1.11
Einfluss der Bandbreitenbegrenzung auf die Impulsform

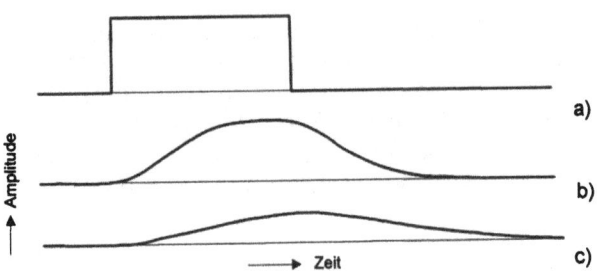

Die Einzelimpulse eines Binärsignals müssen nicht in rechteckiger Form (a) übertragen werden. In diesem Fall würde eine unbegrenzt hohe und unökonomische Bandbreite des Übertragungskanals erforderlich sein. Bei einer Übertragungsbandbreite, die ungefähr gleich der reziproken Dauer eines Bits ist, sind die Impulse zwar abgerundet, aber klar unterscheidbar (b). Ist die Bandbreite zu klein, erreichen die Amplituden der Impulse am Ende der Übertragungsstrecke nicht mehr ihren Maximalwert (c) und – was schlimmer ist – sie überdecken sich gegenseitig so stark, dass sie dann nicht mehr eindeutig dekodierbar sind. Man erkennt aus dem Bild auch, dass mit einer Bandbegrenzung immer eine Verzögerung des Signals verbunden ist.

Übertragungsbandbreite

In der Regel werden aber die Leistungsanteile im oberen Teil des Spektrums immer geringer. Wenn man sich also mit einer gewissen Annäherung an das originale Signal zufrieden gibt, kann man sich meist auf einen begrenzten Teil des Spektrums beschränken. Die einem Signal zugeordnete Bandbreite kann also in den meisten praktischen Fällen – etwas willkürlich zwar – auf einen endlichen Wert festgelegt werden. Das ist zweckmäßig und auch notwendig, weil auch jeder Übertragungsweg zwischen Sender und Empfänger spektral begrenzt ist, d.h. er kann nur einen bestimmten Frequenzbereich verarbeiten. Die Übertragungsbandbreite eines Kanals muss also mindestens gleich oder größer als die Bandbreite des zu übertragenden Signals sein. Das ist manchmal nicht unproblematisch. Einen typischen Fall dieser Art werden wir uns im nächsten Abschnitt ansehen.

1.7 Sprache und Bilder

Das Telefon ist in seinen vielfältigen Varianten immer noch das meistgenutzte Kommunikationsmittel, als festes Gerät zuhause auf dem Tisch oder als Handy in der Tasche. Wie in Bild 1.10 schon dargestellt, lässt sich auch für das Sprachsignal ein *Leistungs*spektrum angeben.

1.7 Sprache und Bilder

Das Sprachspektrum beginnt bei recht tiefen Frequenzen. Bei Falstaff-Typen liegt die Grundfrequenz bei etwa 70 Hz. Die sehr hohen Frequenzen sind ebenso wie die sehr tiefen nur mit geringer Leistung vorhanden. Trotzdem – für eine gute Übertragung der Sprache ist ein Frequenzbereich bis an die 10 000 Hz (10 kHz) zweckmäßig. Aber wir werden noch merken: Bandbreite ist in technischen Geräten nicht umsonst zu haben. Je größere Bandbreiten auftreten – auf den landesweiten Übertragungsstrecken der Telefonverwaltungen ebenso wie in den Funkkanälen der Sender – desto größer ist der notwendige technische Aufwand, und desto teurer wird es für den Nutzer.

Bild 1.10 zeigte das kontinuierliche Leistungsspektrum eines Sprachsignals, wie es über eine längere Zeit gemittelt am Mikrofonausgang eines üblichen Telefons etwa gemessen werden kann. Allerdings muss es in diesem Fall tatsächlich gemessen werden, denn sein genauer Zeitverlauf ist ja nicht von vornherein bekannt. Eine Berechnung ist für ein solches quasi-zufälliges Signal nur bedingt und in seltenen Fällen möglich, dann nämlich, wenn es zwar zufällig ist, aber doch Einiges über sein Zufallsverhalten bekannt ist. Und in jedem Fall erhält man eben immer nur ein *Leistungsspektrum*. Im Gegensatz zu dem *Amplitudenspektrum,* das sich bei periodischen Signalen ergibt, enthält es keine Information mehr über die Phasen, also etwaige kleine zeitliche Verschiebungen der Harmonischen. Das ist zweifellos eine Einschränkung. Insbesondere kann aus ihm, wie gesagt, der Zeitverlauf nun nicht mehr rekonstruiert werden. Aber es ist trotzdem nützlich. Denn selbst in einem solchen Spektrum steckt ja die wichtige Information über die Bandbreite des Signals und damit auch über die notwendige *Übertragungsbandbreite* des verwendeten Übertragungskanals, also z.B. des Kabels. Man erkennt auf einen Blick, welche wesentlichen Frequenzbereiche zur exakten Übertragung des Signals erforderlich sind, und welche mit so geringen Leistungsanteilen vertreten sind, dass man auf sie zugunsten einer billigeren Übertragungstechnik verzichten kann.

Für den Telefondienst mit seinen unendlich vielen Übertragungsleitungen war ein solcher Kompromiss unbedingt erforderlich. Man versuchte also, die Bandbreite des zu übertragenden Sprachsignals soweit wie möglich einzuschränken. Man verzichtete darauf, den zeitlichen Verlauf des Schalldrucks vollständig und originalgetreu zum anderen Teilnehmer zu bringen, sondern beschränkte sich auf die Einhaltung einer bestimmten *Verständlichkeit* der übertragenen Nachricht.

Wie misst man die Verständlichkeit? Das Verfahren ist ziemlich einfach: Auf der einen Seite eines Übertragungssystems, also z.B. der Telefonleitung, werden aus einer vorbereiteten Liste einfache Silben ohne Sinn in ein Mikrofon gesprochen – gnu, erf, schin. Auf der ande-

Silben-, Wort- und Satzverständlichkeit

ren Seite schreibt ein Zweiter auf, was er in seinem Telefonhörer versteht. Da die Silben sinnlos sind, kann er sie nicht erraten. Er muss sich also auf sein Gehör und die Qualität der Übertragung verlassen. Zwischen den Sprecher und den Hörer aber werden in die Übertragungsleitung elektrische Filter eingeschaltet, die das Spektrum immer weiter einengen, bestimmte Teile der hohen oder der tiefen Frequenzen nicht durchlassen. Zuerst von den hohen Frequenzen her. Da lässt sich viel abschneiden. Die genannten 10 kHz sind bei weitem nicht erforderlich, einige 1000 Hz reichen vollständig aus. Geht man noch tiefer, klingt die Sprache dann zunehmend dumpfer und unwirklich. Der Schreiber am anderen Ende der Leitung muss sich sehr anstrengen, um die übertragenen Silben noch zu verstehen. Je mehr der hohen Frequenzen abgeschnitten werden, desto häufiger treten Missverständnisse auf, er kann Explosiv- und Zischlaute kaum noch unterscheiden. Ähnliches geschieht dann, wenn mehr und mehr tiefe Frequenzen aus dem Spektrum entfernt werden. Der natürliche Klang geht immer mehr verloren, der Sprecher wird nicht mehr erkannt.

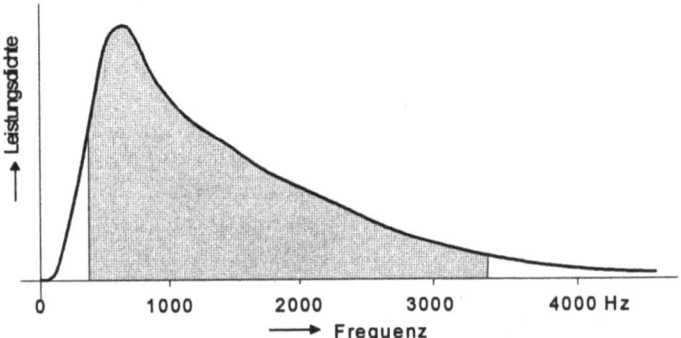

Bild 1.12
Bandbegrenzung
des Sprachsignals

Zur Signalübertragung im Telefonverkehr ist es ausreichend, das breite Leistungsspektrum des Sprachsignals zu begrenzen. Höhere und tiefere Frequenzen müssen nicht mit übertragen werden. Auch dann ist es in der Regel möglich – wie wir alle aus Erfahrung wissen – den Sprecher am anderen Ende der Leitung an der Stimme zu erkennen und – ungestörte Übertragung vorausgesetzt – praktisch jeden Satz zu verstehen.

Das Ergebnis solcher Messungen ist interessant: Zur verständlichen Sprachübertragung genügt ein Frequenzbereich von 300 bis 3400 Hz. Die Silbenverständlichkeit ist dabei zwar schon merklich verschlechtert. Wie ein Vergleich der Listen von Sprecher und Hörer zeigen, sind kaum 70% der Silben noch richtig verstanden worden. Aber das klingt schlimmer als es in Wirklichkeit ist. Denn in einem echten Gespräch werden ja nicht sinnlose Silben gesprochen, sondern Worte

1.7 Sprache und Bilder

und ganze Sätze. Und hier springt das menschliche Gehirn mit seinen einzigartigen Fähigkeiten der Erinnerung und der Extrapolation ein: Es kennt die üblichen Worte und Satzstellungen und ist geübt darin, unvollständige oder durch vielfältige Nebengeräusche verstümmelte Sprachfetzen zu erkennen. Und es korrigiert in diesem Fall die Schwächen der Technik: Die Verständlichkeit von realen *Worten* bei einer solchen bandbegrenzten Verbindung ist bereits über 90%, die *Satz*verständlichkeit nahe 100%. Alle Telefonverwaltungen der Welt hatten sich über ein Jahrhundert lang auf diese Bandbreitennorm geeinigt – bis es durch die modernen digitalen Verfahren gelang, weitere Schlupflöcher zu finden.

Interessant ist übrigens, dass bei diesem Verfahren der sogenannten Frequenzbandbegrenzung die eigentliche Grundfrequenz der menschlichen Stimme (der *Grundton*) überhaupt nicht übertragen wird. Bei einem Mann liegt sie bei normalem Sprechen etwa um 100 Hz, bei einer Frauenstimme wenig darüber. Diese Grundfrequenz wird einfach mit weggeschnitten. Trotzdem unterscheiden wir männliche und weibliche Stimmen durchaus und erkennen sogar in der Regel den Sprecher. Die Signalverarbeitung in unserem Gehirn ist in der Lage, aus den vielen Oberwellen, die in jeder Lautäußerung stecken und die alle Vielfache der Grundfrequenzen sind, die Grundfrequenz wieder zu rekonstruieren.

Beim Rundfunk ging man zunächst nicht ganz so weit. Die Mittelwellensender übertragen Sprache und Musik mit einer Bandbreite von 4.5 kHz – für die Sprache eine befriedigende, für Musik eine bestenfalls gerade noch ausreichende Qualität. Aber jede Erhöhung der Bandbreite hätte eine Verringerung der Zahl der möglichen Sender zur Folge gehabt. Erst als man um 1950 den neuen Frequenzbereich der Ultrakurzwellen erschloss, konnte man auch auf diese Begrenzung verzichten und zur Freude der Hörer das volle Spektrum bis 15 kHz senden – erstmalig war eine Musikübertragung mit ausgezeichneter Qualität möglich geworden.

Dann kam das Fernsehen – eine völlig neue Signalart. Neben dem Begleitton war ein bewegtes Bild zu übertragen. Ein ganz neuer Anfang? *— Das Bildsignal des Fernsehens*

Keineswegs. Denn so, wie das Mikrofon Schallschwingungen in elektrische Ströme und Spannungen verwandelt hatte, so wandelt die Fernsehkamera ein Bild in einen elektrischen Strom, Punkt für Punkt und Zeile für Zeile. Eine Folge heller und dunklerer Bildpunkte wird als elektrischer Strom großer und geringerer Amplitude wiedergegeben. Wieder entsteht ein fast-chaotisches elektrisches Signal mit einem ständigen Wechsel zwischen großen und kleinen Strom- oder Spannungswerten, unterbrochen noch durch periodische, impulsartige Stromänderungen, die zur Stabilisierung von Bild und Zeilen erforderlich sind – die sogenannten Synchronimpulse. Allerdings geschehen die Änderungen dieses Signals weit schneller als die in Musik- oder Sprachsignalen. Bedeutet die höchste Tonfrequenz von 15 kHz, dass sich die schnellsten Änderungen von Strom oder Spannung innerhalb von rund 30 Mikrosekunden abspielen, so musste man sich jetzt an ganz andere Zeiten gewöhnen. Um dem Auge kontinuierliche Bewegung vorzutäuschen, waren 25 vollständige Bilder je Sekunde zu übertragen, geteilt in doppelt so viele Halbbilder, um die Täuschung komplett zu machen, und in jedem Bild 625 Zeilen mit je etwa 800 Bildpunkten. Zwischen zwei Bildpunkten liegen daher nur etwa 0.15 Mikrosekunden. Innerhalb dieser extrem kurzen Zeit muss es möglich sein, einen auftretenden Hell-Dunkel-Übergang durch eine schnelle Amplitudenänderung des elektrischen Stromes zu beschreiben. In einem solchen Signal treten selbst bei einer vernünftigen Bandbreitebegrenzung Frequenzanteile von einigen Millionen Hertz (Megahertz, MHz) auf. Andererseits sind aber auch tiefe Frequenzen zu erwarten, die mit der langsamen Bildwechselfrequenz zusammenhängen. Das Spektrum eines Bildsignals reicht somit von wenigen 10 Hz bis weit in den MHz-Bereich hinein.

Die Frequenzbezeichnungen für harmonische Schwingungen, mit denen wir es zu tun haben werden, sind:
- Hz – Hertz, Schwingungen je Sekunde
- kHz – Kilohertz, 1 kHz = 1000 Hz = 10^3 Hz
- MHz – Megahertz, 1 MHz = 10^6 Hz
- GHz – Gigahertz, 1 GHz = 10^9 Hz
- THz – Terahertz, 1 THz = 10^{12} Hz

Für die Bezeichnungen von Zeitintervallen werden folgende Abkürzungen verwendet:
- s – Sekunde
- ms – Millisekunde, 1 ms = 1/1000 s = 10^{-3} s
- µs – Mikrosekunde, 1 µs = 10^{-6} s
- ns – Nanosekunde, 1 ns = 10^{-9} s
- ps – Pikosekunde, 1 ps = 10^{-12} s

Fernsehsignale: siehe Abschnitte 3.7 und 6.3

Das Fernsehsignal ist tatsächlich eines der anspruchsvollsten Signale. Als es in den sechziger Jahren auch noch farbig wurde, halfen nur rigorose Maßnahmen, um auch die Farbsignale noch zu übertragen, ohne die Bandbreite ein weiteres Mal zu erhöhen. Erst die Digitalisierung brachte auch hier wieder neue Ideen und einen wirklichen Durchbruch. Darüber wird noch speziell zu reden sein.

1.8 Störungen – nicht zu vermeiden

Die Signale, über die wir eben sprachen, werden von ihren Empfängern *genutzt* – zur Kommunikation, zur Übermittlung wichtiger Mitteilungen und natürlich auch zur Unterhaltung. Sie sollen deshalb *Nutz*signale genannt werden.

Leider gibt es noch eine andere Gruppe: die der *Stör*signale. Das sind Signale, die unerwünscht sind, sie stören den Empfang oder die Erkennung der Nutzsignale. Sie können von ganz verschiedener Art sein, und selbst die Unterscheidung von Nutz- und Störsignal ist manchmal nicht so einfach. Ein Zwischenruf aus dem Auditorium in eine Rede ist in der Regel für denjenigen Zuhörer, der aufmerksam dem Redner lauscht, ein Ärgernis. Vom Standpunkt des Zwischenrufers her betrachtet war das ein Nutzsignal, denn er wollte durch den Ruf ja etwas bewirken. Der aufmerksame Hörer aber empfindet es als Störsignal, seine Aufmerksamkeit wurde abgelenkt, vielleicht hat er eine wichtige Passage der Rede nun gar nicht verstanden. Ein Nutzsignal des Einen kann also als Störsignal für einen Anderen wirken.

Etwas anders sieht die Sache aus, wenn im Nebenraum des Vortragssaals gerade ein Dübel in die Wand gebohrt wird. Zunächst ist diese Störung wohl kaum als Nutzsignal zu betrachten, außer im speziellen Fall vielleicht für den Meister, der daran erkennt, dass der Lehrling nicht schläft. Zweitens gibt es hier möglicherweise Signalanteile, die weit jenseits des menschlichen Hörbereichs liegen, etwa im Infra- oder Ultraschallbereich. Bei einem defekten Bohrmaschinenmotor reichen sie sogar bis weit in das Gebiet der hochfrequenten Wellen. Dieses Signal unterscheidet sich also in seinen Eigenschaften – etwa dem Spektrum – von dem Nutzsignal des Redners. Der aufmerksame Hörer wird also nur einen Teil des Störsignals – denjenigen, der in seinen engen Hörfrequenzbereich fällt – als Störung empfinden. Manchmal werden solche Signale auch *man-made noise* genannt – nicht-natürliche, sondern durch technische Quellen verursachte Störungen.

man-made noise = Störsignale aus technischen Geräten

Die Sache mit der Bohrmaschine weist übrigens auf eine besonders gemeine Art von Störungen hin: den elektrischen Funken, oder ganz allgemein den impulsartigen Störer. Er hat eine niederträchtige Eigenschaft: Sein Spektrum reicht von den niedrigsten bis zu den höchsten Frequenzen, er stört sämtliche Frequenzbereiche. Die schlecht entstörte Bohrmaschine macht sich deshalb nicht nur in den Lautsprechern des oben zitierten Vortragssaals bemerkbar, sondern sicher auch im Rundfunkempfänger des Nachbars, und zwar unabhängig davon, welchen Sender er gerade eingeschaltet hat. Man traut das so einem primitiven Funken zunächst überhaupt nicht zu.

Funkenstörungen

Ein einfaches Experiment aber kann demonstrieren, dass ein Impuls tatsächlich ein riesiges Frequenzspektrum besitzt: Ein harter Schlag gegen ein Klavier lässt sämtliche Saiten in Resonanz geraten!

Das Rauschen Schließlich gibt es den Begriff „Rauschen". Für jeden Techniker, der irgendwie mit dem Empfang und der Erkennung von Signalen zu tun hat, ist es ein Reizwort. Es setzt allen noch so wirkungsvollen Bemühungen zur Verbesserung technischer Geräte ein Ende. Es hat meist nichts mehr mit *man-made* zu tun, sondern liegt in der Struktur der Materie begründet. Die aber ist körnig. Der elektrische Strom ist kein Kontinuum, sondern wird durch eine Menge einzelner Elektronen gebildet. Ist die Stromstärke hoch, wirkt das wie ein einigermaßen gleichmäßiger Fluss. Die Schwankung des Vorgangs ist dann vernachlässigbar klein gegenüber dem Mittelwert des Vorgangs selbst und wird deshalb praktisch nicht wahrgenommen. Ist die Stromstärke aber gering, weil das ankommende elektrische Signal schwach ist, tröpfeln die Elektronen wie Regen auf ein Dach – es „rauscht". Auch das Licht ist auf diese Weise quantisiert. Es besteht ebenso wie der elektrische Strom aus elementaren Teilchen, den Photonen. Auch eine hohe Lichtleistung wird entsprechend als „gleichmäßig hell" wahrgenommen; bei einer sehr geringen Helligkeit lassen sich dann aber tatsächlich einzelne Photonen nachweisen.

Zufällige Teilchenbewegungen erzeugen Rauschstörungen Und noch schlimmer: Selbst, wo man gar keinen Strom vermutet, bewegen sich einzelne Elementarteilchen zufällig hin und her und imitieren einen solchen Rauschvorgang. Das geschieht nicht nur in jedem Stückchen Draht und der kleinsten elektrischen Leitung eines winzigen Mikrochips, sondern in jedem Material, in dem freie, nicht fest an die Atomkerne gebundene Elektronen existieren. Dieser Effekt setzt der Empfindlichkeit jeder Einrichtung, die zur Registrierung schwacher Signale gedacht ist, eine Grenze. Immer finden sich in allen elektronischen Einrichtungen winzige, zufällig veränderliche Ströme im Hintergrund. Natürlich machen sie sich vor allem dort bemerkbar, wo man es mit sehr schwachen Nutzsignalen zu tun hat, also am Eingang von Verstärkern und Funkempfängern oder Empfängern optischer Signale. Diese Funktionsgruppen müssen deshalb besonders sorgfältig entworfen und optimiert werden. Auch das Spektrum der Rauschsignale ist riesig und überdeckt praktisch alle Frequenzbereiche (Bild 1.13) – keine Überraschung für uns, wenn wir uns solche zufälligen Vorgänge als Summe vieler impulsartiger Einzelereignisse denken.

Allerdings werden diese Bewegungen immer geringer, je tiefer die Umgebungstemperatur ist – bei der absoluten Temperatur von 0 Kelvin, also -273 °C, herrscht dann Totenstille, und auch das elektronische Rauschen ist verschwunden. Deshalb werden manche höchstempfindlichen Empfänger gekühlt.

1.8 Störungen – nicht zu vermeiden

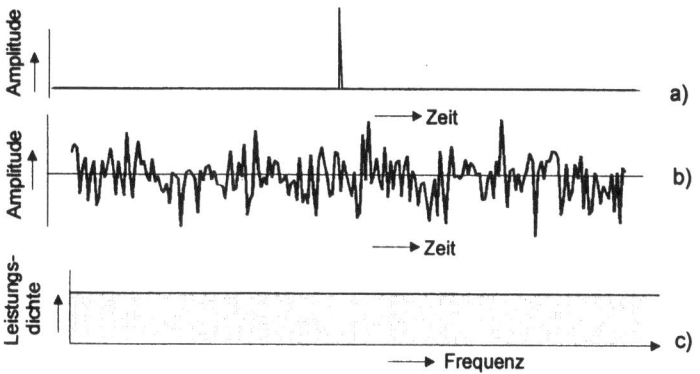

Bild 1.13
Das Rauschsignal

Sowohl ein sehr kurzer Einzelimpuls (a), z.B. ein Zündfunke, als auch das durch zufällige Bewegungen von Elektronen oder Photonen entstehende „Rauschen" (b) haben beide ein Leistungsspektrum (c), das von tiefen bis zu extrem hohen Frequenzen reicht. Beide Spektren unterscheiden sich lediglich durch im Rauschsignal zufällige, beim Impuls aber genau definierte Phasenlagen der Harmonischen. Ein solches Spektrum nennt man – in Anlehnung an das breite Spektrum des Sonnenlichts, das sich ebenfalls als weißes Licht repräsentiert – weißes Rauschen. An dem Beispiel wird übrigens deutlich, dass die Kenntnis des Leistungsspektrums nicht ausreicht, den Zeitverlauf zu rekonstruieren: Gleichen Leistungsspektren stehen völlig verschiedene Zeitverläufe gegenüber.

Auf alle diese Varianten werden wir in Zukunft immer wieder stoßen. Alle sind Störsignale, aber ihre Wirkung kann durchaus verschieden sein, wenn sie zusammen mit Nutzsignalen auftreten oder wie man sagt: sich den Nutzsignalen überlagern. Und sie treten nicht nur in technischen Kommunikationssystemen auf. Diskrete Photonen als Elemente des Lichts sind es, die Bilder auf die Netzhaut projizieren, und in den Nervenzellen erfolgt der Signaltransport durch Verschiebung elektrischer Ladungen. Natur und Technik haben also mit den gleichen Schwierigkeiten zu kämpfen. Aber es gibt Gegenmittel. Unbedingt notwendig ist es in jedem Fall, im Empfänger durch Frequenzfilter das Tor für die eindringenden Signale so eng wie möglich zu machen, also bis auf die Bandbreite des Nutzsignals einzuengen. Rauschen und andere Störsignale außerhalb dieses Bandes werden dann unweigerlich „abgeschnitten", können also nicht mehr zum Ausgang des Übertragungsweges vordringen.

Frequenzfilterung: siehe Abschnitt 5.5 und Bild 5.12

Tatsächlich erweist sich dieser „Kampf gegen Störungen" als außerordentlich wichtiges Grundproblem bei jeder Art des Empfangs und der

Verarbeitung von Signalen, in der Natur wie in der Technik. Es wird auch uns nicht erspart bleiben, immer wieder auf den Einfluss und den mehr oder weniger erfolgreichen Kampf gegen diese unerwünschten Störsignale einzugehen.

2 Signalwandlung

2.1 Vorbild Natur

Digitalisierung – ein Spitzenergebnis modernen Erfindergeists?

Keinesfalls. Denn digitale Signale gibt es nicht etwa erst seit der Einführung der Computer und auch nicht erst in den wenigen letzten Jahren, seitdem dieser Begriff in aller Munde ist. Im Gegenteil: Mit ihnen begann überhaupt die ganze Geschichte der Übertragung von Nachrichten über große Entfernungen – über so große Entfernungen, dass sie vom gerufenen Wort nicht mehr überbrückt werden konnten. Da waren die Feuer auf den Bergen, die verschlüsselt in Rauchsignalen Meldungen über Siege und Niederlagen übermittelten. Da winkten Seeleute mit Signalflaggen zwischen Schiffen, und da wurden über hunderte von Kilometern hinweg vom einen Ende Frankreichs zum anderen in Minutenschnelle mit dem schon genannten Flügeltelegraphen Telegrammtexte verschickt – kodiert in Stellungen schwenkbarer Holzflügel auf weithin sichtbaren Türmen.

Schließlich nahm 1844 der Ex-Kunstmaler Morse die erste elektrische Telegrafenlinie zwischen Washington und Baltimore in Betrieb, auf der Stromstöße vom Sender zum Empfänger liefen, einfache Folgen von elektrischen Impulsen, mit einem zwischen beiden Endstellen vereinbarten und – leicht verändert – bald international verwendeten Kodeschema, eine bestimmte Zeichenfolge für jeden Buchstaben. Und wenig später, im Jahre 1866, wurde, wie schon erwähnt, nach mehreren fehlgeschlagenen Versuchen dann das erste Unterwasserkabel zwischen Europa und Amerika verlegt und in Betrieb genommen – die erste Telegrafenverbindung zwischen zwei Kontinenten.

Optische und ...

Was da ausgetauscht wurde, waren keine kontinuierlichen elektrischen Signale wie Sprache und Musik. Es waren Zeichen, kodierte Buchstaben und Ziffern – digits. Und sie sahen nicht anders aus als die Impulse unserer heutigen Signale des digitalen Fernsehens oder die Signale in den Bündeln von Zehntausenden digitalisierter Telefonkanäle.

Nur ging das alles damals sehr viel langsamer vor sich. Kaum mehr als einige wenige Zeichen je Sekunde ließen sich mit Flaggen übertragen, und nicht viel mehr auf den Telegrafenleitungen. Heute geht es auf den optischen Übertragungsleitungen etwas hektischer zu.

...elektrische Signalübertragung

Über 100 Milliarden Impulse je Sekunde laufen da schon mal im Kern jeder einzelnen der haarfeinen Glasfasern, in einem Durchmesser von kaum einem hundertstel Millimeter. Ihr Spektrum liegt weit im hohen Gigahertzbereich – bei über 10^{11} Schwingungen in der Sekunde.

Aber lange ehe es die einen wie die anderen technischen Mittel zur Signalübertragung gab, war schon ein elementares und noch allgemeineres Prinzip vom großen Lehrmeister Natur entdeckt: Wenn es darum geht, in einem komplizierten Netzwerk viele noch dazu verschiedenartige Informationen zu verarbeiten und zu übertragen, dann sollte man zweckmäßig diese Signale zunächst in eine einheitliche Form bringen. Und diese Einheitssignale sollten möglichst resistent gegen Störungen aller Art sein.

Wir hören eine Stimme, vergleichen sie im Gedächtnis mit Hunderten uns bekannter Lautäußerungen und wissen, wer uns anruft. Wie ist diese außerordentlich komplexe Art der Signalverarbeitung möglich, die auch heute noch von keinem Computer perfekt beherrscht wird?

Die Antwort auf diese Frage ist nach wie vor offen – der vollständige Algorithmus ist bisher unbekannt. Einzelne Elemente dieses Netzwerkes aber kennt man, zum Beispiel den Mechanismus der Signalübertragung. Dieser und mit Sicherheit auch die oft hochkomplizierte Weiterverarbeitung erfolgen ausschließlich mit einfachen und störunempfindlichen impulsartigen elektrischen Signalen.

Der Mechanismus des Hörens

Nehmen wir das Ohr. Da ist zuerst eine Anpassung an das Schallfeld des umgebenden Raums nötig. Dafür ist das Außenohr verantwortlich. Es leitet den Schall vom großen Querschnitt der Hörmuschel zum Trommelfell. Der Gehörgang wirkt dabei wie eine Empfangsantenne für den Schall: Seine Länge von 2 cm entspricht einem Viertel einer Wellenlänge von 8 cm, und ist damit in grober Resonanz für eine Schallfrequenz von etwa 4 kHz. In diesem Bereich liegt deshalb das Empfindlichkeitsmaximum des menschlichen Gehörs. Anschließend wird die Bewegung des Trommelfells über eine interessante Mechanik der Gehörknöchelchen Hammer, Amboss und Steigbügel auf das Innenohr, die sogenannte Schnecke, übertragen. Stellt man sie sich aufgerollt vor, erkennt man, dass sie ebenfalls ein sinnvoll konstruiertes Resonanzgebilde ist. Beim Eintreffen von Schallwellen gerät die in ihrem Inneren ausgespannte Basilarmembran an bestimmten Stellen in Schwingungen. Hohe Schallfrequenzen erregen dabei Stellen nahe am Einkopplungspunkt, dem *ovalen Fenster*, tiefe Frequenzen erregen die Membran an ihrem Rand. Weil über ihre gesamte Länge Sinneszellen verteilt sind, die auf solche Bewegungen reagieren, geschieht damit eine Frequenz-Orts-Wandlung: Verschieden hohe eintreffende Frequenzen werden verschiedenen Orten auf der Basilarmembran und damit verschiedenen Sinneszellen zugeordnet. Eine

2.1 Vorbild Natur

erste interessante Feststellung also: Das Ohr registriert nicht den Zeitverlauf einer Schallschwingung, sondern wertet dessen Spektrum aus.

Nun aber wird es erst recht interessant: Die Sinneszellen ihrerseits wandeln diese Signale ein zweites Mal. Sie erregen unmittelbar mit ihnen gekoppelte Nervenzellen oder *Neuronen*, und die wiederum antworten mit impulsartigen Spannungsänderungen: Die Nervenzellen *feuern*. Die Häufigkeit – nicht die Amplitude! – dieser Impulse wächst mit steigender Intensität der Erregung.

Digitale Signale in Nervenzellen

Die Impulse benachbarter Neuronen werden auf außerordentlich komplizierte Weise räumlich verkoppelt. Wie in kleinen Zwischenverstärkern werden die Impulse in aufeinanderfolgenden Neuronen immer wieder regeneriert und verarbeitet. Geringe Amplituden- und Formänderungen auf ihrem Übertragungsweg und im Laufe der vielen Verarbeitungsschritte bleiben unwirksam – nur ihre Häufigkeit, verbunden mit der räumlichen Orientierung über die ungeheure Vielzahl der Nervenzellen, zählt.

Nervenleitung

Der gleiche Mechanismus der Nervenleitung wird für alle anderen Sinnesempfänger nicht nur des menschlichen Körpers verwendet. Das Auge, der Geruchssinn, der Tastsinn – sie alle wandeln ihre so verschiedenen Eingangssignale in ein Einheitssignal um, in elektrische Impulse.

Der Sinn dieser Maßnahme ist sofort einzusehen. Eine derart komplexe Signalverarbeitung, wie sie zwischen jedem unserer Sinnesorgane und den zentralen Bereichen des Gehirns vorgenommen wird, fordert eine so unfassbar große Zahl von Zwischenoperationen, dass eine Verarbeitung mit analogen Signalen aussichtslos wäre. Jede in einem genauen Amplitudenwert enthaltene Nachricht über die Intensität der Wahrnehmung würde nach wenigen Arbeitsschritten verfälscht. Die binären, also nur zweideutigen Einheitsimpulse sind dagegen von Schaltstelle zu Schaltstelle regenerierbar. Die notwendige komplexe Verarbeitung in einer großen Zahl von aufeinanderfolgenden Verkopplungen der einzelnen Signale aber wird durch zwei weitere wesentliche Faktoren gewährleistet: durch die Wandlung der Intensitätsinformation in einen Häufigkeitswert und durch die vorteilhafte Wandlung der spektralen in eine Ortsinformation.

Die Evolution hat damit gleich zwei Erkenntnisse der Nachrichteningenieure unserer Zeit vorweggenommen: die Einsicht in den Vorteil einer binären Signalverarbeitung, und die in den Vorteil einer gemeinsamen, elementaren Signalform für mehrere Sender-Sinneszellen, obgleich sie alle ganz verschiedene Eingangsinformationen repräsentieren.

38　　　　　　　　　　　　　　　　　　　　　　　2 Signalwandlung

Das Schlagwort Digitalisierung ist inzwischen auch für Nicht-Techniker zu einem festen Begriff geworden. Der digitale Ton ist im Zusammenhang mit der Compact Disk und dem Telefon weithin bekannt geworden, und das digitale Fernsehen ist gerade erfolgreich dabei, das letzte große Reservat der Analogtechnik zu besetzen.

2.2 Digitale und binäre Signale

Die Impulse in den Nervenleitungen erscheinen in ungleichmäßigen Abständen. Lediglich das zeitliche Mittel ihres Auftretens, ihre mittlere Häufigkeit, ist das Maß z.B. für die Intensität des ursprünglichen Reizes. Die Techniker konnten sich mit dieser Art Chaos in ihren Systemen bisher nur schwer anfreunden – sie lieben eine gewisse zeitliche Ordnung auf ihren Leitungen. Das Prinzip aber, ein Eingangssignal nicht in seiner in der Regel kontinuierlichen, also analogen Originalform zu übertragen, hat sich inzwischen durchgesetzt. Es wird gewandelt, vorzugsweise in ein digitales Signal, und von allen möglichen digitalen Signalen vor allem in ein binäres Signal.

Digitale Signale

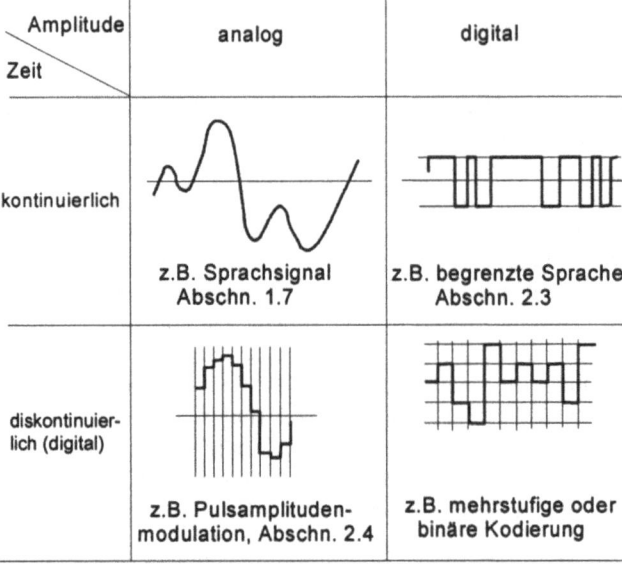

Bild 2.1 Verschiedenen Signalarten

Signale können einerseits in ihren momentanen Amplitudenwerten, andererseits aber auch im Zeitablauf kontinuierlich oder digitalisiert (also diskontinuierlich) erscheinen. Viele „natürliche" Signale sind in Zeit und Amplitude kontinuierlich (Gruppe links oben). Technische Signale sind dagegen heute zunehmend digital und gehören in die andere extreme Gruppe rechts unten. Dort wiederum nehmen die binären Signale mit nur zwei zugelassenen Signalzuständen eine Sonderstellung ein.

2.3 Digitale Sprache durch Begrenzung

Ein digit ist eine Ziffer, ein digitales Signal mit einer Amplitude, die nur eine abzählbare Anzahl von Zuständen, von Werten annehmen kann. Es steht damit im Gegensatz zu dem analogen, kontinuierlich veränderlichen Signal, das innerhalb vorgegebener und technisch sinnvoller Grenzen jeden beliebigen Amplitudenwert annehmen kann. Ein digitales Signal könnte somit in einem bestimmten Moment etwa einen der Amplituden- oder Spannungswerte +2, +1, 0, -1, -2 Volt annehmen, also genau und von Fall zu Fall nur jeweils einen dieser fünf verschiedenen Werte. Schon diese Festlegung, zwischen Sender und Empfänger ein für allemal getroffen, hätte Vorteile. Käme beim Empfänger ein auf dem Übertragungsweg gestörtes Signal mit dem Amplitudenwert 0.8 Volt an, würde es mit hoher Wahrscheinlichkeit einem tatsächlich gesendeten Signal von 1 Volt zugeordnet werden können. Die Wirkung der unterwegs addierten Störung wäre damit vollständig eliminiert. Eine solche Fehlerkorrektur ist bei Verwendung eines analogen Signals nicht möglich.

Allerdings funktioniert das nur bei geringen Störamplituden, nämlich dann, wenn die Störung kleiner als die Hälfte der Amplitudendifferenz zwischen zwei der vereinbarten diskreten Amplituden ist. Ganz sicher ist deshalb die Interpolation auf den nächstliegenden Amplitudenschritt allerdings nie, nur eben mehr oder weniger wahrscheinlich. Es ist also vorteilhaft, innerhalb des technisch zugelassenen Amplitudenbereichs möglichst wenige Amplitudenschritte festzulegen. Die kleinste mögliche Zahl ist wiederum die 2. Und damit ist man bei den binären Signalen angelangt. Sie können nur zwei Zustände haben, etwa +1 Volt und -1 Volt, oder +1 Volt und 0 Volt oder Schalter EIN und Schalter AUS, oder oder oder...

Nichts ist vollkommen, und auch die binäre Übertragung hat natürlich nicht nur Vorteile. Darüber wird noch zu sprechen sein. Aber sehen wir uns erst einmal an, welche Möglichkeiten es zur Bildung digitaler Signale überhaupt gibt.

2.3 Digitale Sprache durch Begrenzung

Wir sagten es schon: Die ersten Signale auf elektrischen Leitungen, die Morsezeichen, waren schon digitale Signale, und auch das nur wenige Jahre später geschaffene Telegrafenalphabet nutzte wiederum Folgen von Impulsen und Pausen. Auf diese Weise ließ sich Text übertragen, eine Folge von Buchstaben. Die Übertragung von Sprachschwingungen mit ihren ständig wechselnden kontinuierlichen Amplitudenverläufen wurde erst durch das Telefon von Graham Bell möglich. Im Jahre 1876 liefen seine ersten erfolgreichen Versuche, und schon zwei Jahre später wurde in den USA die erste Telefon-Vermittlungszentrale in Betrieb genommen.

Das Reis'sche Telefon

Tatsächlich hatte es aber schon vor Bell Experimente gegeben mit dem Ziel, auch Sprache auf elektrischem Wege zu übertragen. Der Erfinder war ein Schullehrer in einem kleinen Ort im Taunus, Johann Philipp Reis. Sein Verfahren – 1861 vorgestellt – war verblüffenderweise ebenfalls digital. Er reduzierte rigoros die Amplitudenwerte der kontinuierlichen Sprachschwingung auf zwei Werte: Größer als Null – kleiner als Null. Er nutzte senderseitig eine Membran, auf die, empfindlich einstellbar, eine Metallschraube so vorsichtig aufgesetzt wurde, dass sich gerade ein elektrischer Kontakt zwischen Membran und Schraube ergab. In einen Stromkreis mit einer Batterie geschaltet, floss also ein Strom. Wurde jetzt die Membran besprochen, begann sie im Takte der Sprachschwingungen zu vibrieren. Dabei wurde der Stromkreis im gleichen Takt unterbrochen. Es werden wohl nicht viel mehr als einige hundert Unterbrechungen je Sekunde gewesen sein. Die Leitung führte zu einem Empfangsgerät. Und das bestand aus einer Magnetspule, in der, aufgelegt auf zwei kleine Holzböckchen auf einem zigarrenkistenähnlichen Resonanzboden, eine Stricknadel lag. Und die vibrierte infolge des an- und abgeschalteten Stromes und damit auch des ständig wechselnden Magnetfeldes.

Das Gerät funktionierte tatsächlich. Einzelne Worte und Sätze sollen deutlich zu verstehen gewesen sein. Ein Schotte, der das Gerät nachbaute, fügte auf der Senderseite einen Tropfen Salzwasser zwischen Schraube und Membran dazu. Das verbesserte die Übertragung. Aber das Bellsche Telefon, das 15 Jahre später den Markt eroberte, war um Größenordnungen besser – es übertrug wirklich die kontinuierlichen Sprachschwingungen, und ließ die Versuche von Reis, der 1874 erst 40jährig starb, vergessen.

Bild 2.2
Das Reis'sche Telefon

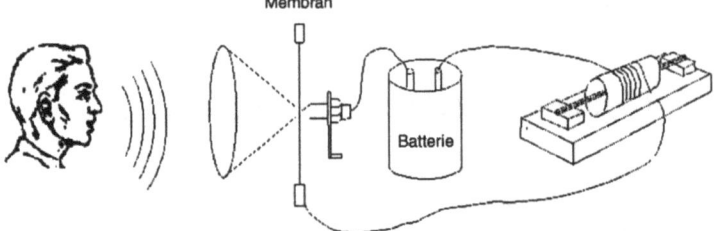

So konnte Philipp Reis die Übertragung von Sprache mittels des elektrischen Stromes zeigen. Die besprochene Membran vibrierte und unterbrach periodisch den Strom, der aus der Batterie über den Nadelkontakt und die Membran floss, und der auf der Seite des Empfängers eine Magnetspule erregte. Eine Stricknadel, lose auf zwei Böcke aufgelegt, kam dadurch in Bewegung und übertrug die minimalen Schwingungen auf den Resonanzboden eines Holzkästchens.

2.3 Digitale Sprache durch Begrenzung

Heute ist es leicht, mit geringem elektronischen Schaltungsaufwand, ohne einen einzigen Relaiskontakt und damit praktisch trägheitslos ein Sprachsignal bis auf einen kleinen binären Rest zu verzerren. Man schneidet einfach alle positiven und alle negativen Amplituden des kontinuierlichen Originalsignals (Bild 2.3a) soweit ab, dass tatsächlich nur noch die Nulldurchgänge des Signals informationstragend übrig bleiben (Bild 2.3b).

Gibt man dieses Binärsignal verstärkt auf einen Lautsprecher, klingt es dumpf und rau, ist aber einigermaßen verständlich. Doch es lässt sich mit einem weiteren Kunstgriff noch verbessern: Vor der Begrenzung wird das Sprachspektrum *linear verzerrt*. Das bedeutet einfach ein Anheben der hohen Frequenzanteile und ein Verringern der tiefen. Durch diese Manipulation wird die Form, also der zeitliche Verlauf des Signals verändert (Bild 2.3c). Die Zahl der Nulldurchgänge wird stark erhöht. Wird nun dieses Signal bis zum Binärsignal begrenzt (Bild 2.3d), ist jedes Wort zu verstehen, wenn auch in einer unnatürlichen Tonlage und etwas verkratzt wie auf einer alten Schallplatte.

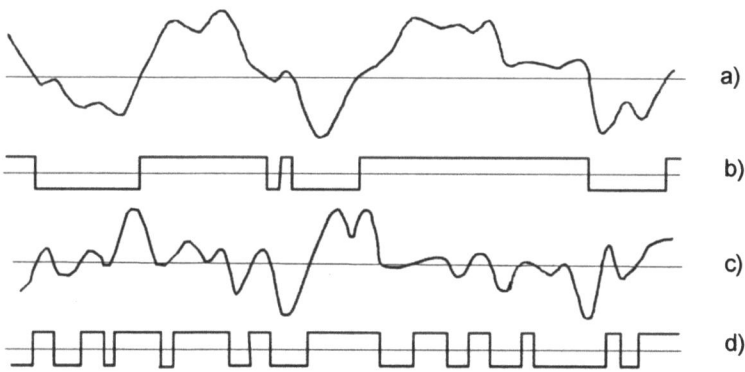

Bild 2.3
Amplitudenbegrenztes Sprachsignal

Begrenzt man die momentanen Amplitudenwerte eines analogen Sprachsignals (a) bis auf die Nulldurchgänge, entsteht ein binäres, aber in dieser Form schlecht verständliches Signal (b). Werden dagegen durch ein sehr einfaches elektrisches Filter die im analogen Signal enthaltenen hohen Frequenzen gegenüber den tiefen Frequenzen angehoben (c) und wird es danach begrenzt (d), ist die Verständlichkeit recht gut, obgleich nun keinerlei Ähnlichkeiten mehr im zeitlichen Verlauf zwischen diesem und dem Originalsignal erkennbar sind.

Vergleicht man dieses Signal mit der ursprünglichen Sprachschwingung (Bild 2.3a), ist nahezu keine Ähnlichkeit mehr zu erkennen. Nur dadurch, dass das Ohr das Spektrum und nicht die Zeitfunktion des Schalls analysiert, ist die Verständlichkeit dieses Signals erklärlich.

Das Verfahren von Philipp Reis würde heute als *Begrenzung des Sprachsignals bis auf die Nulldurchgänge* bezeichnet werden. Es ist nur deshalb noch von akademischem Interesse, weil es zeigt, wie ungeheuer stark der Zeitverlauf eines Sprachsignals verändert werden kann, ehe es unverständlich wird. Oder mit anderen Worten: Wie ausgezeichnet das menschliche Hörsystem auch auf ein in seinem zeitlichen Verlauf völlig verändertes Sprachsignal noch reagiert.

Unter diesem – und nur unter diesem – Gesichtspunkt ist die Sprachsignalbegrenzung heute noch interessant. Als technisches Verfahren hat sie keine Bedeutung. Von unseren modernen digitalen Nachrichtensystemen wird vielmehr eine sehr hohe Übertragungsqualität verlangt. Dabei wird nicht nur eine maximale Verständlichkeit gefordert, sondern auch die mögliche Erkennung unseres Gegenüber an seiner Aussprache, und nicht zuletzt auch der feinen Nuancen des gesprochenen Wortes, die oft so viel aussagen – schon beim Telefonieren, und noch viel mehr in einer Rundfunksendung.

Bis vor wenigen Jahren glaubte man, dieses Ziel nur durch eine absolut identische Übertragung des zeitlichen Verlaufs der Schallschwingung und des Mikrofonsignals erreichen zu können. Wollte man auf dem Übertragungsweg die Vorteile digitaler Signale nutzen, mussten also sowohl sender- als auch empfängerseitig geeignete Wandler gefunden werden. Wie kann man ein kontinuierliches Signal in ein digitales umwandeln und trotzdem sicherstellen, dass es auf der Empfängerseite in voller kontinuierlicher Schönheit wiederhergestellt werden kann? Kann man das Verfahren kopieren, das uns die Natur mit der Nervenleitung vormacht?

Impulsfrequenz- modulation

Das Verfahren, die Häufigkeit von Impulsen als Maß für die Intensität des Originalsignals zu nutzen, wird tatsächlich mit kleinen Abwandlungen gelegentlich zur Übertragung von Messdaten oder auch von einzelnen Sprachsignalen genutzt, und zwar dann, wenn nicht so sehr eine hohe Übertragungsgenauigkeit und -qualität, aber dafür billige Wandler gefordert werden. Ein Impulsgenerator, der Impulse mit einer zunächst festen Frequenz abgibt, ist nicht sehr aufwendig. Wird diese Impulsfrequenz durch das Originalsignal gesteuert, also entsprechend dessen Amplitude vergrößert oder verkleinert, verhält sich das abgegebene Signal wie dasjenige auf den Nervenleitungen: Die Häufigkeit der Impulse in einer bestimmten Zeiteinheit ist der jeweiligen Amplitude des Originalsignals proportional; durch eine ebenfalls sehr einfache Mittelwertbildung auf der Empfängerseite erhält man das Originalsignal mit seinem kontinuierlichen Amplitudenverlauf zurück.

In einem Punkt allerdings unterscheiden sich beide Anwendungen: Dem Techniker fehlt die riesige Vielzahl der parallelen Nervenleitungen – er hat in der Regel nur eine einzige Leitung zwischen Sender und Empfänger zur Verfügung. Eine Mittelwertbildung braucht aber viele Impulse je Messwert, um einigermaßen genaue Werte zu ergeben. Da bleibt nichts anderes übrig, als die mittlere Impulsfrequenz sehr hoch zu wählen – sehr hoch jedenfalls gegenüber der Änderungsfrequenz des Originalsignals. Was das bedeutet, ist zu erahnen: Die Bandbreite des impulsfrequenzmodulierten Signals ist ganz erheblich viel größer als die des Originalsignals. Das Verfahren ist also wirklich nur für schmalbandige Signale sinnvoll verwendbar.

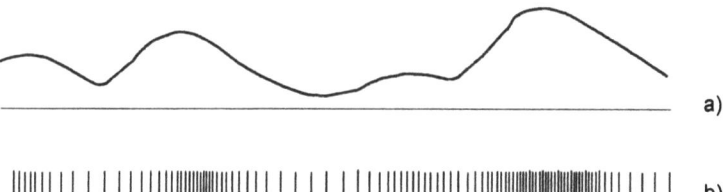

Bild 2.4
Die Impulsfrequenzmodulation

Mit dem Verfahren der Impulsfrequenzmodulation lässt sich prinzipiell eine recht gute Qualität der Übertragung eines analogen Signals (a) mittels binärer Impulse (b) realisieren. Die Frequenz eines Impulsgenerators wird dabei einfach durch den kontinuierlichen Verlauf der momentanen Amplitudenwerte verändert. Empfängerseitig wird durch eine primitive Filterschaltung der laufende Mittelwert aus der Impulsfolge gebildet. Er folgt mit einer geringen Verzögerung genau dem ursprünglichen analogen Signal.

2.4 Das exakte Rezept

Auch Temperatur, Luftdruck oder Luftfeuchte sind zeitlich kontinuierlich verlaufende Größen. In jeder Wetterstation wird ihr Verlauf ständig registriert, etwa mit Geräten, die mit einem Tintenstift auf einer langsam rotierenden Trommel eine glatte, ununterbrochene Kurve aufzeichnen. Aber das ist eigentlich überflüssig. Da sich alle drei Größen nur langsam ändern, reicht es aus, im Minuten- oder gar im Stundenabstand zu messen und diese Werte dann in einem Diagramm zu einer glatten Kurve zu verbinden.

Ist das Verfahren tatsächlich zulässig? Lässt sich ein kontinuierlicher Kurvenverlauf wirklich durch eine Folge von Einzelwerten, gemessen in bestimmten Zeitabständen, exakt beschreiben? Ganz offensichtlich wird man doch zum Beispiel bestimmte schnelle Temperaturschwankungen verpassen, wenn man das Thermometer zu selten, also in zu großen Zeitabständen, abliest. Andererseits ist logisch, dass durch ein Ablesen in sehr kurzen Abständen dieser Fehler offenbar vermieden werden kann, andererseits aber der Messaufwand natürlich erhöht wird. Wo liegt also der goldene Mittelweg?

Die Mathematiker haben dieses Problem mehrfach diskutiert. Speziell für die Anwendung in der Signaltheorie ist es mit dem Namen des Amerikaners Claude Shannon verbunden, den wir schon bei der Diskussion des Informationsbegriffes kennen lernten. Die Schlussfolgerungen seiner Überlegungen sind einfach. Sieh dir das Spektrum deines zeitlichen Vorgangs an, sagt er, und zwar unabhängig davon, ob es sich um einen Temperaturablauf, die Börsenkurse oder ein Mikrofonsignal handelt. Ermittle die höchste Frequenz, also die schnellste Änderung, die in diesem Spektrum vorkommt oder die dich noch interessiert, und multipliziere sie mit dem Faktor 2. So oft, mit dieser Frequenz musst du mindestens die Werte deiner Zeitfunktion ablesen. Aus diesen periodisch und zu diskreten Zeiten bestimmten Werten lässt sich der Zeitverlauf eines auf diese Weise bandbegrenzten Signals vollständig und mathematisch exakt wiedergewinnen!

Bild 2.5
Eine kontinuierliche Funktion wird abgetastet

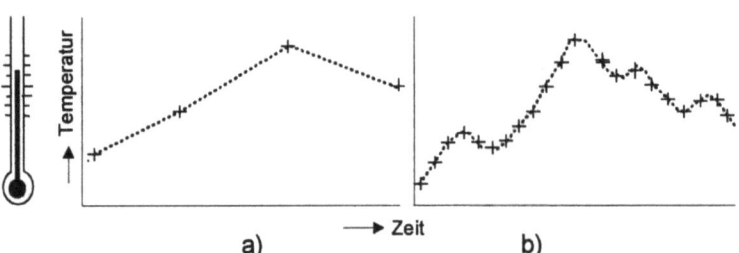

a) → Zeit b)

Wird ein Thermometer in sehr großem Zeitabstand abgelesen (a), werden schnelle Temperaturänderungen nicht mehr erkannt und deshalb übersehen. Je kürzer die Ableseintervalle gewählt werden, desto größere Detailkenntnisse sind zu erwarten (b). Natürlich steigt dabei der Arbeitsaufwand und möglicherweise werden dabei völlig unwichtige Details registriert. Es ist daher sicher zweckmäßig, einen vernünftigen Kompromiss zu finden.

Diese Vorschrift wird als Shannonsches *Abtasttheorem* bezeichnet, obwohl er nicht der eigentliche Erfinder dieses Gesetzes ist. Das Abtasttheorem ist der erste Schritt zu einer wirklich eineindeutigen Wandlung aller kontinuierlichen bandbegrenzten Signale.

2.4 Das exakte Rezept

Nicht nur für das Sprachsignal haben wir mit der Umsetzung dieser Regel zunächst eine Schwierigkeit, denn das Spektrum ist breit, und es gibt eigentlich keine exakte Grenze, keine höchste Frequenz. Immerhin können wir aber das schon einmal mit Erfolg angewendete Verfahren wiederholen, das Spektrum künstlich zu begrenzen. Für ein ausreichend verständliches Telefongespräch – wir erinnern uns – können wir das Frequenzband bei einer höchsten Frequenz von 3400 Hz abschneiden. Für eine hochqualitative Rundfunkübertragung von Musik einigen wir uns auf eine Maximalfrequenz von 15 000 Hz, und unterdrücken alle höheren Frequenzen ganz einfach. Damit ist das Shannonsche Rezept anwendbar geworden. Ein Telefonsignal muss danach mindestens 6800 mal je Sekunde abgefragt, *abgetastet* werden, ein Musiksignal allerdings mindestens 30 000 mal.

Das Abtasttheorem:
$f_A = 2 \cdot f_{g,max}$
f_A – Abtastfrequenz,
$f_{g,max}$ – maximale Signalfrequenz

Bleiben wir zunächst beim Sprachsignal. Für alle anderen Signale sind die im Folgenden beschriebenen Vorgänge vollständig gleich, nur eben mit anderen Zahlenwerten. Das Abtasttheorem gibt eine Mindestfrequenz für die Abtastung vor. Wegen einiger technischer Schwierigkeiten mit den offensichtlich immer zur Spektrenbegrenzung notwendigen Frequenzfiltern hat man sich international auf einen runden und etwas höheren Sicherheitswert geeinigt: Man misst alle 125 µs, die Abtastfrequenz ist also 8000 Hz. In diesen Abständen wird – einen sehr kurzen Moment lang, praktisch also momentan – die jeweilige Amplitude des Sprachsignals abgefragt. Das ist nun selbstverständlich nicht mehr „von Hand" möglich, sondern nur mit Hilfe schneller elektronischer Schaltungen. Das Ergebnis der Abfragen ist wieder ein elektrisches Signal – eine im Takte der Abtastfrequenz fortlaufende Folge extrem schmaler Impulse, deren Amplitude genau den jeweiligen Werten des kontinuierlichen Sprachsignals zu den betreffenden Zeitpunkten entspricht. Man bezeichnet das als pulsamplitudenmodulierte Folge (PAM).

Die Wiederherstellung des ursprünglichen Signals aus einer solchen PAM-Folge geschieht laut mathematischer Vorschrift und auch in der Praxis fast unglaublich einfach dadurch, dass man sie durch ein Frequenzfilter schickt, das genau das gleiche wiederholt, was man mit dem Signal vor der Abtastung gemacht hat: Es begrenzt das riesig breite Spektrum der PAM-Folge – man denke an die schmalen Impulse! – auf die halbe Abtastfrequenz, hier also auf 4000 Hz. Am Filterausgang entsteht dann, wenn man von einer geringen zeitlichen Verzögerung absieht, tatsächlich exakt wieder das ursprüngliche analoge Signal.

PAM = pulse amplitude modulation

Es ist nur schwer vorstellbar, dass eine solche zeitlich diskrete Folge von Abtastwerten wirklich wieder genau in die ursprüngliche Kontinuität überführt werden kann. Für diejenigen Leser, die es genau wissen wollen, und weil wir hier keine mathematische Beweise bringen wollen, versuchen wir es mit einer wenigstens annähernd plausiblen Erklärung.

Ein Filter interpoliert

Das Filter reagiert auf jeden der schmalen Einzelimpulse (Bild 2.6b) des abgetasteten kontinuierlichen Signals (Bild 2.6a) auf eine ganz spezielle Art, nämlich durch ein seiner speziellen Grenzfrequenz entsprechendes langsames periodisches Anschwingen, einem einzigen großen Maximalausschlag, dessen Amplitudenwert umso größer ist, je größer der betreffende Impuls ist, und einem ebenso langsamen Ausschwingen (in Bild 2.6c als ausgezogene Linien eingetragen). Der Abstand zwischen den Nulldurchgängen dieses Antwortsignals des 4000 Hz-Filters auf jeden einzelnen der Impulse ist aber genau 125 µs. Da die einzelnen Impulse der Folge gerade diesen gegenseitigen Abstand haben, erscheinen die beschriebenen Maximalwerte der einzelnen Filterantworten auf die aufeinanderfolgenden Impulse zu eben den Zeitpunkten, wo die Filterantwortsignale aller benachbarter Impulse gerade Null sind, z.B. die Zeitpunkte 1,2 und 3 in Bild 2.6c.

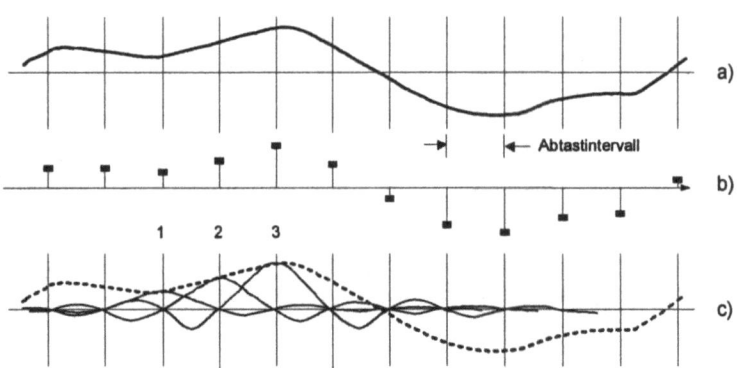

Bild 2.6 Abtastung und Wiederherstellung des kontinuierlichen Signalverlaufs

Das bandbegrenzte kontinuierliche Sprachsignal (a) wird periodisch alle 125µs abgetastet, also 8000 mal in jeder Sekunde. Es entsteht eine Folge kurzer Impulse, deren Amplituden (b) genau dem jeweiligen momentanen Amplitudenwert des ursprünglichen kontinuierlichen Signals entsprechen. Das Signal ist in dieser Form also zeitlich digitalisiert, aber noch amplituden-kontinuierlich, gehört also in die Gruppe links unten in Bild 2.1. In Zeile (c) sind die Reaktionen eines empfängerseitigen 4 kHz-Filters auf die zu den Zeitpunkten 1, 2 und 3 ankommenden PAM-Impulse gezeigt; werden ihre Momentanwerte addiert, erkennt man, dass tatsächlich der kontinuierliche Verlauf (gestrichelt) wieder hergestellt wird. Die Verzögerungen, die das Einschwingen des Filters mit sich bringt, sind nicht berücksichtigt.

2.5 Kodierung im Dualsystem

Am Ausgang des Filters aber sind diese Einzelantworten nicht mehr zu unterscheiden – dort wirkt nur deren Summe. Und der Verlauf dieser Summenfunktion ist tatsächlich genau wieder das ursprüngliche bandbegrenzte Signal: Zu den Abtastzeitpunkten ist die Summe immer gerade gleich der Impulsantwort des einen einzigen Abtastwertes zu diesem Zeitpunkt – alle anderen Impulsantwortfunktionen sind ja in diesem Moment verschwunden und gleich Null. Dazwischen aber wird durch die Summe der Vielzahl der Einschwingvorgänge des Filters aller vorhergehenden und aller folgenden Impulse der kontinuierliche Übergang zwischen diesen Abtastpunkten zu einer glatten Kurve interpoliert – das kontinuierliche Signal ist wieder hergestellt. Kein noch so geschickter Zeichner mit seinem klassischen Kurvenlineal könnte es besser.

Aber mit diesen Betrachtungen zur möglichen Rückwandlung der Abtastwerte sind wir schon einen Schritt zu weit gegangen – noch haben wir mit dem PAM-Signal zwar eine zeitdiskrete, aber ansonsten immer noch amplitudenkontinuierliche Funktion erreicht. Um zum digitalen Sprachsignal zu kommen, sind zwei weitere Schritte nötig: die Quantisierung und die Kodierung.

2.5 Kodierung im Dualsystem

Die PAM ist der erste Zwischenschritt auf dem Weg zum digitalen Signal. Das ursprüngliche analoge Signal hatte seine kontinuierlichen Amplitudenwerte kontinuierlich mit der Zeit geändert. Daraus ist nun ein zeitdiskretes Signal geworden. Nur zu bestimmten Zeitpunkten – den Abtastzeitpunkten – steht ein Amplitudenwert zur Verfügung. Der jedoch kann jeden beliebigen Wert annehmen, natürlich innerhalb eines vernünftigen, technisch realen Amplitudenbereichs.

PAM: zeitdiskret, aber noch amplitudenkontinuierlich

Die Zeit zwischen zwei solchen Abtastpunkten allerdings ist nun frei. In diesem Zeitintervall passiert zunächst gar nichts. Und das kann genutzt werden, um auch die letzte noch verbliebene Kontinuität – die des Amplitudenwertes – zu digitalisieren. Wenn es uns gelänge, in jedem dieser Intervalle – 8000 mal in der Sekunde – den momentanen Amplitudenwert des Sprachsignals als Zahl einzugeben, dann wären die kurzen kontinuierlich-amplitudenmodulierten Impulse der Abtastfolge überflüssig. Würde diese Zahlenfolge beim Empfänger genauso schnell wieder in einzelne Amplitudenwerte verwandelt, hätte man das ursprüngliche PAM-Signal wieder und könnte es – wie gezeigt – vollständig fehlerfrei wieder in das kontinuierliche Ursprungssignal rückwandeln.

Eine Schwierigkeit wird sofort deutlich. Es ist die Frage nach der Genauigkeit, mit der die jeweiligen Amplitudenwerte zu benennen sind. Denn da sind in jedem Fall Kompromisse nötig. Selbst wenn der Amplitudenwert extrem genau gemessen wäre – schon das ist eine Illusion –, müsste man sich auf eine bestimmte einzuhaltende Genauigkeit einigen, damit die Zahlen nicht zu lang werden. Etwa darauf, jeden Wert mit einer Toleranz von 1% des Maximalwertes des zu erwartenden Amplitudenbereichs anzugeben. In diesem Fall wäre für die Angabe jedes Amplitudenwertes eine zweistellige Dezimalzahl ausreichend. Allerdings würde das nur eine ziemlich grobe Beschreibung der Amplituden erlauben, der Empfänger wäre vermutlich mit der Qualität der Übertragung nicht zufrieden. Bei einer notwendigen Genauigkeit von 1 Promille muss dann schon eine dreistellige Zahl in jeder Zeitlücke übertragen werden. Die Übertragungsgeschwindigkeit der einzelnen Ziffern müsste dann anderthalb mal schneller sein als im ersten Fall, denn es steht ja nur eine begrenzte Zeit von 125 µs bis zum Erscheinen des nächsten Abtastwertes zur Verfügung. Man muss sich also zweifellos Gedanken machen über einen vernünftigen Kompromiss zwischen notwendiger Genauigkeit und notwendiger Geschwindigkeit der Übertragung

Ein zweites Problem ist das einer möglichst effektiven Art, diese Zahlen zu übertragen. Bei dieser Entscheidung heißt es, Länge der Zahlenfolge und Sicherheit gegenüber Störungen gegeneinander abzuwägen.

Bild 2.7
Die verschiedenen Zahlensysteme

Basis=	2	8	10	16
	binär	oktal	dezimal	hexadez.
	0	0	0	0
	1	1	1	1
	10	2	2	2
	11	3	3	3
	100	4	4	4
	...	...	...	...
	111	7	7	7
	1000	10	8	8
	1001	11	9	9
	1010	12	10	A
	1011	13	11	B
	1100	14	12	C
	1101	15	13	D
	1110	16	14	E
	1111	17	15	F
	10000	20	16	10
	...	...	...	...
	11000	30	24	18
	11001	31	25	19
	11010	32	26	1A
	11011	33	27	1B
	...	...	...	...
	1111101000	1750	1000	3E8

Neben unserem dezimalen Zahlensystem sind auch solche mit der Basis 2, 8 und 16 in Gebrauch (binäres, oktales, hexadezimales Zahlensystem). Wenn, wie im hexadezimalen System, die 10 Ziffern nicht ausreichen, werden zusätzlich die Buchstaben A bis F verwendet. Alle diese Systeme sind mathematisch logisch aufgebaut, im Gegensatz z.B. zu den römischen Zahlen.

Unser gewöhnliches Zahlensystem ist dezimal, es hat 10 Ziffern. Beim Hochzählen werden sie der Reihe nach benutzt, von 0 bis 9.

2.6 Die Quantisierung

Dann wird links eine Stelle zugefügt, zuerst die 1, und die rechte Stelle wieder von 0 bis 9 variiert. Dann wird die linke Stelle auf 2 erhöht ... und so weiter. Bis es bei der 99 wieder nicht weiter geht. Also wird eine weitere Stelle links davon zugefügt. Das Verfahren hat sich bewährt.

Hätten wir nicht 10 Finger, sondern vielleicht 8, wären wir mit hoher Wahrscheinlichkeit nicht auf das Dezimalsystem verfallen, sondern würden ein Oktalsystem mit nur 8 Ziffern verwenden. Das System wäre aber das Gleiche: Nutze alle Möglichkeiten, die die Einzelziffern bieten, und dann füge der Reihe nach eine der Ziffern links an.

Das binäre Zahlensystem hat den entscheidenden Vorteil, dass nur zwei verschiedene Zeichen (Symbole) unterschieden werden müssen. Das ist – wie wir inzwischen wissen – in einem gestörten System viel sicherer als die Unterscheidung von 10 verschiedenen Zeichen. Der Vorteil wird erkauft durch längere Zeichenketten. Die größte noch dreistellige Zahl – 999 – ist im dualen Zahlensystem bereits 10-stellig: 1111101000. Die dezimale, noch mehr die hexadezimale Schreibweise würde viel kürzere Zahlenreihen liefern. Trotzdem – wir kennen inzwischen die Vorteile der binären Darstellung, und entscheiden uns deshalb für die binären Zahlen.

Das binäre (duale) Zahlensystem

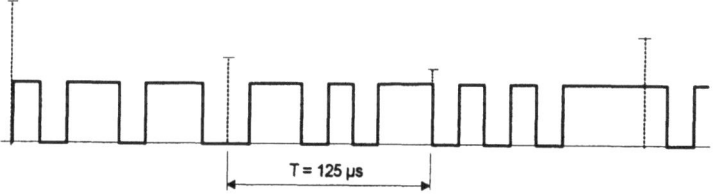

Bild 2.8
PAM-PCM-Umwandlung

Die Umwandlung der PAM-Folgen in binäre Signale. Jeder Amplitudenwert der Folge wird als binäres Kodewort im folgenden freien Zeitabschnitt bis zur nächsten Abtastung übertragen. Die PAM-Folge ist hier nur zur Demonstration der zeitlichen Relationen gestrichelt eingezeichnet. Für die Übertragung wird sie nicht mehr gebraucht.

Die binäre Ziffernfolge zur Beschreibung des jeweiligen Amplitudenwertes wird als Kodewort bezeichnet. Sie wird innerhalb der 125µs zwischen jeweils zwei Abtastungen übertragen. Die Abtastwerte selbst sind dann natürlich überflüssig geworden – sie werden durch die Zahlenwerte der Kodeworte eindeutig beschrieben.

Ein Kodewort beschreibt einen Amplitudenwert

2.6 Die Quantisierung

Mit der Entscheidung für eine bestimmte Länge des Kodewortes – sagen wir: 8 bit – haben wir eine recht weitreichende Festlegung getroffen. Ein Kodewort dieser Länge kann $2^8 = 256$ Amplitudenwerte beschreiben, mehr nicht. Der technisch vorgesehene Amplitudenbereich des zu kodierenden Signals muss also in ebenso viele diskrete Teile geteilt werden, und jeder Abtastwert muss sich in dieses Raster einordnen – die kontinuierlichen Werte werden *quantisiert* (Bild 2.9a).

Bei der Rückwandlung – natürlich ist die beim Empfänger der Nachricht notwendig, denn für das Hören eines binären Kodewortes ist der Mensch nun mal nicht eingerichtet – kennt man das senderseitig angewendete Verfahren und wandelt das Kodewort wieder in einen Amplitudenwert und anschließend wie beschrieben über eine Filterung wieder in ein zeitkontinuierliches Signal zurück. Allerdings – ganz genau wird das nun nicht mehr gehen. Schuld daran ist nicht der Abtastvorgang, der sich ja exakt rückgängig machen lässt, sondern die erfolgte Quantisierung. Das übertragene Kodewort sagt ja nur, dass der betreffende Abtastwert in dem bestimmten, durch das Kodewort gekennzeichneten Intervall lag. Es wird also ein Mittelwert dieses Intervalls wiederhergestellt.

Quantisierungs-
verzerrung

Die entstehende Abweichung wird als *Quantisierungsfehler* oder *Quantisierungsverzerrung* bezeichnet. Er ist im Bild 2.9a als Differenz zwischen dem analogen Signal und dem Punkt, der das für das jeweilige Kodewort gewählte Quantisierungsintervall bezeichnet, zu erkennen. Er muss nun, letztlich also durch die Genauigkeit, mit der kodiert wird, so gering gehalten werden, dass er unhörbar bleibt, und das sowohl für kleine als auch für große Amplitudenwerte des Sprachsignals, für eine laute Schimpfkanonade wie für ein leises Liebesgeflüster über die Telefonleitung. Also doch viele Quantisierungsschritte und lange Kodeworte?

Für die Kodierung des Sprachsignals hat man sich mit einem Trick aus diesem Dilemma gerettet. Die Signalamplitude wird zunächst mit einem 12-stelligen Kodewort sehr genau beschrieben. Damit lassen sich $2^{12} = 4096$ verschiedene Amplitudenwerte beschreiben. Der gesamte zugelassene Amplitudenbereich zwischen maximaler positiver und negativer Amplitude des Signals wird also in 4096 Intervalle geteilt, und erlaubt damit zunächst die Kennzeichnung von ±2048 Amplitudenstufen. Jeder Amplitudenwert wird in eines dieser Intervalle eingeordnet. Bei der Umsetzung in das endgültige zu übertragende Kodewort aber mogelt man. Nur im Bereich sehr kleiner Amplitudenwerte, in den ersten ±32 Intervallen, bekommt jedes Intervall ein eigenes Kodewort zugeordnet. Geringe Sprachamplituden werden also sehr genau wiedergegeben. Für die folgenden 32 Intervalle aber wird schon gespart: Je zwei benachbarte Intervalle bekommen das gleiche Kodewort zugeteilt, die Rasterung wird also gröber. In den folgenden Intervallen 64 bis 128 wird noch einmal geteilt: 4 Intervalle werden zusammengefasst. Und so immer weiter. Je größer die Amp-

2.6 Die Quantisierung

litudenwerte, desto gröber wird also quantisiert. Auf diese Weise gelingt es, mit nur 256 Kodeworten, jedes nur 8 Stellen (8 bit) lang, den weiten Bereich der Amplitudenwerte zu beschreiben. Die *relative* Auflösung kleiner und großer Amplitudenwerte ist mit diesem Verfahren annähernd gleich groß.

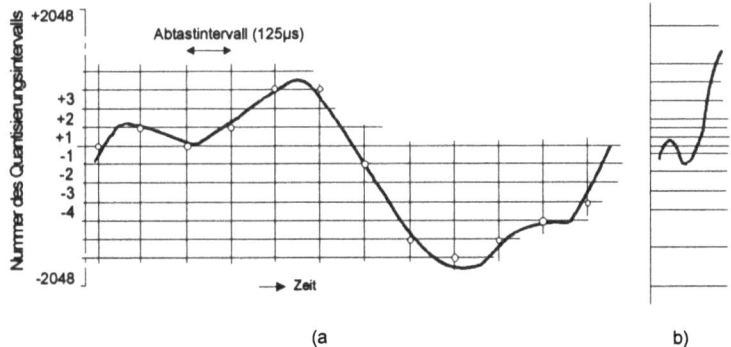

Bild 2.9
Lineare und nichtlineare Quantisierung

Die begrenzte Stellenzahl des binären Kodewortes bestimmt die erreichbare Genauigkeit bei der Beschreibung der Amplitude jedes Abtastwertes. Auf der Empfängerseite kann deshalb der ursprüngliche Wert nur mit einer Toleranz von plus oder minus einem halben Amplitudenintervall wieder hergestellt werden. Die entstehende Differenz – im Bild zwischen dem analogen Verlauf und dem jeweiligen Punkt – wird als Quantisierungsfehler oder -verzerrung bezeichnet (a). Um deren Einfluss amplitudenunabhängig zu machen, wird bei der Sprachsignalkodierung eine nichtlineare Quantisierung realisiert (b).

Das Verfahren wird als nichtlineare Kodierung bezeichnet. Es wird nur bei Sprachsignalen angewendet. Bei Musiksignalen kodiert man linear, allerdings mit sehr viel höherer Auflösung; wir kommen darauf noch zurück. Auch Bildsignale werden linear kodiert.

Nichtlineare Kodierung

An die Stelle eines zeit- und amplitudenkontinuierlichen Signals ist nach den drei Operationen – Abtastung, Quantisierung, Kodierung – nun ein binäres Signal getreten. Aus dem analogen Quellensignal ist eine Folge binärer Zeichen geworden. Das Verfahren heißt Pulskodemodulation, oder abgekürzt PCM.

PCM = pulse code modulation

Der Empfänger hat es jetzt bedeutend leichter, auf dem Übertragungsweg eingedrungene Störungen, etwa überlagertes elektronisches Rauschen, zu bekämpfen. Ist es nicht gar zu groß, wird es ihm in jedem einzelnen Fall leicht fallen zu entscheiden, ob ein ankommender Impuls als positiv oder negativ, als +1 oder als -1 weiter zu melden ist. Trotz unterwegs eingedrungener Störsignale wird den Empfänger also immer ein völlig gleichartiges, von Knacken und Rauschen völlig freies Signal erreichen. Erst wenn die überlagerten Störungen zu groß werden, wird es kritisch. Die Zahl der Fehlentscheidungen wächst dann schlagartig an und die Verbindung bricht zusammen. Soweit kommt es bei einer ordentlich konzipierten Übertragungsstrecke jedoch in der Regel nicht. In modernen Übertragungsnetzen wird mit Bitfehlerraten von 10^{-9} bis 10^{-12} gerechnet – auf 1 Milliarde oder gar 1000 Milliarden Bit wird nicht mehr als ein einziges falsch erkannt. Allerdings sind dazu einige Tricks erforderlich, auf die wir noch zu sprechen kommen: die sogenannten Fehlererkennungs- und Fehlerkorrekturverfahren.

Bitfehlerrate

Wenn heute von einem digitalen Telefonnetz gesprochen wird, dann bedeutet das, dass die eben besprochene Technik der Digitalisierung des Sprachsignals in den Vermittlungszentralen der Fernmeldeverwaltungen geschieht. In den Zentralen werden dann nur noch digitale Signale vermittelt, und zwischen ihnen werden digitale Signale übertragen. Zwischen den Teilnehmerapparaten und dem nächstgelegenen Amt aber laufen noch analoge Signale. Erst die Teilnehmer mit einem ISDN-Anschluss nutzen die Vorteile der Digitalisierung voll aus. Dort geschieht die Wandlung schon unmittelbar am Mikrofon und die Rückwandlung unmittelbar vor dem Hörer. Auch darüber wird im Kapitel über die Nachrichtennetze noch ausführlicher zu reden sein.

ISDN: siehe Abschnitt 10.3

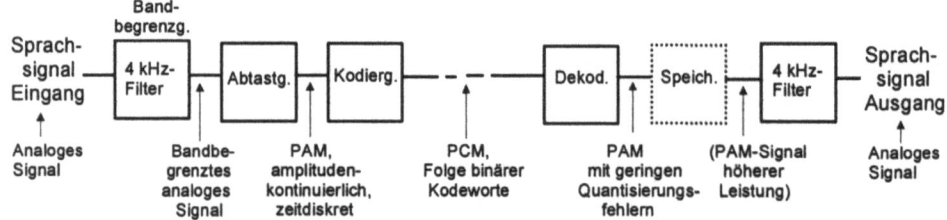

Bild 2.10
Die Pulskodemodulation

Der Weg einer PCM-Übertragung: Nach Bandbegrenzung und Abtastung erfolgt die Kodierung und Übertragung; im Empfänger werden alle Schritte rückgängig gemacht. Nach der Umwandlung des PCM-Signals in eine PAM-Folge wird oft eine Speicherung der analogen Probenwerte bis zum nächsten ankommenden Abtastwert, also über 125 μs, vorgenommen. Ein 4 kHz-Filter glättet dann diese Treppenkurve.

Nur – umsonst sind diese Vorteile nicht zu haben. Bezahlt wird mit Bandbreite. Die Änderungen des ursprünglichen analogen Sprachsignals waren langsam, das Spektrum war auf weniger als 4000 Hz begrenzt. Jetzt aber muss damit gerechnet werden, dass sich der Spannungspegel auf der Leitung mit jedem übertragenen Impuls ändert, und zwar 64 000 mal je Sekunde – 8000 Kodeworte je Sekunde zu je 8 Bit. Das Spektrum einer solchen schnellen Folge rechteckiger Impulse ist extrem breit. Aber die hochfrequenten Leistungsanteile klin-

2.6 Die Quantisierung

gen mit steigender Frequenz doch recht schnell ab und können ohne großen Schaden für die Erkennungssicherheit der Impulse vernachlässigt werden. Die zur Übertragung dieser Folge erforderliche Bandbreite kann deshalb erheblich reduziert werden.

Wie viel Bandbreite gebraucht wird, kann man sich einigermaßen schnell klarmachen: Die schnellste Änderung, die in einem Binärsignal vorkommen kann, ist offenbar eine periodische Aufeinanderfolge der beiden möglichen Zeichen, also z.B. die Folge ...010101... Ganz grob könnte diese Folge durch eine Sinuswelle dargestellt werden, die bei jeder 0 ihr Minimum und bei der 1 ihr Maximum durchläuft. Ihre Frequenz würde damit gerade die halbe Bitrate betragen. Weil die Bitfolgen aber in der Wirklichkeit nicht so schön periodisch sind, gibt man üblicherweise noch eine kleine Reserve zu und reserviert z.B. für eine Bitrate von 1000 bit/s eine Bandbreite von etwa 750 Hz, also das anderthalbfache der halben Bitrate. Das PCM-Signal von 64 000 bit/s erfordert also eine Übertragungsbandbreite von rund 50 kHz, immerhin aber noch fast das 15-fache des ursprünglichen analogen Signals – ein Nachteil, der in der Regel durch die Vorteile des Binärsignals mehr als aufgewogen wird.

Das Spektrum des PCM-Signals

Einfluss der Bandbegrenzung auf die Impulsform: siehe Bild 1.11

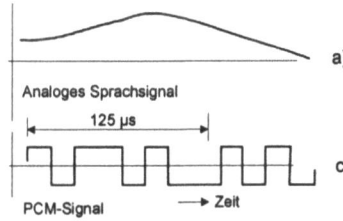
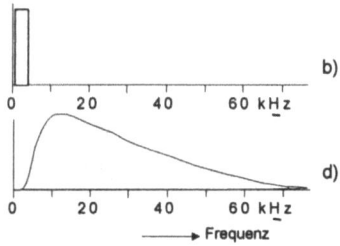

Bild 2.11
Das Spektrum der Impulsfolge

Das Spektrum (d) der binären Impulsfolge (c) ist erheblich breiter als das Spektrum (b) des originalen kontinuierlichen Signals (a). Eigentlich erstreckt sich das Frequenzband eines 64 kbit/s-PCM-Signals (8000 Kodeworte/s zu je 8 bit) weit über 64 kHz hinaus. Tatsächlich reicht jedoch eine Übertragungsbandbreite von etwa 50 kHz aus, um das Signal zwar nicht mit der ideal rechteckigen Impulsform, aber völlig ausreichender Güte zum Empfänger zu transportieren.

Als groben Anhaltswert merken wir uns jedenfalls für andere Fälle: Die von einem Binärsignal eingenommene Bandbreite, gemessen in Hz, liegt etwas zwischen der halben und der ganzen Bitrate in bit/s.

2.7 Die Kanalkapazität

Es ist wohl inzwischen deutlich geworden: Ein und dieselbe Nachricht – etwa ein gesprochener Satz – kann in Form ganz unterschiedlicher Signale auf die Reise geschickt werden. Ein Mikrofonsignal, um bei diesem Beispiel zu bleiben, ist zunächst ein zeitlich kontinuierlich veränderlicher Vorgang, ein kontinuierliches (analoges) Signal. Ihm zugeordnet ist sein Spektrum, wie wir wissen, lediglich eine andere Darstellungsform der gleichen Sache. Zum Zwecke der Übertragung kann dieses Signal – aus welchem Grund auch immer – verändert werden. Das kann durch Eingriff in seinen zeitlichen Verlauf erfolgen, etwa dadurch, dass man seine Amplitudenwerte begrenzt. Es ist auch ein Eingriff in sein Spektrum möglich, etwa durch das Abschneiden hoher Frequenzen. Natürlich beeinflussen Änderungen im Spektrum auch den zeitlichen Verlauf und umgekehrt. Wie eben am Beispiel der Pulskodemodulation demonstriert, sind darüber hinaus noch ganz andere und einschneidendere Änderungen möglich, die aber genauso wieder auf eine veränderte Art der Darstellung des Signals hinauslaufen, etwa die Abtastung, Amplitudenquantisierung und Umsetzung in einen in gewisser Weise willkürlichen Kode.

Die folgenden Abschnitte und Kapitel werden zeigen, dass diese fast unbegrenzten Möglichkeiten der Signalwandlung keine reine Spielerei sind. Dahinter stecken Absichten, technische und ökonomische Notwendigkeiten. Der Titel dieses Kapitels – Signalwandlung – wird uns über alle Themen dieses Buches hinweg begleiten.

Deshalb ist es zweckmäßig, an dieser Stelle noch ein paar Worte über einen Begriff zu verlieren, der vielleicht in zukünftigen Diskussionen manche Zusammenhänge etwas plausibler machen kann: die Kapazität eines Übertragungskanals.

Kanalkapazität und Straßenverkehr

Da ist eine gewisse Analogie zur Kapazität einer Verbindungsstraße. Ist sie breit und bietet Überholspuren, wird sie eine stärkere Verkehrsdichte erlauben als eine enge Straße oder gar eine schmale Gasse. Ein Fahrradkurier kann eine solche Gasse noch benutzen, ein Lastwagen schon nicht mehr. Ein Schwertransport braucht dagegen eine extrem breite Bahn. Die Ähnlichkeit zu unseren Übertragungsstrecken liegt auf der Hand: Auch da gibt es „schmale" und „breite" Wege – in Kapitel 4 wird darüber noch ausführlich zu reden sein. Sie unterscheiden sich zunächst und ganz offensichtlich durch die Bandbreiten, die sie der Signalübertragung zur Verfügung stellen können. Die nutzbare Bandbreite einer einfachen kupfernen Doppelader ist gering und nimmt mit größer werdender Länge weiter ab. Ein Koaxialkabel ist da schon wesentlich besser und ermöglicht die Übertragung vieler bandbreitehungriger Videosignale. Allerdings wird es durch die modernen optischen Glasfaserkabel noch bei weitem übertroffen. Auch bei den

2.7 Die Kanalkapazität

drahtlosen Übertragungsstrecken werden wir auf „schmale" und „breite" Wege treffen, auf solche, die gerade mal für die Übertragung von Tonsignalen infrage kommen, und andere, die mühelos Videosignale oder Zehntausende von Ferngesprächen gleichzeitig tragen können. Tatsächlich wächst die Übertragungskapazität einer Strecke – die *Kanalkapazität* – proportional mit ihrer Bandbreite.

Die Bandbreite ist also ein ganz wesentlicher Faktor, wenn über die Durchlassfähigkeit eines Übertragungsmediums zu sprechen ist. Aber ist es der einzige?

Wenn wir wieder an die Straße denken, fällt uns durchaus noch eine andere Einflussgröße auf: Die Qualität des Straßenbelags. Die breiteste Straße nutzt nicht viel, wenn sie katzenkopfgepflastert ist. Im Interesse der Stoßdämpfer hilft dann nur, die Geschwindigkeit zu verringern – die Durchlassfähigkeit der Verbindung ist vermindert, obgleich die Straße prinzipiell sowohl für Fahrräder als auch für Fernlaster befahrbar ist.

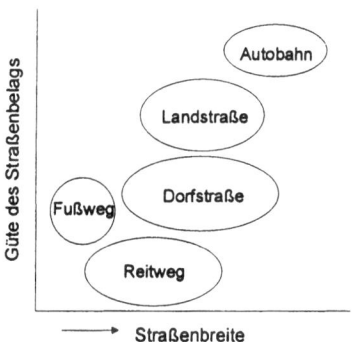 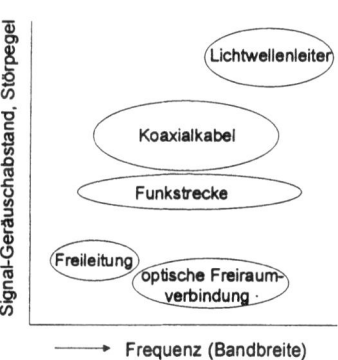

Bild 2.12 Die Durchlassfähigkeit einer Straße und eines Übertragungskanals

Die Durchlassfähigkeit einer Straße könnte durch ihre Breite und die Güte ihres Straßenbelags gekennzeichnet werden (links). Entsprechend wird die Durchlassfähigkeit einer Übertragungsstrecke, ihre Kanalkapazität, durch ihre Bandbreite und ihren Signal-Geräuschabstand definiert (rechts).

Die Analogie zu den Wegen der Signalübertragung liegt auf der Hand: Dort sind es die leider immer vorhandenen Störungen, die die Übertragungskapazität beeinflussen können. Auf einer gestörten Telefonleitung dauert ein Gespräch durch die ständig notwendigen Rückfragen und Wiederholungen deutlich länger. Nur – wie kann man diesen Einfluss erfassen?

SNR = Signal-Geräuschabstand; wird oft im logarithmischen Maßstab in Dezibel (dB) angegeben:

$SNR_{dB} = 10 \lg (S/N)$

S-Signalleistung, N-Störleistung

Ganz so einfach wie mit der Bandbreite ist es nicht. Zunächst ist es ja nicht allein die Störleistung, sondern immer die Relation von Nutzleistung zur überlagerten Störleistung, die letztendlich den Störeffekt ausmacht. Im Stadtverkehr unterhalten wir uns lauter als in der stillen Wohnung – wir erhöhen die Nutzleistung, um das Verhältnis zur Störleistung zu verbessern. Dieses Verhältnis wird als *Signal-Geräuschabstand* oder einfach *Geräuschabstand* bezeichnet. Je größer dieses Verhältnis in einem bestimmten Übertragungskanal ist, je stärker also das Nutzsignal im Vergleich zum Störsignal ist, desto größer wird tatsächlich auch die Kanalkapazität.

Das ist zunächst erstaunlich, bedeutet es doch nichts anderes, als dass man selbst in einem schmalbandigen Kanal noch breitbandige Signale übertragen könnte, wenn nur der Signal-Geräuschabstand genügend hoch ist. Wie soll das funktionieren?

Die Kanalkapazität:

$C = B \operatorname{ld} (1 + S/N)$

B-Bandbreite des Kanals, S/N-Verhältnis von Signal- zu Störleistung

Ein einziges Beispiel soll an dieser Stelle genügen, anderen werden wir in den folgenden Kapiteln immer wieder begegnen. Angenommen, wir wollten versuchen, eine binäre Impulsfolge mit einer Datenrate von 100 kbit/s zu übertragen. Wie inzwischen bekannt, ist dazu eine Bandbreite der Leitung von etwa 75 kHz erforderlich. Es steht aber nur eine Leitung mit wesentlich geringerer Bandbreite zur Verfügung. Was ist zu tun?

Erinnern wir uns der Geschichte mit dem Kode aus 16 Pfiffen! Dort waren 16 verschiedene Tonhöhen schwer zu unterscheiden gewesen. Also hatten wir Doppelpfiffe für jede der 16 verschiedenen zu übersendenden Nachrichten definiert, und dazu wurden nun nur noch 4 verschiedene Tonhöhen gebraucht. Wir waren sogar noch weiter gegangen und hatten jede Nachricht mit einer Kombination von 4 aufeinander folgenden Pfiffen kodiert. Dafür hatten schon zwei verschiedene Töne ausgereicht. Und da es 16 solche Viererkombinationen gibt, waren alle 16 Befehle kodierbar gewesen. Allerdings hatte dann die Übertragung entweder 4 mal *länger* gedauert als mit Einzelpfiffen, oder man hätte vier mal *schneller* pfeifen müssen.

Und genau diesen Weg gehen wir nun rückwärts: Gegeben ist jetzt ein *binäres* Signal, dessen Bandbreite größer als die vorhandene Leitungsbandbreite ist. Ersetzen wir es durch ein *mehrwertiges* Signal! Je zwei bit der Binärfolge werden zusammengefasst. Jedes dieser Paare kann 4 verschiedene Zustände annehmen: **00, 01, 10, 11.** Waren bisher die beiden Binärzeichen beispielsweise durch Spannungen von +1 Volt und -1 Volt auf der Leitung gekennzeichnet, so ordnen wir jetzt jedem der 4 Zustände eine verschiedene Spannung zu, etwa +1 Volt, +0.3 Volt, -0.3 Volt, -1 Volt. Der Empfänger kann diese verschiedenen Spannungswerte unterscheiden, und die Umkodierung damit rückgängig machen. Die Zeichen sind wieder erkannt. Das lässt sich fort-

2.7 Die Kanalkapazität

setzen. Fasst man 3 oder sogar 4 Zeichen zu einem Block zusammen, braucht man 8 oder 16 verschiedene Amplitudenwerte.

Der einzelne Block, der einzelne Spannungsimpuls – der ja auch wieder nur mit einem einzigen Impuls dargestellt wird, nur eben mit einem immer feiner zu unterscheidenden Amplitudenwert – ist bei diesem Verfahren 2 oder 3 oder 4 mal länger, die notwendige Bandbreite zur Übertragung also 2 oder 3 oder 4 mal kleiner geworden!

Das Ziel ist erreicht – aber mit welchem Opfer! Um bei gleicher mittlerer Sendeleistung 4 oder 8 oder gar 16 verschiedene Amplitudenwerte am Empfänger wirklich exakt unterscheiden zu können, muss die Übertragung tatsächlich sehr störungsfrei sein, der Signal-Geräuschabstand also sehr hoch. Das Prinzip aber funktioniert – Bandbreite und Signal-Geräuschverhältnis können bei Bedarf tatsächlich ausgetauscht werden.

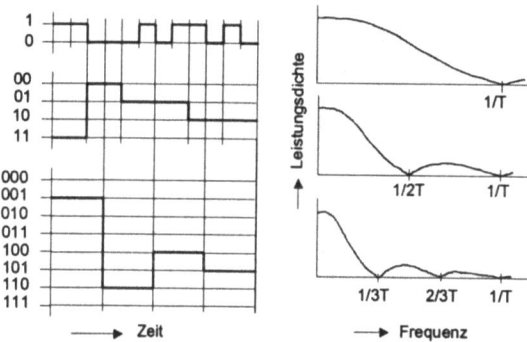

Bild 2.13 Mehrwertige Kodierung

Durch eine mehrwertige Kodierung kann Bandbreite gespart werden; eine Zusammenfassung von N binären Zeichen verringert den Bandbedarf um den gleichen Faktor. Allerdings müssen dann 2^N verschiedene Amplitudenstufen genutzt und empfängerseitig (möglichst) fehlerfrei unterschieden werden können. Das Verfahren ist also nur anwendbar, wenn der Übertragungskanal ausreichend störfrei ist. Die Zuordnung der Zeichenfolgen zu den Amplitudenstufen ist dabei willkürlich.

Und noch ein dritter Faktor ist bei dieser Gelegenheit entdeckt: die Zeit.

Wenn eine bestimmte Informationsmenge zu übertragen ist, dann steht auch noch diese Variable zur Diskussion. Nimmt man sich nämlich für die Übertragung einer bestimmten begrenzten Impulsfolge viel Zeit, dann werden die Einzelimpulse länger – die erforderliche Bandbreite wird kleiner. Umgekehrt wächst die erforderliche Bandbreite, wenn die Impulse in schnellerer Folge über die Leitung gebracht werden müssen. Ein Tonband, mit der halben Geschwindigkeit abgespielt und auf eine Übertragungsleitung gegeben, braucht tatsächlich nur die halbe Bandbreite. Die Übermittlung dauert dann doppelt so lange.

Das ist natürlich nicht mit allen Signalen machbar. Ein Fernsprechsignal muss jedenfalls mit der Originalgeschwindigkeit beim Empfänger ankommen. Bei einem Signal, das nach der Übertragung ohnehin gespeichert werden soll oder von einem Speichermedium abgeholt wird, kann man diese Möglichkeit aber durchaus nutzen. Ein überzeugendes Beispiel dafür ist die Übertragung von Messdaten, vor allem aber von ganzen Bildern von extrem weit entfernten Forschungssatelliten zu den Bodenstationen. Hier wird dieses Verfahren zur Perfektion getrieben. Die Übertragungsgeschwindigkeiten sind dort oft minimal. Anders wären die astronomischen Entfernungen zwischen Sender und Empfänger nicht zu überbrücken.

Bild 2.14
Das Nachrichtenvolumen

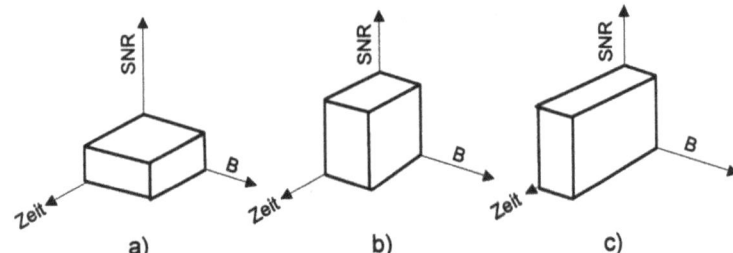

Ein Signal sei durch sein Nachrichtenvolumen in (a) gekennzeichnet, d.h. auf einem Kanal mit der Übertragungsbandbreite B und einem recht kleinen Signal-Geräuschabstand SNR wird es innerhalb einer bestimmten Zeit übertragen. Es kann aber auch in mehrwertiger Kodierung übertragen werden – in der gleichen Zeit, aber nur bei einem größeren SNR, d.h. einer weniger gestörten Übertragungsstrecke (b). Die Bandbreite kann noch weiter verringert werden, wenn das Signal z.B. zwischengespeichert und mit langsamerer Geschwindigkeit gesendet, die Übertragungszeit also verlängert wird (c).

Dem Signal kann also offenbar eine Art Signalvolumen zugeordnet werden, ein Paket mit den drei Dimensionen Bandbreite, Signal-Geräuschabstand und Übertragungsdauer. Wichtig ist aber allein das Volumen dieses Pakets. Für den Transport kann es umgepackt werden, schmaler, höher oder breiter gemacht werden, je nach der „Ladefläche" des Transportmediums, des Kanals. Alle drei Dimensionen können durch verschiedene Signalmanipulationen gegeneinander ausgetauscht werden.

Wir werden auf diese Modelldarstellung noch oft zurückkommen.

3 Quellenkodierung

3.1 Der Vokoder

Ein großer Bandbreitenbedarf ist immer unschön, und nicht nur beim digitalisierten Signal. Denn erstens bedeutet eine hohe Bandbreite eine höhere notwendige Übertragungskapazität der Leitungen oder Funkwege, und die kostet Geld. Zweitens nutzt manchmal selbst viel Geld nichts, wenn die Ressourcen physikalisch begrenzt sind, wie bei der Übertragung über Funk, denn jeder Frequenzbereich steht eben, mindestens an ein und demselben Ort, nur einmal zur Verfügung. Und drittens war da ein prinzipielles Problem, über das man sich schon lange geärgert hatte: der offensichtliche Unterschied zwischen der Übertragung einer geschriebenen und einer gesprochenen Mitteilung.

Nehmen wir den einfachen Satz: „Ich komme morgen gegen 8 Uhr". Das sind insgesamt 28 Zeichen. Die sind, Abstände und ein paar Satzzeichen mitgerechnet, bei angenommenen 5 bit/Zeichen insgesamt mit 140 bit fehlerfrei zu kodieren. Mit einigen inzwischen bekannten Tricks, auf die wir aber hier nicht näher eingehen wollen, lässt sich dieser Wert sogar noch erheblich unterschreiten.

Die gleiche Mitteilung ist in etwa einer Sekunde gesprochen. Um diesen gesprochenen Satz zu übertragen, sind aber, wie oben dargelegt, 64 000 bit erforderlich. Einhundertvierzig gegen 64 000 bit – und das, obgleich dabei der Frequenzbereich der Sprache schon auf die bekannten 3400 Hz eingeengt wurde!

Wie ist dieser Unterschied zu erklären?

Natürlich sagt der gesprochene Satz dem Empfänger dieser Mitteilung viel mehr als die nur schriftlich vorliegende Wortfolge. Im Gespräch erkennt man den Teilnehmer am anderen Ende der Leitung, mindestens aber kann man eine männliche von einer weiblichen Stimme unterscheiden, und oft lässt sich auch die Gemütslage des Sprechers ahnen: Hat er den Satz eben freudig erregt gesprochen, in Vorfreude auf ein lang ersehntes Treffen, oder ist es eine verbissen vorgebrachte Ankündigung, die Mahnung eines letzten Termins?

Der Unterschied zwischen einer „Rede" und einer „Schreibe"

Der geschriebene Text kann darüber nichts aussagen. Nur die eMail-Nutzer haben versucht, diese Lücke wenigstens notdürftig zu füllen; die freudige Stimmung im erstgenannten Fall würden sie am Satzende mit einem lustig grinsenden Gesicht :-) andeuten.

Das alles sei als Vorteil des gesprochenen Wortes zugegeben – aber lässt sich nicht doch der Aufwand wenigstens ein kleines bisschen reduzieren? Gibt es außer der schon genannten Frequenzbandbeschneidung des Sprachsignals nicht noch andere Möglichkeiten, mit weniger Bandbreite und möglichst wenig Verlust an Qualität auszukommen?

Eine erste entscheidende Idee wird einem Akustiker namens Homer Dudley zugesprochen. Er kannte die von seinen Fachkollegen schon 1843 formulierte Erkenntnis, dass das Gehör eine Lautfolge in seine spektralen Anteile zerlegt. Einige Jahre später hatte dann Hermann Ludwig Ferdinand von Helmholtz daraus den Schluss gezogen, dass der Höreindruck nicht vom Zeitverlauf des Schallsignals abhängt, sondern von seinem zeitlich schwankenden Leistungsspektrum. Unser weiter oben genanntes Beispiel des begrenzten Sprachsignals hat das ja schon deutlich gemacht.

Von der zeitlichen zur spektralen Darstellung der Sprache

Wenn das so ist, sagte sich Dudley, und das war 1939, als das Analogsignal noch herrschte und von einem digitalen Sprachsignal noch keine Rede war, dann sollte man es nutzen. Ermitteln wir also nicht mehr mühsam und sorgsam den Amplitudenverlauf des Signals, sondern besorgen uns von Zeit zu Zeit lediglich ein paar Zahlenwerte über sein momentanes Spektrum! Übertragen wir diese Angaben, und setzen danach das Sprachsignal auf der Empfängerseite wie aus vorgefertigten Bausteinen wieder zusammen! Das „momentan" und die ständige Wiederholung dieser Prozedur sind dabei wichtig. Denn das Spektrum des Sprachsignals ändert sich ja ständig, vielfach in jeder neu gesprochenen Silbe. Trotzdem gehen diese Änderungen gegenüber den Zeiten, in denen sich die Amplitudenschwankungen abspielen, relativ langsam vor sich – in Größenordnungen von einigen 10 Millisekunden.

Das Verfahren berücksichtigt zunächst den spektralen Unterschied zwischen Vokalen und Konsonanten. Das Spektrum eines Vokals enthält viele Oberwellen, d.h. Vielfache einer Grundfrequenz des Sprechers. Die einzelnen Vokale unterscheiden sich in der spektralen Leistungsverteilung dieser Oberwellen. Die Konsonanten haben dagegen eher ein rauschähnliches, kontinuierliches Spektrum, aber auch wieder mit verschiedenem typischen Verlauf. Die erste Information, die vom Sender zum Empfänger zu übertragen ist, heißt also: Welchen Betrag hat die Grundfrequenz des Sendesignals, oder gibt es keine, weil es sich momentan um einen Konsonant handelt?

Der Vokoder

Dann aber geht es ins Detail. Das Sprachsignal wird gleichzeitig einer Vielzahl von Frequenzfiltern zugeführt, die einzelne Spektralbereiche voneinander trennen – einer „Filterbank". Der erste Vokoder – so wurde, aus dem englischen Wort *voice coder* abgeleitet, das Gerät 1939 genannt – teilte das Sprachband von 3000 Hz in 10 gleichgroße

3.1 Der Vokoder

Teile von je 300 Hz. Am Ausgang jedes dieser Bandfilter wurde nun periodisch der Leistungsanteil in dem betreffenden Spektralbereich gemessen. Diese 10 Größen werden zum Empfänger übertragen, und der konstruierte sich aus diesen Angaben das Sprachsignal neu.

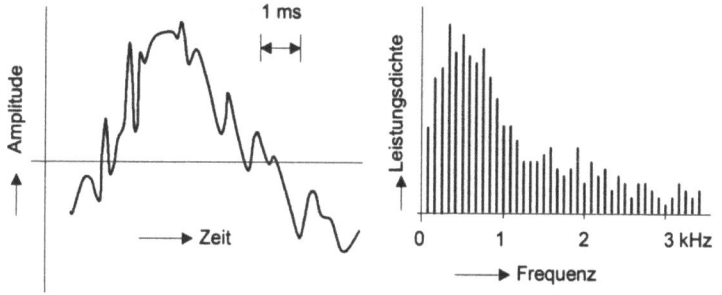

Bild 3.1
Das Spektrums eines Vokals

Der Amplitudenverlauf eines gesprochenen Vokals enthält langsame und schnelle Änderungen (tiefe und hohe Frequenzen). Das Spektrum ist deshalb breit, enthält aber nur Vielfache der für den jeweiligen Sprecher typischen Grundfrequenz. Bei einer Begrenzung des Fernsprech-Übertragungsbandes auf 300... 3400 Hz wird übrigens diese Grundfrequenz unterdrückt.

Aus dem ersten Signal entnimmt er die Höhe der Grundfrequenz des Sprechers, schaltet einen Generator mit genau dieser Frequenz ein und erzeugt ein breites Spektrum von Oberwellen dieser Grundfrequenz. Wie das funktioniert, wird aus Bild 1.8 deutlich: Es genügt zum Beispiel, eine Folge sehr kurzer Impulse dieser Frequenz zu erzeugen. Wird dem Empfänger dagegen mitgeteilt, dass keine Grundfrequenz gefunden werden konnte, weil also offensichtlich gerade ein Konsonant gesprochen wird, schaltet er statt dessen einen simplen Rauschgenerator an, der ein undifferenziertes „weißes" Rauschen über dem gesamten Spektralbereich erzeugt.

Gefiltertes Rauschen imitiert Konsonanten

Und nun kommt der entscheidende Schritt: Das eine oder das andere Frequenzgemisch wird einer ebensolchen Filterbank wie auf der Sendeseite zugeführt. Die 10 ankommenden Signale steuern die Ausgangsleistungen an den 10 Filtern dieser Filterbank. War im Kanal 3 ein hoher momentaner Leistungsanteil des Sprachsignals gemessen worden, dann wird im Empfänger aus diesem Kanal auch ein hoher Leistungsanteil ausgegeben werden; war senderseitig im Kanal 8 nur eine geringe Leistung vorhanden, wird auch im Empfänger die Ausgangsleistung dieses 8. Kanals stark reduziert. Alle diese bewerteten Ausgangssignale werden nun addiert – und bilden verblüffenderweise eine gar nicht so schlechte Replik des originalen Sprachsignals.

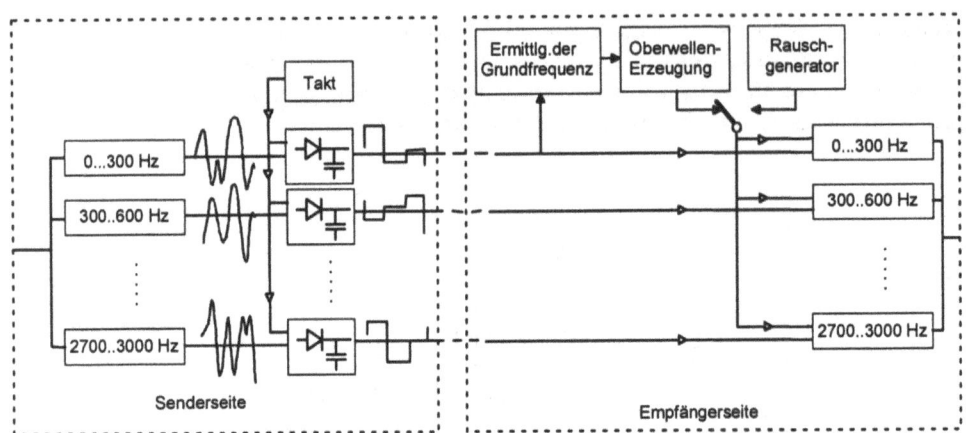

Bild 3.2 *Senderseitig werden in einer Filterbank in Zeitabständen von einigen 10*
Das Vokoder- *Millisekunden die mittleren Amplitudenwerte in jedem der 10 Spektralberei-*
Prinzip *che gemessen und als langsam veränderliche Größen zum Empfänger über-*
tragen. Die Zusammenfassung der 10 Kanäle zu einem einzigen Datenstrom
und die Entflechtung auf der Empfängerseite sind nicht eingezeichnet. Emp-
fängerseitig wird aus dem ersten Kanal die Grundfrequenz ermittelt und aus
ihr ein breites Spektrum erzeugt, das alle Vielfachen der Grundfrequenz
enthält. In einer zweiten Filterbank werden daraus wieder die Teilbänder
ausgesiebt und mit den jeweils übertragenen Amplituden bewertet. Wird im
betreffenden Zeitintervall ein Konsonant gesprochen und deshalb keine
Grundfrequenz erkannt, wird statt dessen eine Rauschquelle eingeschaltet.
Der zeitliche Verlauf des Summensignals am Ausgang der Filterbank stimmt
nicht mit dem Originalsignal überein, aber die Verständlichkeit der Sprache
ist trotzdem verhältnismäßig gut.

Für das eigentlich angestrebte Ziel dieser komplizierten Operation – die Verringerung der erforderlichen Übertragungsbandbreite – ist jedoch wichtig, dass die übertragenen 10 Steuersignale sich eben nur sehr langsam verändern. Jedes einzelne Signal beansprucht lediglich eine Bandbreite von 25 Hz. Mit geeigneten Verfahren, über die im Kapitel Multiplextechnik gesprochen wird, lassen sie sich alle zu einem einzigen Signal vereinigen, das nun eine Bandbreite von 10·25 = 250 Hz benötigt – weniger als ein Zehntel des ursprünglichen Bandbedarfs des Sprachsignals!

Das Vokoderprinzip wurde in den folgenden Jahren und Jahrzehnten emsig weiterentwickelt, verbunden mit intensiven Forschungen auf dem Gebiet der Sprach- und Hörakustik. Die aufwändigen Filterbänke sind verschwunden und längst durch mikroelektronische Funktionsblöcke ersetzt, die die Messung durch eine Berechnung der Spektralanteile aus dem Zeitverlauf des Signals ersetzen.

Mit Hilfe hochintegrierter mikroelektronischer Schaltkreise ist es heute kein Problem mehr, den besonders vorteilhaften Algorithmus der schnellen Fouriertransformation (FFT) in realen Geräten zu nutzen und jederzeit vom Zeit- in den Frequenzbereich und umgekehrt zu wechseln. Trotzdem hat die Qualität der reinen Vokodersprache nicht ausgereicht, sie im Telefonverkehr einzuführen. Das Prinzip aber hat sich gehalten Es ist heute eine – wenn auch nur eine von vielen – Möglichkeiten, Audiosignale „sparsam" zu übertragen und auch zu speichern. Wir werden noch darauf zurückkommen.

FFT = fast Fourier- transformation

3.2 Irrelevanz und Redundanz

Das Ziel, ein Eingangssignal – ein *Quellensignal* – nach bestimmten Vorschriften zu verändern, wird als *Quellenkodierung* bezeichnet.

Der Vokoder ist bei weitem nicht das einzige Beispiel für eine Quellenkodierung. Mindestens zwei andere Verfahren wurden schon erwähnt: die Sprachbandbegrenzung auf den eingeengten Frequenzbereich von 300 bis 3400 Hz und auch das Verfahren der Pulskodemodulation. Mehrere andere werden wir noch kennen lernen, und nicht nur für das Sprachsignal.

Quellenkodierung

Alle diese Verfahren sparen Bandbreite und damit wertvolle Übertragungskapazität, wie die Bandbegrenzung des analogen Sprachsignals, oder erzielen andere Vorteile durch intelligente Kodierungsverfahren, wie die Digitalisierung des Signals bei der PCM. Sie erreichen das zunächst, indem sie auf nicht unbedingt notwendige Anteile des Signals – *irrelevante* Anteile – verzichten. Die abgeschnittenen Spektralanteile unterhalb von 300 Hz und oberhalb von 3400 Hz lassen sich beim Empfänger nicht mehr wiedergewinnen. Sie sind endgültig verloren, aber sie haben sich als verzichtbar erwiesen. Die Güte der Vokodersprache ist am anderen Ende so, wie es das projektierte Verfahren vorgibt; was an Qualität verloren ist, kann nicht wiedergewonnen werden. Und auch die im Vergleich dazu geringen Ungenauigkeiten, die durch die Amplitudenquantisierung der Abtastwerte bei der PCM notwendigerweise entstehen, sind auf der Empfängerseite nicht wieder zu korrigieren. Man kann alle diese Restfehler so gering halten, dass sie vom Teilnehmer auf der anderen Seite der Leitung nicht mehr wahrgenommen werden, aber sie sind da. In allen drei Fällen ist eine *Irrelevanzreduktion* vorgenommen worden – irrelevante, nicht unbedingt wichtige Signalanteile werden mehr oder weniger reduziert auf Kosten von mehr oder weniger großen irreversiblen Abweichungen des empfängerseitig wiedergewonnenen Signals gegenüber dem senderseitigen Quellensignal.

Irrelevante Signalanteile

Irrelevanzreduktion

Die Irrelevanzreduktion ist unverzichtbar, wenn es darum geht, hochqualitative Musik zu übertragen oder zu speichern, eine möglichst große Zahl von Mobilfunkkanälen in einem begrenzten Frequenzband unterzubringen oder ein eigentlich extrem breitbandiges Fernsehsignal über normale Telefonleitungen zu übertragen.

Aber es ist nicht die einzige Möglichkeit. Es gibt einen zweiten Weg.

Wenn man bestimmte Gesetzmäßigkeiten des Signals kennt oder ermitteln kann, gelingt oft eine rigorose Reduzierung der notwendigen Übertragungskapazität auch ohne Informationsverlust.

Ein eindrucksvolles Beispiel für ein solches Verfahren ist die einfache Textübertragung. Wie schon mehrfach erwähnt, reichen 5 bit je Buchstabe aus, einen Telegrammtext ohne Unterscheidung von Groß- und Kleinbuchstaben zu übertragen. In den $2^5 = 32$ möglichen Kombinationsmöglichkeiten finden 26 Buchstaben und einige Satzzeichen einschließlich der Umlaute Platz. Heute ist dieses von den ersten Telegrafen verwendete Kodealphabet durch den sogenannten ASCII-Kode ersetzt, der mit 7 bit-Kodeworten 128 Zeichen darstellen kann.

Redundanz Ein Text, auf diese Weise kodiert, ist aber im hohen Maße *redundant*, d.h. viel zu aufwendig umgesetzt. Denn er enthält tatsächlich viele Gesetzmäßigkeiten, die man nutzbringend für eine sparsamere Art der Übertragung verwenden kann.

Da ist zunächst wiederum die ganz unterschiedliche Häufigkeit der Buchstaben. Also liegt es nahe, auf die konstante Kodewortlänge für alle Buchstaben zu verzichten, z.B. dem **E** ein kürzeres und dem **Y** ein längeres Kodewort zuzuordnen. Schon beim Morsealphabet – einige Jahrzehnte vor dem elektrischen Telegrafen erfunden – wurde das intuitiv genutzt: Dem Buchstaben **E** wurde ein Punkt als kürzestes Zeichen zugeordnet, dem **Y** drei Striche und ein Punkt und damit eine mehr als 10-fache Übertragungszeit. Heute ist es ein Kinderspiel, mit einem Computer die relative Häufigkeit einzelner Buchstaben in einem Text zu ermitteln und optimale Werte für die Kodes der einzelnen Buchstaben zu berechnen.

Aber damit nicht genug: Im Deutschen ist die Wahrscheinlichkeit groß, dass nach einem **C** ein **H** oder ein **K** kommt – auch diese Vorab-Kenntnis lässt sich nutzen. Und wenn man gar noch statistische Zusammenhänge über drei oder noch mehr Buchstaben hinweg berücksichtigt – also etwa das häufige Vorkommen der Artikel *der, die, das* – und diesen Worten eigene Kodes zuordnet, dann lässt sich zeigen, dass ein deutscher Text im Mittel mit 1.6 bit/Buchstaben übertragbar ist.

Obgleich mathematisch begründete exakte Vorschriften für eine solche redundanzreduzierende Kodierung vorliegen, nutzte man das

3.2 Irrelevanz und Redundanz

zunächst für die normale Textübertragung nicht aus. Der Aufwand wäre größer als der Nutzen. Aber das Beispiel zeigt, was sich erreichen lässt – ohne Verzicht auf relevante Teile des Textes.

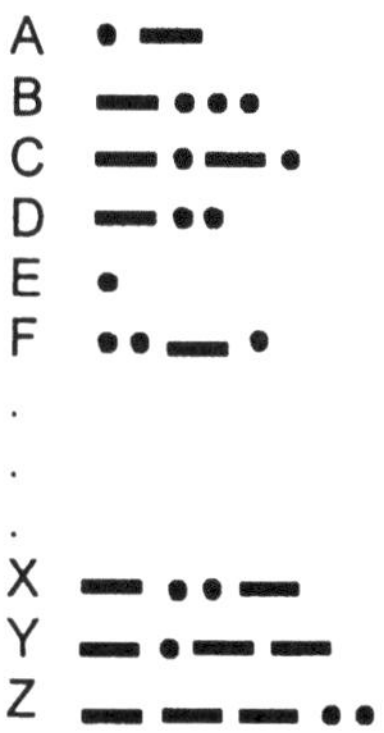

```
A  · —
B  — · · ·
C  — · — ·
D  — · ·
E  ·
F  · · — ·
.
.
.
X  — · · —
Y  — · — —
Z  — — · ·
```

Im Internationalen Telegrafenkode werden den seltenen Buchstaben längere Folgen als den häufiger auftretenden zugeteilt. Schon der Originalkode, den Samuel Morse verwendete, berücksichtigte die Buchstabenhäufigkeit in der englischen Schriftsprache. Ein Strich ist dabei so lang wie drei Punkte.

Bild 3.3
Der internationale Telegrafenkode

Im Faxgerät wird dagegen eine derartige Redundanzreduktion des Quellsignals tatsächlich verwendet. Dort wird ja, ähnlich wie beim Fernsehen, das zu übertragende Dokument Punkt für Punkt und Zeile für Zeile von Fotodioden abgetastet. Bis über 1700 Bildpunkte kommen da bei einer DIN A4-Seite je Zeile zusammen und werden dem Empfänger etwa als eine 0 für einen schwarzen und eine 1 für einen weißen Punkt übermittelt. Trifft das Gerät aber auf eine leere Zeile, wäre es glatte Zeitverschwendung, eintausendsiebenhundert Einsen nacheinander zu übertragen. Statt dessen wird dafür nur ein einziges festgelegtes Kodewort verwendet, das aussagt: „Zeile leer!". Aber auch im Text treten immer wieder verschieden lange Folgen, sogenannte *Lauflängen* oder *runs*, von Nullen oder Einsen auf. Ihre Häufigkeit lässt sich an Hand von Testseiten verschiedenen Inhalts recht gut ermitteln, und danach werden spezielle Kodes mit verschieden langen Kodeworten für solche Lauflängen ermittelt. Dabei werden wieder kurze Kodeworte für häufig auftretende und längere Kodeworte für seltenere Lauflängen gewählt. Diese Kodierung ist in jedem Fall eineindeutig, d.h. auf der Empfängerseite kann der Vorgang vollständig rückgängig gemacht und das ursprüngliche Signal damit fehlerfrei wiedererkannt werden. Hier geht nichts verloren. Hier liegt eine wirkliche Redundanzreduktion vor. Bei der Übertragung wird gespart, aber das Quellsignal wird nicht verfälscht.

Faksimile-Übertragung

Lauflänge, *run* = Folge gleicher Zeichen in einem Datenstrom

Wie effektiv dieses Verfahren ist, ergibt sich aus einer einfachen Rechnung. Moderne Faxgeräte verwenden eine Auflösung von 2376 Zeilen mit 1728 Punkten je Zeile. Das sind etwa 4 100 000 Bildpunkte oder Binärzeichen. Die Übertragung einer Seite sollte aber auch über eine normale analoge Telefonverbindung nicht länger als eine Minute dauern. In dieser Zeit müssten bei einer konventionellen Übertragung aller Einzelpunkte 4 100 000/60 = 68 000 Bildpunkte je Sekunde, also ebensoviele bit/s, übertragen werden. Tatsächlich lässt sich aber in dem engen Frequenzbereich von 300 bis 3400 Hz nur eine Übertragungsgeschwindigkeit von wenigen tausend bit/s erreichen. Das genügt tatsächlich auch, wenn mit dem genannten Verfahren redundanzgemindert übertragen wird – die Bitrate wird auf weniger als ein Zehntel ihres ursprünglichen Wertes reduziert!

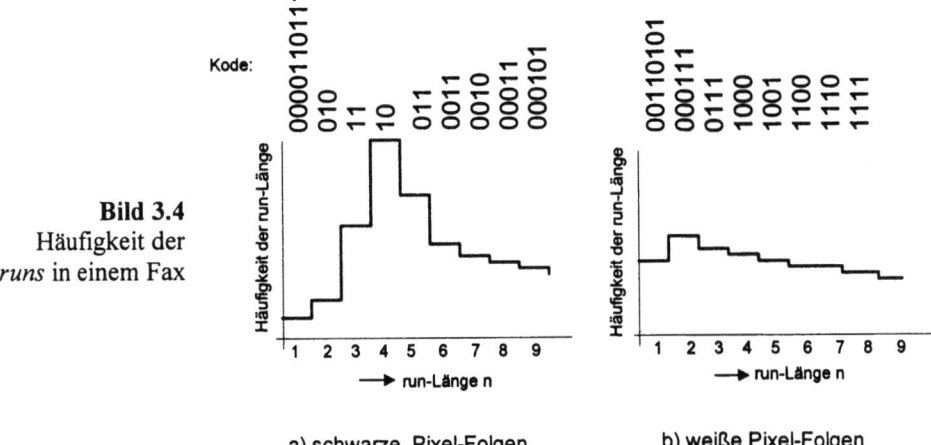

Bild 3.4 Häufigkeit der *runs* in einem Fax

a) schwarze Pixel-Folgen   b) weiße Pixel-Folgen

An Hand verschiedener Schwarz-Weiß-Vorlagen (Text, Bilder usw.) lässt sich die Wahrscheinlichkeit ermitteln, mit der Reihen von n schwarzen (a) oder weißen (b) Bildpunkten aufeinander folgen und damit sogenannte runs der Länge n bilden. Anstelle der einzelnen Pixel werden bei der Fax-Übertragung diese runs als Blöcke verstanden und mit verschieden langen Kodeworten gekennzeichnet. Wieder ist der Zusammenhang zwischen Häufigkeit und Kodewortlänge zu erkennen. Ganz wichtig bei der Wahl der für die Kennzeichnung der runs nutzbaren Kodeworte: Da alle Worte ohne Zwischenraum gesendet werden (im Gegensatz zum Morsekode!), darf kein verwendetes Kodewort linker Teil eines anderen Kodewortes sein.

Zugegeben – das Fax-Signal ist offensichtlich durch seine vielen weißen Flächen auf jeder Textseite ganz besonders redundant. Aber das Beispiel zeigt deutlich die Reserven, die in manchen Signalen stecken können.

Ob durch Nutzung der Irrelevanz- oder der Redundanzanteile – der Quellenkodierung kommt bei jeder Art der Übertragung eine große Bedeutung zu.

3.3 Telefonsignale über Funk

Als es 1926 erstmalig möglich war aus einem Eisenbahnzug auf der Strecke Hamburg-Berlin in das Telefonnetz einzuwählen und „mobil" zu telefonieren, ahnte wohl keiner, welche Entwicklung diese Technik einmal nehmen sollte.

Doch zunächst ging es recht langsam voran. In Deutschland wurde 1958 das sogenannte A-Netz in Betrieb genommen – handvermittelt, wie noch ein halbes Jahrhundert vorher das normale Telefonnetz. Erst 1972 gab es im B-Netz eine automatische Vermittlung, und es konnte auch schon grenzüberschreitend mit Österreich, Luxemburg und den Niederlanden telefoniert werden.

A-Netz, B-Netz

Inzwischen war man mit den mikroelektronischen Technologien doch ein gutes Stück vorangekommen. Die Geräte wurden dadurch kleiner und leichter. So tauchten nun um 1985, als das C-Netz eingeführt wurde, schon „Handys" auf, die diese Bezeichnung verdienten – Geräte, die man in die Hand nehmen und auch mal in die Tasche stecken konnte. Erstmalig war nun auch die technische Möglichkeit gegeben, einige hunderttausend Teilnehmer anzuschließen – bisher waren nur wenige zehntausend zugelassen gewesen.

C-Netz

Alle diese Netze übertrugen das analoge Sprachsignal mit etwa den gleichen Einschränkungen wie im stationären Telefonnetz. Die Übertragungstechnik selbst hatte sich kaum geändert. Zuerst hatte man die einfache Amplitudenmodulation verwendet, später wurde sie durch die günstigere Frequenzmodulation ersetzt. Allerdings musste man, um Bandbreite zu sparen, auf manche ihrer vorteilhaften Eigenschaften verzichten. Aber man konnte zumindest den einfachen Ausgleich der starken Pegelschwankungen nutzen, den die Frequenzmodulation bot und der durch die ständige Ortsveränderung des mobilen Teilnehmers unvermeidlich war. Allerdings wurde schon damals deutlich, dass eine Weiterentwicklung der Technik aus vielen verschiedenen Gründen auf der Tagesordnung stand.

Amplituden-, Frequenzmodulation: siehe Abschnitt 5.1

Da war zunächst die Inkompatibilität der verschiedenen Systeme – jedes Land hatte seine eigenen technischen Lösungen gefunden und konnte deshalb sein Mobilfunknetz nur innerhalb der eigenen Grenzen betreiben. Europa aber wuchs zunehmend zusammen, grenzüberschreitendes Telefonieren wurde gefordert. Und auch die Industrie drängte: Eine weitere Kostensenkung der Geräte war nur mit großen produzierten Stückzahlen möglich. Das aber setzte einen größeren Markt voraus – europaweit, möglichst weltweit mussten die Geräte verkäuflich sein. Und schließlich hatte man inzwischen die digitale Technik kennen und schätzen gelernt, mit ihren vielen Vorteilen sowohl was die Übertragungseigenschaften betraf als auch hinsichtlich ihrer vorteilhaften Möglichkeiten der Signalverarbeitung: Mit mikroelektronischen Techniken war es möglich geworden, komplizierte und optimale Verfahren der Signalerkennung, der Redundanz- und Irrelevanzreduktion und der Kodierung auf digitaler Basis zu realisieren.

So wurde weitsichtig im Jahre 1982 – noch 4 Jahre vor der Installation des letzten *analogen* Mobilfunknetzes! – in einer Konferenz der europäischen Post- und Telefonverwaltungen eine Studiengruppe gebildet mit dem Ziel, ein europaweites *digitales* Mobilfunksystem zu entwickeln.

GSM = Groupe Spécial Mobile

Diese Gruppe mit dem Namen Groupe Spécial Mobile (GSM) legte nach 8 Jahren Arbeit einen Vorschlag vor, der schon 1992 zur Inbetriebnahme von 36 GSM-Netzen in 22 Ländern Europas führte und in den Folgejahren weit über Europa hinaus Fuß fasste. Schon 1994 war die 1 Millionen-Grenze der Teilnehmerzahl überschritten, 1997 waren es schon über 50 Millionen. Nachdem auch in Nordamerika eine GSM-Variante eingeführt wurde, kann die Abkürzung GSM heute wohl berechtigt als *Global System for Mobile Communication* interpretiert werden.

Funktion des GSM-Systems: siehe Abschnitt 10.5

Auf den Aufbau und manche interessante Eigenschaft des GSM-Systems werden wir in den folgenden Kapiteln noch mehrfach eingehen. An dieser Stelle wollen wir uns nur ansehen, wie in diesem ersten digitalen Mobilfunksystem die Sprachkodierung realisiert wird. Denn in der Liste der Forderungen, die der Groupe Spécial Mobile vorgelegt wurde, stand an erster Stelle die nach einer „guten subjektiven Sprachqualität". Und das trotz der Notwendigkeit, einer wachsenden Zahl von Teilnehmern in einem begrenzten Funkfrequenzbereich Platz bieten zu können, also in jedem Fall Bandbreite sparen zu müssen.

3.4 Sprache mit wenigen tausend Bit/s

Die Grundlage der Sprachkodierung in einem GSM-Netz ist wiederum das 64 kbit/s-Signal eines PCM-Koders. Jedes GSM-Handy enthält einen solchen Koder und wandelt das analoge Sprachsignal des Mikrofons zunächst in eine binäre Impulsfolge.

Aber diese Bitrate ist zu hoch, die notwendige Übertragungsbandbreite würde letztlich die verfügbaren Frequenzresourcen zu stark

3.4 Sprache mit wenigen tausend Bit/s

belasten und eine drastische Reduzierung der Zahl der anschließbaren Teilnehmer zur Folge haben.

Schon eine Verringerung der PCM-Bitrate um den Faktor 2 ist allerdings verhältnismäßig leicht möglich, wenn man eine Eigenheit des Sprachsignals nutzbringend ins Spiel bringt. Denn nicht ständig wechseln die Amplitudenwerte so schnell, wie es die auf die höchstmögliche Frequenz dimensionierte Abtastrate von 8000 Hz erlaubt. Oft genug gehen die Amplitudenschwankungen viel langsamer vor sich. Die Abtastrate dem laufend anzupassen, hat viele Nachteile; der Techniker hat solche Asynchronitäten nicht allzu gern. Es wird aber jedenfalls oft vorkommen, dass aufeinanderfolgende Abtastungen nahezu gleiche oder nur wenig unterschiedliche Amplitudenwerte vorfinden. Das nutzt die DPCM, die Differenz-Pulskodemodulation. Es werden nun nicht mehr die Abtastwerte selbst im Takte von 8 kHz kodiert und übertragen, sondern nur die Differenz zwischen dem vorhergehenden und dem momentanen Amplitudenwert. Nur in bestimmten Abständen wird einmal wieder der Abtastwert selbst übermittelt, um zu vermeiden, dass sich Fehler aufschaukeln.

DPCM = differential pulse code modulation

Das Differenzsignal hat aber in mancher Hinsicht günstigere Eigenschaften als das originale Quellensignal. Seine Dynamik, d.h. der Unterschied zwischen dem größten und dem kleinsten vorkommenden Amplitudenwert, ist geringer und lässt sich wieder mit kürzeren Kodeworten beschreiben. Die Bitrate eines Sprachsignals kann deshalb auf 32 kbit/s verringert werden – auf Kosten einer nur wenig aufwendigeren Kodierung und Dekodierung und einer für den Teilnehmer unmerklichen Verzögerung bei diesen Wandlungsvorgängen. Passt man außerdem die Kodierungsvorschrift automatisch den mal mehr, mal weniger großen Änderungen des Differenzsignals an, wird die Übertragungsqualität noch besser – diese Adaptive Pulskodemodulation hat sich inzwischen einen festen Platz in vielen Übertragungssystemen gesichert.

ADPCM = adaptive differential pulse code modulation

Im GSM-System wird ein ähnliches, aber noch komplizierteres und deshalb noch effektiveres Verfahren angewendet.

Zunächst wird das digitalisierte Sprachsignal in schmale Segmente zu je 20 ms Länge aufgeteilt. Das bringt den Vorteil, dass innerhalb einer so kurzen Zeitspanne die Dynamik des Signals geringer ist als diejenige, die man bei einem zeitlich unbegrenzten Sprachsignal einkalkulieren muss, wo ja der Sprecher immer zwischen lauten und leisen Passagen wechseln kann. Dadurch lassen sich wie bei der DPCM, kürzere Kodeworte nutzen.

Dynamik = Verhältnis von größten zu kleinsten Leistungen im Signal

Aber damit nicht genug: Man verbindet diesen Vorteil mit einer Vorhersage (*prediction*) über den weiteren Verlauf des Sprachsignals. Dazu wird nach bestimmten Algorithmen die Kenntnis vorangegangener Abtastwerte herangezogen. Die Berechnungsformel ist dabei nur in ihrer Struktur festgelegt; ihre Parameter, die Formelkoeffizienten, werden dagegen von Segment zu Segment optimiert und der jeweiligen Situation angepasst.

Signal-Prädiktion

Das Signal wird auf diese Weise durch die Kombination nur dieser Koeffizienten beschrieben – in jedem der 20 ms-Intervalle durch nur 260 bit. In jeder Sekunde werden so insgesamt 13 kbit übertragen – immerhin nur rund ein Fünftel der PCM-Bitrate. Neben diesem *full-rate-code*, der heute in den E-Netzen des GSM-Netzes für eine hohe Sprachqualität sorgt, wird oft eine noch sparsamere Methode verwendet – der *half-rate code*, der bei etwas geringerer Sprachqualität sogar nur mit 7 kbit/s auskommt.

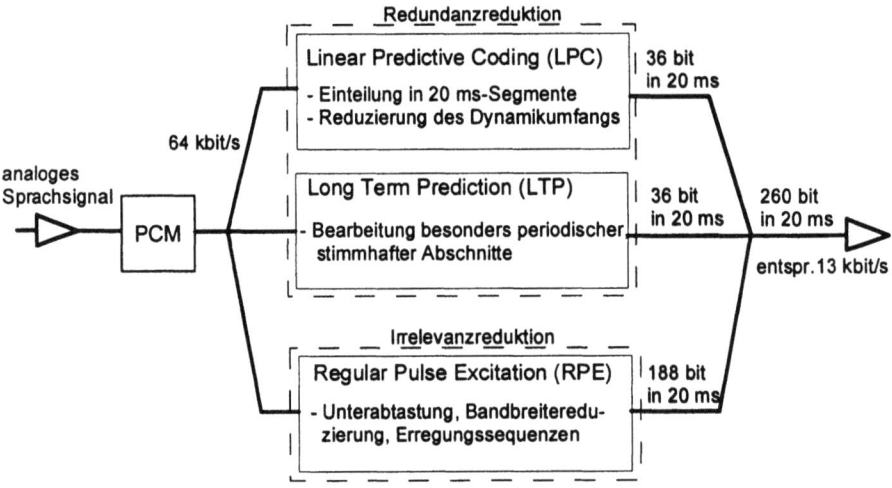

Bild 3.5 Sprachkompression im GSM-Koder

Durch die Kombination mehrerer Verfahren gelingt im GSM-Koder die Kompression des Sprachsignals von den 64 kbit/s bis auf 13 oder sogar 7 kbit/s.

Nutzung der Sprachpausen

Bei dem ersten Telefon-Transatlantikkabel hatte man übrigens einen noch ganz anderen und recht einfachen Effekt zur effektiven Nutzung der Übertragungskapazität gefunden. Bis dahin gab es über Kabel tatsächlich nur den langsamen Telegrafenverkehr zwischen Europa und dem amerikanischen Kontinent – eine heute kaum mehr vorstellbare Situation. Als diese Verbindung 1956 in Betrieb genommen wurde, galt jeder einzelne der wenigen verfügbaren Übertragungskanäle als Gewinn, und es war nur naheliegend, dass man alles versuchte, sie maximal auszunutzen. Man kam deshalb auf die Idee, die in jedem Gespräch unvermeidlichen kleinen und großen Pausen zu nutzen. Holte der Sprecher einmal kurz Luft zwischen Worten und Sätzen, wurde er sofort vom Kabel abgeschaltet und musste seinen Platz einem anderen überlassen. Auch in der doch gelegentlich notwendigen Pause, wo der eine mal zuhört, was der andere spricht, war der Teilnehmer nicht mehr in der Leitung. Sobald er wieder einsetzte, wurde seine Verbindung wieder hergestellt.

Soweit geht man allerdings beim GSM-Verfahren nicht. Eine spezielle Funktionsgruppe überwacht zwar auch dort die momentane Sprachaktivität jedes Teilnehmers in jedem der 20 ms-Intervalle. Ist das Intervall leer, wird jedoch nicht die Verbindung unterbrochen, immerhin aber die Sendeleistung reduziert – vorteilhaft für die anderen Teilnehmer im Netz, und natürlich auch für den Nutzer des Handys. Allerdings würde ihn vielleicht die absolute Stille in solchen Pausen irritieren. Doch auch dafür ist vorgesorgt. Man blendet ihm in den Intervallen, wo er nahezu abgeschaltet ist, ein leises Hintergrundgeräusch ein. Dann fällt ihm das nicht mehr auf.

3.5 Digitale CD-Qualität

Eine gute Sprachqualität bedeutet noch lange keine gute Musikqualität. Der Maßstab ist seit langem nicht mehr die Schallplatte, obgleich manche Nostalgiker immer noch auf deren „spezifischen Klang" schwören, und auch nicht mehr die über Jahrzehnte hinweg sprichwörtliche UKW-Qualität. Maßstab ist die CD, die Compact Disk.

Mit ihr wurde der erste große Schritt in die Welt der digitalen Musik getan. Sie nutzt die reinrassige PCM zur Wandlung des analogen Quellensignals in eine binäre Folge. Mit einer Abtastfrequenz von 44,1 kHz und 16 bit Kodeworten erreicht und übertrifft sie die Grenzen des menschlichen Hörvermögens und kann die große Dynamik der meisten Musiksignale verarbeiten. Immerhin sind das $2^{16} = 65\,536$ Intervalle – eine äußerst genaue Kodierung aller momentanen Amplitudenwerte!

Doch diese Qualität ist nicht umsonst zu haben – 44 100 Abtastungen je Sekunde multipliziert mit je einem 16 bit-Kodewort, und das für zwei Stereokanäle, ergibt bereits einen Informationsfluss von über 1400 kbit/s, mehr als das zwanzigfache eines PCM-kodierten Telefonsignals. Allein diese Informationsmenge zu speichern und fehlerfrei wiederzugewinnen ist nicht unproblematisch. Durch zusätzliche elektronische Umkodierungs- und Fehlersicherungsverfahren erhöht sich aber die auszulesende Bitrate der Compact Disk noch um etwa den Faktor 3 und erreicht 4.3 Mbit/s – ein erheblicher Aufwand zur sicheren Erkennung der mikrometerfeinen Datenpixel in der Acrylscheibe. Nur mit äußerst fein gebündelten Laserstrahlen besonders kurzer

Fehlersicherungsverfahren: siehe Abschnitt 5.5 und 5.6

Wellenlänge und einer Reihe von elektromechanischen Regelmechanismen ist das überhaupt erreichbar. Es gibt ja keine Rille mehr, die zur Führung dienen kann wie bei der Schallplatte. Und auch zur optimalen Wiedergewinnung des analogen Signals aus den PCM-Werten wird zusätzlicher Aufwand getrieben. Im CD-Spieler werden aus jeweils zwei benachbarten digitalen Abtastwerten zunächst eine Vielzahl von wiederum digitalen Zwischenwerten berechnet. Damit wird für die Digital-Analogwandlung eine bis um den Faktor 256 höhere Stützstellenrate erreicht (das *oversampling*). Diese Zwischenwerte unterscheiden sich dann nur noch um höchstens ein einziges bit und ermöglichen eine Minimierung von Reststörungen – der *1 Bit-Wandler* taucht ja oft in der Werbung für hochwertige CD-Spieler auf. In Bild 3.6 wird dieses Problem skizziert.

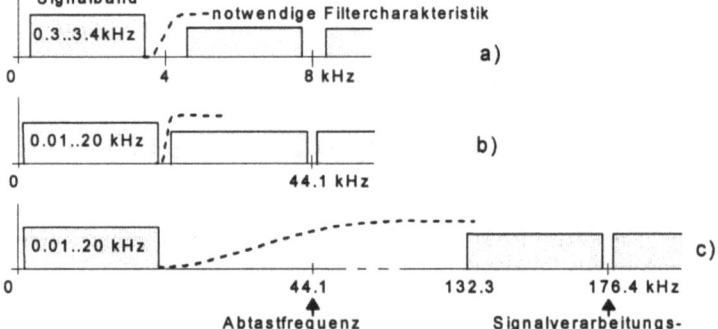

Bild 3.6
Oversampling bei der CD-Aufzeichnung

Die Wiedergewinnung des analogen aus dem digitalen Musiksignal ist nicht unproblematisch, weil die periodisch mit der Abtastfrequenz wiedergewonnenen PAM-Signale Spektralanteile besitzen, die durch die „Faltung" der Signalbänder um die Abtastfrequenz herum entstehen. Beim bandbegrenzten Sprachsignal ist das noch beherrschbar, weil die Lücke zum originalen Sprachband noch groß genug ist (a). Bei der CD mit einer Musikbandbreite von 20 kHz und einer Abtastfrequenz von 44.1 kHz wäre das nur mit extremen Filteraufwand machbar (b). Dort wird deshalb oversampling verwendet: Die Taktfrequenz wird im CD-Spieler durch Berechnung von bis zu 256 Zwischenwerten zwischen zwei von der CD gelieferten Probenwerten künstlich vergrößert (c). Dann gelingt die Trennung des Originalbandes mit einfachen Filtern.

Das Problem wurde schon in den frühen achtziger Jahren erkannt, und zwar von Leuten, die sich mit einem noch komplexeren Problem zu beschäftigen hatten: der zweckmäßigen Kodierung von Bildsignalen.

3.5 Digitale CD-Qualität

Dort sind beim Übergang zu binären Signalen noch viel höhere Bitraten zu erwarten; wir werden darauf noch eingehen. Und zum Bild gehört nun mal der Begleitton.

Also beschäftigte sich eine internationale Standardisierungsgruppe, die *Motion Pictures Experts Group*, abgekürzt MPEG, nicht nur mit der zweckmäßigen Kodierung bewegter Bilder, sondern auch noch mit der Frage, wie auch das Tonsignal vorteilhaft kodiert werden sollte. Die Forderungen waren aber jetzt noch wesentlich schärfer als die für die Sprachübertragung in Mobilfunknetzen: Die subjektiv empfundene Qualität des dekodierten Tonsignals sollte bei wesentlich reduzierter Bitrate der einer CD in nichts nachstehen.

MPEG = motion pictures experts group

Es war von vornherein klar, dass hier besondere Geschütze aufgefahren werden mussten; weitere redundante und vor allem irrelevante Anteile der Quellensignale mussten aufgespürt und ausgenutzt werden. Natürlich baute man auf den Erfahrungen auf, die mit dem Sprachsignal gemacht worden waren. Darüber hinaus aber nutzte man eine triviale Tatsache: Musik wird vom Menschen gehört. Sein Ohr und sein Gehirn analysieren das Klangbild. Beide zusammen sind ungeheuer leistungsfähig, aber auch sie gelangen an Grenzen. Und diese Grenzen lotete man nun tatsächlich bis zum Letzten aus. Was selbst unser komplexes Gehör nicht mehr erfassen kann, muss nicht mehr übertragen werden!

Zwei Werkzeuge sind es, mit denen im MPEG-Verfahren das Tonsignal von irrelevanten Anteilen befreit wird.

Am Anfang steht wiederum die spektrale Zerlegung des Quellensignals. Zweiunddreißig einzelne schmale Frequenzbänder werden jeweils analysiert, und zwar in kurzen Zeitabschnitten von 8 bis 24 ms Länge. Damit erreicht man zunächst einmal die Vorteile, die schon bei der Sprachkodierung in GSM-Netzen genutzt wurden: Die Dynamik der Amplitudenwerte ist in jedem dieser kurzen zeitlichen Intervalle geringer, als wenn man ständig mit höchsten und niedrigsten Amplitudenwerten rechnen muss. Innerhalb dieser Zeitintervalle lässt sich – wiederum mit Hilfe der bekannten Fouriertransformation – das Kurzzeitspektrum des Signals in diesem Zeitintervall berechnen.

Und an dieser Stelle zeigte es sich, dass weitere Verbesserungen durchaus noch möglich waren: Die Schwelle für die Empfindlichkeit des Hörvermögens ist nämlich frequenzabhängig.

Bild 3.7 zeigt den spektralen Verlauf der sogenannten Ruhehörschwelle, d.h. diejenige Schallleistung, die in absolut stiller Umgebung vom Ohr – immer wieder verstanden in Zusammenarbeit mit der neuronalen Signalverarbeitung des Gehirns – überhaupt noch wahr genommen werden kann. Die senkrechte Skala ist in Dezibel (dB)

Definition des dB:
$a_{/dB} = 10 \lg (P_1/P_2)$;

P_1, P_2 – Leistungen

angegeben. Das ist ein logarithmisches Maß zur Definition von Leistungsverhältnissen; hier wird es als relatives Leistungsmaß verwendet. Eine Erhöhung um 3 dB entspricht einer Verdoppelung der Leistung, eine Erhöhung um 10 dB wird subjektiv als Verdoppelung der Lautstärke empfunden. Um einen Vergleichsmaßstab zu haben, sind parallel einige Geräusche eingetragen, die zwischen dem Säuseln eines leichten Windes und dem Startgeräusch eines Düsentriebwerkes liegen. So wird noch einmal der weite Bereich der Empfindlichkeit unseres Gehörs deutlich.

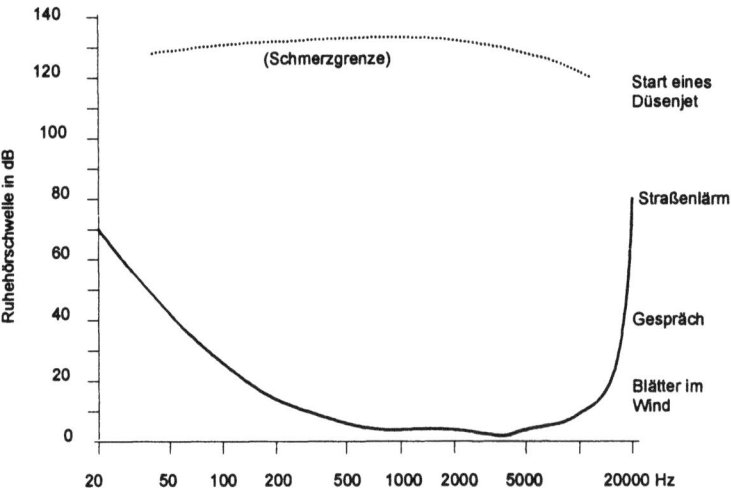

Bild 3.7 Die Ruhehörschwelle

Unterhalb der Ruhehörschwelle des Menschen ist auch in einer völlig ruhigen Umgebung keine Wahrnehmung mehr möglich. Davon profitiert die Kodierung. Treten im Musikstück die betreffenden Frequenzen mit geringeren Amplituden auf, können sie mit gutem Gewissen ignoriert werden. Die oben im Diagramm gestrichelt angegebene Schmerzschwelle wird nicht nur auf dem Flugplatz oder in Diskos erreicht, sondern auch schon bei einer lauten Kopfhörerdarbietung – dauernde Gehörschäden sind nicht ausgeschlossen.

Man erkennt, dass die Hörschwelle bei verschiedenen Schallfrequenzen durchaus verschieden ist. Tiefe Frequenzen und sehr hohe Frequenzen um 15 bis 20 kHz nehmen wir erst bei größeren Lautstärken wahr, im mittleren Frequenzbereich ist das Ohr viel empfindlicher und erkennt bereits sehr geringe Schallleistungen. Bei etwa 4 kHz liegt – bedingt durch die konstruktive Auslegung des Innenohrs – ein Minimum der Hörschwelle und deshalb ein Maximum der Empfindlichkeit. Das kann man nutzen. Demnach müssen zwar leise Töne im Bereich einiger tausend Hertz durchaus exakt kodiert werden, bei

3.5 Digitale CD-Qualität

den tiefen und den ganz hohen Tönen aber ist das überflüssig – wir würden sie ohnehin nicht hören können. Also wird die Kodierung, genau diesen Gesetzen folgend, kontinuierlich angepasst.

Einen wesentlichen Kodierungsgewinn, d.h. eine weitere Reduzierung der notwendigen Bitrate, erreicht man darüber hinaus durch bestimmte und außerordentlich wirksame Verdeckungs- oder Maskierungseffekte, auch psychoakustische Effekte genannt, die die Hörschwelle noch einmal verändern. Was geschieht?

Trifft ein Ton in einer bestimmten Lautstärke auf das Ohr, ist es nicht mehr in der Lage, gleich- oder ähnlichfrequente leisere Töne noch wahrzunehmen, sie werden von ihm verdeckt. Jedem von uns ist dieser Effekt bekannt, wenn laute Störgeräusche ein laufendes Gespräch plötzlich unhörbar machen. Dabei wirkt diese Überdeckung auch noch auf daneben liegende Frequenzen ein, wenn auch mit zunehmend größerem spektralen Abstand merklich schwächer werdend. Die Mithörschwelle, wie sie in Bild 3.8 gezeigt ist, wird beim Vorhandensein eines lauten Tones in einem bestimmten Spektralbereich damit frequenzabhängig; sie wird – mit einem Maximum bei der störenden Frequenz – angehoben (Bild 3.8). Amplituden unterhalb dieses Pegels sind nach dem oben Gesagten nicht mehr hörbar, es kann also in diesen Spektralbereichen jetzt viel gröber quantisiert werden – gerade soviel, dass die neue, durch die Maskierung angehobene Hörschwelle durch das Quantisierungsrauschen eben erreicht wird. Diese noch zulässige Quantisierung ist natürlich vom momentanen Spektrum des zu übertragenden Signals abhängig. Sie wechselt in jedem Moment ständig und muss deshalb in jedem der einzelnen Zeitintervalle und in jedem der 32 Frequenzgebiete immer wieder neu berechnet werden.

Maskierungseffekte und Mithörschwelle

Das Verfahren ist außerordentlich effektiv, hat aber auch Nachteile. Infolge der ständigen Änderungen der Zahl der Quantisierungsintervalle und damit der Wortlängen, mit denen Amplitudenwerte innerhalb des betreffenden Spektralbereichs beschrieben werden, verändert sich auch die Gesamtzahl der zu übertragenden Bits je Zeitintervall. Das hat der Techniker nicht gern, wir sagten es bei anderer Gelegenheit schon einmal; seine Systeme sind in der Regel auf eine konstante Bitrate ausgelegt. Also verbindet man das Notwendige mit dem Zweckmäßigen: Man vergrößert im jeweiligen Zeitintervall die durch den Maskierungseffekt noch zugelassene kleinste Zahl der Quantisierungsstufen soweit, bis alle „Lücken" im bisher ungleichmäßigen Bitstrom gefüllt sind und damit wieder eine gleiche Bitrate in allen Zeitintervallen erreicht ist. Dadurch wird eine Reserve an Übertragungsqualität erzielt. Sie ist dann wertvoll, wenn in seltenen Fällen einmal mehrere solche Analog-Digital-Analog-Wandlungen nacheinander vorgenommen werden müssen, oder wenn der Hörer mit seinem Klangregler bestimmte Frequenzbereiche anheben möchte.

Bild 3.8
Verschiebung der Mithörschwelle bei Nebengeräuschen

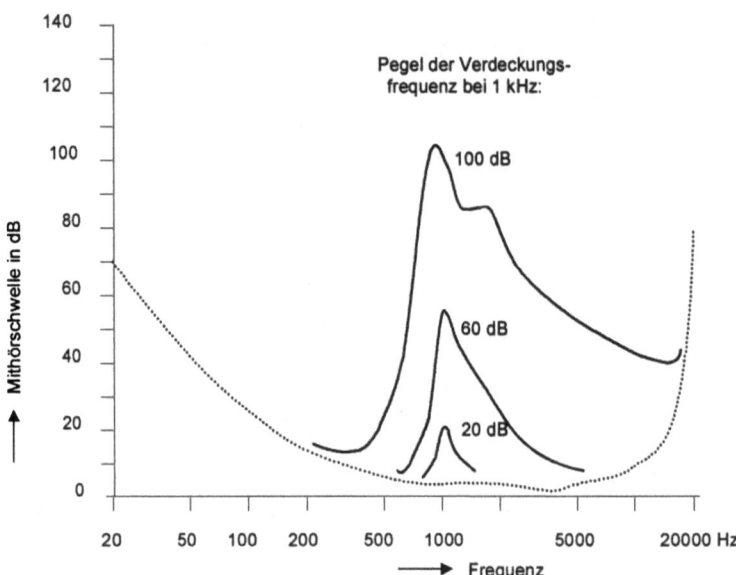

Ist die Umgebung nicht ruhig, sondern von anderen lauten Geräuschen erfüllt, steigt die Hörschwelle an, d.h. es werden auch schon lautere Frequenzanteile nicht mehr wahrgenommen. Die angegebenen Kurven gelten als Beispiel für den Fall, dass ein schmalbandiges Rauschen um 1 kHz mit verschiedener Lautstärke als Störung wirkt. Nutzt man auch diesen Effekt aus, kann ohne Verlust für die Wiedergabequalität noch mehr gespart werden – Anteile unterhalb der entsprechenden Kurven brauchen nicht übertragen zu werden, weil sie ohnehin nicht wahr genommen würden.

Zeitlicher Maskierungseffekt

Neben dieser spektralen Maskierung existiert übrigens außerdem noch ein zeitlicher Maskierungseffekt: Leisere Signale werden auch eine bestimmte Zeit nach der Wahrnehmung eines lauten Schallereignisses verdeckt, und verblüffenderweise sogar eine kurze Zeit *davor* – auch die neuronale Verarbeitung des Schallsignals geschieht ja nicht momentan, sondern verlangt eine gewisse Zeit. Auch das wird bei der Kodierung genutzt.

Diese beiden psychoakustischen Effekte bringen entscheidende Gewinne bei der Irrelevanzreduktion des Signals. Dazu ist freilich ein nicht unerheblicher Aufwand der Signalverarbeitung im Kodierer nötig, der hier nur angedeutet werden konnte. Dem Kodierer steht jedenfalls ständig ein komplettes elektronisches Modell des psychoakustischen Verhaltens des menschlichen Gehörs zur Verfügung, das er bei jeder seiner Entscheidungen zu Rate zieht.

Dass die Fouriertransformation bei den vielen erforderlichen Operationen und Entscheidungen im Frequenzbereich wiederum eine entscheidende Rolle spielt, ist dabei wohl selbstverständlich.

3.6 Layer mit Unterschieden

Über die beiden oben genannten Hauptziele – CD-Qualität und möglichst niedrige Bitrate – war man sich zwar einig, aber in den Details erwies es sich doch zweckmäßig, Varianten zuzulassen. So steigt natürlich der technische Aufwand der Kodierer mit der erreichten Irrelevanzreduktion. Die vielen komplizierten Operationen brauchten darüber hinaus nicht vernachlässigbare Verarbeitungszeiten. Das hatte aber letztlich Verzögerungen zwischen dem Originalsignal und dem wieder dekodierten Signal zur Folge.

Für die Nutzung der Verfahren für Speichermedien ist das uninteressant. Bei einem Begleitton für ein Bewegtbild aber können solche Verzögerungen störend sein – Mundbewegung und Ton passen dann nicht mehr zusammen. Auch bei Wechselgesprächen zwischen zwei Gesprächsteilnehmern treten Probleme auf, wenn der Eine zu lange auf die Antwort des Anderen warten muss. Und schließlich wollten auch diejenigen, die nicht unbedingt die hohe CD-Qualität brauchten, doch von den tollen neuen Möglichkeiten der Bitratenreduktion profitieren und möglichst die notwendige Übertragungsbandbreite oder die erforderliche Speicherkapazität noch ein bisschen verringern.

So entstanden innerhalb des MPEG-Projektes Varianten, die allen diesen Wünschen und Forderungen entgegen kamen – gewissermaßen verschiedene Ebenen der Kodierung. Sie werden als *Layer* bezeichnet. Immer wieder aber wurde die Einheit aller dieser Varianten beachtet. Sie sind untereinander vorwärts-und rückwärtskompatibel, d.h. mit einem Layer-3-Dekoder können auch einfachere Kodierungen nach Layer 2 und Layer 1 erkannt und dekodiert werden, und umgekehrt kann mit einem Layer-1-Dekoder auch ein Layer-3-Signal wieder hergestellt werden, wenn auch nur mit den geringeren Standards des Layer 1.

Layer – Varianten im MPEG-Verfahren

In Bild 3.9 sind die beeindruckenden Ergebnisse der MPEG-Kodierung zusammengestellt. Selbst die einfachste Variante (Layer1), bei der ein möglichst einfacher Koder angestrebt wurde, reduziert die Bitrate des pulskodemodulierten CD-Signals schon von 1400 kbit/s auf 384 kbit/s und damit fast auf ein Viertel. Dieses Verfahren wird in der DCC-Technik verwendet. Die etwas aufwendigere Kodierung (Layer 2) vermindert den Bitstrom noch einmal. Sie wird für digitale Fernsehübertragungen und in dem digitalen Hörrundfunksystem DAB eingesetzt, das in den nächsten Jahren den UKW-Rundfunk ergänzen

DCC = digital compact cassette

DAB = digital audio broadcast

Sie wird für digitale Fernsehübertragungen und in dem digitalen Hörrundfunksystem DAB eingesetzt, das in den nächsten Jahren den UKW-Rundfunk ergänzen und vielleicht später ersetzen soll. Das MPEG-Layer-2-Verfahren wurde übrigens bei der DAB-Entwicklung im Rahmen eines europäischen Projektes Eureka entwickelt und heißt dort MUSICAM-Verfahren.

MUSICAM = masking pattern adapted universal subband integrated coding and multiplexing

Die dritte und noch aufwendigere Lösung schließlich (Layer 3) reduziert die ursprüngliche Bitrate um das 12-fache: Nur 112 bis 128 kbit/s werden zur Übertragung eines Stereosignals benötigt! Als MP3-Verfahren hat sich diese Variante weltweit ein begeistertes Publikum erobert – entwickelt übrigens von Forschern der Fraunhofer Gesellschaft, und ursprünglich zur Komprimierung des Tonsignals auf Video Compact Discs gedacht.

MP3 = MPEG audio layer 3

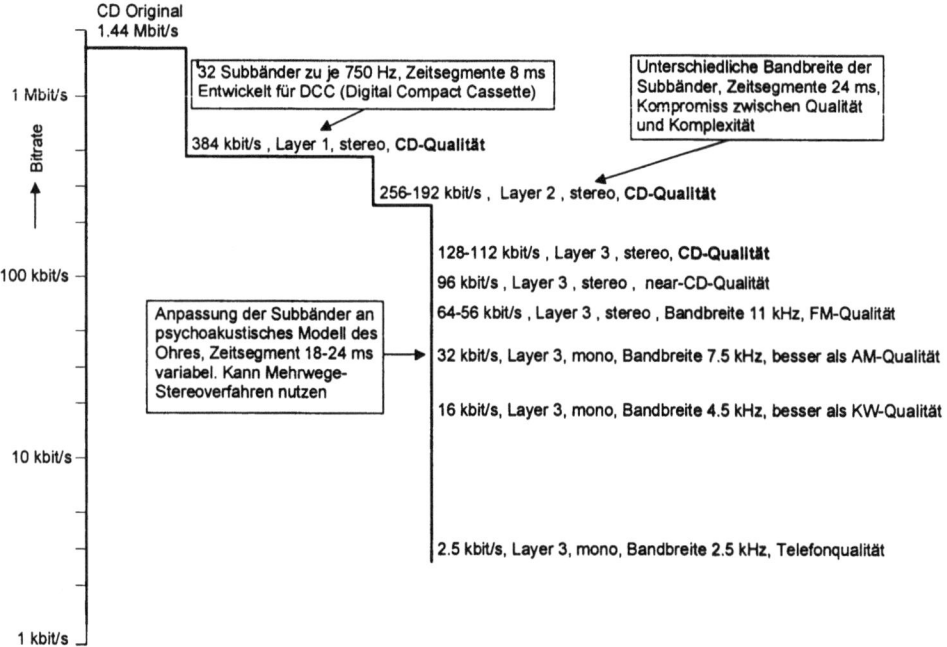

Bild 3.9 Varianten und Leistungen der MPEG-Layer

Mit den verschiedenen Varianten der Komprimierungsverfahren kann die CD-Qualität eines Musiksignals noch bei einer Datenrate von 192 kbit/s – gegenüber 1.44 Mbit/s bei der unkomprimierten CD-Aufnahme – erhalten werden. Selbst mit 128 kbit/s lässt sich noch CD-Qualität erreichen.

Alle drei genannten Varianten aber liefern mit den angegebenen Bitraten am Ausgang des Dekoders, der im Gegensatz zu den Kodern

3.6 Layer mit Unterschieden

wenig aufwendig ist, ein analoges Audiosignal ab, das nach einhelliger Aussage der Hörtestexperten ohne jede Abstriche CD-Qualität aufweist. Reduziert man die Bitrate noch weiter – bei allen drei Verfahren ist das bis herunter zu 32 kbit/s möglich – verringert sich die Qualität dann schrittweise. Allerdings ist auch hier das letzte Wort noch nicht gesprochen. Man hofft, in naher Zukunft durch Nutzung der Ähnlichkeit der beiden Stereosignale noch mit einer Datenrate von 2 mal 64 kbit/s im Layer 3 CD-Qualität erreichen zu können.

Die in Bild 3.9 angegebenen von-bis-Werte für die Bitrate zeigen, dass auch innerhalb jeder Gruppe noch Varianten möglich sind. Tatsächlich lassen die als MPEG1 bezeichneten Kodierungsverfahren Abtastraten von 32, 44.1 und 48 kHz zu – Werte, die für die verschiedenen Anwendungsgebiete zweckmäßig sind (Tabelle 3.1). Sie sind teilweise aus der Fernsprechtechnik abgeleitet – 32 und 48 kHz sind Vielfache der dort üblichen Abtastrate von 8 kHz. Manche gehen auch auf Standards der Fernsehtechnik zurück, weil als Speichermedien für CDs oft Videokassetten verwendet werden. So ergeben sich die 44.1 kHz aus Relationen zu den 625 bzw. 525 Zeilen des Fernsehbildes.

In einer zweiten Phase der MPEG-Standardisierungsarbeiten wurde Ende 1994 mit dem sogenannten MPEG2-Verfahren der Bereich der Eigenschaften und damit der möglichen Nutzer noch einmal erweitert (Tabelle 3.2). Nicht nur können dort für jedes Musikstück 5 getrennte Kanäle dargestellt werden, nämlich außer dem rechten und dem linken Stereokanal ein tieffrequenter Mittelkanal und die beiden hinter dem Hörer angeordneten Raumkanäle des Dolby-Surround-Verfahrens. Vor allem aber sind es die zusätzlichen Möglichkeiten einer weiteren Verringerung der Abtastfrequenzen bis hin zu 16 kHz bei gleichzeitiger Verringerung der Wiedergabequalität, die diese zweite Gruppe dann auch noch für viele spezielle Anwendungen attraktiv macht. Einige mögliche Stufen sind in Bild 3.9 angedeutet.

MPEG2

	DSR (Digital Satellite Radio)	CD (Compact Disk)	DAT (Digital Audio Tape) und stereofone Audiosignale im Studioformat
Abtastrate	32 kHz	44.1 kHz	48 kHz
Datenrate	1024 kbit/s	1412 kbit/s	1536 kbit/s

Tabelle 3.1 Datenraten der Kodierungsverfahren

Tabelle 3.2
Unterschiede von
MPEG1 und
MPEG2

	MPEG 1	MPEG 2
Abtastraten	32, 44.1, 48 kHz	wie MPEG 1, zusätzlich noch 28, 16, 11.8 kHz
Kodewortlänge	16 bit/Abtastwert	variabel
Zahl der Einzelkanäle	1	5 Hauptkanäle + 1 Tieffrequenzkanal; "multilinguale Erweiterung"; 7 zusätzliche Kanäle

Die Audiokodierung nach den MPEG-Verfahren hat eine Revolution in der Speicherung von Tondokumenten bewirkt. Das digitale Tonstudio der Rundfunksender hat sich endgültig durchgesetzt. Die Musik kommt heute von den Festplatten der Computer.

3.7 Das bewegte Bild

Die Bildabtastung funktioniert immer noch nach dem gleichen Grundprinzip, das sich Paul Nipkow 1884 patentieren ließ. Punkt für Punkt wird das Bild, das das Objektiv der Fernsehkamera vom Ansager oder dem Sportereignis auffängt, in ein elektrisches Signal gewandelt, zum Empfangsort übertragen, und dort Punkt für Punkt wieder zusammengesetzt. Nur die Technik hat sich geändert. Während die rotierende Nipkow-Scheibe dafür sorgte, dass die einzelnen Bildpunkte nacheinander die einzige Fotozelle beleuchteten (Bild 3.10), wird heute die optische Abbildung komplett auf eine Matrix winziger einzelner Fotoelemente projiziert, und deren Ladungen werden nacheinander elektronisch ausgelesen (Bild 3.11). Die Mechanik wurde so durch Elektronik ersetzt, aber das Problem blieb – Hunderttausende von Helligkeitswerten, die alle zusammen den Bildeindruck vermitteln, müssen nacheinander als elektrische Signale zum Bildempfänger übertragen werden, um dort das komplette Bild zusammenzusetzen.

Die Sache ist noch fast unproblematisch, wenn es um die Übertragung einzelner Bilddokumente geht. Die lassen sich bekanntlich schon über jedes Faxgerät und jede beliebige Telefonleitung übertragen. Denn dabei kann man sich Zeit nehmen. Ob das Bild nach einer Sekunde oder nach einigen Minuten am anderen Ende der Leitung ankommt – übrigens mit genau dem gleichen bildpunktweisen Übertragungsprinzip – ist in der Regel uninteressant.

3.7 Das bewegte Bild

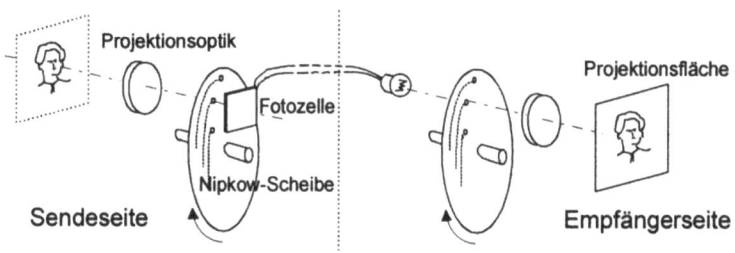

Bild 3.10
Nipkows Prinzip der Bildübertragung

Das Prinzip der 1884 patentierten Nipkow-Scheibe hat sich bis heute erhalten: Das Objekt wird durch aufeinander folgende und im Radius versetzte Löcher in der Scheibe Punkt für Punkt abgetastet und die Helligkeit von einer Fotozelle registriert. Diese Werte werden am Empfangsort einer Lichtquelle mitgeteilt, vor der eine gleichartige Scheibe synchron rotiert. Auf der Projektionsfläche setzt sich das Bild wieder zusammen.

Beim Fernsehen aber geht es um die Übertragung sich bewegender Objekte. Und da war weit vor dem Zeitalter der Digitalisierung und der Elektronik schon ein Nachdenken über die irrelevanten Anteile bei der Betrachtung bewegter Bilder nötig, nämlich bei der Entwicklung des ersten Kinofilms. Man erkannte, dass es ausreichend war, eine begrenzte Zahl von Festbildern dem menschlichen Auge in schneller Folge nacheinander anzubieten, um den Eindruck einer kontinuierlichen Bewegung zu vermitteln. Fünfundzwanzig Bilder je Sekunde sind dabei als Mindestfrequenz notwendig – unerreichbar damals mit den ersten Kinomaschinen. Aber auch die Fernsehtechnik suchte nach Wegen, diese Frequenz doch noch zu verringern. Und wenn sich auch leider weltweit sonst keine Einigkeit bei der Entwicklung und Standardisierung der Fernsehnormen erreichen ließ – *einen* Trick übernahmen alle: das sogenannte Zwischenzeilen- oder Zeilensprungverfahren (Bild 3.12).

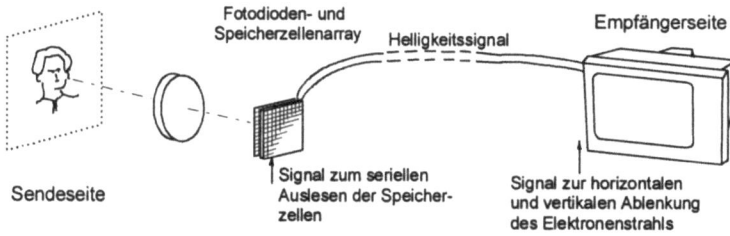

Bild 3.11
Bildzerlegung heute

Heute ist die mechanisch bewegte Scheibe des Senders durch ein Mosaik aus winzigen Fotodioden und mit ihnen gekoppelten Speicherelementen ersetzt. Auch sie werden zeilenweise ausgelesen und ihre Signale einer Bildröhre übergeben, die ebenfalls zeilenorientiert ist. Die notwendige zeitliche Synchronität wird mit elektronischen Mitteln, den sogenannten Zeilen- und Bildsynchronimpulsen, erreicht, die mit dem eigentlichen Bildsignal übertragen werden (siehe Bild 6.9).

**Zeilensprung-
verfahren**

Es wird zwar fünfzig mal in der Sekunde ein neues Bild geschrieben, dabei wird aber jedes Mal nur der halbe Bildinhalt übertragen, nämlich abwechselnd die ungeraden und die geraden Bildzeilen. Aber das nimmt das Auge ohne Protest hin.

Zeilenzahlen

Bleibt die Frage nach der notwendigen Schärfe des Bildes. Auch da fand man einen Kompromiss. Während in Amerika 525 Zeilen geschrieben wurden, einigte man sich in Europa 1959 noch rechtzeitig auf die einheitliche Zahl von 625 Zeilen pro Bild. Dadurch wird sichergestellt, dass das Auge bei vernünftigem Abstand zum Bildschirm, etwa dem fünffachen der Bildschirmdiagonale, die einzelnen Zeilen gerade nicht mehr auflösen kann und deshalb auch in senkrechter Richtung ein kontinuierliches Bild sieht. Übrigens werden tatsächlich gar nicht alle verfügbaren Zeilen wirklich zur Bilddarstellung genutzt; auf einigen werden intern notwendige Messdaten übertragen und andere werden zur Übertragung der bekannten Videotext-Tafeln genutzt.

*Spektrum und
Zeitverlauf des
TV-Signals: siehe
Abschnitte 3.8 und
6.3*

Mit diesen Zahlen lässt sich der Bandbreitebedarf eines analogen Fernsehsignals leicht überschlagen. Bei einem Verhältnis Breite zu Höhe von 4:3, das bisher gängige Format, sind in einem Fernsehbild $625^2 \cdot 4/3 = 520\,000$ Bildpunkte zu übertragen, und das 25 mal je Sekunde, also 50 Halbbilder je Sekunde. Das sind rund 13 Millionen Bildpunkte je Sekunde! Nimmt man den schlimmsten Fall an, dass die Helligkeit des Bildes sich von Punkt zu Punkt abwechselnd von Hell zu Dunkel ändert, woraus dann ebensoviele Änderungen des elektrischen Stromes folgen, dann kommt man zu einer notwendigen Übertragungsbandbreite von rund 6.5 MHz für ein Videosignal.

**HDTV = high
definition
television**

Damit ist nun gegenüber einem hochqualitativen Audiosignal mit 15 kHz notwendiger Bandbreite oder sogar mindestens 30 kHz für ein Stereosignal, das mit linkem und rechtem Kanal gleich zwei solcher Signale übertragen muss, noch einmal mehr als ein Faktor 100 dazugekommen. Bedenkt man, dass seit Jahren sogar über ein High-Definition-TV mit der doppelten Zeilenzahl und damit der vierfachen Punktzahl und Bandbreite diskutiert wird, das dann die Qualität eines Kinofilms erreichen wird, erkennt man, dass sich an dieser Stelle die Frage nach redundanz- und irrelevanzreduzierenden Übertragungsverfahren noch viel dringender als bei Sprach- und Musiksendungen stellt. In Japan werden übrigens seit Jahren schon einige Programme in einer HDTV-Norm ausgestrahlt.

Gleichzeitig werden aber auch Schwierigkeiten deutlich. Redundanzen sind zwar in Bildsignalen durchaus vorhanden. Man denke nur an über ganze Zeilen und oft sogar über mehrere Zeilen hinweg fast unveränderte Bildhelligkeiten oder an Bilder, die sich über Sekunden hinweg gar nicht oder nur in unwesentlichen Teilen verändern.

3.7 Das bewegte Bild

Warum sollte man dann vielfach nacheinander immer wieder das gleiche Bild übertragen? Wenn man sich aber der hohen Signalbandbreite und der damit verbundenen schnellen Änderungen des elektronischen Bildsignals erinnert, wird deutlich, dass eine komplexe Signalverarbeitung zur Quellenkodierung bei diesem Signal extrem schwierig sein wird. Allein die Speicherung eines als Analogsignal vorliegenden Einzelbildes erfordert eine außerordentlich aufwendige Elektronik. Eine solche Speicherung ist aber notwendig, um zwei aufeinander folgende Bilder vergleichen und entscheiden zu können, ob und gegebenenfalls in welchen Partien eine nochmalige Übertragung vielleicht eingespart werden kann.

An dieser Stelle wird wieder ein Vorteil der Digitalisierung offensichtlich. Im Bereich digitaler Signale sind alle diese Operationen viel einfacher zu realisieren. Auch bei hohen Bitraten ist die Speicherung eines Binärwertes viel problemloser als die eines analogen Spannungswertes, und auch eine sehr komplexe Weiterverarbeitung erfordert oft nur wenige elementare und einfach zu realisierende Einzeloperationen. Die Computertechnik hat das bereits in den ersten ihrer Entwicklungsjahre erkannt und sich seitdem konsequent auf binäre Signalverarbeitungsverfahren eingestellt.

Digitalisierung erlaubt Bildspeicherung

Es spricht also nichts dagegen und viel dafür, auch für das neben Sprache und Musik aufwendigste Signal – das des bewegten Bildes – in den digitalen Bereich überzuwechseln. Es geht dabei zunächst, wohlgemerkt, nicht darum, mit dem digitalen Fernsehbild eine bessere Bildqualität zu erreichen, sondern wiederum um die Möglichkeit, mit Hilfe der Digitaltechnik die riesige notwendige Bandbreite rigoros zu reduzieren und in den gleichen Frequenzkanälen mehrere Programme anstelle eines einzigen übertragen zu können. Dass sich daneben und mit Hilfe dieser Technik viele Möglichkeiten ergeben, das Übertragungsverfahren flexibel und viel besser als es mit analogen Techniken möglich wäre an verschiedene Anwendungsbereiche anzupassen, wird als zusätzlicher Vorteil gern mitgenommen.

Ansätze dazu gibt es viele. Man denke nur an die so verschiedenen Voraussetzungen, wie sie für den Empfang in der Wohnung oder im Fahrzeug vorliegen. Im ersten Fall steht der Kabel- oder Satellitenempfang mit dem Angebot starker und stabiler Signale zur Verfügung, und die Wiedergabe erfolgt mit einem stationären Großbildgerät, das hohe Auflösung des Bildes ermöglicht und auch erforderlich macht. Im zweiten Fall muss man mit einer kleinen und wenig effektiven Antenne vorlieb nehmen und hat deshalb mit einem oft schwachen und meist stark schwankenden Signalpegel zu tun. Da aber in diesem Fall kleine Bildschirme eingesetzt werden, kann man leicht Qualitätsabstriche hinnehmen, wenn dadurch die Bildstabilität verbessert werden kann. Tatsächlich sind die neuen digitalen Fernsehstandards in der

Digitalisierung ermöglicht flexible Anpassung an Nutzung;

siehe dazu DVB-Tabelle Seite 97

Lage, sich solch extrem verschiedenen Empfangsbedingungen optimal anzupassen.

Bandbreitebedarf

Was kommt mit einem digitalen Fernsehsignal auf uns zu? Die Zahlen sind zunächst erschreckend. Wird auch hier wieder der bekannte und notwendige Weg über Abtastung, Quantisierung und Codierung der Abtastwerte gegangen, tauchen vergleichsweise riesige Zahlenwerte auf: 166 Mbit/s beträgt die Bitrate eines so digitalisierten TV-Signals; 83 Mbit/s werden davon für das Helligkeitssignal gebraucht, und je 41.5 Mbit/s für die beiden Farbdifferenzsignale, aus denen mit Hilfe des Helligkeitssignals die drei notwendigen Farbkomponenten im Empfänger berechnet werden. In dieser Form wird das digitale Videosignal heute in den Studios der Sender verwendet.

Bildung der Farbsignale: siehe Abschnitt 6.3, Bild 6.10

Die Vorgabe heißt also: Digitalisierung des Fernsehsignals bei mindestens gleicher Qualität, aber erheblicher Reduzierung der notwendigen Bitrate.

3.8 Digitales Fernsehen

Die Rechnung, die eben für den Bandbreitenbedarf eines Bewegtbildes aufgemacht wurde, betraf den Extremfall. Es wurde angenommen, dass sich jeder Bildpunkt in der Helligkeit von seinem Nachbarn merklich unterscheidet, und dass jedes der 25 Einzelbilder je Sekunde von dem vorhergehenden Bild verschieden ist und damit vollständig neu übertragen werden muss. Wie jeder aus Erfahrung weiß, trifft beides nicht zu. Immer wieder finden sich große und kleine Flächen in jedem Bild, die über Dutzende, Hunderte oder gar Tausende von Bildpunkten gleiche Helligkeit und gleiche Farbe besitzen. Und immer wieder gibt es Bildfolgen, in denen sich rein gar nichts ändert, oder Änderungen nur in bestimmten oft kleinen Bildteilen auftreten. Man denke nur als besonders krasses Beispiel an den Nachrichtensprecher, dessen Hintergrund sekundenlang unverändert bleibt, und der selbst oft nur geringe Körperbewegungen macht oder gar nur im Augen- oder Mundbereich Bildänderungen erkennen lässt.

Redundanz des TV-Signals

Hier liegen die Reserven, die genutzt werden können. Warum sollte man die vollkommen gleichen Bildinhalte in Abständen von Bruchteilen von Sekunden immer wieder übertragen, wo sie doch beim Empfänger bereits vorliegen? Und – selbst diese Frage ist erlaubt – warum einen fliegenden Ball immer und immer wieder neu beschreiben, obgleich man doch weiß, wie er aussieht, und nach wenigen Bildern ziemlich genau vorhersagen kann, wo er im nächsten Bild auftauchen wird?

3.8 Digitales Fernsehen

Sprach- und Musiksignale sind eindimensionale Zeitfunktionen, d.h. es ändert sich nur *ein* Parameter – die Amplitude des Signals – in Abhängigkeit von der Zeit. Das Bildsignal ist durch die zeilen- und bildpunktweise serielle Darstellung künstlich zwar ebenfalls zu einer eindimensionalen Zeitfunktion gemacht worden. Aber eben das erweist sich als Problem, wenn es darum geht, die oben genannten Redundanz- und Irrelevanzanteile im Bild zu finden und zur Einsparung von Übertragungskapazität zu nutzen. Benachbarte Bildpunkte sind ja hier nicht unbedingt auch zeitlich nahe.

Beim „echten" eindimensionalen Tonsignal war das noch einfach. Änderungen des abgetasteten Quellensignals traten zu aufeinanderfolgenden Zeitpunkten auf und konnten damit leicht erkannt und genutzt werden, zum Beispiel bei dem beschriebenen DPCM-Verfahren. Es musste also nur jeder momentane Amplitudenwert, in der Regel in digitalisierter Form, bis zum nächsten oder übernächsten Abtastzeitpunkt gespeichert werden, um die weniger aufwendig kodierbaren Differenzwerte zu gewinnen.

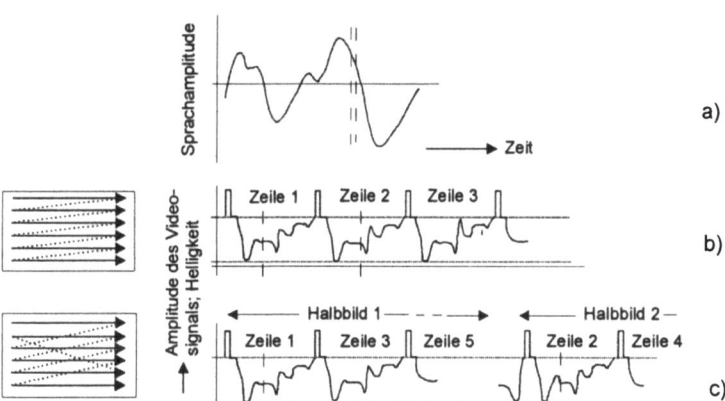

Bild 3.12
Das Zeilensprungverfahren

In einem eindimensionalen Signal – z.B. dem Sprachsignal (a) – liegen benachbarte Signalwerte auch zeitlich nebeneinander (gestrichelte senkrechte Linien). Auch für zwei horizontal benachbarte Bildpunkte kann noch leicht ein Differenzwert zum Zwecke einer DPCM-Kodierung gebildet werden. In einem zweidimensionalen und zeilenweise abgetasteten Fernsehbild (b) und noch mehr bei dem durchweg verwendeten Zeilensprungverfahren (c) liegen dagegen zwei senkrecht benachbarte Bildpunkte zeitlich weit auseinander.

Beim „künstlich" eindimensional gemachten Videosignal ist das ungleich schwerer. Zeitlich aufeinanderfolgende, also nebeneinander liegende Bildpunkte der gleichen Zeile sind zwar wiederum leicht miteinander zu vergleichen. Aber das ist doch nicht ausreichend. Es ist ja sehr wahrscheinlich, dass sich auch über und unter einem bestimmten Bildpunkt durchaus gleichhelle und vielleicht auch gleichfarbige Bildpunkte befinden. Die aber zu finden ist viel schwieriger, denn sie sind zwar räumlich, aber in der seriellen Form nicht auch zeitlich benachbart. Es ist also nicht ausreichend, die Helligkeits- und Farbwerte benachbarter Punkte einer Zeile zu speichern und zu vergleichen. Jetzt müssen komplette Zeilen gespeichert werden, oder doch mindestens Bildpunkte, die zeitlich gesehen um eine Zeilendauer vom gerade betrachteten Bildpunkt entfernt sind. Will man darüberhinaus die Identitäten aufeinanderfolgender Bilder erkennen und nutzen, dann kommt man nicht umhin, vollständige Bilder zu speichern.

Aber nicht genug damit. Denken wir noch einmal an die Verfahren zur Musiksignalkodierung. Dort war durch die einfache Differenzkodierung, die DPCM, nur ein verhältnismäßig geringer Gewinn zu erreichen. Der wirkliche Durchbruch zu einer Bitratenreduzierung gelang dann erst mit einem ganz anderen Verfahren: der Beschreibung des Signals im Frequenzbereich, durch das erweiterte Vokoderprinzip.

Beim Videosignal ist es nicht anders. Nur mit dem Vergleich aufeinander folgender Punkte wäre die notwendige Übertragungskapazität nicht viel mehr als um den Faktor 2 zu verringern. Und deshalb heißt auch hier ein wichtiger Lösungsansatz: Signaltransformation.

Das Ortsfrequenzspektrum

Die Verfahren sind sich durchaus ähnlich, bestimmte Unterschiede sind aber nicht zu übersehen. Bei den bisher diskutierten Anwendungen der Fouriertransformation wurde der *zeitliche* Verlauf – das zeitliche Nacheinander – von Amplitudenwerten in den Frequenzbereich transformiert. Es entstand das *Frequenzspektrum* als neue Darstellungsart des ursprünglichen Quellensignals. Beim Videosignal wird die *örtliche* Verteilung der Helligkeiten und Farbwerte von Bildpunkten transformiert; das Ergebnis wird als *Ortsfrequenzspektrum* bezeichnet. Für den Mathematiker ist dieser Namenstausch absolut unproblematisch. Es handelt sich um die gleichen Formeln und Algorithmen. Diese Transformation ist aber deshalb komplizierter, weil sie jetzt zweidimensional ist. Die Bindung an eine einzelne Zeile kann und soll dadurch aufgegeben werden. Vielmehr werden kleine Felder verarbeitet – Bildflächen, die eine gewisse Breite und eine gewisse Höhe haben und damit wirklich die gesamte nähere Umgebung eines bestimmten Bildpunktes einbeziehen.

3.8 Digitales Fernsehen

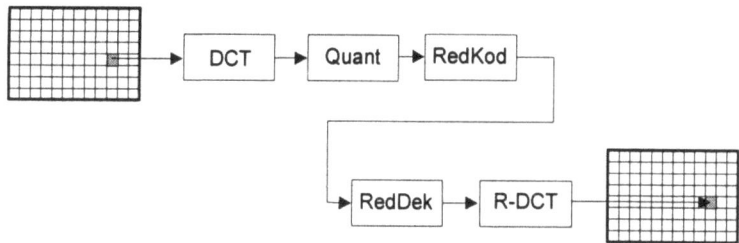

Bild 3.13
Schritte der JPEG-Kodierung

Bei der JPEG-Kodierung wird jedes Flächenelement des Bildes transformiert (DCT), die berechneten Amplituden der Ortsfrequenzen werden quantisiert (Quant) und nach einer redundanzmindernden Kodierung übertragen. (RedKod). Empfängerseitig wird dekodiert (RedDek), rücktransformiert (R-DCT), die Helligkeitswerte für jedes Flächenelement werden wieder zur Verfügung gestellt und zum Gesamtbild zusammengesetzt.

JPEG = joint photographic experts group

Die dazu erforderlichen Rechenoperationen, die alle Bildpunkte des jeweiligen Flächenelements einbeziehen müssen, sind außerordentlich umfangreich. Sie wachsen noch dazu quadratisch mit der Größe der behandelten Bildfläche an. Die Flächen, die dieser Transformation unterzogen werden – Mathematiker nennen sie *diskrete Cosinus-Transformation* – müssen deshalb relativ klein gehalten werden. Acht Punkte in horizontaler und acht Punkte in vertikaler Richtung bilden ein solches Flächenelement, 64 Bildpunkte liefern damit 64 Helligkeitswerte als Eingangswerte für die Transformationsprozedur.

DCT = discrete cosinus transformation

Die Transformation – wie gesagt: ein nicht einfacher Rechenvorgang ähnlich dem der Fouriertransformation – liefert genau wieder 64 Ausgangswerte, die Ortsfrequenzen dieses speziellen Flächenelements. Das scheint zunächst unsinnig. Was ist dabei gewonnen?

Tatsächlich ist der Gewinn dieser Transformation beträchtlich. Erinnern wir uns an das Spektrum: Wäre etwa der Zeitverlauf des Sprach- oder Musiksignals in einem bestimmten Zeitintervall zufällig nahezu sinusförmig gewesen, würde also mit seinen vielen zeitlich wechselnden Abtastwerten nur eine einfache harmonische Schwingung beschrieben, dann gerade wäre das Spektrum extrem einfach. Es bestünde nämlich nur aus einer einzigen Linie bei der betreffenden Frequenz im Spektrum. Alle anderen Werte auf der Frequenzachse wären gleich Null. Ähnliches gilt jetzt hier: Die kleinen transformierten Flächenelemente sind meist nur gering strukturiert; 8×8 Bildpunkte entsprechen auf einem 70 cm-Bildschirm einer Fläche von nur 6×6 mm! Das Ortsspektrum ist deshalb in der Regel sehr einfach: Die hohen Ortsfrequenzen, die auf starke Änderungen von Punkt zu Punkt hinweisen, fehlen meist völlig oder haben geringe Werte. Nur wenige der Ortsfrequenzen sind merklich verschieden von Null und müssen tatsächlich übertragen werden.

Wieder, wie bei der Tonsignaltransformation, können kleine Werte von Ortsfrequenzen einfach annulliert werden, nur die Amplituden wesentlicher Ortsfrequenzen werden kodiert und übertragen. Und wieder kann dabei die Genauigkeit, also der Grad der zur Kodierung angewendeten Quantisierung, den sehpsychologischen Erfordernissen angepasst werden. Mit anderen Worten: Nur, was das Auge noch erkennen kann, wird zur Übertragung zugelassen.

Die Rücktransformation auf der anderen Seite des Übertragungsweges, also zum Beispiel im Fernsehgerät, stellt dann die originalen Helligkeits- und Farbwerte des Flächenelements wieder her – wegen der im Transformationsprozess vorgenommenen Rundungen und Vernachlässigungen nicht ganz exakt, aber jedenfalls ausreichend genau. Der Betrachter kann die Unterschiede zum Quellensignal nicht erkennen.

JPEG: siehe bei Bild 3.13

Das Verfahren wird nach der Entwicklergruppe als JPEG-Standard bezeichnet und war zunächst nur für die effektive Speicherung von unbewegten Bildern gedacht. Die Gesamtbitrate eines digitalen Videobildes kann allein damit etwa um den Faktor 8 reduziert werden.

Bildaufbau bei JPEG-Verfahren

Die Nutzung der Ortsfrequenzen anstelle der Helligkeitswerte selbst erlaubt übrigens einen interessanten Trick. Die Reihenfolge der Übertragung wird so gewählt, dass zuerst die „tiefen" Ortsfrequenzen aller Flächenelemente übertragen werden, darauf die mittleren, und zuletzt die „hohen". Das Ergebnis ist ein ungewohnter Bildaufbau. Das Bild entsteht nicht mehr links oben in der Ecke und wandert nach rechts unten. Es ist vielmehr recht schnell in groben Klötzen über dem ganzen Bildschirm erkennbar, und wird danach immer schärfer. Auf dem Fernsehbildschirm ist dieser Vorgang, weil er sehr schnell abläuft, nur in Ausnahmefällen einmal zu erahnen. Er ist aber wichtig für Bildübertragungen in schmalbandigen Medien, etwa über das Internet auf den Personal Computer. Dort kann die Übertragung eines kompletten Bildes gelegentlich recht lange dauern. Der Betrachter kann dann das Bild schon in den ersten Phasen des Bildaufbaus erkennen und bei Nichtinteresse eventuell die Übertragung abbrechen. Eine solche Umordnung bietet noch einen weiteren Vorteil: Durch geschickte Kodierung gelingt es, die notwendige Übertragungskapazität noch einmal zu verringern, also weitere Redundanz aus dem Signal zu entfernen.

Für das bewegte Bild reicht JPEG nicht aus. Zwar sind die verwendeten Komprimierungswerkzeuge weiter nutzbar. Tatsächlich sind aber mit diesem Verfahren bei weitem noch nicht alle Reserven ausgeschöpft, denn die Ähnlichkeiten zwischen aufeinanderfolgenden Bildern werden ja damit noch gar nicht erfasst. Auch die Kombination mit den zugehörigen Tonsignalen ist bei JPEG natürlich nicht vorgesehen.

3.8 Digitales Fernsehen

Diesen Schritt besorgte wieder die schon erwähnte Motion Pictures Experts Group.

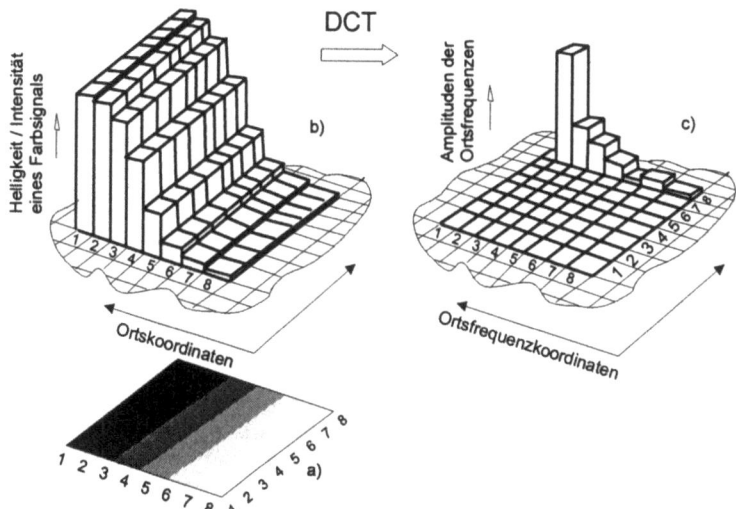

Bild 3.14
Die diskrete Cosinus-Transformation

Zur Transformation werden je 8x8 Pixel zu einem Feld zusammengefasst (a), das auf dem Bildschirm etwa 6x6 mm groß wäre (hier ein einfacher schwarz-weiß-Übergang). Die Helligkeitswerte – es könnten auch die Intensitäten eines der Farbsignale sein – dieser 64 Bildpunkte sind in (b) aufgetragen. Als Ergebnis der DCT erscheinen 64 Ortsfrequenzen (c). Im Beispiel sind tatsächlich nur 8 der 64 Ortsfrequenzen von Null verschieden, und es reicht sogar aus, nur die 3 oder 4 größten zu übertragen. Nach der Rücktransformation sind die Unterschiede in der Verteilung der Helligkeiten im 8x8-Feld kaum zu merken.

Der erste MPEG1-Standard beschränkte sich bei der Lösung dieses Problems auf eine eher mäßige Bildauflösung von 352×288 Bildpunkten. Aber das wurde sehr schnell als nicht ausreichend erkannt. Das Ziel hieß: Auflösung und Qualität des normalen Fernsehbildes bei gleichzeitig rigoros reduzierter Bitrate.

Im MPEG2-Standard, der heute in großem Umfang zur digitalen TV-Übertragung genutzt wird, wird eine stufenweise mögliche Reduzierung der Bitrate eines bewegten Fernsehbildes bis auf wenige Megabit je Sekunde erreicht – eine mit dem analogen Fernsehbild nach der PAL-Norm vergleichbare hohe Bildqualität kann mit einer Datenrate von 6 Mbit/s und weniger auskommen, einschließlich der nach den uns inzwischen bekannten Verfahren ebenfalls komprimierten Tonsignale und der Videotextsignale. Gegenüber den 166 Mbit/s des

PAL = phase alternate line; in den meisten europäischen Ländern genutzte Fernsehnorm

PCM-kodierten Quellensignals ist das eine Reduktion um den Faktor 28 – eine wahrhaft bemerkenswerte Leistung. Sie schlägt sich nieder in dem ganz wichtigen ökonomischen Gewinn des digitalisierten Fernsehsignals: Im gleichen Frequenzband, das bisher für einen einzigen Fernsehkanal im Kabel oder im Satelliten zur Verfügung stand, können nun 6 bis 10 Programme untergebracht werden!

Erreicht wird das ganz wesentlich eben durch die Nutzung der Ähnlichkeit aufeinanderfolgender Bilder, verbunden mit einem komplizierten Verfahren, das selbst bewegte Objekte – fliegende Bälle, laufende Personen – regelrecht über den Bildschirm hinweg verfolgt. Die einmal gefundenen Konturen, Helligkeitswerte und Farben werden nicht immer wieder neu übertragen, obgleich sie sich von Einzelbild zu Einzelbild an verschiedenen Stellen befinden. Mit möglichst wenig Aufwand werden sie im Empfänger aus den schon gefundenen Daten rekonstruiert. Auch dabei spielt die Differenzkodierung wieder eine wichtige Rolle.

Bewegungsschätzung und Prädiktion

Die Schlagworte bei diesen komplexen Verfahren aber heißen Bewegungsschätzung und Vorhersage, und die Voraussetzung dafür sind nun tatsächlich Speicher, die vollständige Bilder zum Vergleich bereithalten können. Solche Speicher sind erst jetzt, da das Bild digitalisiert ist, überhaupt technisch sinnvoll realisierbar.

Der Kodierungsvorgang ist mehrstufig und außerordentlich komplex – kein Vergleich mehr mit der Geradlinigkeit eines klassischen Modulationsverfahrens oder selbst der Pulskodemodulation. Nur noch von Zeit zu Zeit werden komplette Bilder aus der schnellen TV-Signalfolge übertragen, komprimiert und kodiert wie eben beschrieben. Sie sind Ausgangspunkte für Interpolationen und Extrapolationen dazwischenliegender und zukünftiger Bilder, die „geschätzt" werden: Ihr wahrscheinlich zu erwartender Inhalt wird rechentechnisch ermittelt. Aus einem Vergleich zwischen momentanem und vorhergehenden Bild kann zum Beispiel die Bewegungsrichtung eines Objektes vorher gesagt werden – sicher nicht ganz genau, aber doch ausreichend gut, um dasjenige Flächenelement zu ermitteln, in dem es im nächsten Bild wieder auftauchen wird. Änderungen gegenüber dem Schätzwert werden als Differenzsignal übertragen und korrigieren die fehlerhafte Prädiktion. Finden schnelle Szenenwechsel statt, die die Vorhersage illusorisch werden lassen, werden eben außerplanmäßig ein oder zwei weitere vollständige Referenzbilder eingefügt, die dann wieder die Grundlage für weitere Schätzungen bilden.

3.8 Digitales Fernsehen

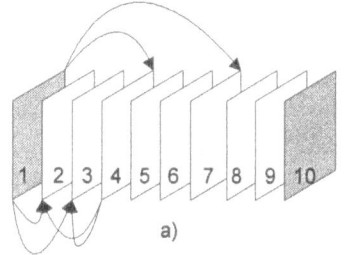 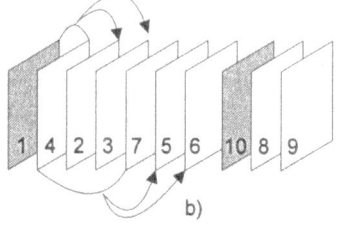

Bild 3.15 Bildumsortierung beim Prädiktionsverfahren

Das angewendete Prädiktionsverfahren erfordert mehrere Bildspeicher: Senderseitig (a) werden ausgehend von einem vollständig kodierten Bild (I-Bild, hier Bild 1, dunkelgrau) mehrere Stützbilder voraus berechnet (P-Bilder, hier Bild 4 und 7, hellgrau), die ihrerseits zur Berechnung zwischenliegender Bilder dienen (hier 2 und 3, 5 und 6 usw.). Um dem Empfänger die Wiederherstellung zu ermöglichen, wird die Reihenfolge der gesendeten Bilder jedoch wie in (b) dargestellt verändert: Im Empfänger müssen z.B. Bild 1 und 4 vorliegen und zwischengespeichert werden, um Bild 2 und 3 vollständig wiederherstellen zu können. Auch dort sind also zwei Bildspeicher erforderlich.

Die Komprimierung und Kodierung auf der Sendeseite ist damit außerordentlich komplex und durch das ständige Hin- und Herspringen auf der Zeitachse – mal müssen zeitlich zurückliegende, mal zukünftig zu erwartende Bilder berechnet und letztendlich in die richtige Reihenfolge eingeordnet werden – auch technisch aufwändig.

Die Dekomprimierung und Dekodierung auf der Empfängerseite ist dagegen etwas einfacher, allerdings kommt auch der Empfänger in seinen Dekompressions- und Dekodierschaltungen natürlich nicht ohne Bildspeicher aus, um aus den Differenzsignalen wieder vollständige Bilder aufzubauen.

Und immer ist noch kein Ende abzusehen. Die bisher letzte Variante MPEG4 baut auf den technischen Grundlagen des MPEG1 und des MPEG2-Verfahrens auf und sollte zunächst nur dazu dienen, die Komprimierung eines Bewegtbildes bis auf 64 kbit/s zu verbessern und damit Bildübertragungen im ISDN-Telefonkanal zu erlauben. Aber sehr schnell wurde diese Zielsetzung ganz erheblich erweitert. Es galt, die Tendenz zur Kombination und Mischung von Bildern und Bildfolgen „natürlicher" Elemente mit computergestützten Bildinhalten zu beherrschen, mit *Objekten*, die in vorhandene Hintergründe oder neben andere *Objekte* eingeblendet werden. Für solche Fälle – Anwendungen im Schnittfeld von Kino, der virtual reality im Computer und nicht zuletzt auch der immer mehr zur Bildübertragung tendierenden Telekommunikation bis hin zum Mobilfunk – hält der neue Standard MPEG4 vollständig neue Möglichkeiten bereit. Audio

MPEG4

und Video bilden dabei eine Einheit, beide hochkomprimiert und erst dadurch in der Lage, sowohl hohen Qualitätsansprüchen als auch technischen Notwendigkeiten zu genügen. Gleichzeitig werden aber beide, Ton und Bild, bauklötzchenartig aus vielen Einzelbausteinen zu einer vollständigen Szene zusammengesetzt.

Bildauflösung in Objekte

Dieses Konzept ist ein weiterer Schlüssel nicht nur zu einer außerordentlich flexiblen Gestaltung von Bildfolgen, sondern vor allem auch zu einer weiteren Komprimierung des Informationsflusses. Stellen wir uns die Übertragung einer Tagung vor, wo der Redner an einer Projektionswand bestimmte Vorgänge demonstriert, oder eine Talkrunde mit ähnlichen Inhalten. Hier sind doch ganz verschiedene Bildelemente im Spiel, die durchaus nach eigenen Gesetzen behandelt werden können. Der großflächige Hintergrund der Szene bleibt nahezu unverändert, von gelegentlichen kleinen Verschiebungen mal abgesehen. Er kann einmalig übertragen und bestenfalls in größeren Abständen korrigiert werden. Das gleiche trifft auf einige Ausstattungsstücke zu, die unverändert im Raum stehen. Die handelnden Personen bewegen sich zwar, aber nur wenig – mit einer Frequenz von 15 Bildwechseln je Sekunde sind sie ausreichend beschrieben, und eine Bilddifferenzkodierung wird sie und ihre Mimik ausreichend genau darstellen. Ein Video, das im Bild gelegentlich auf der Demowand gezeigt wird, braucht dagegen sicher eine hohe Auflösung und eine hohe Bildwechselfrequenz, belegt aber nur einen kleinen Teil der gesamten Bildfläche. Auch der Begleitton – mal ein Moment Sprache, mal eine Musikuntermalung – ist in diesem Rahmen ein zeitbegrenzter und jeweils qualitätsoptimierter Ton-Baustein.

An diesem Beispiel wird klar, wie viel Übertragungskapazität gespart werden kann, wenn nicht das komplette Bild mit der höchsten Bildfrequenz und der größten Auflösung über die gesamte Fläche hinweg komprimiert und übertragen werden muss, sondern die Elemente des Bildes getrennt optimiert werden können – von den gestalterischen Möglichkeiten einmal ganz abgesehen.

Denn wenn auch durch neue Techniken und insbesondere die Nutzung optischer Übertragungswege in Lichtwellenleiterkabeln der Bandbreitenengpass an manchen Stellen überwunden zu sein scheint: Übertragungskapazität kostet nach wie vor Geld, und der Bedarf der Informationsgesellschaft wächst ständig. Effektive Quellenkodierung tut Not, nach wie vor.

DVB = digital video broadcast

DVB bezeichnet eine Reihe kompatibler Standards zur digitalen Fernsehübertragung über erdgebundene Sender, Satelliten und Kabel.

Die Kodierung und Rahmenstruktur erfolgt nach MPEG2.

und/oder Empfänger wählbar):

- 1.5 Mbit/s: LDTV = low definition television
- 4 ... 6 Mbit/s: SDTV = standard definition television
- 8 Mbit/s: EDTV = enhanced definition television
- 24 ... 30 Mbit/s: HDTV = high definition television

Übertragungsverfahren:

- Terrestrische Sender (DVB-T):

  OFDM mit 1705 Trägern (mobiler Empfang, engmaschiges Sendernetz)

  OFDM mit 6817 Trägern (großflächige Sendernetze)

- Satelliten (DVB-S):

  PSK nach Kanalkodierung und Bitverwürfelung

- Kabel (DVB-C):

  16QAM ... 256QAM (Telekom: 64 QAM; 38 Mbit/s im 8 MHz breiten Hyperband)

MPEG: siehe Abschnitt 3.5

OFDM: siehe Abschnitt 6.7

PSK, QAM: siehe Abschnitt 5.3

Die Digitalisierung hat also inzwischen auch die Fernsehlandschaft voll erfasst. Wenn auch die terrestrischen Sender nur noch digital senden werden, wird man wohl die Begriffe PAL, SECAM, NTSC in wenigen Jahren vergessen haben. Ende 2001 ist die Einführung von DVB-T vorgesehen, 2010 sollen in Deutschland alle Programme digital sein. Die Astra- und Eutelsat-Satelliten sind heuten schon mit insgesamt 250 digitalen Kanälen Vorreiter in dieser Technik. Die Programmhersteller aber haben, unmerklich für uns Zuschauer, den Wechsel längst vollzogen. In den Studios wird nicht mehr in PAL oder SECAM produziert, sondern digital – der internationale Programmaustausch ist nun kein Problem mehr.

4 Übertragungswege

4.1 Signale über Leitungen und Kabel

Kommunikation bedeutet Übertragung – von einem Telefonteilnehmer zu einem anderen, von einem Sender zu einem Hörer oder zu einem Zuschauer am Bildschirm. Das geschieht über Leitungen und Kabel, über Antennen und Satelliten und Glasfasern, über Übertragungswege mit ganz verschiedenen Eigenschaften und ganz verschiedenem Verhalten.

Und gerade darin steckt ein Problem. Jedes dieser Übertragungsmedien muss individuell behandelt werden, um eine optimale Übertragung zu gewährleisten. Ehe wir auf dieses heiße Thema eingehen, sehen wir uns zweckmäßigerweise also erst einmal die Übertragungswege an.

Beginnen wir bei den guten alten Kupferleitungen.

Schon da gibt es Fragen. Die Klingelleitung von der Gartentür ins Haus ist ein billiges Stück zweiadriger Leitung und in jedem Baumarkt zu kaufen. Das Kabel aber, das uns die Fernsehprogramme ins Haus bringt – und nicht nur *ein* Programm, sondern gleich zwei Dutzend – ist zwar auch noch aus Kupfer, aber entschieden dicker und teurer und sieht ganz anders aus. Warum eigentlich?

Ein erster Grund liegt auf der Hand, und er gilt nicht nur für die Übertragung von Signalen aller Art, sondern auch und noch viel mehr für die Übertragung von Energie über Freileitungen und Erdkabel: die unvermeidlichen elektrischen Verluste in realen Kupferleitern. Der elektrische Strom fließt nicht „reibungsfrei" durch unsere Leitungen. Sie setzen dem elektrischen Strom einen *Widerstand* entgegen. Immer geht ein kleiner Teil der elektrischen Energie dabei verloren, er wird in Wärme umgewandelt. Diese Widerstandsverluste sind material- und querschnittsabhängig. Im Kupfer sind die Verluste geringer als im billigeren Aluminiumdraht. Deshalb also Kupferleitungen und Kupferkabel. Silber ist zwar noch um ein Weniges besser als Kupfer, ist aber bekanntlich auch teurer. Und: Je dicker der Draht, desto geringer sind die Verluste. Zwischen Haus und Klingelknopf vor der Tür reichen deshalb dünne Drähte, für die größeren Entfernungen müssen dickere Drähte verwendet werden.

Der Leitungswiderstand

Wie gesagt: Das Verlustproblem gilt für die Energie- wie für die Signalübertragung. Aber ein ganz wesentlicher Unterschied zwischen beiden muss doch festgehalten werden: Der Zweck einer Überlandleitung ist es, Energie zu übertragen. Geht ein Teil davon durch Leitungsverluste verloren, ist er unwiederbringlich fort, ebenso wie das aus einem Wasserleitungsleck austretende Wasser für den Verbraucher endgültig verloren ist.

Bild 4.1
Der Unterschied zwischen Energie- und Signalübertragung

Energietechnik	Informationstechnik
Ziel = Leistungsübertragung	**Ziel**: Signalübertragung
Anzustreben: minimale Leistungsverluste bei der Übertragung.	**Anzustreben**: minimale Informationsverluste bei der Übertragung
Erreicht durch: Hochspannungs- und Gleichstromübertragung, Tieftemperaturkabel	**Erreicht durch**: hohe Sendeenergie, störungsresistente Kodierung, Fehlererkennung/korrektur

Die Ziele der Energie- und der Signalübertragung sind grundsätzlich verschieden. Bei der Energieübertragung muss Energieverlust unbedingt minimiert werden. Bei der Signalübertragung kann er in Kauf genommen werden – vorrangig ist der minimale Informationsverlust am Endpunkt der Leitung.

Ganz anders aber bei der Signalübertragung. Hier ist das Ziel, Signale zu übertragen. Die dazu nötige Energie ist dabei nur Mittel zum Zweck – sie ist eine Eigenschaft des notwendigen Trägers. Ein Ruf kommt über eine Entfernung von 100 Meter viel leiser an, als wenn beide Gesprächspartner nebeneinander stehen. Aber wenn er auch dann noch verständlich ist, ist das Ziel der Übertragung erreicht. Ein Bündel von Telefonsignalen erreicht nach 2 km Weg auf einem Kupferkabel die Vermittlungsstelle mit wesentlich geringerer elektrischer Leistung, als es am Kabelanfang eingespeist wurde. Aber es ist noch „verständlich", und es kann in einem elektrischen Verstärker wieder auf die ursprüngliche Leistung gebracht werden. Die elektrischen Verluste im Kabel werden durch eine elektrische Verstärkung – nicht anders als in unserem Rundfunkempfänger, der minimale elektrische Leistungen aus dem Antennenkabel zugeführt bekommt – wieder ausgeglichen.

4.1 Signale über Leitungen und Kabel

In jeder Telefonleitung zwischen zwei Teilnehmern sind in der Regel mehrere solcher Verstärker eingesetzt. Sie sorgen dafür, dass der Energieverlust immer wieder wettgemacht wird. Der Leistungsverlust auf der Übertragungsleitung und die Tatsache, dass jeder dieser deshalb notwendigen Verstärker viel mehr Energie selbst verbraucht, als er an die Signale weitergibt, ist bedauerlich. Vordergründig ist die Qualität der Signale – *an dieser Stelle* darf kein Verlust auftreten.

Tatsächlich ist aber eben auch die Signalqualität durch die Art des Übertragungsweges gefährdet. Und damit sind wir wieder beim Spektrum des Signals. Erinnern wir uns an das bandbegrenzte Telefonsignal. Ein Frequenzband von 300 Hz bis 3400 Hz wird gebraucht, um es in der begrenzten, aber von uns zugelassenen Qualität zu übertragen. Ein Fernsehsignal fordert die Übertragung noch viel höherer Frequenzen bis in den MHz-Bereich. Also muss der gesamte Übertragungsweg – das Kabel einschließlich aller notwendigen eingeschalteten Verstärker oder vermittlungstechnischen Einrichtungen – für diesen Frequenzbereich ideal „durchlässig" sein.

Das ist leider von vornherein gar nicht so selbstverständlich. Tatsächlich hat jeder der vielen möglichen Übertragungswege in dieser Hinsicht seine Eigenheiten. Die Übertragungseigenschaften aller dieser Leitungen und Kabel sind frequenzabhängig. Die Dämpfung nimmt mit steigender Frequenz immer mehr zu.

Eine Ursache dafür ist eine physikalisch bedingte Gesetzmäßigkeit, der sogenannte *Skineffekt*: Je höher die Frequenz des signaltragenden Stromes ist, desto mehr konzentriert der Strom sich an der Außenhaut des Leiters (Bild 4.2). Der wirksame stromdurchflossene Querschnitt wird damit immer kleiner, der elektrische Widerstand der Leitung deshalb größer, und damit steigen auch die Verluste. Für die Weiterleitung extrem hoher Frequenzen lohnen sich daher dicke Drähte nur noch bedingt. Gelegentlich werden deshalb Kupferlitzen verwendet, die viele dünne Drähte anstelle eines einzigen dicken Drahtes nutzen. Bei sehr hohen Frequenzen genügt es auch, auf einem Trägermaterial eine dünne, sehr gut leitende Silberschicht aufzubringen.

Der Skineffekt

Die nutzbare Bandbreite des Übertragungsweges wird zwar allein schon durch diesen Effekt beschnitten. Aber es gibt noch andere Einflussfaktoren. Die nutzbare Bandbreite einfacher Leitungen von mehreren 100 Meter Länge kann schon auf einige Megahertz begrenzt sein. Werden größere Bandbreiten verlangt, verringert sich die noch mögliche Leitungslänge weiter. Die von den Fernmeldeverwaltungen im teilnehmernahen Netz verwendeten sogenannten verdrillten Kupferleitungen können im Bereich weniger Kilometer noch bis zu einigen 100 kHz, um einen Kilometer Länge herum sogar noch bis in den MHz-Bereich Verwendung finden und gestatten deshalb neben dem schmalbandigen Telefonverkehr die Übertragung sehr schneller Inter-

Breitbandige Nutzung der Kupferleitungen: siehe Abschnitt 10.7

Fernsehverteiltechnik: siehe Abschnitt 10.9

netinformationen. In den für die Fernsehverteiltechnik eingesetzten Kabeln, die eine Bandbreite von einigen 100 MHz erfordern, werden dagegen etwa alle 200 Meter elektronische Zwischenverstärker notwendig, um Leistungsverluste auszugleichen und auch gewisse Korrekturen des Frequenzbandes vorzunehmen. Das Kabel von unserer Satellitenantenne zum Empfänger im Wohnzimmer reicht sogar kaum noch 20 Meter weit – da geht es allerdings schon darum, Frequenzen um 1 GHz zu übertragen.

Signale von direktsendenden Satelliten: siehe Abschnitt 9.3

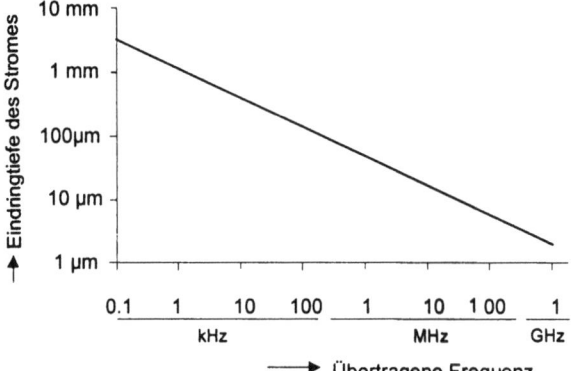

Bild 4.2
Die Wirkung des Skineffekts in Kupferleitungen

Je höher die übertragene Frequenz, desto mehr konzentriert sich der elektrische Strom an der Oberfläche des Leiters. Dieser Haut- oder Skineffekt spielt im niederfrequenten Bereich keine Rolle. Im Bereich der sehr hohen Frequenzen um einige 100 MHz beträgt aber die Eindringtiefe nur noch wenige Mikrometer, der wirksame Querschnitt des Leiters verringert sich merklich und der elektrische Widerstand steigt.

Offenbar spielen also auch die verschiedenen Bauarten der Leitungen und der Kabel dabei eine Rolle. Warum sieht die Klingelleitung oder das dünne Kupferadernpaar unserer Leitung zur Telefonsteckdose anders aus als das Antennenkabel?

4.2 Das elektromagnetische Feld

Mit dieser Frage wird es eigentlich erst richtig interessant. Denn jetzt kommt ein bisher überhaupt noch nicht genannter Begriff ins Spiel, der uns auch in den nächsten Abschnitten verfolgen wird: Das *elektromagnetische Feld*.

Was ist das eigentlich?

4.2 Das elektromagnetische Feld

Die Erklärung fällt schwer. Denn obgleich es ohne elektrische und magnetische Felder weder Rundfunk noch Elektromotoren geben würde, ist das Medium *Feld* im wahrsten Sinne des Wortes weder zu fassen noch sonstwie vom Menschen bewusst wahrzunehmen – mit Ausnahme des Lichts, darauf kommen wir später noch. Aber es ist da. Jeder kennt die Wirkung eines Stabmagneten, und jeder hat wohl schon in der Schule einmal gesehen, wie sich Eisenfeilspäne auf einem Papierblatt plötzlich kreisförmig um den unsichtbar unter dem Papier befindlichen Pol eines Stabmagneten ordnen.

Genau dieses Bild der Feilspäne würde man aber auch erhalten, wenn man an der Stelle des Stabmagneten einen stromdurchflossenen Draht durch das Papier stecken würde: Jeder elektrische Strom verursacht um sich herum ebenfalls den Aufbau eines Magnetfeldes. Ist er stark genug, lässt sich sogar eine Magnetnadel anstelle der Eisenfeilspäne dazu bewegen, von ihre Nord-Süd-Orientierung abzuweichen und in die Richtung der *Feldlinien* einzuschwenken. Natürlich sind die Feldlinien eine Fiktion, ein Modell; das Magnetfeld ist überall im Raum um den Draht vorhanden, von den gedachten *Linien* findet sich tatsächlich keine Spur, aber durch sie gelingt es, den Verlauf des Magnetfeldes anzudeuten und zu zeigen, dass das Feld auch eine „Richtung" hat.

Das Magnetfeld

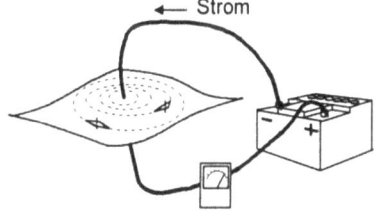 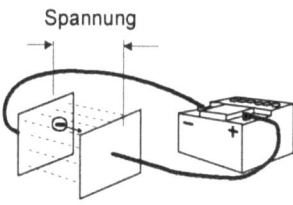

Bild 4.3
Magnetisches und elektrisches Feld

Jeder elektrische Strom verursacht um sich herum ein Magnetfeld, *in dem eine Magnetnadel sich nach den (gedachten) magnetischen Feldlinien ausrichtet (links). Zwischen zwei Punkten mit verschiedener elektrischer Spannung baut sich dagegen ein* elektrisches *Feld auf, in dem Ladungsträger bewegt werden (rechts).*

Neben dem *magnetischen* existiert das *elektrische* Feld. Es spannt sich auf zwischen Punkten oder Flächen verschiedenen elektrischen Potentials, verschiedener Spannung. Etwa zwischen zwei Blechplatten, die je mit dem Plus- und dem Minuspol einer Batterie verbunden sind. Ein *Spannungsfeld* also im üblichen Sinn des Wortes. Ein elektrisch geladenes Teilchen wird in diesem Feld schnurstracks zu dem entgegengesetzten Potential laufen, so wie ein magnetisch orientiertes Ge-

Das elektrische Feld

bilde, etwa unsere Magnetnadel, sich sofort auf den entgegengesetzten Pol eines Magneten zu bewegen wird.

Wechselfelder Die eben genannten Beispiele betrafen statische, zeitlich unveränderliche Felder. Wir aber haben es mit Wechselspannungen und Wechselströmen bestimmter Frequenzen zu tun, die somit elektrische und magnetische Wechselfelder verursachen, die mit den gleichen Frequenzen ihre Intensität und – was die Orientierung der Magnetnadel und die der Potentialdifferenz im elektrischen Feld betrifft – ihre Richtung wechseln, Tausende oder Millionen Mal je Sekunde oder noch schneller, periodisch mit der jeweiligen Frequenz der Ströme und Spannungen.

In diesen Feldern steckt Energie – wir merken es an den Wirkungen. Aber sie geht nicht verloren: Im Takte der Wechselströme auf der Leitung bauen sich diese Felder beim Anstieg der Strom- und Spannungswerte auf und geben ihre Energie wieder ab, wenn Strom und Spannung in ihrem Wechselverlauf wieder abnehmen und dem Nulldurchgang zustreben. Bildlich gesprochen: Sie dehnen sich in den Raum hinaus aus und kriechen im nächsten Moment wieder in den Leiter hinein.

Aber auch dieses Verhalten ist frequenzabhängig. Je höher die Frequenz des elektromagnetischen Wechselfeldes ist, desto mehr neigen sie dazu, sich wenigstens teilweise von dem stromleitenden Pfad auf immer zu lösen.

Bild 4.4
Felder in elektrischen Leitungen

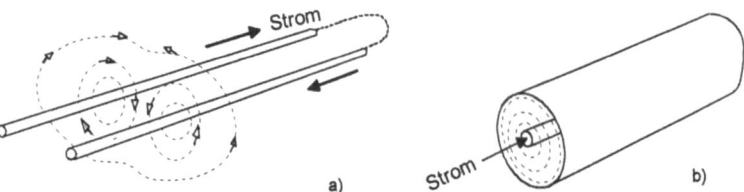

In einer Zweidrahtleitung heben sich die Felder durch die beiden entgegengesetzten Stromrichtungen im hin- und rückführenden Leiter nahezu auf, aber eben nur nahezu (a). Benachbarte Leitungen können deshalb „fremde" Feldanteile auffangen („Nebensprechen"). Im Koaxialkabel konzentriert sich das Feld dagegen auf den Raum zwischen Innenleiter und Außenleiter (b). Außerhalb des Mantels ist deshalb praktisch kein Feld nachweisbar.

Bei niederfrequenten Feldern bis zu einigen Kilohertz ist das kaum zu merken. Aber dann wird es langsam kritisch. Das zusammenbrechende Feld bringt seine Energie nur noch zum Teil zurück, ein immer größerer Teil wandert unwiederbringlich in den umgebenden Raum ab. Die Leitung kann *strahlen*. Im Zusammenhang mit den Antennen werden wir wieder auf diesen Effekt stoßen, und dort ist er gewollt.

Nicht so bei den Leitungen. Denn Strahlung ist zunächst gleichbedeutend mit einem ständigen Energieverlust. Das möchte man vermeiden. Deshalb nutzt man die einfache Drahtleitung höchsten für Frequenzen bis zu einigen Megahertz. In diesem Bereich greift man noch auf einen anderen Trick zurück: Man verdrillt das Leitungspaar und verringert dadurch noch einmal die Strahlungsverluste. Braucht man höhere Bandbreiten, verwendet man lieber Koaxialkabel. Hier liegen Hin- und Rückleiter koaxial ineinander: Der Hinleiter im Zentrum des Rückleiters, der somit als geschlossener Mantel den Innenleiter umschließt. Das elektromagnetische Feld tobt sich jetzt allein zwischen Mantel und Innenleiter aus – nach außen dringt so gut wie nichts mehr. Strahlungsverluste treten kaum noch auf. Und ein weiterer Vorteil ist zu vermelden: Die Felder dicht benachbarter Leitungen können sich nun nicht mehr gegenseitig stören, also vielleicht Feldanteile der anderen Leitung auffangen und quasi als ihr eigenes Signal weiterleiten. Dieses *Übersprechen* zwischen Leitungen ist ein von allen Nachrichtentechnikern gefürchteter Effekt. Durch den Einsatz von Koaxialkabeln, angewendet im Frequenzbereich um knapp hundert bis tausend Megahertz, ist es praktisch uninteressant geworden.

Strahlung unerwünscht

In diesem extrem hohen Frequenzbereich wartet übrigens noch eine weitere Überraschung auf uns: Das elektromagnetische Feld macht sich frei von der eigentlichen Stromleitung. Der Innenleiter des Koaxialkabels kann bei Frequenzen im Gigahertzbereich überflüssig werden. Wenn es gelingt am Anfang eines solchen *Wellenleiters* das elektromagnetische Feld auf geeignete Weise zu starten – gewissermaßen durch die Anregung mit einem kurzen Stück Innenleiter – dann wandert das Feld selbständig weiter, in einem runden oder rechteckigen Hohlrohr, ohne jede Bindung an einen Innenleiter. Richtfunk- und Radarantennen können auf diese Weise mit Sendeenergie versorgt werden.

Wellenleiter

Hohlleiter: siehe Notiz in Abschnitt 8.1

4.3 Die elektrische Resonanz

Ganz am Anfang dieses Buches stand der Begriff der Schwingung. Sie beherrscht auch das Gebiet der Akustik, der Optik, der Mechanik und vieler anderer Bereiche unseres Lebens.

In der Elektronik spielt die Erzeugung von Schwingungen ganz bestimmter Frequenz und die Nutzung von Resonanzerscheinungen eine fundamentale Rolle. Ausgangspunkt ist auch hier wieder das elektrische und das magnetische Feld.

Typisch zur Erzeugung eines Magnetfeldes ist – wie man weiß – der stromdurchflossene Draht. Effektiver sind allerdings Bündel mit mehreren Drähten. Denn wenn in jedem der gleiche Strom in der gleichen Richtung fließt, summieren sich ja die Einzelfelder. Genau das erreicht man, wenn man einen Draht zu einer Spule oder einem Ring aufwickelt. An jeder Stelle einer solchen Wicklung finden sich dann viele parallele Drähte, und alle werden von dem einzigen vorhandenen Strom in gleicher Richtung durchflossen: Das Magnetfeld einer solchen Spule wächst also proportional mit der Zahl der Windungen.

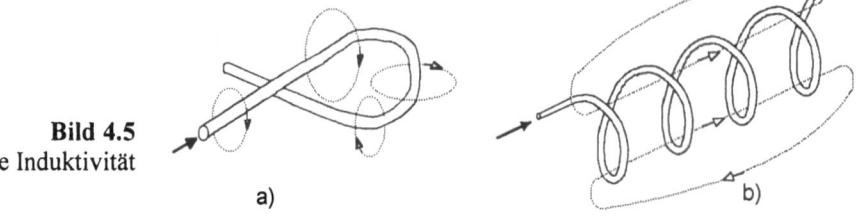

Bild 4.5
Die Induktivität

a) b)

Ein einzelner stromdurchflossener Draht erzeugt an jeder Stelle um sich herum ein Magnetfeld (a). Bei einem aufgewickelten Draht – einer Spule oder Induktivität *– addieren sich die Felder der einzelnen Windungen, das Feld verstärkt sich (b).*

Ein Maß für die Leistung dieser Anordnung ist deren *Induktivität*, und mit dem gleichen Wort benennt man oft auch gleich die ganze Spule. Hat sie einen hohen Wert der Induktivität, weil sie viele Windungen hat, wird sie dabei ihr Feld nach einem eingeschalteten Strom langsamer aufbauen als eine kleine Induktivität mit weniger Windungen. Dort geht der Feldaufbau entsprechend schneller vor sich. Allerdings ist aber dann auch die im Feld gespeicherte Energie kleiner.

Induktivität und Kapazität

Für das *elektrische* Feld hatten wir die zwei leitenden Platten als einfachsten Modellfall entdeckt. Technisch ist es möglich, zwei metallische Folien und eine Isolierfolie dazwischen zu verwenden, und das Ganze erforderlichenfalls zu einer kleinen Rolle aufzuwickeln. So ein Bauelement wird als *Kondensator* bezeichnet. Das der Induktivität entsprechende Maß für die in seinem elektrischen Feld speicherbare Energie heißt seine *Kapazität*. Sie kann durch Variation der Platten- oder Folienflächen und/oder deren Abstände in weiten Grenzen verändert werden.

4.3 Die elektrische Resonanz

Auch der Aufbau des elektrischen Feldes in einem Kondensator geht schneller oder langsamer vor sich, je nachdem, ob die Kapazität einen kleineren oder größeren Wert hat.

Beide Elemente zusammen – und mehr braucht man nicht dazu – sind in der Lage, eine elektrisches Schwingungsgebilde aufzubauen. Man fügt lediglich eine Induktivität und einen Kondensator zu einer sogenannten Parallelschaltung zusammen (Bild 4.6) – das ist schon alles. Wird nun diese Anordnung durch einen Stromimpuls angeregt, so wie man ein Pendel anstößt, beginnt ein periodischer Vorgang, dessen Frequenz nur durch die Größen der verwendeten Induktivität und der Kapazität bestimmt wird. Was geschieht?

Der kurze Stromimpuls fließt durch die Windungen der Spule und beginnt den Aufbau eines Magnetfeldes. Ob es letztlich stark oder schwach ist, hängt von der Stromstärke und der Dauer des anregenden Impulses ab. In jedem Fall beginnt es aber sofort wieder zusammenzubrechen, wenn der Impuls zu Ende ist und kein Strom mehr fließt – die durch den Stromimpuls eingebrachte und im Feld gespeicherte Energie wird jetzt wieder frei, und zwar als Strom, der nun in umgekehrter Richtung aus der Induktivität heraus fließt. Der einzige Weg, der dem Strom bleibt, ist der zum Kondensator. Er lädt ihn auf, zwischen den Platten baut sich ein elektrisches Feld auf – langsam, wenn seine Kapazität groß ist, schneller, wenn sie nur klein ist. Aber bald ist die Energie des Magnetfeldes erschöpft, der Ladestrom zum Kondensator wird immer kleiner, und dann kehrt sich der Vorgang um: Der Kondensator ist ja durch die Drähte der Induktivität überbrückt, also gibt er einen zunehmenden Strom an die Spule ab. Die Stromrichtung ist dabei umgekehrt zu der des Ladestroms. Das elektrische Feld bricht zusammen, dafür baut sich wieder das Magnetfeld der Induktivität auf. Und so weiter und so weiter...

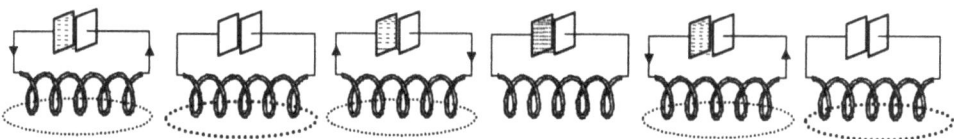

Im elektrischen Schwingkreis erfolgt ständig ein Austausch von Energie zwischen dem elektrischen Feld des Kondensators und dem magnetischen Feld der Spule. Würden keine Verluste auftreten, z.B. durch den Widerstand des Spulendrahtes, würde sich der Vorgang nach einer einmaligen Energiezufuhr beliebig lange periodisch wiederholen.

Bild 4.6
Der elektrische Schwingkreis

Über Kondensator und Spule entsteht so eine Wechselspannung, im Kreis fließt ein Wechselstrom. Die Frequenz von Strom und Spannung ist selbstverständlich identisch und wird durch die Größe von Spule und Kondensator bestimmt. Je größer Induktivität und Kapazität, desto länger dauert der Schwingungsvorgang, desto größer also die Periodendauer. Und wie beschrieben sind beide Vorgänge *phasenverschoben*: Erreicht der Strom ein Maximum, geht die Spannungskurve gerade durch den Nullpunkt, und umgekehrt.

Der Resonanzkreis Dieser elektrische *Schwingungskreis*, auch *Resonanzkreis* genannt, ist tatsächlich einer der wichtigsten Elementarbausteine der elektronischen Signalverarbeitung. Sorgt man dafür, dass die relativ geringen Leistungsverluste, die durch den Strom in der Wicklung der Spule entstehen, durch ständigen Energienachschub ausgeglichen werden, dann kann diese einfache Anordnung als Wechselspannungsgenerator zur Erzeugung einer harmonischen elektrischen Schwingung beliebiger Frequenz genutzt werden. Der notwendige Ausgleich der Leistungsverluste aber ist durch das sogenannte *Rückkopplungsprinzip* sehr einfach: Man entnimmt dem Schwingkreis einen kleinen Teil der Leistung, verstärkt ihn – in der Regel durch einen einzigen Transistor, einen Halbleiterverstärker – und führt die verstärkte Leistung dem Kreis wieder zu. Durch Wahl der Größe von Induktivität und Kapazität kann die Frequenz der erzeugten Schwingung festgelegt werden.

Bild 4.7
Resonanzkreis als Filter

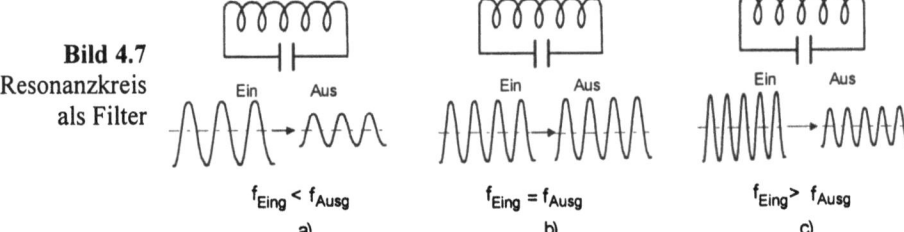

Der Schwingkreis ist resonant; seine Schwingfrequenz wird durch die Größe von Kapazität und Induktivität bestimmt. Wird er mit einer Wechselspannung oder einem Wechselstrom angeregt, dessen Frequenz kleiner (a) oder größer (c) als die eigene Resonanzfrequenz ist, kann sich die Wechselspannung über dem Schwingkreis nicht aufschaukeln.

Der Resonanzkreis als Filterelement Der Schwingkreis aus Induktivität und Kondensator hat noch eine weitere außerordentlich wichtige Eigenschaft: Er reagiert selektiv nur auf Schwingungen seiner eigenen Frequenz. Speist man ihn mit Spannungen oder Strömen verschiedener Frequenzen, dann wird man feststellen, dass er nur dann zu dem beschriebenen Wechselspiel zwischen beiden Feldern bereit ist, wenn die Frequenz der angelegten Spannung mehr oder weniger genau mit seiner Eigenfrequenz übereinstimmt. In allen anderen Fällen bleibt er unbeweglich wie eine Kinderschaukel, die immer im falschen Moment oder in der falschen Richtung erneut angeschoben wird: Der Schwingkreis wirkt als *selektives Filter* für eine ganz bestimmte Frequenz oder mindestens für ein bestimmtes schmales Frequenzband. Schaltet man mehrere solche Schwingkreise mit etwas verschiedenen Resonanzfrequenzen zusammen, lassen sich damit Filter bauen, die ganze Frequenzbereiche auf bestimmte Weise beeinflussen und auf diese Weise Sperren oder Durchlassbereiche für definierte Teile des Spektrums bilden.

Wenn im Folgenden von Filtern gesprochen wird, die bestimmte Frequenzen oder Teile von Spektren ausblenden oder gezielt durchlassen, können wir sie uns immer als Anordnungen von Schwingkreisen mit diesen beiden Eigenschaften vorstellen.

Um abschließend noch einmal auf die elektrischen Leitungen und Kabel zurückzukommen: Die Elemente des Schwingkreises sind natürlich – leider – auch in jeder Leitung und in jedem Kabel enthalten. Jeder Leitungsdraht stellt eine Induktivität dar, und mindestens zwischen Hin- und Rückleiter baut sich auch ein elektrisches Feld auf, d.h. beide bilden einen Kondensator. Beide Effekte wirken praktisch kontinuierlich über die gesamte Leitungslänge hinweg. Das Ergebnis ist eine Wirkung, die sehr an die eben erwähnten Filterschaltungen erinnert. Und das ist ein weiterer, oben schon angedeuteter wichtiger Grund für die Frequenzabhängigkeit der Übertragung über ein Kabel – es wirkt wie ein sogenanntes Tiefpassfilter, das niedrige, also tiefe Frequenzen gut passieren lässt, aber die hohen Frequenzen zunehmend benachteiligt.

<small>Die Leitung als Tiefpass</small>

So einfach, wie die zwei Drähte der Klingelleitung auch aussehen, ist die Sache also offensichtlich doch nicht.

4.4 Energie im freien Raum

Nehmen wir den eben gebauten Schwingkreis, abgestimmt mit Induktivität und Kapazität auf eine bestimmte Frequenz, und speisen ihn mit einer Wechselstromquelle genau derselben Frequenz. Schon wird das eben beschriebene Wechselspiel zwischen Magnetfeld und elektrischem Feld beginnen.

Nun ziehen wir die Platten des Kondensators langsam auseinander. Die eine lassen wir auf dem Boden liegen, die andere heben wir ab, und immer höher (Bild 4.8). Die aufgewickelte Spule ziehen wir auseinander bis zu einem langen Draht. Die obere Kondensatorplatte ist nun kaum noch zu erkennen; als Kondensator wirkt nun eher die Kapazität der einzelnen Teile des ganzen Drahtes gegen die Erdplatte.

Wenn sich die Werte der Kapazität und Induktivität bei dieser Prozedur etwas geändert haben und damit auch die Resonanzfrequenz des Schwingkreises, stellen wir auch die erregende Wechselstromquelle auf diese neue Frequenz ein.

Erstaunlich: Die gesamte Anordnung funktioniert unverändert weiter. Im Wechselspiel bauen sich elektrisches und magnetisches Feld gegenseitig auf und ab. Die Linien des Magnetfeldes beschreiben nach wie vor Kreise um den gestreckten Draht, die elektrischen Feldlinien ziehen sich jetzt vom Draht zur Erdoberfläche, die als übrig gebliebene Kondensatorplatte wirkt. Wenn wir jetzt noch annehmen, dass die Eigenfrequenz dieses Schwingkreises einigermaßen hoch ist, mindestens einige 10 kHz oder möglichst noch mehr, dann werden wir erstaunt feststellen, dass beide Felder ein Eigenleben entfalten. Sie treten nicht mehr, wie vorhin bei dem Mechanismus der Übertragung beschrieben, aus dem Leiter aus und wieder in den Leiter ein. Sie lösen sich vielmehr von unserer künstlichen Anordnung und wandern in den Raum hinaus, periodisch mit jedem neuen Feldaufbau. Und mit ihnen wandert die Energie, die im Feld steckt.

Die Antenne strahlt

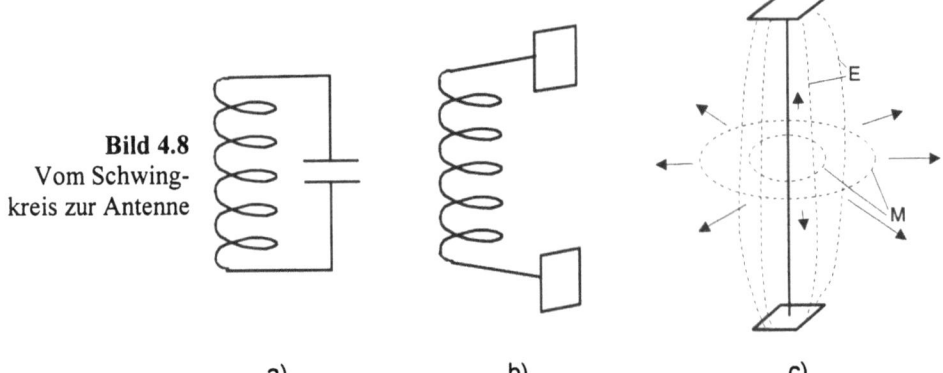

Bild 4.8
Vom Schwingkreis zur Antenne

a)   b)   c)

Der auseinandergezogene Schwingkreis (a, b) wirkt als Antenne (c), elektrisches und magnetisches Feld bleiben im Raum längs des Antennendrahtes und um ihn herum existent. Das elektromagnetische Wechselfeld löst sich ab und wandert in den Raum – die Antenne strahlt. Mit dem Feld wandert die Energie des Feldes in den Raum und muss deshalb in Form der Sendeleistung ständig nachgeliefert werden. (E – elektrische, M – magnetische Feldlinien.)

Wenn nicht durch die angeschlossene Stromquelle immer wieder neue Energie nachgeliefert würde, wäre schon nach wenigen Wechselspielen von magnetischem und elektrischen Feld der Schwingungsvorgang

vorgang abgeklungen und zur Ruhe gekommen. So aber wird ständig neue Energie für den Feldaufbau zur Verfügung gestellt, und ein ununterbrochener Energiestrom fließt ab – der Schwingkreis *strahlt* elektromagnetische Energie in den umgebenden Raum. Da ist weder ein Draht noch ein Kabel, das die Energie führen könnte – im leeren Raum breitet sich die Energie aus. Der Schwingkreis ist zur *Antenne* geworden.

Das Ganze wäre trotzdem kaum nutzbar, wenn es tatsächlich nur um den Transport von *Energie* in den freien Raum gehen würde. Denn dieser Energiestrom kann nur durch besondere Antennenkonstruktionen und auch dadurch nur äußerst mangelhaft kanalisiert, gerichtet werden. Fast nie wird es gelingen, diese Energie vollständig wieder einzufangen. Aber wir erinnern uns: Darum geht es ja gar nicht – nicht die Energie, sondern vorwiegend ein vielleicht im Feld verstecktes Signal interessiert uns, und das lässt sich wirklich wieder auffangen, wenn auch nur mit einer winzig kleinen Energie. Genau die gleiche Anordnung, die in Bild 4.8 als Sender gezeichnet wurde, kann uns nämlich als Empfänger für dieses Feld dienen. Ein Bruchteil der ausgesendeten Energie wird am Empfangsort eine vollkommen gleiche, aber diesmal passive, also nicht durch eine eigene Stromquelle gespeiste Antennenanordnung *anregen*. Ihre Resonanzfrequenz muss dabei mit der Frequenz des Senders übereinstimmen. Als Wirkung der schwachen elektromagnetischen Felder werden dann umgekehrt im Empfangskreis wieder Wechselströme fließen und Wechselspannungen entstehen. Nicht ein Strom hat diesmal den Schwingkreis angeregt, sondern das elektromagnetische Feld hat die notwendige Energie geliefert. In einem elektronischen Verstärker, der nun im Empfängerkreis anstelle der Stromquelle im Sender angeschlossen wurde, lässt sich diese induzierte Energie verstärken und nutzbar machen.

Das ist das gemeinsame Prinzip des Rundfunksenders, der Fernsehübertragung, der Mobilfunktechnik, des Satellitenempfangs, der Radartechnik und vieler anderer Anwendungen, die drahtlos – ohne Kabel, ohne Leitungen, nur über den freien Raum – Sender und Empfänger der verschiedensten Art verbinden.

4.5 Antennenkonstruktionen – sehr variabel

Und trotzdem sehen die Sendeanlagen für alle diese Anwendungen so verschieden aus. Der Sendemast eines Rundfunksenders ist kaum mit unserer UKW-Antenne auf dem Dach vergleichbar, ein Richtfunkspiegel nicht mit der Antenne eines Handys.

	Das hängt erst einmal mit der zunächst so unscheinbar wirkenden Resonanzbedingung zusammen: Der Schwingkreis aus Induktivität und Kapazität muss immer auf die Sendefrequenz abgestimmt sein, um einen hohen Wirkungsgrad der abgestrahlten Energie zu erreichen. Bei diesem prinzipiell einfachen Aufbau aber – ein Stück Draht als Induktivität, der Kondensator fast nicht mehr erkennbar als Kapazität zwischen jedem einzelnen Stück des Drahtes gegen die Erde – lässt sich eine einfache Dimensionierungsregel für den Resonanzfall solcher Antennen angeben: Der Schwingkreis „Antenne" ist dann auf eine bestimmte Frequenz oder Wellenlänge abgestimmt, wenn seine Länge gerade ein Viertel dieser Wellenlänge ist. Man spricht deshalb auch von einem $\lambda/4$-Strahler.
$\lambda/4$-Strahler: Antennenabmessungen und Wellenlänge hängen zusammen	

Ein Mobilfunksender und ebenso der mit ihm verbundene Empfänger mit einer Frequenz von 900 MHz, was einer Wellenlänge von 33 cm entspricht, erfordern also eine etwa 8 cm lange Antenne. Für einen Mittelwellensender mit einer Frequenz von 300 kHz und damit einer Wellenlänge von 1000 Meter wäre dagegen ein Antennenmast von 250 m Höhe erforderlich – nicht sehr bequem. In solchen Fällen hilft man sich gelegentlich, indem man sich z.B. nicht allein auf die durch den Mast verursachte Kapazität oder Induktivität verlässt, sondern sie durch eine zusätzliche Spule am Antennenfuß oder ein Blech an der Antennenspitze künstlich vergrößert. Das vermindert den Wirkungsgrad der Abstrahlung etwas, verringert aber die Antennenabmessungen. Auch bei den einfachen Handfunksprechgeräten der Amateure im 27 MHz-Band, die nach exakter Rechnung mit unhandlichen 2.8 m langen Antennen ausgerüstet sein müssten, wird dieser Kunstgriff angewendet. Im Großen und Ganzen aber wollen wir uns an dieser einfachen Gleichung orientieren: Antennenlänge = ¼ Wellenlänge.

Symmetrische und unsymmetrische Antennen	Antennen dieser Art werden als *unsymmetrische* Antennen bezeichnet. Das bezieht sich auf die „Erde", auf die eine der Kondensatorplatten gelegt wurde. Als „Erde" kann dabei z.B. auch das Autodach wirken. Wenn man sich vorstellt, dass man nun symmetrisch zu dieser Erdfläche noch einen gleichen Antennenstab anordnet, kommt man zum *symmetrischen* Strahler oder *Dipol*. Viele der UKW-Antennen auf unseren Dächern, sofern sie noch nicht von Satellitenspiegeln abgelöst wurden, sind von dieser Art. Sie sind dann natürlich von einem bis zum anderen Ende doppelt so lang, also gleich der halben Wellenlänge. Da die Frequenz des UKW-Bereichs bei 100 MHz, die Wellenlänge also bei 3 m liegt, muss die symmetrische Antenne 1.5 m lang sein, mit dem Kabelanschluss in der Mitte. Ob es sich dabei um Sende- oder um Empfangsantennen handelt, ist gleichgültig; die Antennen der Fernsehsender sind genauso dimensioniert.

4.5 Antennenkonstruktionen – sehr variabel

Übrigens schreibt niemand vor, wie dieser *Dipol* im Raum ausgerichtet sein muss. Er muss nicht vertikal auf der Erdoberfläche stehen; er kann ebenso gut in horizontaler Richtung angeordnet sein. Allerdings muss das dann sowohl für die Sende- als auch für die Empfangsantenne gelten. Sonst passen die elektromagnetischen Feldrichtungen von Sende- und Empfangsantenne nicht zueinander – der Empfänger würde stumm bleiben.

Diese zunächst nachteilig erscheinende Tatsache ist aber tatsächlich ein Vorteil: Man kann mit zwei Antennen, von denen eine senkrecht, die andere waagerecht *polarisiert* ist, zwei getrennte Programme auf der gleichen oder nur sehr wenig unterschiedlichen Frequenz aussenden. Sie werden sich gegenseitig nicht stören. Nimmt man sich eine Tabelle der Frequenzbelegung der Fernsehsatelliten vor, wird man diese Methode wiedererkennen: Auf der Frequenzskala benachbarte Sender strahlen abwechselnd horizontal und vertikal, um ihre mögliche gegenseitige Beeinflussung minimal zu halten.

Die Polarisation des Wellenfeldes

Von den verschiedenen Abmessungen der Antennen für verschiedene Empfangsfrequenzen abgesehen gibt es aber noch einen zweiten Grund für die unterschiedlichen Antennenkonstruktionen. Sieht man sich eine UKW-Antenne an, dann fällt auf, dass nur von einem Paar der Antennenstäbe das Kabel zum Empfänger führt, aber hinter und vor diesem Stab sich oft noch mehrere andere Stäbe verschiedener Länge ohne jeden Kabelanschluss befinden. Solche Anordnungen sind wegen der nun schon relativ geringen Antennenabmessungen erst im Ultrakurzwellenbereich richtig nutzbar und außerordentlich zweckmäßig. Sie verbessern die Richtcharakteristik und damit auch die Wirksamkeit einer Empfangsantenne, indem sie einen größeren Teil des Feldes regelrecht auf den eigentlich aktiven Strahler hin konzentrieren. Liegen sie in Richtung zum Sender vor dem aktiven Strahler, dann sind sie etwas kürzer als der Strahler selbst und heißen *Direktoren;* liegen sie dahinter, müssen sie etwas länger sein, spiegeln quasi die ankommenden Wellen zurück auf den Strahler und werden deshalb als *Reflektoren* bezeichnet.

Direktoren und Reflektoren für Richtantennen

Auch dieses Prinzip gilt übrigens wieder sowohl für Empfangs- als auch für Sendeantennen. Letztere konzentrieren das Feld und damit die gesamte verfügbare Sendeenergie bevorzugt in eine bestimmte Richtung, wenn sie auf diese Weise mit Direktoren und Reflektoren ausgerüstet werden. Das wirkt dann genauso, als hätte man die Sendeenergie entsprechend vergrößert. Man spricht deshalb in diesem Fall auch von einer *Verstärkung* oder einem *Gewinn* der Antennenkonstruktion. Für noch höhere Frequenzen ist eine weitere und sehr effektive Konstruktion von richtenden Antennen möglich: der Parabolspiegel, in dessen Brennpunkt der eigentliche, nun nur noch wenige Zentimeter lange Antennendipol steht. Mit ihm lassen sich Leistungs-

Der Antennengewinn

Parabolspiegel: siehe Bild 4.13

gewinne von 40 dB und mehr erreichen, also eine effektive Vergrößerung der Sende- oder Empfangsleistung um den Faktor 10 000 – allerdings eben nur in einem schmalen Strahlungssektor von wenigen Winkelgrad.

Bild 4.9
Polarisation und Strahlungsdiagramm

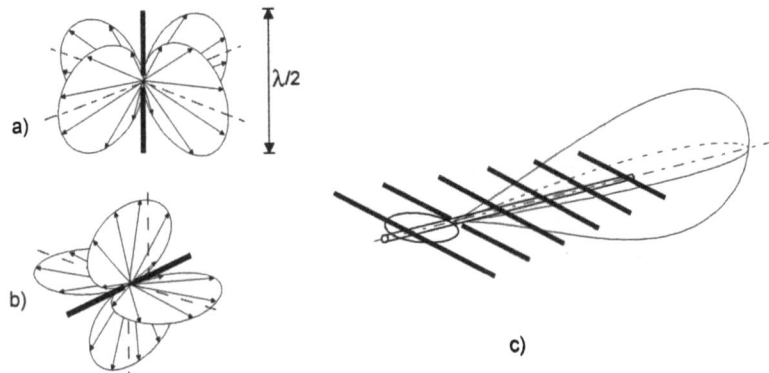

Ein Mittelwellen-Antennenmast ist wie die Handy-Antenne eine unsymmetrische Antenne, die Speisung (oder beim Empfänger die Ableitung zur Empfangselektronik) erfolgt am unteren Antennenende gegen „Erde". Die UKW-Antenne (ein Dipol) ist dagegen eine symmetrische Bauform mit einer Länge von 2 x λ/4 = λ/2 (a, b). Die „Blätter" deuten die sogenannte Richtcharakteristik an: Die Länge der Pfeile bezeichnen die relative Stärke der Sende- oder Empfangsenergie in der betreffenden Richtung. Senkrecht zum Strahler, und unabhängig von seiner Lage – a): senkrecht polarisiert, b): horizontal polarisiert – ist sie maximal; in Richtung der Stäbe ist sie gleich Null. Die Anordnung von Direktoren vor dem eigentlichen Strahler (c) konzentriert die Sendestrahlung bzw. den Empfang auf ein schmales Bündel, ein Reflektor an der Empfangsantenne reduziert die von hinten einfallende Strahlungsleistung. Nur der eigentliche Strahler (der zweite von links in c) wird über ein Kabel vom Sender gespeist bzw. speist über ein Kabel den Empfänger.

Das Strahlungsfeld der Antenne hat also die unmittelbare leitungsgebundene Verbindung von Sender und Empfänger ersetzt. Allerdings mit einigen doch sehr wesentlichen Unterschieden zur Kupferleitung oder zum Kabel. Zwei fallen uns sofort auf.

Erstens stand eben ständig der Begriff Resonanz zur Diskussion, und die Notwendigkeit, die Abmessungen der Antenne auf den genutzten Frequenzbereich abzustimmen. Antennen wirken also frequenzselektiv. Eine gewisse Übertragungsbandbreite haben allerdings auch diese Strahler. Man kann ja schließlich nicht für jeden empfangenen Rundfunksender eine eigene Antenne auf das Dach stellen. Für den gesamten relativ schmalen UKW-Tonrundfunkbereich von 88 bis

108 MHz reicht z.B. eine einzige Antenne aus. Dagegen ist es nicht möglich, etwa die Frequenzen vom Langwellenbereich bis zum Kurzwellenbereich, also von einigen 10 kHz bis zu einigen 10 MHz effektiv über eine einzige Antenne abzustrahlen oder zu empfangen.

Noch viel wichtiger aber ist zweitens, dass alle Frequenzen, die wir eben beispielhaft für bestimmte übliche Antennenabmessungen und auch im Zusammenhang mit günstigen Strahlungseigenschaften nannten, weit größer sind als selbst die höchsten Frequenzen des Sprachsignalbandes, und sogar größer als die höchsten Frequenzen des Fernsehsignalspektrums. Im Klartext: Eine direkte, unmittelbare Ausstrahlung und drahtlose Übertragung aller dieser Signale ist also nicht möglich.

Hier ist also Handlungsbedarf. Das Signal muss auf irgend eine Weise diesen speziellen Anforderungen des Übertragungskanals angepasst werden. Auf diese Problematik soll im Kapitel 5 eingegangen werden. Zunächst aber wollen wir noch einiges zur Situation in den einzelnen Frequenzbereichen sagen. Denn auch da zeigen sich ganz erhebliche Unterschiede, auf die unbedingt Rücksicht genommen werden muss.

4.6 Frequenzabhängige Wellenausbreitung

Der „freie Raum", in dem sich die elektromagnetischen Wellen rund um die Antenne herum ausbreiten, existiert streng genommen auf der Erdoberfläche überhaupt nicht. Er ist uns erst durch die Satellitentechnik erschlossen worden. Dort – im erdfernen Weltraum – gibt es tatsächlich ideale Ausbreitungsbedingungen für das elektromagnetische Feld. Aber die meisten Antennen stehen heute noch auf der Erde. Und da sieht es leider ganz anders aus.

Es gibt Häuser und Berge, die zwischen Sende- und Empfangsantenne stehen können. Es gibt neben trockenen Wüsten elektrisch gut leitende Meere, die auch nicht ohne Einfluss auf das Ausbreitungsverhalten der Wellen sind. Und es gibt hoch über der Erdoberfläche die Ionosphäre, die aus elektrisch geladenen Teilchen besteht und gleichsam von oben eine elektrisch mehr oder weniger gut leitende Schale um unseren Planeten legt (Bild 4.10).

Das riesige Spektrum elektromagnetischer Wellen (Bild 4.12) macht eine Aussage über die Eigenschaften eines Funkkanals nicht einfach. Eine große Vielzahl von Faktoren beeinflusst die Ausbreitung der Wellen in hohem Maße und auf ganz verschiedene Weise, abhängig von der Frequenz bzw. Wellenlänge, der Tages- und Nachtzeit, der

Sonneneinstrahlung, den Witterungsbedingungen und noch einigen anderen Größen mehr.

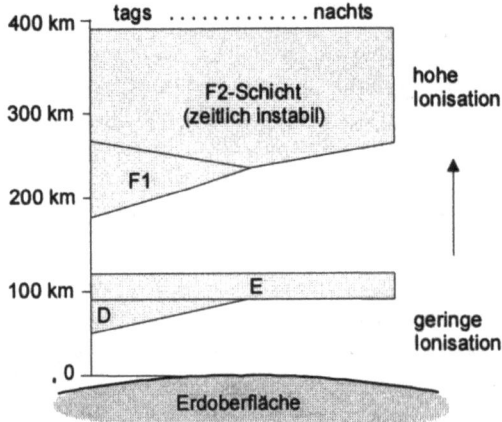

Bild 4.10
Anordnung der Ionosphärenschichten

Ultraviolett-, Röntgen- und Korpuskularstrahlung der Sonne verursachen eine Ionisation der Atmosphäre. Es bilden sich Gebiete und Schichten, die teilweise nur tagsüber auftreten und dabei relativ stabil sind (D, F1), teilweise aber auch in ihrer Intensität und Ausdehnung bzw. Höhe zeitlich starken Schwankungen unterworfen sind (E, vor allem F2).

Langwellenbereich: Ausbreitung längs der Erdoberfläche

Auf den ersten Blick könnte man geneigt sein, bei der Beurteilung des Ausbreitungsverhaltens den niedrigsten Frequenzen die beste Note zu geben. Das sind die sogenannten Langwellen mit Wellenlängen um einige tausend Meter, also Frequenzen um 100 kHz. Sie breiten sich nämlich sehr gleichmäßig in einer Art Wellenleiter zwischen Erdoberfläche und der umgebenden Ionosphäre rund um den Erdball aus. Langwellensender waren in den ersten Jahrzehnten der jungen Funktechnik eben wegen dieser ihrer großen Reichweite sehr beliebt und wurden mit Vorteil genutzt. Die riesigen notwendigen Sendeleistungen wurden anfangs mit leistungsstarken rotierenden Generatormaschinen erzeugt. Nachteilig sind allerdings die ausgedehnten Antennenfelder – man denke an die grobe Regel, dass Antennenlängen in der Größenordnung der Wellenlänge liegen müssen. Und schließlich – ein weiterer Nachteil – bedeuten lange Wellen tiefe Frequenzen und damit wenig Platz für jede Art von Signalen. Auf diesen wichtigen Zusammenhang soll im folgenden Kapitel eingegangen werden. Trotz der günstigen und auch stabilen Ausbreitungsbedingungen also doch keine so gute Note.

4.6 Frequenzabhängige Wellenausbreitung

In dieser Hinsicht ist es um den Mittelwellenbereich schon etwas besser bestellt. Die Mittelwellen schließen mit einigen hundert Meter Wellenlänge und Frequenzen zwischen etwa 300 kHz und 3 MHz im Spektrum an den Langwellenbereich an (Bild 4.12). Sie reichen allerdings bei weitem nicht mehr um den Erdball herum. Schon nach wenigen hundert Kilometern sind diese *Bodenwellen* so stark gedämpft, dass sie mit vernünftigem Aufwand nicht mehr empfangen werden können. Nachts jedoch werden sie teilweise an der Ionosphäre reflektiert, und dann entstehen mit Hilfe solcher *Raumwellen* gelegentlich sogenannte Überreichweiten (Bild 4.11). Da erscheint schon einmal ein über tausend Kilometer weit entfernter Sender – aber meist nicht lange. Wenn sich noch dazu Bodenwelle und reflektierte Raumwelle am Empfangsort überdecken, verursachen sie die bekannten hässlichen Schwunderscheinungen – im Sekundenabstand verstärken oder schwächen sich beide Felder gegenseitig, und die Lautstärke des empfangenen Senders wechselt ständig.

Mittelwellenbereich: Raum- und Bodenwelle interferieren

Immerhin hat aber die verringerte Reichweite auch einige Vorteile, die in fast allen Anwendungsbereichen und auch in den noch höheren Frequenzbereichen genutzt werden: Man kann verschiedene Sender mit der gleichen Frequenz betreiben, ohne dass sie sich gegenseitig stören, wenn sie nur wenigstens einige hundert Kilometer voneinander entfernt sind. Das wurde schnell wichtig, als der Rundfunk sich in den zwanziger Jahren weltweit ausbreitete, die Zahl der Sender in allen Ländern stieg und trotzdem die Anzahl der verfügbaren Sendefrequenzen begrenzt war.

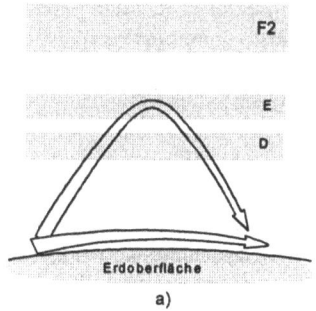
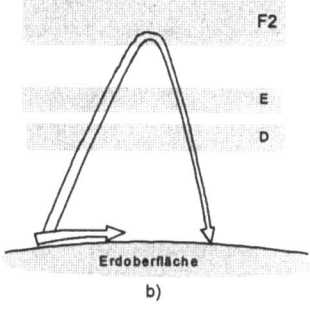

Bild 4.11
Raum- und Bodenwelle

Die Frequenzen des Mittelwellenbereichs (a) breiten sich tagsüber nur als Bodenwelle aus. Nachts allerdings reicht die Intensität der E-Schicht aus, eine Raumwelle wieder zur Erde zurück zu reflektieren. Bei der Überlagerung beider Wellen entstehen die gefürchteten stark schwankenden Schwunderscheinungen. Frequenzen im Kurzwellenbereich (b) durchdringen D- und E-Schicht, werden an der zeitlich sehr instabilen F2-Schicht reflektiert und verursachen damit große Reichweiten.

Die Reichweite der Mittelwellensender war zwar gering, aber doch für den Rundfunkbetrieb noch ausreichend. Die Bodenwelle der Kurzwellensender ist dagegen schon nach wenigen 10 km abgeklungen. Also fiel es zu Beginn der zwanziger Jahre den Postverwaltungen, die über die Verteilung der Funkfrequenzen wachten, leicht, diesen Frequenzbereich an die sogenannten Funkamateure zur gefälligen Benutzung freizugeben. Das war voreilig, wie sich bald herausstellte. Denn selbst diesen versierten Bastlern und Experimentatoren gelang es bald, mit wenig aufwendigen, selbst gebauten Geräten mit geringer Sendeleistung Länder und sogar Kontinente zu überbrücken.

Das Geheimnis war bald gelöst: Kurzwellen werden durch die D- und E-Schicht gedämpft, durch die F_2-Schicht aber stark reflektiert. Da deren Höhe und Intensität sich, bedingt durch die veränderliche Sonneneinstrahlung, ständig ändert, ist eine solche Verbindung zwar recht instabil. Aber bald wusste man, zu welcher Tages- und Nachtzeit auf welcher Frequenz die besten Verbindungen wohin erreichbar waren. Alle interkontinentalen Funkverbindungen wurden nun im Kurzwellenbereich abgewickelt, große Frequenzbereiche der Kurzwelle wurden für den Rundfunk genutzt, der diplomatische Verkehr lief vorwiegend über den Kurzwellenbereich und viele andere Dienste verwendeten diese Frequenzen. Erst die Satellitentechnik und die modernen interkontinentalen Kabelstrecken haben dem kommerziellen Kurzwellenfunk ernsthaft Konkurrenz gemacht und ihn auf einigen Anwendungsgebieten vollständig verdrängt.

Ultrakurzwellen: Sichtfreiheit notwendig

Die nächste Dekade der Frequenzen – etwa von 30 bis 300 MHz – bezeichnet man als Ultrakurzwellen. Obgleich früher schon für militärische Zwecke verwendet, wurden sie erst in den fünfziger Jahren weithin bekannt, als der UKW-Rundfunk mit seiner hervorragenden Übertragungsqualität eingeführt wurde und in den darauffolgenden Jahrzehnten den Mittelwellenrundfunk langsam aber sicher in die Defensive drängte. Ultrakurzwellen haben schon sehr viele Ähnlichkeiten mit den Lichtwellen. Sie breiten sich praktisch geradlinig aus, und ihre Intensität nimmt deshalb hinter dem Horizont sehr schnell ab. Gleiche Sendefrequenzen können deshalb in viel kürzeren räumlichen Abständen immer wieder verwendet werden. Es stehen also selbst in dem vom UKW-Rundfunk verwendeten Frequenzbereich von 87.5 bis 108 MHz eine Menge von Sendeplätzen zur Verfügung. Neben dem Tonrundfunk nutzt der im Bandbreitebedarf sehr viel aufwendigere Fernsehfunk und darüber hinaus eine Vielzahl anderer Dienste den Bereich der Meterwellen. Die Ionosphäre ist für diese Wellen übrigens kein Hindernis mehr – Ultrakurzwellen durchqueren sie ungehindert. Viele Datenverbindungen zu Satelliten verwenden deshalb dieses Frequenzband ebenfalls.

4.6 Frequenzabhängige Wellenausbreitung

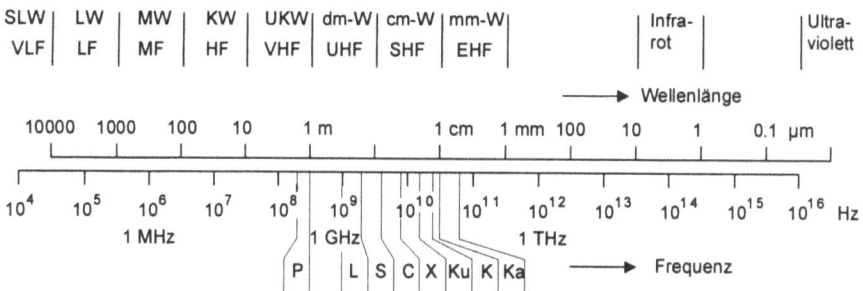

Das riesige Spektrum der Frequenzen und Wellenlängen der Nachrichtentechnik reicht von den very low frequencies (VLF) über die low, medium, high, very high, ultra high, super high frequencies bis zu den extremely high frequencies (EHF). Entsprechend werden die Wellenlängen als Längst-, Lang-, Mittel-, Kurz-, Ultrakurz-, Dezimeter-, Zentimeter- und Millimeterwellen bezeichnet. Die angegebenen Abkürzungen sind international vereinbart. In der Satellitentechnik sind außerdem die angegebenen Bezeichnungen der Bänder im GHz-Bereich üblich (L-Band, S-Band usw.).

Bild 4.12
Wellenlängen- und Frequenzbereiche

Bei den noch höheren Frequenzen wird die Nähe zum Licht noch deutlicher, und Maßnahmen zur Erhöhung der Richtwirkung können noch wirkungsvoller eingesetzt werden. Erreicht die Wellenlänge den Dezimeter- und Zentimeterbereich, kann ein aus der Optik gut bekanntes Element genutzt werden: der Parabolspiegel. Er erhöht die Wirksamkeit der Antenne um Größenordnungen. Die eigentliche Antenne sitzt beim Empfänger wie beim Sender klein und unscheinbar im Brennpunkt des Spiegels. Auf der Senderseite wird das elektromagnetische Feld dann gezielt in eine ganz bestimmte Richtung ausgestrahlt – mit einer Richtcharakteristik, die bei großen Spiegeldurchmessern weniger als ein Winkelgrad beträgt und die gesamte Sendeenergie in diese schmale *Richtkeule* konzentriert. Der empfängerseitige Spiegel erhöht die Empfangsleistung ein weiteres Mal: Nicht nur die mit wenigen Zentimetern vergleichsweise geringe Querschnittsfläche der kleinen Antenne fängt das Feld auf, sondern die gesamte viel größere Spiegelfläche. Sie fokussiert dann die gesamte empfangene Leistung auf die in ihrem Brennpunkt angeordnete Antenne – ähnlich wie die Reflektorstäbe der UKW-Antenne, aber wegen der viel größeren Spiegelabmessungen relativ zu den Abmessungen des eigentlichen Strahlers um ein Vielfaches effektiver. Die Richtfunkstrecken auf der Erde, die Musik- und Fernsehsignale zwischen Studio und Sendestelle oder Telefonsignale zwischen Vermittlungsstellen und Knotenpunkten des Fernsprechnetzes vermitteln, verwenden diese Technik ebenso wie die Übertragungsstrecken zwischen

GHz-Bereich:
zunehmend lichtähnlicher

Erde und Satelliten. In beiden Fällen ist nun allerdings eine Sichtverbindung zwischen Sender und Empfänger unbedingte Voraussetzung.

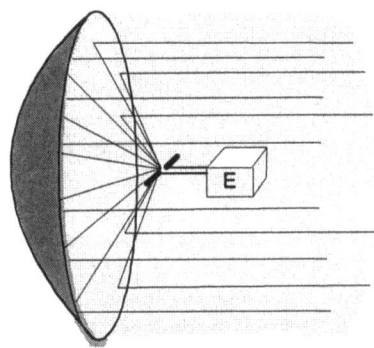

Bild 4.13
Der Parabolspiegel als GHz-Antenne

Ein Parabolspiegel am Empfänger (E) fokussiert die von dem weit entfernten Sender einfallenden elektromagnetischen Wellen auf die Dipolantenne in seinem Brennpunkt. Senderseitig angewendet bündelt er den weiten Abstrahlungskegel des Strahlers in einen engen Winkelbereich. Empfangs- und Sendeantenne müssen entsprechend genau auf ihr Gegenüber eingerichtet werden. Der Gewinn dieses Spiegels ist umso besser, je größer sein Durchmesser gegenüber der empfangenen Wellenlänge ist. Er kann deshalb erst im Gigahertzbereich sinnvoll angewendet werden.

Über 10 GHz: Zunehmende Regendämpfung

Im Bereich über 10 GHz ist es mit der optischen Sicht allein jedoch nicht mehr getan. Regenschauer können eine beträchtliche Dämpfung der Wellen verursachen und sogar zum Ausfall der Strecke führen. Die Ausbreitungsbedingungen sind in diesen hohen Frequenzbereichen sehr stark von der jeweiligen Wellenlänge abhängig. Es gibt bestimmte Frequenzfenster, bei der die Atmosphäre für die Wellen weitgehend durchlässig ist, und daneben Bereiche, wo hohe Dämpfungsmaxima auftreten (Bild 4.14). Das trifft besonders auf den Bereich über 20 GHz zu, aber auch schon im 10 GHz-Bereich ist uns dieser Effekt nicht unbekannt: Wer seine Fernsehprogramme über Astra oder Eutelsat empfängt und einen schlecht ausgerichteten oder zu kleinen Antennenspiegel verwendet, wird bei starkem Regen immer wieder von den bekannten „Fischen" geplagt – das Signal wird schwach, und der Einfluss immer überlagerter Störungen macht sich bemerkbar.

Licht außerhalb des Sichtbaren

Nach noch viel kleineren Wellenlängen hin – jenseits von etwa 200 GHz – erscheint erst einmal ein noch weitgehend ungenutzter Bereich: die Millimeter- und Submillimeterwellen. Dieser Übergangsbereich

4.6 Frequenzabhängige Wellenausbreitung

von der Hochfrequenztechnik zum Licht ist heute technisch nur schwer oder noch gar nicht zu beherrschen. Erst bei noch viel kleineren Wellenlängen erreicht man zuerst den Infrarotbereich mit Wellenlängen zwischen etwa 10 μm und etwa 0.7 μm, und schließlich den sichtbaren Wellenlängenbereich zwischen 0.7 und 0.4μm. Das sind dann schon Frequenzen von einigen hundert Terahertz (1 THz = 10^{12} Hz). Erst mit der Erfindung des Lasers um 1960 und seiner intensiven Weiterentwicklung als Halbleiterlaser in den folgenden Jahrzehnten ist dieser extrem hohe Frequenzbereich elektromagnetischer Wellen für die Kommunikationstechnik interessant und vor allem realisierbar geworden. Hier findet sich der Elektroniker im Reich der Optik wieder – einer alten Wissenschaft, die durch den Laser und seine erstaunlichen Eigenschaften im doppelten Sinne in ganz neuem Licht erscheint.

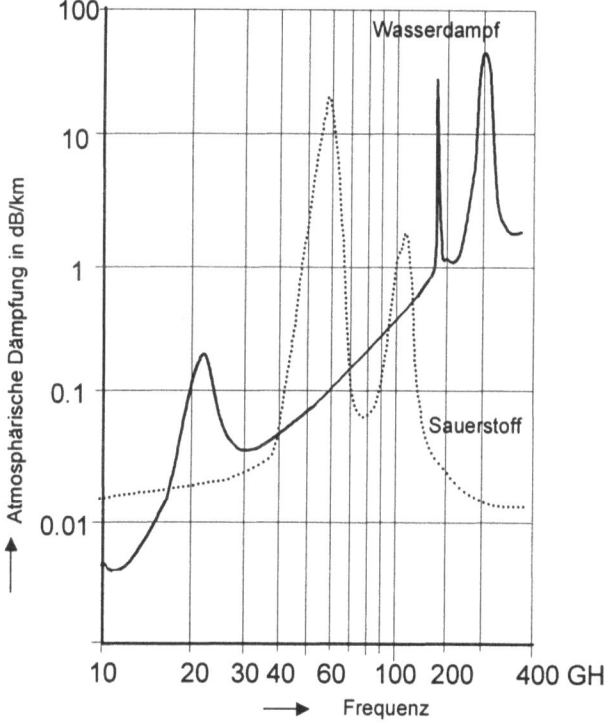

Bild 4.14 Frequenzabhängigkeit der atmosphärischen Dämpfung

Die atmosphärische Dämpfung wird im Frequenzbereich um 10 GHz und höher stark frequenzabhängig und nimmt beträchtliche Werte an. Wegen der Resonanzspitzen, die sich durch den Sauerstoff- und Wasserstoffgehalt der Luft ergeben, sind einige Bereiche gar nicht oder nur für bestimmte Zwecke zur Funkübertragung einsetzbar (20 GHz, 60 GHz), z.B. für Kurzstreckensysteme, wo die Reichweite gewollt eingeschränkt werden soll.

Optische Frei-raumausbreitung: problematisch

Die Ausbreitung im freien Raum ist bei diesen optischen Wellenlängen durchaus problematisch. Zwar lässt sich schon mit kleinen Linsensystemen von wenigen Zentimetern Durchmesser eine selbst in der Hochfrequenztechnik nicht erreichbare extreme Strahlbündelung und damit eine hohe Konzentration der Sendeenergie erreichen. Aber jedes Nebelfeld kann eine Übertragungsstrecke sofort unterbrechen, selbst ein durchfliegender Vogel brächte das kurzzeitig fertig. Die Zuverlässigkeit einer solchen Strecke ist damit stark witterungsabhängig und deshalb für die meisten erdgebundenen Anwendungsfälle zu gering. Für kurze Strecken von einigen hundert Metern bis zu wenigen Kilometern kann sich allerdings ein optisches Freiraumsystem auf der Erde gelegentlich als ausreichende und ökonomisch sinnvolle Variante zur Signalübertragung erweisen. Und natürlich im Weltraum – dort stört keine Atmosphäre, und deshalb wird an der Nutzung der optischen Übertragung großer Informationsmengen im Weltraum intensiv gearbeitet. Zwischen Bodenstationen und Satelliten und vor allem auch zwischen den Satelliten selbst wird in Zukunft Licht eine große Rolle spielen.

In allen anderen Fällen – und für zunehmend mehr Anwendungen – lässt man das Licht lieber über Kabel laufen. Der Kupferleiter hilft hier nun allerdings nicht mehr. Haardünne Fasern aus einem extrem sauberen, extrem durchsichtigen Glas leiten in einem fast unvorstellbar winzigen Teil des schon kleinen Faserquerschnitts das Licht ohne Zwischenverstärkung oft mehr als hundert Kilometer weit.

Diese optische Übertragung von Signalen hat zu einer wahren Revolution in der Nachrichtentechnik geführt. Die über einzige Glasfaser übertragbare Datenmenge ist um den Faktor tausend mal größer als diejenige, die sich über ein Koaxialkabel übertragen lässt. Die einzelne Faser aber ist viel dünner und leichter als eine Kupferleitung; viele dieser Fasern können in einem einzigen Kabel zusammengefasst werden und dessen Übertragungskapazität noch mal um ein Vielfaches erhöhen. Und nicht nur auf den langen Übertragungsstrecken wird die optische Technik eingesetzt werden – schon ist sie bis auf die Leiterplatten der Nachrichtengeräte vorgedrungen und konkurriert dort mit den ersten elektronischen Funktionselementen.

Optische Nach-richtentechnik: siehe Kap. 8

Die wenigen Worte müssen an dieser Stelle genügen. Später wird dieser Technik ein ganzes Kapitel gewidmet werden.

5 Anpassung an den Kanal

5.1 Modulation einer Trägerfrequenz

Mindestens was die Übertragungsstrecken über Funk angeht, gibt es also offenbar eine Schwierigkeit. Die uns interessierenden Signale – die Sprache, ein Bild – enthalten *so niedrige* Frequenzen und belegen ein relativ *so breites* Frequenzband, dass eine Abstrahlung selbst durch nur näherungsweise resonante Antennengebilde praktisch unmöglich ist. Eine Abstrahlung und Ausbreitung elektromagnetischer Felder und damit eine Verbindung von Sendern und Empfängern über weite Entfernungen ist nur mit Hilfe resonanter Antennengebilde *in sehr viel höheren* Frequenzbereichen als dem der zu übertragenden Signale nutzbar.

Heinrich Hertz, der 1888 seine wichtigen Experimente zum Nachweis und zur Ausbreitung elektromagnetischer Felder machte, hat aus diesem Grund eine mögliche Nutzanwendung dieser Felder und dieser Technik zur Übertragung von Sprachsignalen bezweifelt.

Glücklicherweise irrte er. Nur wenige Jahre später verwendete Marconi eben diese hochfrequenten Felder, um Signale über einige hundert Meter und wenig später sogar von England nach Amerika über den Atlantik zu übertragen. Er nutzte einen genialen Trick: Er änderte die Amplitude des schnellen elektromagnetischen Feldes seiner Antenne im Takte des langsamen Signals, das er übertragen wollte. Er verwendete das hochfrequente Feld nur als Lastesel für das eigentliche Signal.

Diese Beeinflussung einer hochfrequenten Schwingung durch ein langsameres, also niederfrequenteres Signal wird als *Modulation* bezeichnet. Wird die *Amplitude* dieser Schwingung durch das Signal beeinflusst, spricht man von einer *Amplitudenmodulation* (AM). Die hochfrequente Wechselspannung, die letztlich über die Antenne abgestrahlt wird, wird als *Trägerschwingung* bezeichnet; sie *trägt* das Signal. Bild 5.1a zeigt eine solche hochfrequente Trägerschwingung. Ihre Frequenz ist jedenfalls größer als die höchste im modulierenden Signal vorhandene Frequenzkomponente. Dadurch ist anschaulich sichergestellt, dass selbst die schnellsten Signaländerungen noch durch viele Perioden der Trägerfrequenz nachgezeichnet werden. Bild 5.2c zeigt dagegen den mit dem eigentlichen Signal amplitudenmodulierten Träger. Das Signal findet sich also in der sogenannten *Hüllkurve* des modulierten Trägers wieder.

AM = amplitude modulation

Die Trägerschwingung

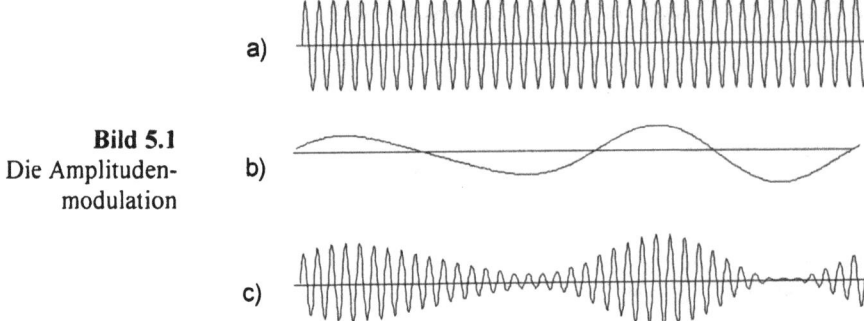

Bild 5.1
Die Amplitudenmodulation

Die Amplitude einer hochfrequenten (und deshalb über Antennen abstrahlbaren) Schwingung (a) wird bei der Amplitudenmodulation *(AM) durch ein niederfrequentes Signal (b) beeinflusst oder* moduliert *(c). Nachteilig ist, dass eine im gleichen Frequenzband wirksame Störung, die sich diesem AM-Signal additiv überlagert, nicht vom eigentlichen Nutzsignal (b) unterschieden werden kann. Das AM-Signal ist also recht störanfällig.*

Die AM – störanfällig

Die Amplitudenmodulation erlaubt die Verwendung recht einfacher Empfänger. Alle Rundfunksender vom Lang- bis zum Kurzwellenbereich nutzen dieses Verfahren. Aber es hat einen entscheidenden Nachteil: Es ist sehr empfindlich gegen alle Art von Störungen. Ein schlecht entstörter Motor kann den Mittelwellenempfang im Auto zur Qual werden lassen. Das breite Frequenzspektrum der Zündfunken überlagert sich nämlich als krachendes Störgeräusch dem eigentlichen Nutzsignal. Es kann im Rundfunkempfänger nicht mehr von diesem unterschieden und deshalb auch nicht entfernt werden, denn das Nutzsignal wie das Störsignal beeinflussen ja ein und denselben Parameter des Trägers: seine Amplitude. Tatsächlich hilft hier nur eine Vermeidung des Übels an der Wurzel. Alle Kabel des Autoradios müssen gegen vagabundierende Störsignale abgeschirmt werden. Was dann noch übrigbleibt und sich an der Antenne oder auf einem Kabel dem Nutzsignal überlagert, ist aber endgültig vom eigentlichen Signal nicht mehr unterscheidbar.

Ebenso wirken natürlich alle Arten von Störungen auf den Rundfunkempfang im Haus. Ein schlecht entstörter Staubsaugermotor, die vorbeifahrende Straßenbahn, und nicht zuletzt auch atmosphärische Entladungen bei Gewitter, nicht zu reden von den leider immer vorhandenen elektronischen Rauschquellen vor allem in den ersten, notwen-

5.1 Modulation einer Trägerfrequenz

digerweise hochempfindlichen Verstärkerstufen des Empfängers selbst, machen sich mehr oder weniger störend bemerkbar.

Eine andere Art der Modulation ist gegenüber solchen Störern sehr viel weniger empfindlich: die sogenannte *Frequenzmodulation* (FM). Bei ihr wird nicht auf die Amplitude der Trägerschwingung zugegriffen, sondern auf ihre Frequenz. Die ständig veränderlichen Werte des modulierenden Signals verringern oder erhöhen die Frequenz des Trägers um kleine oder große Werte, je nachdem ob die Signalamplitude gerade negative oder positive, kleine oder große Werte annimmt. Ändert sich das Signal langsam, wird auch die entsprechende Frequenzänderung langsam erfolgen, sind im betrachteten Moment gerade schnelle Signaländerungen im Gange, geschieht auch die Frequenzänderung schneller. Bei allen diesen Änderungen bleibt die Amplitude der Trägerschwingung unverändert gleich groß.

FM = frequency modulation

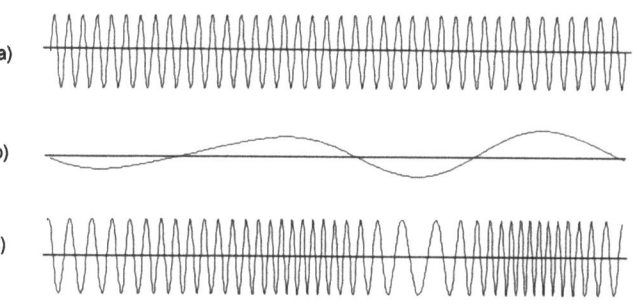

Bild 5.2
Die Frequenzmodulation

Bei der Frequenzmodulation *(c) bleibt die Amplitude des hochfrequenten Trägers (a) unbeeinflusst, aber seine Frequenz wird um einen geringen Wert entsprechend der momentanen Amplitude des zu übertragenden Signals (b) vergrößert oder verkleinert. Im Bild ist diese Frequenzänderung zur besseren Verständlichkeit stark überhöht dargestellt*

Hierin liegt das Geheimnis der verhältnismäßigen Unempfindlichkeit dieses Verfahrens gegen Störungen: Überlagert sich diesem frequenzmodulierten Träger additiv ein Störsignal, dann ist es vom Empfänger sofort als Abweichung von der Gleichmäßigkeit der Amplitude erkennbar. Es kann durch geeignete elektronische Begrenzerschaltungen regelrecht abgeschnitten werden. Dieser Schaltung fallen nicht nur Amplitudenänderungen durch überlagerte Störungen zum Opfer, sondern auch ausbreitungsbedingte Schwankungen des elektromagnetischen Feldes, etwa bei der Fahrt eines Autos durch ein Tal oder Waldgebiet. Die Übertragung wird in hohem Maße störresistent.

Diese Art der Modulation wird seit den fünfziger Jahren in den Rundfunksendern des UKW-Bereiches angewendet. Sie trägt dort wesentlich zu dem hohen Standard dieser Programme bei. Der Begriff *UKW-Qualität* ist deshalb lange Jahre als ein Gütezeichen erster Ordnung für die Musikübertragung per Radio begriffen worden. Aber nicht nur dort ist das FM-Verfahren gefragt. Wir werden ihm in Varianten in diesem Buch immer wieder begegnen.

PhM = phase modulation

Übrigens existiert ja neben Amplitude und Frequenz noch ein Parameter einer harmonischen Schwingung, den man natürlich ebenso im Takte eines Signals beeinflussen kann: ihre momentane *Phase*. Im Ergebnis ähneln sich diese Phasenmodulation und die Frequenzmodulation außerordentlich, sowohl was den zeitlichen Verlauf des modulierten Signals betrifft als auch hinsichtlich ihres Rauschverhaltens. Eigentlich sind sogar beide nur zwei verschiedene technische Realisierungen ein und desselben Prinzips. Sie werden deshalb unter der Bezeichnung *Winkelmodulation* zusammengefasst.

5.2 Komplizierte Spektren

Da liegt natürlich eine Frage nahe: Wenn die Frequenzmodulation ein so ausgezeichnetes Verfahren ist – warum hat man nicht sofort alle anderen Sender auch auf diese doch offenbar hervorragende Modulationsart umgestellt?

Die Antwort darauf führt wieder auf das Frequenzspektrum – diesmal auf das der modulierten Trägerfrequenz. Setzen wir zunächst den sehr einfachen Fall voraus, dass die Trägerschwingung nicht mit einem komplizierten Sprachsignal, sondern nur mit einem einzigen Ton, also einer einzigen Schwingung der Frequenz f_M moduliert wird. Der Ton soll so laut sein, dass der maximal mögliche Modulationsgrad erreicht wird. Eine amplitudenmodulierte Trägerschwingung wird dabei in ihrem Maximalwert auf das Doppelte ihrer unmodulierten Amplitude anwachsen und in ihrem Minimalwert bis auf Null absinken. Bei einer Frequenzmodulation wird zwar die Amplitude der Schwingung immer gleich bleiben, aber die Trägerfrequenz wird sich im Takte der modulierenden Frequenz f_M ändern. Man spricht deshalb hier gerne eher von einer *Mittenfrequenz*. Eine große übertragene Lautstärke hat bei der Frequenzmodulation einen *großen* Frequenzhub zur Folge, also eine große Änderung der Träger- oder Mittenfrequenz des Senders, eine hohe Modulationsfrequenz dagegen eine *schnelle* Änderung der Mittenfrequenz.

Die Amplitude des Signals beeinflusst bei der FM den Frequenzhub, die Signalfrequenz dagegen die Änderungsgeschwindigkeit der Trägerfrequenz

Die unmodulierte Trägerfrequenz des Senders – nennen wir sie f_T – wird im Spektrum durch einen einzigen Strich im Spektrum dargestellt. Ihre Lage auf der Frequenzskala wird durch den Wert dieser

5.2 Komplizierte Spektren

Frequenz bestimmt, ihre Länge gibt in einem zu vereinbarenden Maßstab die Amplitude des Trägers an. Wie auch immer diese Trägerschwingung moduliert wird – in jedem Fall ist es um den ursprünglichen glatten sinusförmigen Verlauf geschehen. Der zeitliche Verlauf des Stromes oder der Spannung in der Antenne ändert sich wie in den Bildern 5.1 und 5.2 dargestellt. Folglich muss sich auch das Spektrum ändern. Und weil beide Modulationsverfahren ganz verschiedene Zeitverläufe verursachen, ist von vornherein zu erwarten, dass sich in beiden Fällen auch unterschiedliche Spektren ergeben werden.

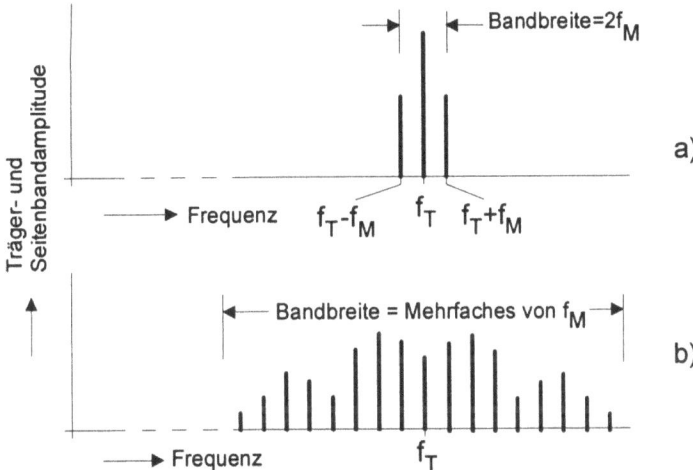

Bild 5.3
Spektren eines amplituden- und eines frequenzmodulierten Trägers

Es ist (a) das Spektrum eines amplitudenmodulierten, (b) eines winkelmodulierten Trägers (f_T – Trägerfrequenz), der mit einem harmonischen Modulationssignal der Frequenz f_M moduliert ist. Beide Spektren belegen also einen gewissen Platz (ein Band) auf der Frequenzskala: Die AM hat eine Bandbreite von $2f_M$, die Bandbreite der Winkelmodulation beträgt jedoch – abhängig von dem gewählten Frequenz- oder Phasenhub – ein Vielfaches der Modulationsfrequenz.

Das entstehende Spektrum lässt sich mit dem uns schon bekannten Verfahren der Fouriertransformation verhältnismäßig leicht berechnen und ebenso leicht auch nachmessen. Es zeigt sich, dass bei der Amplitudenmodulation nun neben der einzigen Linie bei der Frequenz f_T des Trägers noch zwei weitere Linien auftreten: eine mit der etwas kleineren Frequenz f_T-f_M links von ihr und eine mit der etwas größeren Frequenz f_T+f_M rechts von ihr (Bild 5.3a). Deren Amplituden sind dabei höchstens halb so groß wie die der Trägerfrequenz; würden wir den Modulationsgrad kleiner gewählt haben, würden ihre Amplituden proportional noch kleiner werden.

Das erscheint zunächst verblüffend. Es ist aber wieder nur eine reine Fleißarbeit, das nachzuprüfen, wie schon in Bild 1.8 vorgeführt wurde: In Bild 5.4 sind drei solche Frequenzen untereinander gezeichnet, wobei sich, wie berechnet, die größte und die kleinste Frequenz um den gleichen Betrag von der mittleren unterscheiden. Macht man sich die Mühe, Zeitpunkt für Zeitpunkt die jeweiligen Amplitudenwerte der drei Schwingungen zu addieren und trägt das Ergebnis auf, erhält man den Verlauf wie in Bild 5.3d, der tatsächlich den bekannten Verlauf eines amplitudenmodulierten Trägers beschreibt. Die Zerlegung der modulierten Trägerschwingung in drei harmonische Schwingungen ist also keine mathematische Spielerei, sondern trifft exakt die Realität. Das Ergebnis beweist, dass eine amplitudenmodulierte Trägerfrequenz durchaus Platz braucht. Sie belegt auf der Frequenzachse eine Bandbreite, die der doppelten Modulationsfrequenz entspricht.

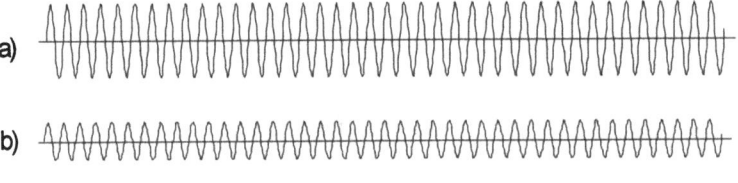

Bild 5.4
Die experimentelle Nachprüfung des AM-Spektrums

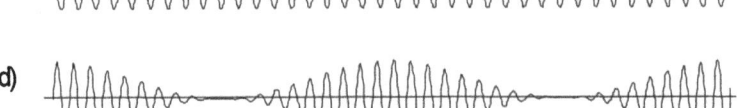

Die Addition einer Trägerfrequenz (a) und – je mit der halben Amplitude – zweier weiterer Frequenzen, die um den gleichen Betrag einer fiktiven Modulationsfrequenz größer (b) und kleiner (c) sind als (a), ergibt tatsächlich den von der AM erwarteten Zeitverlauf (d).

Seitenbänder des Trägers

Das Sprachsignal besteht aber – wir wissen es – nicht nur aus einer einzigen Frequenz, sondern besitzt ein kontinuierliches Spektrum, das Schwingungen von tiefen bis zu hohen Frequenzen enthält. Für jede einzelne dieser Frequenzen gilt aber das eben für einen einzigen Ton Gesagte. Im Spektrum der modulierten Trägerschwingung finden sich somit alle die Frequenzen eines Sprachspektrums vollständig wieder,

5.2 Komplizierte Spektren

und zwar rechts und links um die Trägerfrequenz angeordnet. Aus den beiden Seitenlinien sind jetzt zwei *Seitenbänder* geworden (Bild 5.5). Sie werden als unteres und oberes Seitenband bezeichnet. Zur Übertragung eines Sprachsignals mit Hilfe der Amplitudenmodulation muss also ein Frequenzband zur Verfügung gestellt werden, das doppelt so breit wie das des Sprachsignals selbst ist.

Jetzt wird klar, warum wir oben feststellen mussten, dass im Langwellenbereich „wenig Platz" ist. Wenn jedes Rundfunkprogramm auch nur mit einer Signalbandbreite von 5 kHz übertragen werden soll – wir wissen inzwischen, dass das noch keine sehr hohe Übertragungsqualität bedeutet – braucht es im hochfrequenten Bereich eine Bandbreite von 10 kHz. Im gesamten vom Rundfunk genutzten Langwellenbereich, etwa von 150 bis 300 kHz, sind damit selbst bei dichtester Packung nur 15 Sender unterzubringen.

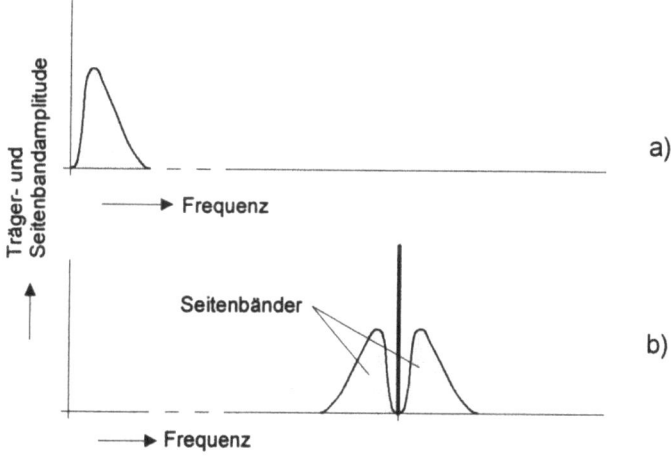

Bild 5.5
Die Seitenbänder in einem AM-Signal

Die Amplitudenmodulation eines realen Signals mit einem ausgedehnten Leistungsspektrum (a) liefert ein unteres und ein oberes Seitenband (b). Beide entsprechen exakt dem Verlauf des originalen Signalbandes, „gespiegelt" an der Trägerfrequenz.

Und wie sieht das bei der Frequenzmodulation aus?

Was das Spektrum betrifft – weitaus schlimmer. Das Spektrum – konkret: der Platz, den die Seitenbänder einnehmen – wird wesentlich breiter. Allerdings gibt es einen Freiheitsgrad, denn um wie viel die Mittenfrequenz bei Modulation nach oben und nach unten ausgelenkt wird, das lässt sich zunächst willkürlich festlegen. Und das hat einen

Einfluss auf das Spektrum, aber leider auch auf die so gerühmte Störsicherheit der Frequenzmodulation.

Man kann durchaus diesen durch die Modulation bedingten Frequenzhub des Trägers sehr gering halten. Der Zeitverlauf des FM-Signals unterscheidet sich dann noch verhältnismäßig wenig von dem der reinen Trägerschwingung. In diesem Fall gilt für das Leistungsspektrum der Frequenzmodulation etwa das Gleiche wie für die Amplitudenmodulation: Die entstehenden zwei Seitenbänder sind jeweils kaum breiter als das modulierende Basisband. Detailunterschiede gegenüber dem AM-Spektrum liegen in der Phase der Seitenbänder; sie sollen uns hier nicht weiter interessieren. Aber in diesem Fall kann die Frequenzmodulation ihre entscheidenden Vorteile gegenüber der Amplitudenmodulation nicht ausspielen. Sie ist dann ähnlich störanfällig wie diese.

Die Bandbreite ist vom eingestellten Frequenzhub abhängig

Erhöht man aber den durch die Modulation verursachten Frequenzhub, dann geschieht Schreckliches: Bei der Modulation mit einer einzigen Signalfrequenz vergrößert sich die Zahl der Seitenlinien um ein Vielfaches, und entsprechend auch die Breite der Seitenbänder des sprachmodulierten Trägers. Die Bandbreite des FM-Signals und damit auch die notwendige Bandbreite des Übertragungskanals beträgt nun ein Mehrfaches der doppelten Bandbreite des Modulationssignals. Erst im Ultrakurzwellenbereich mit seinen sehr hohen Trägerfrequenzen um 100 MHz ist deshalb die Nutzung der Frequenzmodulation überhaupt möglich geworden.

Allerdings war man bei der Konzeption dieses neuen Rundfunkbereichs auch nicht kleinlich. Man einigte sich von vornherein darauf, nun gleich den vollständigen für excellente Musikübertragung erforderlichen Frequenzbereich zu übertragen – von den tiefen Tönen um 30 Hz bis zu Frequenzen von 15 kHz. Mit einem zugelassenen maximalen Frequenzhub von 75 kHz bei sehr lauten Stellen – die hochfrequente Trägerfrequenz von rund 100 MHz wird also durch das modulierende Signal nur um die Winzigkeit von weniger als 0.75 ‰ verändert! – ergibt sich dann eine Bandbreite von etwas über 150 kHz für jedes einzelne Programm, und für ein Stereosignal doppelt so viel. Hätte man dieses Modulationsverfahren im Mittelwellenbereich angewendet, dann hätten dort kaum 5 Programme Platz gehabt, und im Langwellenbereich gerade mal ein einziges.

Austausch von Bandbreite und Störfestigkeit

Eine ganz wichtige Erkenntnis ergibt sich aber aus dem Studium der Frequenzmodulation: Mit diesem Verfahren gelingt es, durch die Wahl des Frequenzhubes die notwendige Bandbreite und die Störfestigkeit gegeneinander auszutauschen – eine Möglichkeit, auf die wir schon im Abschnitt 2.7 bei der Definition der Kanalkapazität gestoßen waren, und die uns auch später in anderem Zusammenhang immer wieder begegnen wird. Erhöht man den Frequenzhub – relativ zur Bandbreite des modulierenden Signals – steigt der Bandbreitebedarf, aber die Empfindlichkeit gegen Störungen verringert sich. Aus den oben genannten Zahlen ist ersichtlich, dass diese Relation beim UKW-Rundfunk gleich 5 ist, nämlich 75 kHz geteilt durch 15 kHz. Wird er gleich 1 gewählt – Frequenzhub gleich Bandbreite – bleibt zwar der Vorteil der Frequenzmodulation erhalten, dass das empfangene Signal amplitudenbegrenzt werden kann; Feldstärkeschwankungen auf dem Übertragungsweg können so noch ausgeglichen werden. Auch für den Aufbau der Sender ergeben sich einige Vorteile wegen der immer konstanten Sendeleistung. Gegen Rauschstörungen ist das Verfahren aber dann nicht viel sicherer als die übliche Amplitudenmodulation. Dass trotz der möglichen Amplitudenbegrenzung, die ja additiv überlagerte Störungen wegschneidet, auch die Frequenzmodulation nicht völlig störungsresistent ist, liegt einfach daran, dass die eigentliche Information in der Änderung der Frequenz oder Phase des Trägers liegt, also gewissermaßen in den Nulldurchgangszeiten des Signals. Und die werden natürlich durch eine überlagerte Störung auch beeinflusst.

Alles, was eben über die Frequenzmodulation gesagt wurde, gilt wieder in gleicher Weise für die Phasenmodulation – die Aussage über das breite Spektrum ebenso wie der mögliche Austausch von Bandbreite und Störfestigkeit. Während bei der Frequenzmodulation der Frequenzhub frei gewählt werden konnte, ist es bei der Phasenmodulation der Phasenhub – derjenige Betrag, um den die Phase der Sendefrequenz bei einer bestimmten Amplitude des modulierenden Signals geändert wird.

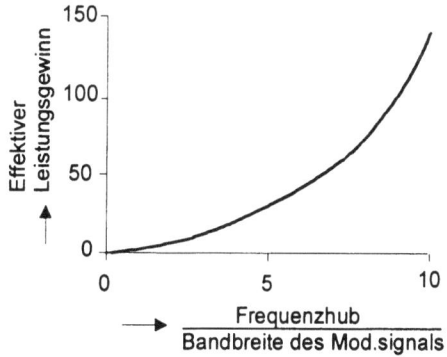

Bei der Frequenzmodulation kann durch eine Vergrößerung des Frequenzhubes eine erhebliche Verbesserung des Signal-Geräuschabstandes nach der Demodulation (gleichbedeutend mit einem effektiven Gewinn an Empfangsleistung) erreicht werden – auf Kosten des ansteigenden Bandbreitebedarfs.

Bild 5.6
Störabstandsgewinn der FM

Amplitudenmodulation und Winkelmodulation sind die beiden klassischen Modulationsverfahren. Sie sind auch im Zeitalter der digitalen Techniken nicht veraltet. Im Gegenteil – wir werden ihnen in Kombinationen und Varianten immer wieder begegnen. Eine davon ist besonders interessant: Die Übertragung digitalisierter Ton- und vielleicht sogar einfacher Bildsignale im klassischen Mittel- und Kurzwellenbereich. Nutzt man wieder die MPEG-Verfahren, diesmal unter Verzicht auf höchste Tonqualität, ist es durchaus denkbar, in den 9 bis 10 kHz breiten AM-Kanälen etwa Bitraten von 20 kbit/s zu übertragen. Man könnte dann das heute sonst kaum noch genutzte Mittelwellenradio mit seinen gegenüber dem UKW-Rundfunk viel größeren Reichweiten doch wieder salonfähig machen. Eine vollständige Bewegtbildübertragung wäre allerdings auch in den niedrig-sten MPEG-Ebenen nicht möglich. Aber alle paar Sekunden mal ein kleines Standbild auf einem Minibildschirm eingeblendet – das ginge schon.

Projekte dieser Art gibt es. Ob sie sich durchsetzen, muss wohl abgewartet werden.

5.3 Tausche Störsicherheit gegen Bandbreite

Der erwähnte Vorteil der Frequenz- oder Phasenmodulation, einfach durch Erhöhung des Frequenz- oder Phasenhubes die Resistenz gegen Störungen zu erhöhen, ist eine feine Sache. Allerdings muss dafür bezahlt werden – eben mit einer vergrößerten Bandbreite des Modulationssignals. Es ist aber interessant, dass in der Praxis auch der umgekehrte Fall auftritt: Man möchte Frequenzband sparen, und wäre schon bereit, dafür sogar auf ein kleines bisschen Störsicherheit zu verzichten – in Maßen natürlich...

Um ein Binärsignal störfrei zu übertragen, ist es ausreichend, dass seine Nutzleistung etwa 50 mal größer als die überlagerte Störleistung ist. Es ist dann eine weitgehend fehlerfreie Erkennung der Impulse und damit ein praktisch rauschfreies Signal im Lautsprecher garantiert. Ein AM-Signal aber wird selbst dann noch als verrauscht empfunden, wenn die Nutzleistung 1000 mal größer als die Rauschleistung ist. Hier ist also – gleiche Sendeleistung und gleiche Entfernung zum Sender einmal vorausgesetzt – mit einem Digitalsignal doch eine große Reserve geschaffen, von der man leicht etwas opfern könnte, wenn sich dadurch ein Bandbreitegewinn erkaufen ließe.

Störabstand opfern – Bandbreite gewinnen

Ein Beispiel für den Wunsch nach einem solchen Tausch ist die eben genannte Variante, in den schmalen für ein analoges Signal vorgesehenen Mittel- oder Kurzwellenkanälen ein digitales Signal zu übertragen. Dazu wäre allerdings ein Datenfluss von einigen 10 kbit/s erforderlich und folglich eine Bandbreite von einigen 10 kHz je Sender – viel mehr als bisher verfügbar.

5.3 Tausche Störsicherheit gegen Bandbreite

Es wäre demnach wünschenswert, ein Verfahren verfügbar zu haben, das die erforderliche Übertragungsbandbreite verringert, wozu man gern etwas an Störsicherheit opfern würde.

Auch bei der Datenübertragung über eine Telefonleitung hat man diese Probleme. Mit der Übertragungsbandbreite von 3.1 kHz ist nicht viel Staat zu machen, darüber können zunächst kaum mehr als einige wenige kbit/s übertragen werden. Tatsächlich mussten die online-Surfer in ihren ersten Tagen mit solchen Bitraten auskommen. Heute nutzen sie in den gleichen analogen Übertragungskanälen *Modems* – ein Kunstwort aus Modulator und Demodulator – und übertragen Bitraten von 9.6 bis 56 kbit/s. Mit unserem Wissen um den Zusammenhang zwischen der Bitrate binärer Signale und der zur Übertragung notwendigen Bandbreite – die Bandbreite sollte etwa bei dreiviertel der Bitrate liegen – lässt sich das nicht erklären. Wie geht das also?

Modems im Analogband

Die Winkelmodulationsverfahren können diesen umgekehrten Austauschvorgang – geopfert wird Störresistenz, gewonnen wird ein verringerter Bandbreitebedarf – nur bis zu einer gewissen Grenze realisieren. Macht man z.B. den Frequenzhub sehr klein, wird das Verfahren zwar immer störempfindlicher. Die spektrale Breite aber lässt sich – wegen der beiden unvermeidbaren Seitenbänder – doch nicht unter den minimal notwendigen Wert der doppelten Bandbreite des modulierenden Signals verringern. So geht es also nicht.

Die Lösung liegt wieder im Übergang von der binären zu einer *mehrwertigen* Übertragung. Ist die Störsicherheit – der Signal-Geräuschabstand – einer Übertragungsstrecke so groß, dass man gefahrlos auf die mögliche fehlerfreie Unterscheidung von mehr als zwei Amplitudenwerten setzen kann, dann kann die gleiche Übertragungskapazität mit einem viel geringeren Aufwand an Bandbreite erreicht werden. Erinnern wir uns an die Flexibilität, die wir durch den Begriff des Nachrichtenvolumens gewonnen hatten!

Nachrichtenvolumen: siehe Bild 2.16

Auf elektrischen Leitungen kann ein solches mehrwertiges Signal, wie in Abschnitt 2.7 beschrieben, ohne weiteres in dieser originalen Form – im *Basisband* – übertragen werden. Man kann aber auch seine Vorteile mit denen der Winkelmodulationsverfahren verbinden. Und weil diese Kombination in überaus großem Umfang angewendet wird – nicht etwa nur bei der langsamen Datenübertragung über analoge Telefonkanäle, sondern fast überall, wo Binärsignale über Funkstrecken zu übertragen sind – wollen wir doch etwas näher darauf eingehen.

Mehrwertige Übertragung

Bleiben wir zunächst noch einmal bei der Übertragung binärer Folgen. Der Träger sei eine Schwingung ganz bestimmter und unveränderlicher Amplitude und Frequenz (Bild 5.7a). Der Empfänger ist schlau und merkt sich diesen Verlauf sehr genau, insbesondere die Phasenlage der Schwingung. Das ist gewissermaßen der Ruhezustand unseres Systems. Wenn jetzt eine Binärfolge (Bild 5.7b) übertragen werden soll, wird für die Dauer jedes Zeichens diese Phase geändert – die Schwingung rückt etwa um eine viertel Periodendauer nach links oder nach rechts, je nachdem, ob eine +1 oder eine -1 übertragen werden soll (Bild 5.7c). Weil sich der Empfänger die „Normallage" der Schwingung gemerkt hat, erkennt er diesen *Phasensprung* sofort, und interpretiert ihn richtig als das eine oder das andere Binärzeichen. Weder die Frequenz der Schwingung noch deren Amplitude hat sich dabei geändert, nur die Phasenlage folgt dem binären Modulationssignal. Das Verfahren heißt folgerichtig Phasensprung-Modulation oder abgekürzt, wie international eingeführt, PSK.

PSK = phase shift keying

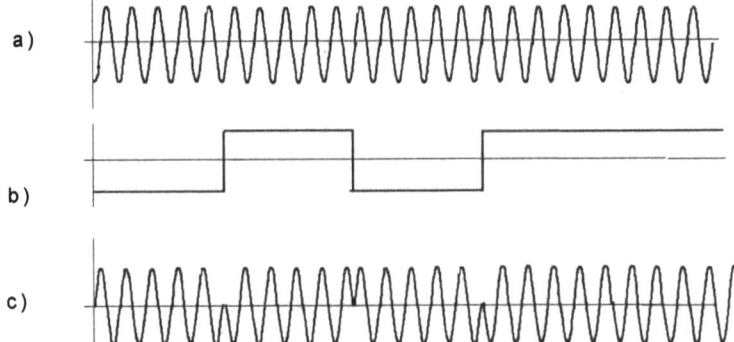

Bild 5.7
Phasensprung-
Modulation oder
Phasenumtastung
(PSK)

Im Takte eines (hier binären) Signals (b) kann die Phase eines hochfrequenten Trägers (a) geändert werden (c). Durch Vergleich von (a) und (c) kann der Empfänger das Signal wieder herstellen.

In dieser einfachsten Variante – die beiden Binärzeichen unterscheiden sich durch einen Phasensprung um eine Viertel Periode einer Schwingung, also in der mathematischen Beschreibung um eine Phasenänderung von +90° oder -90° gegenüber der Bezugsschwingung – kann man mindestens die hervorragenden störschützenden Eigenschaften der Winkelmodulation nutzen. Aber das Verfahren ist ja ausbaufähig, eben auf die erwähnte mehrwertige Kodierung. Wir muten jetzt dem Empfänger zu, nicht nur diese beiden Phasenlagen voneinander zu unterscheiden, sondern deren vier: 0°, d.h. die Phasenlage der Bezugsschwingung, 90°, 180° und 270°. Den vier möglichen Kombinationen zweier aufeinander folgender Bits – **00, 01, 10, 11**- wird

5.3 Tausche Störsicherheit gegen Bandbreite

jeweils eine der Phasenlagen zugeteilt. Weil sich dadurch immer gleich Bit*paare* übertragen lassen, reduziert sich die Änderungsgeschwindigkeit, mit der diese Phasenänderungen übertragen werden müssen, auf die Hälfte und damit auch die Übertragungsbandbreite. Mit 16 vereinbarten Phasenlagen lassen sich sogar vier Bit mit einem einzigen Zustand der Trägerphase übertragen und entsprechend die Geschwindigkeit der Phasensprünge um den Faktor vier reduzieren.

Natürlich werden dem Empfänger aufgrund der letztlich doch nicht zu vernachlässigenden überlagerten Störungen die Entscheidungen umso schwerer fallen, je mehr Phasenlagen vereinbart werden. Die Zahl der realisierbaren Phasenlagen und damit der Gewinn an Bandbreite und der Verlust an Störresistenz des Verfahrens müssen also gegeneinander sorgfältig abgewogen werden. Aber dieses Verfahren leistet jedenfalls genau das, was wir wollen: „Überflüssige" Störsicherheit wird aufgegeben und gegen eine verringerte Bandbreite ausgetauscht.

Diese Phasensprungverfahren werden als nPSK-Verfahren bezeichnet. Dabei steht n für die Zahl der vereinbarten Phasen, z.B. 4PSK für das oben zitierte 4-Phasen-Verfahren wie in Bild 5.8a. Für große *n* werden der Trägerschwingung allerdings nicht nur verschiedene Phasen, sondern auch noch verschiedene diskrete Amplituden zugeordnet werden, um eine bessere Unterscheidung möglich zu machen. Die Variante wird dann nQAM genannt. So wird neben 4PSK und 8PSK etwa 16QAM verwendet, wobei mit 12 verschiedenen Phasen und 4 verschiedenen Amplitudenwerten jeweils 4 bit zu einem „Quaternärzeichen" zusammengefasst werden (Bild 5.8b); 64QAM- und selbst 256QAM-Verfahren sind inzwischen im Einsatz.

QAM = quadratur amplitude modulation

Das Verfahren hat, so wie es beschrieben ist, einen Nachteil: Der Empfänger muss sich über die gesamte Übertragungszeit hinweg die ursprüngliche Phasenlage des Trägers merken. Das lässt sich mit einer kleinen Änderung des vereinbarten Kodes umgehen. Es wird vereinbart, dass der momentan übertragene Phasenwert sich nicht auf den ursprünglichen, unmodulierten Träger bezieht, sondern auf die Phasenlage des unmittelbar vorher übertragenen Bits. Anstelle des „Langzeitgedächtnisses" ist nun lediglich ein Phasenvergleich mit dem vorhergehenden Bit erforderlich. Diese *Phasendifferenz-Modulation* (DPSK) hat sich wegen ihrer größeren Einfachheit inzwischen überall durchgesetzt.

DPSK = differential phase shift keying

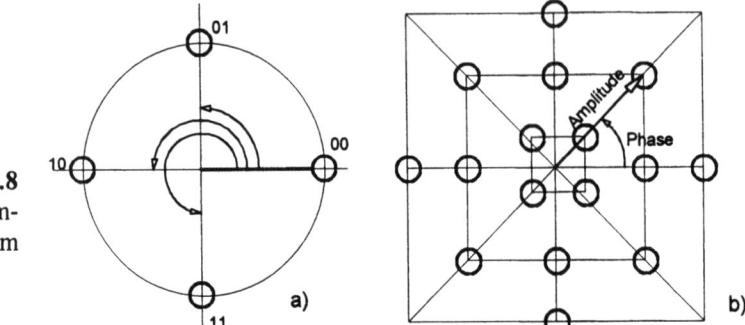

Bild 5.8
Das Phasenraumdiagramm

In diesem Phasenraumdiagramm lassen sich die verschiedenen zugelassenen Trägerphasen darstellen. Der Abstand jedes der diskreten Punkte vom Koordinatenursprung kennzeichnet jeweils die Amplitude der Trägerschwingung, der Winkel gegenüber der Nulllage – in (a) dick eingezeichnet – gibt ihre Phasenlage an. Bei gezeichneten 4-PSK-System (a) variieren nur die Phasen, die Trägeramplitude bleibt immer konstant. Bei einer sehr großen Zahl von Phasenlagen wird auch die Amplitude variiert, um den gegenseitigen Abstand der Punkte im Diagramm und damit auch die Erkennungssicherheit möglichst groß zu machen (b: 16QAM).

FSK = frequency shift keying

Übrigens, das sei ergänzt, lässt sich dieses Verfahren auch mit einer diskreten Zahl von *n* Frequenzen anstatt von *n* Phasenlagen aufbauen. Das heißt dann Frequenzumtastung (FSK).

5.4 Erzeugung neuer Frequenzen

Das Problem der Übertragung von Signalen über Antennen und den freien Raum wäre also erst einmal gelöst. Die Übertragungskette ist damit aber noch nicht vollständig. Wie gewinnt man nun auf der Empfängerseite das Modulationssignal zurück? Denn eins ist sicher: Das schwache von der Antenne des Empfängers aufgefangene Signal kann zwar durch elektronische Verstärker fast beliebig verstärkt werden. Aber kein Lautsprecher und keine Logik-Schaltung zur Verarbeitung digitaler Signale reagiert auf die hohen Frequenzen in den Spektren der amplituden- oder frequenzmodulierten Signale. Es muss erst einmal der Modulationsvorgang rückgängig gemacht, das Signal in seiner originalen Frequenzlage – sein *Basisband* – wieder hergestellt werden, sei es nun analog oder digital. Wie funktioniert diese *Demodulation* des übertragenen Signals?

5.4 Erzeugung neuer Frequenzen

Machen wir uns nichts vor: Mit noch so komplizierten Frequenzfiltern – auch sie beruhen letztlich auf Resonanzprinzipien und enthalten wieder Induktivitäten und Kapazitäten in oft umfangreichen Anordnungen – ist hier nichts zu machen. Mit solchen Filtern lassen sich die Amplituden einzelner Spektrallinien oder ganzer Frequenzbereiche beeinflussen, schwächen oder auch nahezu unterdrücken. Wenn aber in den beiden Modulationsspektren (Bild 5.3 und Bild 5.5b) die originalen Modulationsfrequenzen f_M oder Modulationsbänder überhaupt nicht vorkommen, lassen sie sich durch Filter irgendwelcher Art nicht herbeizaubern. Dazu müssen gröbere Geschütze aufgefahren werden. Sie werden als *nichtlineare* Verfahren bezeichnet. Sie greifen mit harter Hand in das modulierte Signal ein. Sie verändern den zeitlichen Verlauf der Signale, und nur dadurch auch das Spektrum – so, dass nun neben meist anderen, unerwünschten Spektrallinien plötzlich auch die gewünschten Spektralbereiche wieder auftauchen.

Nichtlineares Bauelement: Eingangs- und Ausgangsgröße sind nicht mehr streng proportional

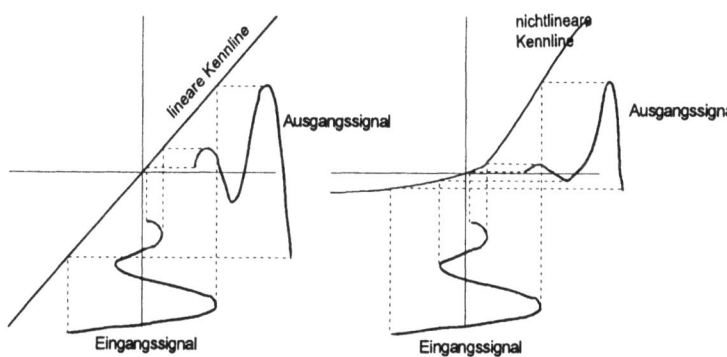

Bild 5.9
Lineares und nichtlineares Bauelement

In einem linearen System (a) wird das Eingangssignal formgetreu als Ausgangssignal reproduziert; das Eingangssignal wird an der Übertragungskennlinie „gespiegelt". In einem nichtlinearen System (b) trifft das nicht zu, das Ausgangssignal ist nur noch ein mehr oder weniger verzerrtes Abbild des Eingangssignals, so, als würde man es in einem der bekannten verzerrenden Zauberspiegel betrachten. Dadurch ändert sich natürlich auch sein Spektrum. Das kann ungewollt oder gewollt geschehen, ein störender oder ein nützlicher Effekt sein.

Nichtlineare Effekte und Verfahren führen in der Welt der Signale ein Doppelleben. An der einen Stelle werden sie verflucht und verfolgt; sie können Signale verfälschen und Übertragungsstrecken zusammenbrechen lassen. An anderen Stellen sind sie unverzichtbar; es gibt kaum ein elektronisches Gerät – keinen Rundfunk- oder Fernsehempfänger, keinen Satellitensender, kein medizinisches Ultraschall- oder EKG-Gerät, kein Handy und keinen CD-Spieler – das ohne Nichtlinearitäten funktionsfähig wäre. Bleiben wir zunächst bei der nützlichen Rolle, die sie bei der Demodulation spielen.

Demodulation durch Gleichrichtung und Tiefpass

Im Fall der Amplitudenmodulation wird im einfachsten Fall zunächst eine sogenannte *Gleichrichtung* der modulierten Trägerschwingung angewendet. Das Signal wird einem typisch nichtlinearen Bauelement zugeführt – einer Halbleiterdiode – die wie ein Ventil nur für Spannungen oder Ströme *einer* Polarität durchlässig ist und die entgegengesetzte Polarität der Wechselspannung sperrt. Aus dem modulierten Signal (Bild 5.10a) wird somit ein ganz anderes (Bild 5.10c); die eine Hälfte wird mehr oder weniger abgeschnitten. Offensichtlich ist das Basisbandsignal durch diese Manipulation nicht verschwunden: die Hüllkurve ist noch zu erkennen, wenn auch jetzt nur noch auf der einen Seite. Aber vor allem das Spektrum dieses Signals hat sich durch diese nichtlineare Operation geändert. Es enthält zwar immer noch die hochfrequenten Komponenten um die Trägerfrequenz herum, obgleich mit veränderten Amplitudenwerten. Es erscheinen jetzt aber plötzlich wieder die Originalfrequenzen des Signals im Spektrum (Bild 5.10d). Und nun ist es ein Leichtes, mit Frequenzfiltern alle überflüssigen hohen Frequenzen um f_T zu unterdrücken, so dass nur die gewünschten niederfrequenten originalen Signalfrequenzen, ganz links im Spektrum, übrig bleiben.

Bild 5.10
Zeitsignal und Spektrum vor und nach der Gleichrichtung (*Hüllkurvendemodulation*)

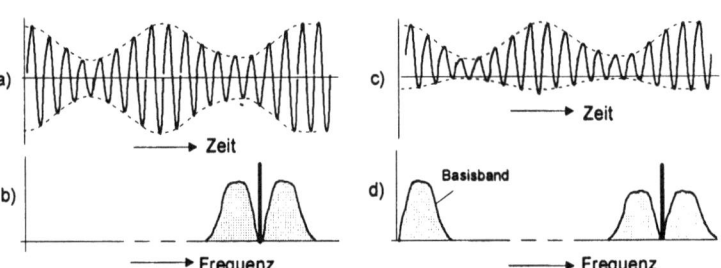

Das AM-Signal (a) besitzt ein Spektrum (b), das nur den Träger und die beiden Seitenbänder enthält; das Basisband des Sprachsignals ist nicht vorhanden. Nach einer nichtlinearen Operation – einer mehr oder weniger vollständigen Gleichrichtung des AM-Signals über eine Diode, die nur positive Amplituden durchlässt und negative sperrt – ist das AM-Signal verzerrt (c), und in seinem Spektrum erscheint jetzt das Basisband wieder, das nun in einem üblichen Tiefpassfilter von den höheren Spektralanteilen getrennt werden kann. Das Verfahren wird als Hüllkurven-Demodulation bezeichnet.

5.4 Erzeugung neuer Frequenzen

Übrigens ist die Funktion eines solchen *Tiefpassfilters* identisch mit einer Mittelwertbildung – hier haben wir wieder die beiden Interpretationen ein und desselben Vorgangs: Das Filter ist die Beschreibung im Frequenzbereich, die Mittelwertbildung die Beschreibung im Zeitbereich! Das macht den Demodulationsvorgang plausibel, auch ohne das Spektrum bemühen zu müssen: Der Mittelwert des AM-Signals (Bild 5.10a) ist eindeutig gleich Null, denn positive und negative Werte heben sich vollständig auf. Ganz anders das gleichgerichtete Signal. Weil hier fast nur positive Amplitudenwerte auftreten, folgt der Mittelwert über viele Perioden der Trägerschwingung hinweg den langsamen Schwankungen des aufmodulierten Signals. Die als Langzeitmittelwert außerdem vorhandene Gleichspannung findet sich im Spektrum übrigens als Linie bei der Frequenz Null wieder – sie wird bei der weiteren Verstärkung des Ton- oder Musiksignals später durch ein sehr einfaches Hochpassfilter eliminiert, weil sie nicht gebraucht wird.

Tiefpassfilterung = Mittelwertbildung!

Eine Demodulation der *frequenzmodulierten* Signale lässt sich so nicht erreichen. Sie gelingt meist über einen Umweg: Man wandelt das frequenzmodulierte Signal zunächst in ein amplitudenmoduliertes um. Das ist nicht allzu schwer. Auch hier soll nur wieder einer von mehreren Wegen beschrieben werden. Ein Resonanzkreis, der nicht genau auf den Mittelwert der Trägerfrequenz abgestimmt ist, sondern etwas daneben liegt, reagiert auf kleine Frequenzänderungen eines anliegenden Signals mit Amplitudenänderungen. Je näher die anliegende Frequenz an die Resonanzfrequenz kommt, desto williger wird er sich anregen lassen, und desto größer wird die über ihm entstehende Spannung sein. Ist das angelegte Signal eine frequenzmodulierte Schwingung, wird also über dem Schwingkreis eine amplitudenveränderliche Spannung entstehen. Die kann nun, wie eben beschrieben, durch Gleichrichtung und Filterung demoduliert werden. Damit ist auch hier das Signal wiedergewonnen. Aber auch ein ganz anderes Verfahren ist möglich: Man zählt einfach ständig die mittlere Zahl der Schwingungen, die in einer bestimmten Zeit eintreffen. Diese Zahl schwankt dann genauso wie das mittels Frequenzmodulation aufgeprägte Signal – ein vor allem der modernen Mikroelektronik angepasstes Verfahren.

Demodulation der FM

FM-Demodulation an einem Schwingkreis: siehe dazu Bild 4.7

Soweit zur Demodulation. Bleiben wir noch einen Moment bei den nichtlinearen Effekten. Wir sahen: Ein zeitlicher Verlauf eines beliebigen Signals, übertragen über ein nichtlineares Bauelement, verändert dessen Spektrum. Es treten zusätzliche Frequenzkomponenten auf, die vorher im Signal nicht enthalten waren. Noch interessanter aber wird es, wenn gleich zwei Signale über ein solches nichtlineares Element laufen – zum Beispiel die Summe zweier Wechselspannungen verschiedener Frequenz f_1 und f_2. Was geschieht jetzt?

Bildung von Kombinationsfrequenzen

Natürlich hängt das stark von der Art und der Stärke der Nichtlinearität ab. Eines aber ist sicher: Die Zahl der Spektrallinien hat sich vervielfacht. Neben Schwingungen mit Frequenzen der geradzahligen Vielfachen von f_1 und f_2 - also $2f_1$, $3f_1$ usw., aber auch $2f_2$, $3f_2$ ... – sind es alle möglichen Differenzen und Summen dieser Vielfachen, die nun entstanden sind. Und ist auch nur eine der Schwingungen moduliert, dann wird diese Modulation jetzt sogar den neu entstandenen Kombinationsfrequenzen aufgedrückt sein.

Überlagerung und Mischung

Hier beginnt nun die erwähnte Trennung in Gut und Böse. Geschieht das ungewollt, etwa in einem leider nicht vollständig linear arbeitenden Verstärker, können durch diese Mischprodukte schlimme Störungen der Nutzsignale entstehen. Setzt man Nichtlinearitäten aber gewollt ein, hat man ein starkes und außerordentlich wichtiges Werkzeug in der Hand, um gezielt ganze Signalbänder auf der spektralen Skala zu verschieben.

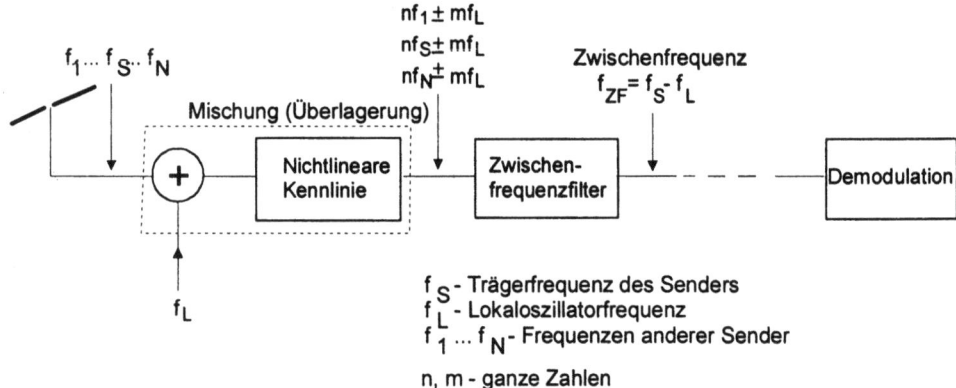

Bild 5.11
Das Überlagerungsprinzip

Eines der wichtigsten Werkzeuge der Signalverarbeitung ist das Überlagerungsprinzip, auch Heterodynprinzip oder einfach Mischung genannt. In jedem Rundfunk- oder Fernsehgerät werden in einer Mischstufe ein ankommendes moduliertes Signal mit der Trägerfrequenz f_S und eine im Empfänger erzeugte harmonische Schwingung der Frequenz f_L addiert und anschließend über eine nichtlineare Kennlinie geführt. Neben allen möglichen Kombinationsfrequenzen $nf_S \pm mf_L$ (für n und m können beliebige ganze Zahlen eingesetzt werden) entsteht mit $n=m=1$ auch eine Frequenz f_S-f_L. Weil f_L unmoduliert ist, trägt diese Zwischenfrequenz die Modulation des gewünschten Senders und kann durch feste Filter ausgesiebt und demoduliert werden.

5.5 Übertragungsfehler erkennen

Als in den zwanziger Jahren nacheinander mehr und mehr Radiostationen ihren Betrieb aufnahmen, wurde die Trennschärfe der Rundfunkempfänger zu einem ernsten Problem. Jede Station hatte zwar ihre eigene Sendefrequenz, aber der Abstand zwischen diesen Frequenzen wurde mit der wachsenden Zahl der Sender immer geringer. Folglich stiegen die Anforderungen an die Selektionsmittel in den Empfängern, die ja über einen weiten Frequenzbereich durchstimmbar sein mussten. Bei jeder Einstellung auf einen anderen Sender aber mehrere Schwingkreise gleichzeitig auf die richtige Empfangsfrequenz abzustimmen – das wurde zum technischen Problem.

Bis man auf eine wahrhaft bahnbrechende Idee kam: das Heterodynprinzip. Man „überlagert" (addiert) das ankomme Signal des gewünschten Radiosenders – seine Trägerfrequenz sei f_S – mit einer harmonischen Schwingung eines kleinen eigenen Oszillators im Empfänger mit der Frequenz f_L. Die Summe beider Schwingungen wird nun einem einfachen nichtlinearen Bauelement zugeführt, etwa wieder einer Diode. Aus den vielen am Ausgang entstehenden Frequenzen sucht man nur eine einzige aus: die Differenzfrequenz $f_S - f_L$. Diese *Zwischenfrequenz* trägt nun ebenfalls die Modulation der Frequenz f_S, und nur sie wird in einem speziellen Filter aus der Menge der übrigen entstehenden Mischprodukte herausgetrennt. Abgestimmt wird jetzt nach einer ersten Grobfilterung des Antennensignals nur noch durch Änderung der Frequenz f_L – immer so, dass die Differenz zwischen der Frequenz des gerade gewünschten Senders f_S und der Lokaloszillatorfrequenz f_L ständig konstant gleich der einmal gewählten Zwischenfrequenz $f_{ZF} = f_S - f_L$ bleibt. Für diese jetzt unveränderliche Frequenz – Seitenbänder selbstverständlich eingeschlossen – ein nahezu ideales fest eingestelltes Filter zu bauen, ist nun kein Problem mehr.

Das Überlagerungs- oder Heterodynprinzip

Keiner unserer heutigen Funkempfänger kommt ohne dieses Überlagerungsprinzip, ohne mindestens eine dieser Mischstufen und ohne ein oft ausgeklügeltes Zwischenfrequenzfilter aus, das in seiner Wirkung oft weit mehr als einem Dutzend einzelner Resonanzkreise entspricht. Und inzwischen werden nicht nur Frequenzen im elektronischen Bereich überlagert und gemischt, sondern auch optische Frequenzen – wir werden noch darauf zu sprechen kommen.

Optische Mischung: siehe Abschnitt 8.7, Bilder 8.20 und 8.21

5.5 Übertragungsfehler erkennen

Die Modulation eines hochfrequenten Trägers – über seine Amplitude, seine Frequenz oder seine Phasenlage – ist offensichtlich eine unbedingte Notwendigkeit, um das Quellensignal den Eigenschaften des Übertragungsweges anzupassen.

Das kann eine Funkstrecke, ein Kabel oder auch ein Lichtwellenleiter sein. Und auch die Umkodierung des binären in ein mehrwertiges Signal dient genau dem gleichen Zweck. Aber auch noch eine andere, nicht minder wichtige Komponente dieser *Kanalkodierung* muss erwähnt werden. Es geht wieder um die Übertragungssicherheit.

Die Wichtigkeit der Quellenkodierung ist wohl inzwischen klar geworden. Keiner der vielen technisch möglichen Übertragungskanäle hat eine unbegrenzt große Übertragungskapazität. Der heutige und noch mehr der zukünftig entstehende Bedarf an Kommunikationskanälen erfordert einen sparsamen Umgang mit der Bandbreite – die Signale sollten zweckmäßigerweise komprimiert und von überflüssigem Ballast befreit werden, ehe man sie den Leitungen und vor allem den Funkkanälen übergibt.

Diese Reduzierung auf das unbedingt Notwendige hat aber leider auch Nachteile. Ein einfaches Beispiel für solch eine Redundanzreduktion ist die Postleitzahl. Sie enthält keinerlei irrelevante Anteile. Für den Automaten, der die Leitzahl liest, die Post in Windeseile sortiert und in die richtige Richtung schickt, ist sie eine eindeutige Information. Ist aber auch nur eine der 5 Ziffern falsch oder unleserlich, wäre der Brief unzustellbar – wenn nicht aus alter Gewohnheit noch der Ort ausgeschrieben daneben stünde. So gelingt es vielleicht dem Postbeamten doch noch, wenn er sich die Zeit dazu nimmt, den Adressaten ausfindig zu machen.

Wenn er es aber auch damit nicht schafft, den Fall zu klären, gibt er sich geschlagen und leitet den Brief an den Absender zurück: Adressat unbekannt. Das ist nicht einmal die schlechteste Lösung, denn der Absender hat jetzt die Wahl, die Adresse richtig zu stellen und den Brief erneut auf die Reise zu schicken, oder er entscheidet, dass die Sache so wichtig nicht ist – es kostet ihn ja jedenfalls eine neue Briefmarke – und wirft ihn weg.

Redundanzreduktion hinterlässt ungeschütztes Signal

Nicht viel anders ist die Situation bei einem Signal, das einer rigorosen Irrelevanz- und Redundanzreduktion unterzogen wurde. Es hat keinerlei überflüssige Anteile mehr, alles an ihm ist wichtig, sonst wäre es ja entfernt worden. Nun wird es der Übertragungsstrecke anvertraut. Und die ist nie ideal. Störungen der vielfältigsten Art warten nur darauf, sich auf das nackte und bloße Signal zu stürzen und es auf irgendeine Weise zu beschädigen.

Das amplitudenmodulierte analoge Signal – wir sagten es schon – ist gegen solche Angriffe praktisch ungeschützt. Jede Störung überlagert sich additiv dem Nutzsignal und ist, wenn sie sich im gleichen Frequenzband befindet, nicht mehr von ihm zu unterscheiden und damit nicht mehr von ihm zu trennen. Die einzige Vorsichtsmaßnahme ist,

5.5 Übertragungsfehler erkennen

das Signal mit einer ausreichend großen Leistung auf die Übertragungsstrecke zu geben – einer Leistung, die zwar durch verschiedene Dämpfungseinflüsse im Laufe seines Weges immer kleiner werden wird, aber am Ende doch noch groß gegenüber allen unterwegs eingesammelten Rausch- und sonstigen Störungen sein sollte. Und selbstverständlich sollte man im Empfänger Filter einbauen, die alle für das Nutzsignal nicht unbedingt notwendigen Spektralanteile unterdrücken (Bild 5.12). Die Frequenzmodulation bietet bekanntlich einen größeren Schutz, aber auch keinen absoluten. Und diese Verbesserung muss mit einem höheren Aufwand an Bandbreite erkauft werden.

Das Digitalsignal, das wissen wir, ist gegen Störungen weitgehend unempfindlich, aber eben auch nur weitgehend. Ein einzelnes Bit, falsch erkannt und als Binärzeichen in sein Gegenteil verkehrt, kann nach der Dekodierung erheblichen Schaden anrichten. Ist es in einem PCM-Signal zufällig gerade dasjenige Bit im Kodewort, das die größte Wertigkeit hat, wird dem dekodierten Kodewort ein vollständig falscher Amplitudenwert zugeordnet. Aus einem **10001011** entsprechend einem dezimalen Amplitudenwert 139 wird vielleicht ein **00001011** und damit eine dezimale 11. Wird ein Bit an einer anderen Stelle im Kodewort gefälscht, mag der Fehler geringer ausfallen, er ist aber ebenso unvermeidlich. Was tun?

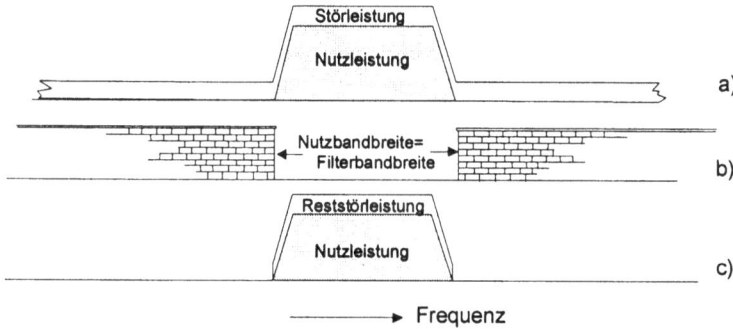

Bild 5.12 Rauschunterdrückung durch Signalfilterung

Einem bandbegrenzten Nutzsignal (dunkel hinterlegt) überlagert sich in der Regel ein breitbandiges Störsignal (weißes Rauschen; hell hinterlegt) (a). Um dessen Einfluss zu minimieren, wird in jedem Signalempfänger ein Filter eingesetzt, das das weiter zu verarbeitende Spektrum auf die Bandbreite des Nutzsignals eingrenzt (b) und alle anderen spektralen Anteile sperrt. Nach dem Filter ist die Störleistung auf einen unvermeidbaren Rest reduziert (c).

Man tut genau das, was der anfangs erwähnte Briefeschreiber tut. Man verlässt sich nicht auf die Postleitzahl – pardon: auf die maximal redundanzreduzierte Fassung des Signals – sondern fügt redundante Anteile dazu.

Zufügung redundanter Information

Das Verfahren klingt paradox: Erst hat man die Zahl der Bits auf das Allernotwendigste reduziert, nun erhöht man sie wieder! Aber natürlich ist diese nun absichtlich zugeführte Redundanz genauso sinnvoll, wie im Beispiel der Postsortierung die zusätzliche Nennung des Stadtnamens. In jedem Fall wird dadurch die Sicherheit der Übertragung erhöht.

Es gibt dazu verschiedene Wege, die mit verschieden großem Aufwand verbunden sind und auch eine verschieden große Mehrbelastung des Übertragungsweges bedeuten. Denn die tritt in jedem Fall ein, weil ja immer zusätzliche Information übertragen wird.

Im einfachsten Fall bildet man aus dem ununterbrochenen Bitstrom einzelne Blöcke oder Gruppen einer bestimmten Zahl von Bits. In jedem dieser Blöcke wird senderseitig zum Beispiel die Zahl der Einsen gezählt. Ist sie gerade, wird an den Block eine Null angehängt, ist sie ungerade, eine Eins. Der Empfänger kann damit sicher sein, dass jeder Block eine gerade Zahl von Einsen enthalten muss und er weiß auch, dass er die letzte Stelle des Blockes wieder löschen kann und muss, weil sie nicht zum Signal gehört. Ist das nicht der Fall, erkennt er, dass der übertragene Block unterwegs gestört wurde, also falsch

Das Paritätsbit

übertragen wurde. Das Verfahren wird als *fehlererkennende* Kodierung, speziell als *Paritätskontrolle* bezeichnet. Nun kann er entscheiden, ob er auf diesen Teil des Signals verzichten will, denn vielleicht ist ihm ein fehlendes Stück Information lieber als ein falsches, oder – und solche Verfahren werden heute an vielen Stellen angewendet – er sendet sofort eine Mitteilung an den Sender: Bitte Block wiederholen!

Der Aufwand für eine solche fehlererkennende Kodierung ist nicht groß, und der Mehraufwand an Übertragungskapazität umso kleiner, je größer die Blocklänge gemacht wird. Allerdings erhöht sich bei langen Blöcken verständlicherweise auch die Wahrscheinlichkeit, dass nicht nur ein Bit, sondern sogar zwei oder sogar eine andere gerade Zahl von Bits in diesem Block falsch übertragen werden, und geradzahlige Mehrfachfehler erkennt dieses einfache Verfahren natürlich nicht.

5.6 Noch besser: Fehlerkorrektur

Eine ähnliche Fehlerkennung wird übrigens bei der weltweit in jedem Buch zu findenden Kennnummer angewendet. Diese ISBN ist eine immer 10-stellige Zahl, die nur der Übersicht halber meist durch einige Zwischenräume getrennt wird. Die erste Ziffer kennzeichnet das Land, Ziffer 2 bis 4 den Verlag, und die Ziffern 5 bis 9 das spezielle Buch selbst. Es handelt sich also um eine vollständig redundanzfreie Quellenkodierung – jede einzelne Ziffer ist unbedingt wichtig.

ISBN = international standard book number

Die ISBN ist folglich eine durchaus schützenswerte Zahl, insbesondere bei der „Übertragung per Hand", etwa bei einem Bestellvorgang. Deshalb wird auch hier eine Art Paritätsbit eingeführt – allerdings etwas komplizierterer Art. An der 10. Stelle steht nämlich eine aus den vorangegangenen Zahlen berechnete Kontrollziffer. Sie wird so gewählt, dass die Summe der von der 9. bis zur 2. Ziffer aufsteigend mit 2 bis 9 multiplizierten Zahlen minus der Landeskennzahl ein ganzes Vielfaches der Primzahl 11 ist. Steht an der letzten Stelle ein X, dann ist dieses wie eine 10 zu werten. Das ist nach dem angegebenen Rezept leicht nachzuprüfen – in Bild 5.15 ist ein Beispiel gezeigt.

```
Beispiel: ISBN 3 8290 0448 6

3 - Landeskennzahl

9*8 = 72
8*2 = 16; Summe =  88
7*9 = 63; Summe = 151
6*0 =  0; Summe = 151
5*0 =  0; Summe = 151
4*4 = 16; Summe = 167
3*4 = 12; Summe = 179
2*8 = 16; Summe = 195
1*6 =  6; Summe = 201

(Summe - Landeskennzahl) / 11 = 18

18 = ganze Zahl: ISBN korrekt.
```

Beispiel für die Prüfung einer fehlererkennenden Kodierung einer ISBN-Zahlenfolge; nach dem im Text angegebenen Algorithmus ergibt sich am Ende eine ganze Zahl – die ISBN ist als richtig erkannt.

Bild 5.13
Fehlererkennende Kodierung beim ISBN-Zeichen

Der Sinn dieser gegenüber dem Paritätsbit etwas sehr umständlich erscheinenden Kodierung ist eine menschliche Unvollkommenheit: Viel wahrscheinlicher als eine falsch eingetippte Zahl ist nämlich bei solchen Kennzahlen, dass man zwei Ziffern in ihrer Reihenfolge vertauscht, also etwa im obigen Beispiel statt 829 eine 892 eingibt.

Würde man die Kontrollziffer nun einfach über die unbewertete Summe aller Ziffern der ISBN-Nummer ermitteln, würde der Fehler nicht bemerkt werden. Mit dem angewandten Verfahren wird das vermieden.

Natürlich wäre es viel besser, Fehler bei der Übertragung oder nach einer Speicherung einer Nachricht nicht nur zu erkennen, sondern sie auch gleich verbessern, korrigieren zu können.

In manchen Fällen ist das sogar unumgänglich, wenn man nicht mit den Fehlern leben will oder kann, was ja gelegentlich auch durchaus möglich ist, und eine Wiederholung der Nachricht auf Schwierigkeiten stößt. Etwa bei extrem langen Übertragungswegen und Übertragungszeiten, wie sie bei der Datenübermittlung von Weltraumkörpern zur Erde vorkommen. Hier würde die Anforderung einer Wiederholung viel zu lange dauern, unter Umständen wäre sogar das ursprüngliche Signal gar nicht mehr verfügbar oder die sendende Raumsonde inzwischen außerhalb des Zugriffsbereiches des Empfängers. Gerade bei solchen Verbindungen sind aber Störungen hochwahrscheinlich, eine Sicherung der Übertragung also unbedingt notwendig. Auch bei der Wiedergabe gespeicherter Signale tritt dieses Problem auf: Lange gelagerte Speichermedien können durch Umwelteinflüsse oder natürliche Alterung beeinflusst werden – die Folge sind zunehmende Fehlerraten bei der Wiedergabe. Nur durch eine Fehlerbeseitigung können sie wieder hergestellt werden.

Fehlerbeseitigung durch Wiederholung oder Fehlerkorrektur am Empfangsort

Im einfachsten Fall kann man auch da wieder in Blöcken übertragen oder speichern, dabei aber jeden Block zweimal wiederholen. Wenn beim Empfang oder der Wiedergabe alle drei Blöcke gleich sind, war die Übertragung fehlerfrei; stimmen nur zwei überein und der dritte weicht davon ab, verwirft man empfangsseitig den dritten und nimmt an, dass die anderen beiden richtig sind. Das Verfahren ist natürlich aufwendig, weil es die dreifache Übertragungskapazität erfordert. Günstiger ist es zum Beispiel, einen Datenblock als Matrix in mehreren Spalten und mehreren Zeilen anzuordnen und jeder Spalte und jeder Zeile ein Paritätsbit zuzuteilen. Ein Fehler in dieser Matrix liefert dann eine Spalten – und eine Zeilenfehlermeldung, und legt das fehlerhafte Bit damit eindeutig fest, sodass es korrigiert werden kann.

Der prinzipielle Weg zu Kodierungen, die eine Fehlerkorrektur ermöglichen, lässt sich leicht wiederum aus den Erfahrungen der täglichen Praxis ableiten. Zwei sinnvolle Worte eines Textes, die sich nur durch einen einzigen Buchstaben unterscheiden, sind nicht oder bestenfalls aus dem Zusammenhang des Textes als falsch oder richtig zu unterscheiden. Beispiel: Das Wort *Haus* war übertragen worden, gestört kam aber *Haut* an. Dieser Textzusammenhang ist es aber gerade, der durch eine gute Quellenkodierung nicht mehr erkennbar ist – die Worte sind tatsächlich bis auf ihre nackte Buchstabenfolge von jedem

5.6 Noch besser: Fehlerkorrektur

statistischen Zusammenhang befreit. Ist allerdings eines der beiden Worten nicht *sinnvoll*, d.h. zwischen Sender und Empfänger nicht vereinbart – Beispiel: *Hauq* kommt an – fällt es leicht, es als Fehler zu erkennen. Allerdings ist dann immer noch nicht klar, ob ursprünglich *Haus* oder *Haut* gesendet wurde.

Der Nachrichtentechniker sagt dazu: Der *Abstand* zwischen den vereinbarten Worten ist zu klein – er muss von vornherein größer sein. Wären zwei ähnliche sinnvolle Worte in mehr als einem Buchstaben unterschiedlich, wäre die Situation erheblich günstiger. In unserem Beispiel müsste das Wort *Haut*, aber auch das Wort *Maus* aus dem zulässigen Lexikon nutzbarer Worte gestrichen werden. Beide haben gegenüber dem zugelassenen Wort *Haus* nur einen Abstand von einem einzigen Buchstaben. Zulässig wäre allerdings das Wort *Maut*. Jetzt wäre das empfangene fehlerhafte Wort *Hauq* sofort dem richtigen Wort Haus zuzuordnen – es ist diesem „näher" als alle zugelassenen anderen Worte, etwa auch dem Wort *Maut*.

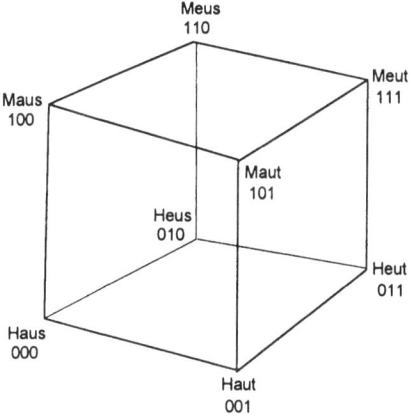

Bild 5.14
Der Kodewürfel

Um den Begriff Abstand *anschaulicher zu machen, ordnet man die Zeichen eines verwendeten n-stelligen Kodes an den Ecken eines n-dimensionalen Quaders an. Leider ist diese Modellvorstellung für uns 3-dimensional orientierte Menschen auch nur für einen 3-stelligen Kode noch vorstellbar, also z.B. für die Kodekombinationen* **000** *bis* **111**. *Sieht man das* **u** *aber als für dieses Beispiel unvermeidbare Konstante an, lässt sich auch das Textbeispiel mit Haus, Maus und Maut einordnen.*

Um wieder auf die binären Kodes zurück zu kommen: Von der großen Menge von 2^n Kobinationen eines n-stelligen Kodes dürfen nicht alle als „zugelassene" Kodes wirklich verwendet werden. Nutzt man nur solche, die sich von jedem anderen an mindestens 2 Stellen unterscheiden, dann gelingt es wenigstens, einzelne Fehler, d.h. Fälschun-

Verringerung der Kodewortmenge

gen eines einzigen Bits, innerhalb des Kodes zu *erkennen*. Erst wenn man noch mehr Kodekombinationen ausschließt und nur solche zulässt, die einen Abstand von mindestens 3 Stellen zu jeder anderen Kombination haben, kann man einen einzeln auftretenden Fehler nicht nur erkennen, sondern auch *korrigieren* – das dem empfangenen Kodewort „am nächsten" liegende Kodewort wird dann als wahrscheinlich richtig angenommen; alle anderen möglichen Kodeworten haben jedenfalls einen größeren Abstand.

burst-Fehler

Bisher war nur die Rede von Einzelfehlern, einzelnen gefälschten Bits. Leider treten aber oft ganze Fehlergruppen auf einmal auf, sogenannte *burst*-Fehler oder einfach *bursts* genannt. Ganz besonders sind davon Speichermedien betroffen, etwa CDs, die Kratzer bekommen haben. Ein solcher Kratzer überdeckt immer gleich mehrere der winzigen pits, deren Änderungen als Binärzeichen vom Laser gelesen werden. Ein einzelnes Paritätsbit nutzt da nichts. In solchen Fällen hilft ein sogenanntes *interleaving*, ein Vertauschen der Reihenfolge der Zeichen vor der Aufzeichnung oder der Sendung. Die Einzelfehler des bursts werden dadurch weit gestreut und auf mehrere Kodeblöcke verteilt. Vor der Dekodierung auf der Empfängerseite werden sie dann einzeln von Paritätsbits entdeckt und können korrigiert werden (Bild 5.15). Anschließend wird die ordentliche Reihenfolge wieder hergestellt. Viele solcher Verfahren sind heute sowohl für die verschiedenen Speichermedien als auch zur Übertragung über Funk und Kabel in Gebrauch.

pit: Bezeichnung für die in eine CD eingebrannten Kodeelemente

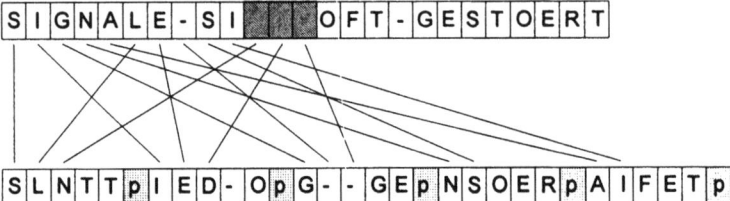

Bild 5.15
Das *interleaving* von Signalen

Um burst-Fehler zu entdecken und korrigieren zu können (grauer Block in der oberen Zeile), wird senderseitig die Reihenfolge der einzelnen Zeichen aufgelöst, so dass sich die Einzelfehler über mehrere durch Paritätsbits überwachte Kodeblöcke verteilen, wo sie dann entdeckt werden können. Im Bild sind jeweils 5 bit einem Paritätsbit (p; untere Zeile) zugeordnet. Das Verfahren wird als interleaving *oder auch* scrambling *bezeichnet und sowohl für Speichermedien (Compact Disk) als auch in Übertragungssystemen genutzt. Es entspricht dem im Text zitierten Matrixverfahren.*

5.6 Noch besser: Fehlerkorrektur

Der Aufwand ist groß, aber er lohnt sich. Wenn heute auf den digitalen Übertragungsstrecken Bitfehlerraten von oft weniger als 10^{-12} gefordert werden, d.h. von 10^{12} übertragenen Binärzeichen darf nur ein einziges Zeichen falsch sein, dann ist das in der Regel nur unter Zufügung solcher redundanter Information zu schaffen; die ursprüngliche Fehlerrate vieler Übertragungsmedien liegt oft mit 10^{-6} und 10^{-4} doch erheblich unter diesem Zielwert. Dass diese Forderungen nicht überhöht sind, macht man sich leicht klar, wenn man die Geschwindigkeiten betrachtet, die heute bei der Übertragung ebenso wie bei der Signalverarbeitung üblich sind. In Wissenschaftsnetzen, die weltweit die Computer von Forschungsgruppen und Hochschulen verbinden, sind Übertragungsraten von 2.5 Gbit/s üblich. Bei einer Bitfehlerrate von 10^{-12} tritt dann im Mittel alle 400 s oder knapp 7 Minuten ein Fehler auf – in manchen Fällen gerade noch zulässig, in vielen anderen keinesfalls.

6 Bündeln und trennen

6.1 Schachteln im Frequenzband

Als Marconi seine ersten Versuche mit der Übertragung von Telegrafiesignalen über Funkwellen machte, hatte er wenigstens in dieser Hinsicht noch keine Probleme: Er war allein im weiten Bereich der elektromagnetischen Wellen – von gelegentlichen Gewittern und anderen natürlichen Störungen abgesehen. Als aber seine Technik zunehmend in der Schifffahrt und dann in den zwanziger Jahren des nun schon vorigen Jahrhunderts gar von den Rundfunksendern aufgegriffen und genutzt wurde, da musste endgültig sicher gestellt werden, dass der eine Sender den anderen nicht störte, d.h. ein Empfänger nicht die Mitteilungen mehrerer Sender gleichzeitig empfangen konnte.

Man nutzte ein Verfahren, das inzwischen so selbstverständlich ist, dass man kaum mehr darüber spricht: Für die einzelnen Signale wurden definierte unterschiedliche Trägerfrequenzen verwendet. Denn der Funkbereich war zwar begrenzt, aber doch spektral viel breiter, als es für die Übertragung einzelner Nachrichten notwendig war – erinnern wir uns an die Abschnitte 5.1 und 5.2 zur Bandbreite modulierter Signale. Durch frequenzselektive Schaltungen in den Empfängern wurde sichergestellt, dass man nur denjenigen schmalen Frequenzbereich aus dem ankommenden Wellengemisch herausfilterte und weiter verstärkte, der das Modulationssignal des gewünschten Senders enthielt. Alle anderen Spektralanteile wurden unterdrückt.

In den ersten Rundfunkempfängern der zwanziger Jahre waren diese Filter große Resonanzgebilde von Drahtspulen aus grün umsponnener Kupferlitze im Verein mit sogenannten Drehkondensatoren, deren Kapazität durch mehr oder weniger intensives Ineinandertauchen von halbkreisförmigen Blechpaketen verändert werden konnte. Auch heutige Empfänger kommen nicht ohne solche Filter aus, aber sie sind kleiner geworden, nutzen darüber hinaus Resonanzeffekte von Kristallen und speziellen Materialien aus, oder werden sogar durch elektronische Schaltungen simuliert. Und über die herausragende Rolle des Überlagerungsprinzips als weiteres effektives Selektionsverfahren wurde ja gerade erst gesprochen.

In jedem Fall gilt ein ehernes Gesetz: Bei einer solchen Mehrfachübertragung vieler Signale über ein gemeinsames Übertragungsmedium dürfen sich die Modulationsspektren der einzelnen Signale nicht überdecken. Nur so ist gewährleistet, dass auf der Empfängerseite jedes Signal unbeeinflusst von den anderen und damit störungsfrei wiedergewonnen werden kann. Da man die Spektren berechnen und natürlich auch messen konnte, war es nur noch eine Frage der gegenseitigen Abstimmung, für bestimmte Frequenzbereiche die zugelassenen „Parkplätze" der Trägerfrequenzen und die zugehörige Nutzungserlaubnis für die einzelnen Sender festzulegen. Die International Telecommunication Union (ITU), in der alle Nationen vertreten sind, kümmert sich seither um diese und viele andere Abstimmungen.

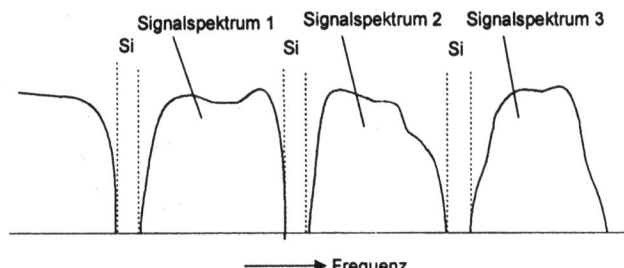

Bild 6.1
Das Frequenzmultiplex-Prinzip

Beim Frequenzmultiplexverfahren (FDM) werden einzelnen Signalen getrennte Frequenzbänder zugewiesen. Sie können unmittelbar aufeinander folgen, in der Regel sind sie aber durch kleine Schutzintervalle (Si) getrennt. Auf keinen Fall dürfen sie sich überlappen.

Frequenzmultiplex

FDM = frequency division multiplex

Diese Technik des spektralen Nebeneinander auf ein und demselben Übertragungsmedium wird als *Frequenzvielfach-* oder *Frequenzmultiplex-Übertragung* bezeichnet.

Ehe wir uns näher mit dieser Technik befassen, wollen wir aber noch eine zweite Möglichkeit zur Trennung verschiedener Signale wenigstens kurz erwähnen: die räumliche.

Für die weitreichenden Kurzwellenbänder ist die durchdachte Nutzung des Frequenzbandes besonders wichtig. Im Mittelwellenbereich und auch für die kaum über den Horizont hinaus reichenden Ultrakurzwellensender ist es etwas einfacher: Die Sendefrequenzen können dort in größeren oder sogar recht kleinen geografischen Abständen mehrfach vergeben werden, denn die begrenzte Reichweite der Funkwellen sorgt dafür, dass kein „Übersprechen" zwischen den einzelnen Programmen auftritt. Allerdings gibt es gelegentlich durch besondere atmosphärische Bedingungen die sogenannten Überreichweiten, und die sind dann vor allem im Mittelwellenbereich die Ursache für ärgerliche Störungen im Rundfunkempfang.

6.1 Schachteln im Frequenzband

Je kürzer die Wellenlänge ist, desto vorteilhafter ist außerdem der Aufbau von Richtantennen, also Antennenkonstruktionen, die die elektromagnetischen Wellen bevorzugt in ganz bestimmte Richtungen ausstrahlen. Die metergroßen Spiegel der Richtfunkstrecken sind dafür ein eindrucksvolles Beispiel. Neben der Frequenz kann damit auch der Raum als Selektionsmittel genutzt werden.

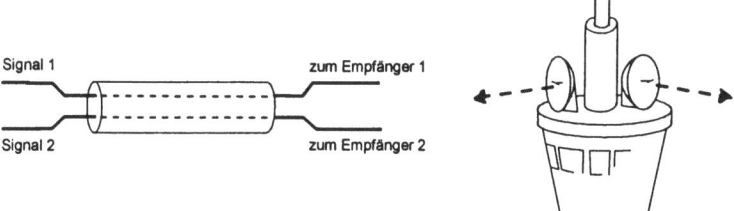

Bild 6.2
Raummultiplex auf dem Kabel und über Funk

Raummultiplex heißt einfach, dass die einzelnen Signale räumlich getrennte Wege gehen. Entweder werden sie auf getrennten Kabeln, auf getrennten Adern eines gemeinsamen Kabels oder auch einfach über Richtantennen in getrennte Richtungen ausgesendet. Sie können daher das gleiche Frequenzband verwenden, ohne sich gegenseitig zu stören.

Dieses *Raummultiplexverfahren* – die Nutzung räumlich getrennter Ausbreitungswege, um mehrere Signale ohne gegenseitige Störung übertragen zu können – hat auch in der leitungsgebundenen Übertragung seine Bedeutung. Es meint dort ja nichts anders, als für jedes Signal einen getrennten Übertragungsraum, also eine eigene Leitung zu verwenden. Für kurze Strecken ist das heute noch üblich: Auf den oft nur wenige hundert Meter langen Leitungen von den Ortsvermittlungsstellen der Postverwaltungen bis zu den Telefonanschlussdosen in den Wohnungen hat jeder Teilnehmer sein eigenes Paar von dünnen Kupferdrähten, das mit Hunderten gleicher Leitungen der anderen Teilnehmer, in zentimeterdicken Kabeln zusammengefasst, in den Straßen verlegt ist.

Raummultiplex; SDM = space division multiplex

Von dort aber, von der Ortsvermittlungsstelle bis zu den weiteren Vermittlungsstellen, dutzende und hunderte Kilometer weit bis zur letzten Vermittlungsstelle am Ort des angerufenen Partners, wäre diese Technik nicht mehr wirtschaftlich. Zwischen den Städten und Ländern laufen Tausende und Zehntausende Telefonsignale auf der gleichen Strecke und gleichzeitig hin und her – unmöglich, hier genauso viele einzelne Leitungen zu verlegen. Hier ist das Raummultiplexverfahren am Ende.

Netzhierarchie: siehe Bild 10.4

Und damit kommen wir wieder zum FDM zurück: Es lag nahe, auch hier die Technik der Rundfunksender, das Frequenzmultiplex zu nutzen.

Schon eine billige Zweidrahtleitung kann – allerdings abhängig von ihrer Länge – eine größere Übertragungsbandbreite zur Verfügung stellen, als für ein einziges Telefongespräch notwendig ist; in Abschnitt 10.7 wird das gerade für das Leitungsnetz im Ortsbereich deutlich werden. Noch mehr trifft das für die Koaxialkabel zu, die Übertragungsbandbreiten von einigen zehn Megahertz bieten. Optische Übertragungskanäle, die Lichtwellenleiter, leisten sogar noch viel mehr. Selbst ein Fernsehsignal – wie wir inzwischen wissen, eines der breitbandigsten und daher spektral anspruchvollsten Signale – käme sich auf einem solchen Kabel vereinsamt vor.

Also werden in speziellen Geräten am Anfang der Leitung die Signale einem Träger aufmoduliert – genau so, als sollten sie über Antennen und über den freien Raum ausgesendet werden. Aber sie gelangen nur auf eine Leitung oder ein Kabel, zusammen mit anderen Signalen auf benachbarten Trägerfrequenzen. Eines neben dem anderen liegen die Modulationsspektren und füllen die ganze verfügbare Bandbreite des Kabels aus. Ist die Leitung lang, werden Zwischenverstärker eingeschaltet, die den Leistungsverlust ausgleichen. Dabei wird das gesamte Bündel der so frequenzgeschachtelten Signale als ein einziges breites Signal behandelt. Nicht tausend oder zehntausend einzelne Zwischenverstärker werden an jeder solchen Verstärkerstelle gebraucht, sondern jeweils nur ein einziger Breitbandverstärker. Bis zur Endstelle oder einer notwendigen Verzweigung. Dort wird das Bündel aufgelöst – die einzelnen Kanäle oder Teile des Bündels werden durch Demodulationsschaltungen wiedergewonnen, so als ob sie auf getrennten Leitungen übermittelt worden wären.

Die Trägerfrequenztechnik

Seitenbänder: siehe Abschnitt 5.2

Über einen interessanten Trick dieser sogenannten *Trägerfrequenztechnik* soll allerdings noch gesprochen werden. Sie nutzt eine redundante Eigenschaft der einfachen Amplitudenmodulation. Das Spektrum des Signals erscheint dort bekanntlich symmetrisch auf beiden Seiten der Trägerfrequenz. Was liegt näher, als eines der beiden Spektralteile einfach wegzulassen! Und warum, fragt man sich, muss man eigentlich noch dazu die Spektrallinie des Trägers übertragen, die doch keinerlei übertragungswürdige Information enthält?

Die Fragen sind berechtigt, denn bei beiden spektralen Komponenten handelt es sich eindeutig um redundante Anteile: Das Signalspektrum – der eigentlich interessante Teil des Übertragenen – ist ja eindeutig doppelt vertreten, also sollte man eines der beiden Seitenbänder einsparen können. Und der Wert der Trägerfrequenz ist eine Gerätekonstante, also dem Empfänger bekannt – weg damit!

6.1 Schachteln im Frequenzband

Tatsächlich wurde in der bis in die siebziger Jahre durchweg genutzten Trägerfrequenztechnik diese *Einseitenbandmodulation* verwendet. Durch Filter oder schon durch besondere Maßnahmen beim Modulationsvorgang wird eines der beiden Seitenbänder vollständig unterdrückt. Allerdings ist der Demodulationsvorgang dann komplizierter als bei der normalen Amplitudenmodulation mit ihren zwei Seitenbändern. Speziell das einfache Verfahren der Hüllkurvendemodulation funktioniert dann nicht mehr. Das setzte nämlich die Existenz beider Seitenbänder und des Trägers voraus. Das zweite Seitenband muss also vor der Wiedergewinnung des Signals im Empfänger direkt oder indirekt erst wieder zugefügt werden. Damit das fehlerfrei erfolgen kann, muss man die Frequenz des jeweiligen Trägers aber sehr genau kennen. Er wird deshalb nicht vollständig unterdrückt, sondern nur geschwächt, also mit geringerer Leistung übertragen. Auch das ist schon ein Gewinn für die Leistungsbilanz des Übertragungssystems. Am wichtigsten aber ist der Bandbreitegewinn: Der Abstand zwischen zwei Signalen kann jetzt von 8 auf 4 kHz verringert werden – im gleichen Übertragungsband können doppelt so viele Einzelsignale untergebracht werden, wie mit der normalen Amplitudenmodulation möglich gewesen wären.

Die Einseitenbandtechnik

Hüllkurvendemodulation: siehe Abschnitt 5.4, Bild 5.10

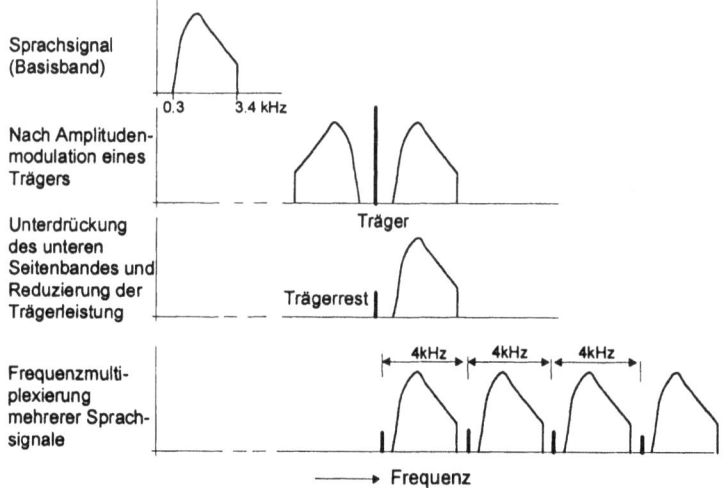

Bild 6.3
Mehrkanalübertragung in der Trägerfrequenztechnik

Im AM-Spektrum eines Telefonsignals, das von 300 bis 3400 Hz reicht, ist genügend Platz zwischen dem oberen und unteren Seitenband, um mit Filtern beide Seitenbänder zu trennen und eines von beiden bei der Übertragung zu unterdrücken. In der Trägerfrequenztechnik konnten so eine Vielzahl von Sprachsignalen frequenzgeschachtelt über ein einziges Kabel übertragen und bei Bedarf auch mit einem einzigen Breitbandverstärker verstärkt werden.

Restseitenband-
übertragung des
Fernsehsignals

Nebenbei gesagt wird dieser Trick nicht nur bei Telefonsignalen und bei der Bündelung von Signalen angewendet. Man nutzt ihn auch zur bandsparenden Übertragung des Fernsehsignals. Allerdings gibt es dort eine ganz spezielle Schwierigkeit: Das Frequenzband des Videosignals beginnt schon bei den – relativ zur Gesamtbandbreite von 5 MHz – sehr niedrigen Frequenzen von einigen 10 Hz. Die Trennung beider Seitenbänder ist deshalb technisch nahezu unmöglich. Hier nutzt man das sogenannte *Restseitenbandverfahren*: Ein kleiner Teil des unteren Seitenbandes wird bei der Sendung mit übertragen, und in einem speziellen Restseitenbandfilter im Fernsehempfänger wird dafür gesorgt, dass letztendlich im demodulierten Signal trotzdem alle Frequenzen gleichberechtigt erscheinen.

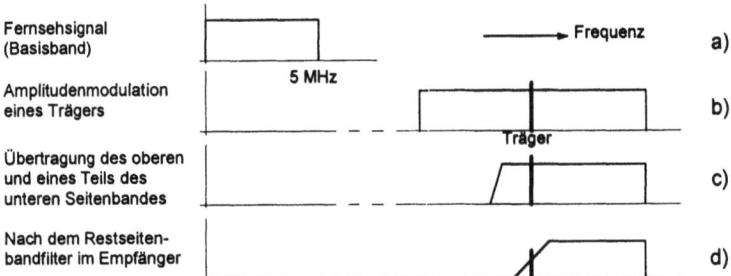

Bild 6.4
Die Restseiten-
bandübertragung

Beim Fernsehsignal reicht die winzige Lücke von wenigen 10 Hz zwischen dem oberen und unteren Seitenband nicht aus, um beide Bänder zu trennen. Es wird deshalb ein Teil des unteren Bandes mit übertragen (c). Im Empfänger wird durch ein sogenanntes Restseitenbandfilter gewährleistet, dass sich die später demodulierte Signalleistung aus dem oberen und dem Rest des unteren Seitenbandes wieder zu einem vollständigen Seitenband zusammensetzt (d).

Das Einseitenbandverfahren der Trägerfrequenztechnik hat übrigens immer mal wieder auch für den normalen Hörrundfunk zur Diskussion gestanden. Man hätte die Zahl der Senderplätze dadurch verdoppeln können. Die Empfänger wären allerdings erheblich komplizierter geworden – das hat abgeschreckt. Nur manche kommerzielle Kurzwellensender nutzen diese Technik. Sie nehmen die kompliziertere Technik im Empfänger in Kauf und erreichen dafür mit der Verringerung des Übertragungsbandes eine größere Störsicherheit und eine bessere Übertragungsqualität in dem zeitlich so instabilen Kurzwellenband, das oft für unteres und oberes Seitenband ganz verschiedene Übertragungsbedingungen bereit hält und deshalb das demodulierte Signal verzerrt.

Heute haben sich solche Überlegungen erledigt. Man sucht in einer anderen Richtung. Durch moderne Kompressionsverfahren lässt sich ein digitalisiertes Sprach- und Musiksignal mit einer so geringen Bitrate übertragen, dass es bei mindestens gleicher Qualität weniger Platz braucht als selbst ein Einseitenbandsignal. Es ist also nicht ausgeschlossen, dass in absehbarer Zeit auch der Mittelwellenrundfunk digitalisiert wird – falls ihn noch jemand braucht.

Ganz und gar nicht erledigt aber hat sich das Frequenzmultiplexprinzip. Im Gegenteil: Es wird intensiv genutzt und immer weiter ausgebaut – neuerdings bis in den optischen Frequenzbereich hinein, und dort mit schwindelerregenden Kanalzahlen. Wir werden darauf im Abschnitt 8.5 zurückkommen.

6.2 Es geht auch zeitlich nacheinander

Die Trägerfrequenztechnik war *die* Multiplextechnik der ersten sechs Jahrzehnte der leitungsgebundenen Nachrichtentechnik im nun schon vergangenen Jahrhundert. Mit immer besserer Elektronik in den Endgeräten und immer besseren Koaxialkabeln wurden die Bündelstärken bis zu 10 000 Telefonkanälen getrieben; 60 MHz war die Bandbreite eines solchen Signalbündels.

Die technischen Anforderungen an Endgeräte und Zwischenverstärker waren allerdings erheblich. Insbesondere die Linearität der Verstärker war problematisch. Die Signalform des Bündelsignals musste extrem genau eingehalten werden, damit Störungen der Kanäle untereinander ausgeschlossen werden konnten. Die zulässigen Signalverzerrungen mussten deshalb um Größenordnungen unter denen liegen, die selbst in sehr guten HiFi-Musikverstärkern noch zugelassen werden – jede ungewollte Nichtlinearität bedeutete ja die Bildung neuer schädlicher Frequenzkomponenten, die sich als Störung anderen Kanälen des Bündels überlagern würden. Bedenkt man weiter, dass möglicherweise an jeder Vermittlungsstelle die einzelnen Signale durch komplizierte Demultiplexierungsprozesse in Gruppen und einzeln aus dem Bündel herausgelöst und durch erneute Multiplexierung in ein neues Bündel eingefügt werden müssen, ahnt man die technischen Schwierigkeiten dieser Technik. Waren es doch analoge und in der verwendeten Amplitudenmodulation gegen Störungen ganz ungeschützte Signale, die da ständig verarbeitet wurden – Störungen, die bis zu den schwer zu beherrschenden Kontakt- und Funkenproblemen der ununterbrochen ablaufenden Schaltvorgänge in den elektromagnetischen Relais der Vermittlungseinrichtungen reichten.

Nichtlineare Funktionselemente: siehe Abschnitt 5.4

Technologiewandel fördert die Digitaltechnik

Das wurde besonders kritisch, als in den sechziger Jahren die bis dahin marktbeherrschenden Elektronenröhren durch die kleineren und energiesparenden Transistoren abgelöst wurden – eine Technik-Revolution. An die Stelle der großen Röhren, die in massive Fassungen eingesteckt werden mussten, Betriebsspannungen von einigen hundert Volt brauchten, und deren Katoden zur Rotglut aufgeheizt werden mussten, traten Halbleiterbauelemente – kalt, winzig in ihren Abmessungen, fest einlötbar in gedruckte Schaltungen, mit Betriebsspannungen von wenigen Volt und Verlustleistungen, die weit geringer als die einer Taschenlampenbirne waren. Sie waren es, die überhaupt erst den Umschwung zur Digitaltechnik ermöglichten.

Mit einer Minimalzahl von Schaltungstypen ließen sich die notwendigen Funktionen der Abtastung, Kodierung und digitalen Signalverarbeitung realisieren. Im Laufe der Jahre gelang es immer besser, eine Vielzahl von Transistoren zusammen mit den für die verschiedenen Schaltungsaufgaben erforderlichen anderen Bauelementen zusammen und gleichzeitig auf nur millimetergroßen Halbleitersubstraten herzustellen – Hunderte, Tausende und inzwischen mehrere Millionen von ihnen auf einem einzigen solchen Chip. Es entstand der *integrierte Schaltkreis*, der IC. Jetzt erst, mit diesen technischen Möglichkeiten, konnten Signalverarbeitungsverfahren genutzt werden, die theoretisch seit Jahren bekannt waren, aber in der alten Röhrentechnik und selbst durch Zusammenschaltung vieler diskreter Transistoren niemals realisierbar gewesen wären. Nur durch diese Technik war auch die schnelle Entwicklung der Computertechnik möglich und führte von großen, energiefressenden und zimmerfüllenden Rechnern zu PCs und Taschenrechnern.

IC = integrated circuit

Die Digitaltechnik basiert auf wenigen Elementarfunktionen

Nicht, dass diese Transistoren und integrierten Schaltungen etwa keine analogen Funktionen realisieren konnten. Aber der Vielzahl der verschiedenen analogen und oft sehr komplexen Funktionsgruppen – Oszillatoren, Modulatoren, Demodulatoren, Verstärkern, Filtern – standen die wenigen elementaren Grundschaltungen der Digitaltechnik gegenüber, die bald in großen Stückzahlen und immer billiger gefertigt werden konnten. Und so ebnete die Mikroelektronik der Digitaltechnik den Weg, die nicht nur für die Übertragung Vorteile gegenüber analogen Signalen und ihrer analogen Verarbeitung versprach. Auch die Wartung und Überwachung der immer umfangreicheren Geräte war für die Betreiber der Technik, vor allem also der Fernmeldeverwaltungen, einfacher und billiger – ein unschätzbarer Vorteil. Und so entstanden Mitte der sechziger Jahre die ersten digitalen Verbindungen zwischen den Vermittlungsstellen der damaligen deutschen Post – die seit über 20 Jahren nur in den Lehrbüchern abgehandelte Pulskodemodulation wurde anwendungsreif.

Und wieder war die Übertragung von Bündeln gefragt, um die vorhandenen Leitungen optimal zu nutzen.

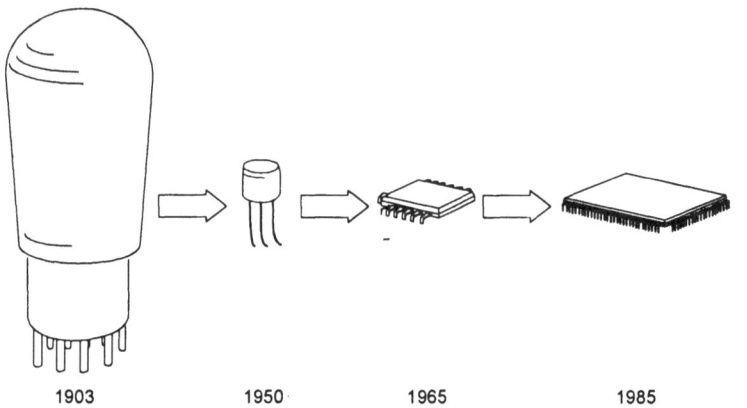

Bild 6.5
Die Entwicklung elektronischer Funktionselemente

Über ein Jahrhundert hinweg entwickelte sich die Elektronik von der Vakuumröhre über den einzelnen Transistor bis hin zu den integrierten Schaltungen, in denen Millionen von Transistoren auf einer Fläche von wenigen Quadratmillimetern zu kompletten und immer komplizierteren Schaltungen integriert werden können.

Hier eine Frequenzmultiplextechnik anzuwenden, hätte einen Schritt zurück in die analoge Technik bedeutet. Es ging viel einfacher. Man blieb im Zeitbereich. Und einigte sich dabei auf ein Rezept, das auch im bürgerlichen Leben gelegentlich vorteilhaft ist: Immer eines nach dem anderen, war die neue Devise.

Erinnern wir uns: Bei der Kodierung eines Einzelsignals wurde das die Amplitude des Abtastwertes beschreibende duale Kodewort in die vorhandene Lücke von 125 µs zwischen zwei Abtastproben gepackt und füllte sie aus. Macht man die Einzelimpulse des Kodewortes und damit auch das Kodewort selbst aber kürzer, bleibt in dieser Lücke freier Platz. Da hinein kann man das Kodewort eines weiteren Signals packen, oder sogar die Worte vieler weiterer Signale (Bild 6.6). Ist das Kodewort des letzten Signals im Bündel übertragen, folgt genau nach 125 µs das nächste Kodewort des ersten Kanals, dann wieder des zweiten, des dritten und so fort. Den Abstand der Proben von 125 µs kann man allerdings nicht vergrößern; er wird ja durch die weltweit vereinbarte Abtastrate von 8 kHz für ein auf 3.4 kHz begrenztes Telefonsignal vorgegeben.

Abtastintervall von 125 µs: siehe Bild 2.8

Man kann sich die Realisierung dieses Verfahrens wie einen großen rotierenden Schalter vorstellen, der der Reihe nach, immer wieder von vorn, alle Kodierer aller anliegenden Signale abfragt.

Bild 6.6
Das TDM-Prinzip

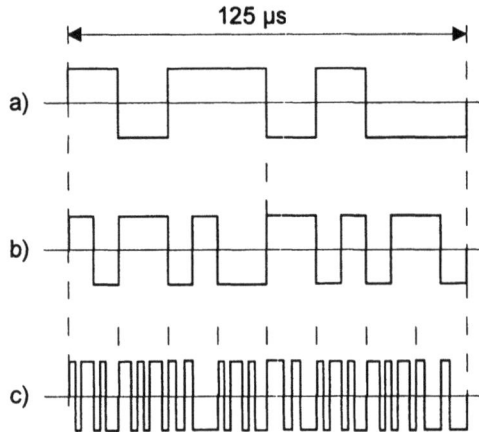

Alle 125 µs liefert die PCM-Kodierung eines Sprachsignals ein neues Kodewort. In diesem Zeitintervall kann man die 8 bit des Kodewortes unterbringen (a). Macht man die Einzelimpulse aber nur halb so breit, wofür man allerdings die doppelte Übertragungsbandbreite braucht, reicht der Rest der Zeit, um das Kodewort eines zweiten Signals einzufügen (b). Dieses beliebig erweiterbare Verfahren (c) heißt Zeitteilung oder Zeitmultiplex (TDM).

TDM = time division multiplex

Tatsächlich funktioniert diese zeitliche Bündelung – der *Zeitmultiplex*betrieb – auch genau so. Nur mit dem Unterschied, dass es keinen mechanisch bewegten Schalter gibt, sondern dass Transistoren diese Schaltfunktion ausführen, und zwar spielend, denn gerade in solchen einfachen Reaktionen besteht ihre Stärke. Und auch den Aufwand für viele Kodierer kann man sparen – ein einziger für alle Signale reicht aus, wenn man die kurzen Abtastimpulse schon zeitlich geschachtelt nacheinander an seinen Eingang anlegt (Bild 6.7).

Allerdings – der Kodierer hat es in sich. Er muss seine Entscheidungen mit einer viel höheren Geschwindigkeit treffen, als die Abtastfrequenz des Einzelkanals und die Vielzahl der nacheinander zu kodierenden Signale vermuten lassen.

6.2 Es geht auch zeitlich nacheinander

Deshalb, und auch um ein bestimmtes Bausteinprinzip verwenden zu können, einigte man sich auf einen Grundtyp, das *30-Kanal-PCM-Grundsystem*. Leider nicht weltweit (solche Versuche sind bekanntlich selten gelungen), aber doch innerhalb Europas auf eines, und innerhalb der Vereinigten Staaten und Japan auf ein zweites, sehr ähnliches. Im europäischen Standard werden 30 Telefonkanäle zu einem Zeitmultiplexbündel zusammengefasst. In zwei weiteren Kanälen werden Daten für die Steuerung der Signale übertragen. Diese 32 Kanäle zu je 8 bit Kodewortlänge, 8000 mal je Sekunde wiederholt, ergeben eine Impulsrate von 2.048 Mbit/s.

Das PCM-Grundsystem: 30 PCM-Sprachkanäle im Zeitmultiplex

Und wenn nun größere Bündelraten erforderlich werden? Dann werden einfach die Impulse mehrerer dieser Grundsysteme genau so ineinander geschachtelt wie vorher die Einzelkanäle. Kodierer sind jetzt nicht mehr erforderlich – die Kodierung erfolgte ja schon in den Grundsystemen. Heute sind Bündelstärken von 10 Gbit/s weltweit im Einsatz, an 40 Gbit/s-Bündeln wird gearbeitet – elektronisch aufbereitete Bündel, wohlgemerkt, denn die tatsächlichen Bündel sind dank zusätzlicher optischer Bündelungsverfahren bereits weit umfangreicher. Das Koaxialkabel kann hier jedenfalls längst nicht mehr mithalten. Aber wir wollen nicht vorgreifen.

PCM-Hierarchie: siehe Bild 10.7

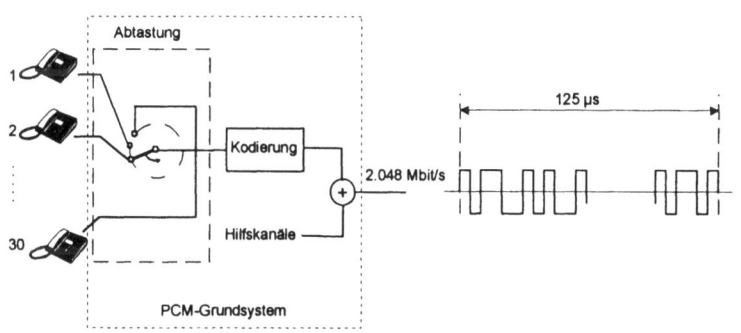

Bild 6.7 Das PCM-Grundsystem

Im PCM-Grundsystem werden im Takt von 125 µs 30 Telefonkanäle der Reihe nach abgetastet, jeder Abtastwert kodiert, und alle Kodeworte werden nacheinander innerhalb dieses Zeitintervalls übertragen. Mit zwei weiteren Kodeworten, die u.a. zur Signalisierung notwendig sind, ergeben sich alle 125 µs 32 Kodeworte zu je 8 bit – eine Gesamtbitrate des Multiplexbündels von 2.048 Mbit/s.

Diese Bündel sind in den Hauptsträngen der weltweiten und landesweiten Fernsprechnetze erforderlich. Sie werden zunehmend auch durch den wachsenden Bedarf an Daten und auch Videosignalen gebraucht – selbst unter dem Aspekt, dass Bildsignale heute immer stark komprimiert und deshalb mit stark verringerter Bandbreite gegenüber den Quellensignalen übertragen werden. In Kapitel 10 wird im Zusammenhang mit den Netzen darüber noch zu reden sein. Das Prinzip der zeitlichen Schachtelung aber reicht weit darüber hinaus. Es ist ein grundlegendes Verfahren aller digitalen Übertragungssysteme.

Es sind übrigens nicht nur die Bits der eigentlichen Signale – Sprache, Bilder, Daten –, die mit übertragen werden müssen, um die Funktion und die Sicherheit des gesamten Übertragungssystems zu gewährleisten, sondern genauso die der vielen Hilfssignale. Auch sie werden, oft in komplizierter Weise, in den eigentlichen Signalbitstrom zeitlich eingegliedert

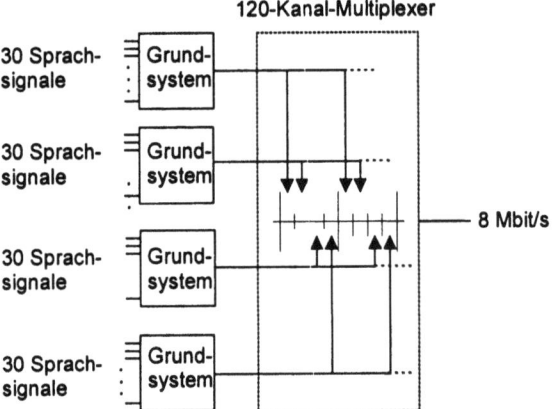

Bild 6.8
Zusammenfassung von 4 Grundsystemen

Die Ausgangssignale von 4 Grundsystemen zu je 2.048 Mbit/s werden zu einem 120-Kanal-Signal zusammengefasst, das nun eine Datenrate von etwa 8 Mbit/s hat. Vier solcher Systeme ergeben ein 32-Mbit/s-System (480 Kanäle), vier davon ein 140 Mbit/s-System (1920 Kanäle). Wegen zusätzlich notwendiger Hilfs- und Steuersignale wächst die Bitrate dabei nicht genau um den Faktor 4.

Bedingung: die zeitliche Synchronisation

Die wichtigste dieser notwendigen Zusatzfunktionen ist sicher diejenige zur zeitlichen Synchronisierung des Übertragungssystems. Diese Funktion war beim Frequenzmultiplex nicht erforderlich. Dort genügte dem Empfänger zum Wiederfinden eines bestimmten Signals die Kenntnis des zugeordneten Frequenzbandes oder Trägers – eine eindeutige Angabe. Nicht so beim Zeitmultiplexbetrieb. Hier muss der Empfänger mindestens den genauen Zeitpunkt kennen, wo in jedem 125µs-Intervall das Kodewort des ersten übertragenen Signals beginnt. In einem größeren Bündel braucht er weitere zeitliche Orientierungsmarken. Diesem Zweck dienen sogenannte Synchronzeichen – bestimmte in ihrer Periodizität und Anordnung von dem eigentlichen Signal unterscheidbare Bitfolgen. Da der Empfänger Struktur und andere Eigenheiten dieser Folge kennt, kann er sie periodisch aus dem

Datenstrom heraus lesen, und damit die genaue zeitliche Synchronität zwischen Sende- und Empfangsstelle wieder herstellen. In einem 10 Gbit/s-Signal beträgt die Impulsbreite ja nur noch den zehnten Teil einer Nanosekunde, den zehntausendsten Teil einer Mikrosekunde – ein Lichtstrahl ist in dieser Zeit gerade mal drei Zentimeter voran gekommen!

Mit dem Umfang des Bündels nimmt notwendigerweise die Dauer (die Breite) der einzelnen Kodeworte und die der Einzelimpulse ab, und damit wächst die Bandbreite des Bündelsignals. In jedem Fall aber ist das Bündelsignal ein sogenanntes Basisbandsignal. Das bedeutet, dass seine Bandbreite sich von sehr niedrigen Frequenzen her, im Allgemeinen sogar von der Frequenz Null, also einem Gleichglied, bis zu hohen Frequenzen hin erstreckt. Ein solches Signal kann auf einer Leitung übertragen werden. Eine Funkübertragung erfordert dagegen wiederum, dass das digitale Bündelsignal einem hochfrequenten Träger aufmoduliert wird.

Das TDM-Signal-ein Basisbandsignal

Der Frequenzmultiplexbetrieb ist deshalb durch das zeitliche Multiplexen nicht überflüssig geworden – beide zusammen schaffen heute den Transport riesiger Informationsmengen über Funk und über optische Übertragungsstrecken.

6.3 Signale auf der gleichen Trägerfrequenz

Der Frequenzbereich und der Zeitbereich haben uns von Anfang an begleitet, und nun sind sie uns auch bei der Diskussion der Multiplextechniken wieder als eigenständige Parameter begreiflich geworden. Zwei Signale lassen sich am Empfangsort dann sauber voneinander trennen, wenn sie entweder im Spektralbereich (Frequenzmultiplex) oder im Zeitbereich (Zeitmultiplex) nebeneinander liegen, sich also gegenseitig entweder spektral oder zeitlich nicht überdecken. Das scheint ganz offensichtlich eine plausible Grundforderung zu sein – beide Signale liegen dann in unterscheidbaren „Kästen", und können entweder durch Frequenzfilter oder durch zeitlich gesteuerte Schalter eines vom anderen getrennt werden.

Seien wir vorsichtig mit der Verallgemeinerung solcher Feststellungen.

Denn da ist die Geschichte des Farbfernsehens. Auch dabei spielt das Multiplexen eine entscheidende Rolle. Nehmen wir uns die Zeit, sie etwas näher anzusehen.

Zusatz-informationen im Fernsehsignal

Zuerst war der Schirm schwarzweiß, jahrelang. Neben dem Bildsignal selbst, d.h. der Helligkeit der Bildpunkte, müssen allerdings auch hier Zusatzinformationen übertragen werden, wiederum Zeitmarken zum Beispiel. Pro Halbbild eine, die den Beginn eines neuen Bildes angibt, und am Ende jeder Zeile von Helligkeitspunkten eine andere, die den Startbefehl für eine neue Zeile gibt. Diese Zeitmarken, auch Synchronzeichen genannt, sind einzelne Impulse, die nach Ablauf eines Halbbildes in das Helligkeitssignal eingefügt werden – zeitmultiplex. Der *Bildsynchronimpuls* ist dabei breiter als der *Zeilensynchronimpuls*, um beide im Empfänger gut unterscheiden zu können. Außerdem sind die Amplituden beider Impulse größer als die größten im Helligkeitssignal vorkommenden Amplituden. Da große Amplitudenwerte schwarze und kleine Amplitudenwerte weiße Bildpunkte darstellen, sind deshalb die Synchronimpulse „schwärzer als schwarz", und stören damit auch das Bild nicht. So gesehen ist es also eigentlich ein doppeltes Multiplexieren: Neben dem Zeitmultiplex wird eine Art Amplitudenmultiplex verwendet, um Synchronimpulse und Helligkeitssignal exakt zu trennen. Die Älteren unter uns werden sich an die ersten Fernsehgeräte erinnern, bei denen diese Bild- und Zeilensynchronisation gelegentlich nicht so recht funktionierte, und deshalb das Bild vertikal über den Bildschirm wanderte, oder die Zeilen sich chaotisch horizontal verschoben.

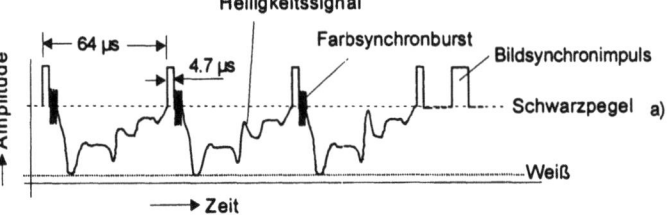

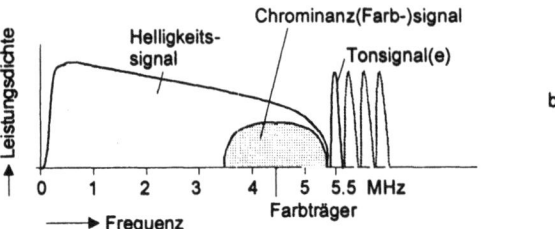

Bild 6.9 Zeitfunktion und Spektrum des Fernsehsignals

Im Fernsehsignal ist eine Vielzahl von Einzelsignalen gebündelt. In der zeitlichen Darstellung erkennt man zwischen zwei Helligkeitssignalen zweier Zeilen die schmalen Zeilensynchronimpulse auf der **Schwarzschulter***, gefolgt von den kurzen 4.43 MHz-bursts, die zur Phasensynchronisation des Farbträgers dienen, und einen der breiten Bildsynchronimpulse. Im Spektrum (b) sind die Teilspektren der Helligkeits-, Farb- und Tonsignale vereinigt.*

6.3 Signale auf der gleichen Trägerfrequenz

Auch die Zeilen- und Bild*austastimpulse* sind als Hilfssignale zu nennen; sie bewirken das Dunkeltasten des Bildschirms, während der Elektronenstrahl vom Ende einer Zeile auf den Anfang der nächsten springt und vom Bildende wieder zum Bildanfang. Das ganze Fernsehsignal wird demnach als BAS-Signal bezeichnet (Bild-, Austast-, Synchronsignal).

Das BAS-Signal

Bis hierher also alles klar. Aber dann gelang es, Farbbildröhren einigermaßen billig herzustellen. Statt *eines* Elektronenstrahls, der, durch das Helligkeitssignal gesteuert, das Schwarzweißbild auf dem Schirm gezeichnet hatte, waren nun *drei* Elektronenstrahlen da, die durch eine Lochmaske gesteuert, jeder auf einen anderen Leuchtstofffleck – blau, grün, rot – auf dem Bildschirm trafen und so gemeinsam dem Auge jede beliebige Farbe vorspiegeln konnten. Statt eines Helligkeitssignals wären jetzt also drei getrennte Farbsignale zu übertragen gewesen. Und da wurde die Sache schon problematisch. Man wollte ja diejenigen Leute, die noch einen Schwarzweiß-Fernseher besaßen, nicht einfach vor leeren Bildschirmen sitzen lassen, wenn einmal – selten genug in der Anfangszeit – ein Farbprogramm gesendet wurde. Und bei Schwarzweiß-Sendungen musste auch auf den Farbbildschirmen ein Bild erscheinen – trotz fehlender Farbsignale!

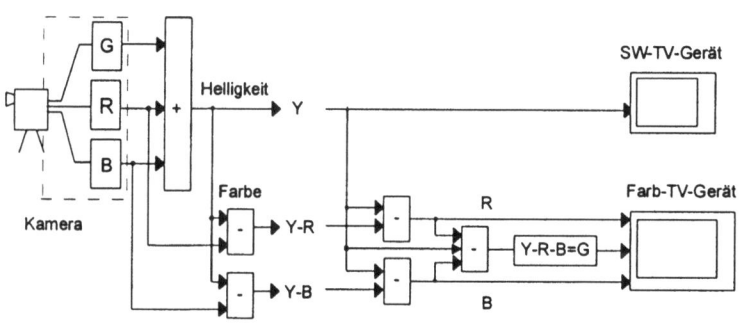

Bild 6.10
Wandlung der Farbsignale in ein Helligkeitssignal und 2 Farbdifferenzsignale

Zur Kompatibilität von Schwarzweiß- und Farbfernsehen werden die von der Studiokamera gelieferten 3 Farbsignale (Grün G, Rot R, Blau B) in ein Helligkeitssignal Y gewandelt (Y = R + G + B). Daneben werden zwei Farbdifferenzsignale Y – R und Y – B gebildet und gesendet. Im Empfänger lassen sich daraus die ursprünglichen Farbsignale G, R, B wieder berechnen.

Mit anderen Worten: Es musste Kompatibilität zwischen Farbe und Schwarzweiß hergestellt werden. Dafür fand man eine ausgezeichnete Lösung. Etwas vereinfacht sieht sie so aus: Man sendet nicht drei Farbsignale, sondern ein *Helligkeitssignal* und zwei *Farbdifferenzsignale*.

Farbdifferenzsignale für die Kompatibilität

Das Helligkeitssignal ist die mit bestimmten Faktoren entsprechend der Augenempfindlichkeit bewertete Summe aller drei Farbsignale. Die beiden Farbdifferenzsignale berechnet man senderseitig aus Helligkeitssignal minus Rotsignal und Helligkeitssignal minus Blausignal. Ein Schwarzweiß-Empfänger nutzt nur das Helligkeitssignal und ignoriert die beiden Farbdifferenzsignale. Ein Farbempfänger rechnet sich dagegen rückwärts aus Helligkeitssignal und den beiden Farbdifferenzsignalen die originalen drei Farbsignale wieder aus. Das Problem der Kompatibilität war damit zunächst gelöst.

Nun ging es darum, die beiden neuen Signale so zu übertragen, dass sie das Helligkeitsbild nicht störten. Gleichzeitig sollte aber das gesamte Fernsehsignal nicht mehr Raum im Spektrum einnehmen, als vorher. Man fand auch da eine Lösung. Weil das Bildsignal sich im wesentlichen periodisch mit der Zeilenwechselfrequenz von 15 625 Hz wiederholt, ist auch das Spektrum nicht vollkommen kontinuierlich. Es belegt zwar den Frequenzbereich zwischen 25 Hz und einigen Megahertz, aber es treten doch in Abständen dieser Zeilenfrequenz Maxima und dazwischen Lücken auf (Bild 6.11). Da natürlich auch die Farbdifferenzsignale ein solches periodisches Spektrum aufweisen, gelang es, deren Spektrum in die Lücken des Helligkeitssignal zu schieben. Beide beeinflussten sich also praktisch nicht mehr. Im übrigen fand man eine Lösung, die das Problem der zwei notwendigen neuen Signale wenigstens etwas entschärfte: Man nutzt wieder einmal eine Unvollkommenheit des menschlichen Auges: Farbänderungen werden weniger genau registriert als Helligkeitsänderungen. Die Farbsignale müssen also nicht mit der gleichen großen Bandbreite wie das Helligkeitssignal übertragen werden, das spart.

NTSC = national television system commitee; SECAM = séquential à mémoire; PAL = phase alternate line

Natürlich konnte man sich wieder einmal nicht über einen weltweiten Standard einigen. In Amerika war zwar das Farbfernsehen zuerst eingeführt, aber dieses NTSC-Verfahren hatte Nachteile, die den Europäern nicht gefielen. „Never The Same Colour" spotteten die Amerikaner über ihr eigenes System. Frankreich entwickelte also seinen eigenen SECAM-Standard. Im einen Halbbild wird nur das eine Farbdifferenzsignal, im anderen dann das andere Farbdifferenzsignal übertragen. Neben dem Frequenzmultiplex – Einordnen in die Frequenzlücken – also noch ein Zeitmultiplex.

Dieses Verfahren wiederum gefiel den Deutschen nicht, und so erfand der Telefunken-Ingenieur Walter Bruch das PAL-System, das sich in 70 Ländern weltweit durchsetzen konnte; auf Einzelheiten wollen wir hier nicht eingehen. Und nun sind wir endlich an der entscheidenden Stelle, um die oben genannte offensichtlich doch so klare Folgerung näher zu überdenken, dass nämlich zwei Signale sich entweder spektral oder zeitlich nicht überdecken dürfen, wenn man sie sicher wieder entflechten will.

6.3 Signale auf der gleichen Trägerfrequenz

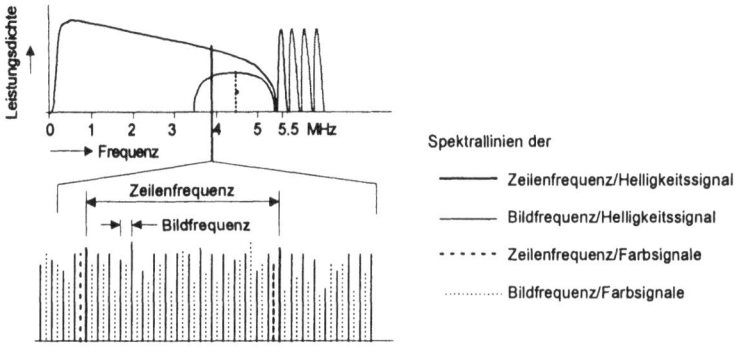

Bild 6.11
Einlagerung der Farbdifferenzsignale in das Helligkeitssignal

Sieht man das Spektrum des TV-Signals sehr genau an, erkennt man, dass es keinesfalls kontinuierlich ist. Die Periodizität der Einzelbilder und der Einzelzeilen findet sich in mit der Zeilenfrequenz von 15.6 kHz und der Bildfrequenz von 25 Hz periodischen Spektrallinien wieder. Der Farbträger wird nun so gewählt, dass das – ebenso periodische – Spektrum der Farbsignale gerade in die Lücken des Helligkeitsspektrums fällt.

Im PAL-System werden beide Farbdifferenzsignale tatsächlich gleichzeitig übertragen. Trotzdem gibt es nur einen einzigen sogenannten *Farbträger*. Seine Frequenz beträgt etwa 4.43 MHz. Er erscheint aber in zwei Varianten. Beide unterscheiden sich nur dadurch, dass sie zeitlich um genau eine viertel Periode gegeneinander verschoben sind. Die Mathematiker würden sagen: Der eine Träger ist in einem bestimmten Zeitsystem eine Sinusfunktion, der andere eine Cosinusfunktion, oder: Beide Signale sind um 90° in der Phase gegeneinander verschoben. Die eine Version dieses Trägers wird nun mit dem einen, die andere mit dem anderen Farbdifferenzsignal moduliert. Beide Modulationssignale werden zusammen und übereinander in die erwähnten spektralen Lücken des Helligkeitssignals eingefügt.

Beide Signale übereinander! Ihre Trägerfrequenz ist, abgesehen von der verschiedenen Phasenlage, identisch, ihr Leistungsspektrum liegt im gleichen Frequenzbereich. Beide Signale überdecken sich also spektral. Und sie erscheinen beide gleichzeitig. Sie überdecken sich also darüber hinaus auch noch zeitlich!

Und trotzdem können sie auf der Empfängerseite einwandfrei und ohne jede gegenseitige Beeinflussung voneinander getrennt werden!

Damit ist erst einmal sicher: Der Satz am Anfang dieses Kapitels ist offenbar mit Vorsicht zu genießen. Das zeitliche und spektrale Nicht-Überdecken ist eine ausreichende, aber keine notwendige Bedingung für ein exaktes Wiedererkennen zweier Signale. Das sollten wir also noch einmal näher ergründen.

6.4 Das Vergleichsprinzip

Es gibt Gesetze, die weit über ein bestimmtes Fachgebiet hinaus Gültigkeit haben, die sich immer wieder finden, wenn auch in ganz verschiedenen Zusammenhängen und in verschiedenen Wissensgebieten. Dasjenige, um das es hier geht, ist auf dem weiten Gebiet der Informationsverarbeitung wohl eines der wichtigsten. Wir wollen es das Vergleichs- oder Korrelationsprinzip nennen.

Wenn wir, die Augen auf dem Boden, Steinpilze suchend den Wald durchstreifen, haben wir vor unserem geistigen Auge das Abbild unserer geheimen Wünsche: Wir erwarten nach Form und Farbe ein etwa rundes Gebilde, vielleicht dunkelbraun, und auch die Nase sucht mit: Der typische Geruch führt uns nicht selten auf die Fährte.

Oder wir sind auf einer Party und hoffen dort einen bestimmten Bekannten zu treffen. Um uns herum eine Geräuschkulisse von Stimmen, klirrenden Gläsern, Gelächter, Musik. Noch ohne Sichtkontakt hören wir plötzlich ein paar aus dem Zusammenhang gerissene Worte und wissen: da ist er.

Oder nachts: Man wacht auf und tastet nach der abgelegten Armbanduhr auf dem Nachttisch. Da liegt viel. Vielleicht eine Streichholzschachtel, eine Brille, ein Stift, ein Block. Alles hat etwa die gleiche Größe wie die gesuchte Uhr. Aber die Finger tasten schnell darüber hinweg, ohne dass man sich die Mühe einer genaueren Betrachtung macht. Bis man die Form fühlt, die man erwartet.

Sicher, in allen drei Fällen sind Täuschungen möglich. Beim Pilzesuchen fallen wir vielleicht auf ein herbstliches Blatt herein, das in Form und Farbe einem Pilz ähnelt. Auch die Stimme, die wir zu hören glauben, kann einem Unbekannten gehören. Statt der Uhr können wir einen ähnlich geformten Gegenstand ergreifen. Es ist aber unwahrscheinlich, dass wir anstelle eines Pilzes nach einer Blechdose greifen, den Fetzen eines Musikstückes für die Stimme des Bekannten halten, oder die quadratische Streichholzschachtel einer näheren Prüfung unterziehen, wenn wir eine runde Uhr suchen.

6.4 Das Vergleichsprinzip

In allen Fällen haben wir ein in einer Kommunikationssituation typisches Problem zu lösen: Wir suchen ein Nutzsignal in einem Umfeld von Störsignalen. Und wir tun das unwillkürlich, indem wir die Menge der einfallenden Information mit einem Mustersignal *vergleichen*.

Grundproblem: Der Signalvergleich

Ist das ein Tick, den wir uns eben angewöhnt haben, einfach so?

Da ist ein Schmetterling – der Kaisermantel. Wie findet er seine Partnerin? In einem Experiment bot man ihm verschiedene Nachbildungen an, Körper und Flächenelemente schmetterlingsähnlicher Form. Die nahm er an. Aber besonders sicher reagierte er, wenn eine gelbe Fläche für ihn abwechselnd sichtbar und unsichtbar gezeigt wurde. Dann war auch die schmetterlingsähnliche Form nicht mehr so wichtig; ein längs schwarzgelb gefärbter rotierender Zylinder hatte die gleiche anziehende Wirkung. Der Schmetterling hat ein eingeprägtes Zielmuster – eine typische Farbe, und das Kennzeichen des Flügelschlags.

Der Schwarze Leuchtkäfer kodiert seine Kennung; periodisch alle 5.7 s sendet er einen Lichtblitz in die Dunkelheit. Nur Weibchen dieser Gattung antworten – mit einer Blitzperiode von 2.1 s. Empfängt der Käfermann dieses Signal, landet er zur Paarung – und wird möglicherweise gefressen, wenn ein Exemplar einer anderen Gattung diese Kodierung in böser Absicht kopiert hat.

Der Hirsch reagiert in der Brunst nur auf den Ruf des Konkurrenten, die Geräusche des Waldes um ihn herum lassen ihn kalt.

Die Liste der Beispiele ließe sich beliebig fortsetzen. Es ist nicht einfach die Lautstärke einer Mitteilung, die den Partner aufmerksam werden lässt. Er wartet auf ein typisches, spezielles Signal, das sich von dem immer vorhandenen Störpegel der Umgebung und den Signalen anderer, aber für ihn uninteressanter Wesen oder Vorgänge *unterscheidet* – ein bestimmtes Farbmuster in der vielfarbigen Umwelt, ein Tongemisch mit bestimmter spektraler Verteilung, einen typischen Geruch, einen zeitlich definierten Vorgang, den er als Muster gespeichert und einem bestimmten Begriff, einer Person, einer Sache oder einem Vorgang zugeordnet hat.

Wenn wir dieses Prinzip erkannt haben, allgemein gültig im Bereich der natürlichen wie der technischen Signale, dann liegt eine Frage auf der Hand: Gibt es für diese Art der Erkennung besonders günstige Signale?

Betrachtet man die Vielzahl solcher Signale in der belebten Welt, dann liegt wohl die erwartete Antwort nahe: Offenbar nicht in dem Sinne, dass man besondere Frequenzbereiche oder besondere Signalformen angeben könnte. Denn die von allen kommunizierenden Wesen oder technischen Geräten genutzten Spektralbereiche reichen ja von den ultratiefen Frequenzen der Wale von wenigen Hertz bis in den höchstfrequenten Bereich des Lichts, und von bestimmten räumlichen Strukturen bis hin zu zeitlichen Strukturen in den Liedern der Vögel. Aber trotzdem ist die Wahl dieser Signale natürlich nicht willkürlich. Denn einerseits ist sie offenbar den Notwendigkeiten und Gegebenheiten der Umwelt angepasst – wir sprachen von einer Anpassung an den verfügbaren Übertragungskanal. Andererseits wird das eigene Signal aber auch umso sicherer übertragen, je mehr es sich von anderen (in der gleichen Umwelt) unterscheidet, seien es nun Signalgeber gleicher oder ganz anderer Art oder reine Störquellen.

Maximale Unterscheidungsmöglichkeit erwünscht

6.5 Der Korrelationsfaktor

Die verwendeten Signale müssen unterscheidbar sein – das ist das elementare Gesetz in jedem Übertragungssystem, in dem mehrere Signale in ein und demselben Medium transportiert werden, in einem Kabel oder in einem Funkkanal. Gesucht sind also Signale, die maximal unterschiedlich, also minimal ähnlich sind. Um dieses Maß der Unterscheidbarkeit geht es, und es wird die Basis vieler Überlegungen der folgenden Kapitel sein. Es bleibt also nichts anderes übrig, als sich mit diesem Begriff etwas näher zu beschäftigen.

Die Korrelation als Maß der Ähnlichkeit

Ein Maß und zunächst nur ein anderes Wort für die Ähnlichkeit zweier Vorgänge ist ihre *Korrelation*. Da uns dieser Begriff und seine Anwendung immer wieder begegnen werden, müssen wir ihn etwas präziser fassen. Das ist nicht allzu schwer, wenn wir uns zunächst auf eindimensionale Vorgänge beschränken, also zum Beispiel auf zeitliche Abläufe irgendwelcher Größen. Etwa den mittleren jährlichen Verlauf der Temperatur in Europa und die Verkaufszahlen von Badebekleidung, den Einfluss von Sommerschlussverkäufen einmal ausgeklammert. Beide korrelieren offensichtlich normalerweise in starkem Maße (Bild 6.12a und b). Bei einem verregneten Sommer und einem schönen Herbst ist aber möglicherweise die Korrelation nicht ganz so gut (Bild 6.12c). Wie unterscheidet der Statistiker diese beiden Sachverhalte?

Der Korrelationsfaktor

Er definiert einen Korrelationsfaktor oder auch Korrelationskoeffizienten auf folgende interessante Weise. Zunächst sucht man die Mittelwerte der beiden zu vergleichenden Vorgänge und subtrahiert sie von den Vorgängen selbst. Man erhält also nun Vorgänge, die um eine Nullachse herum schwanken und mal positive, mal negative Werte annehmen. Die jeweiligen Werte dieser beiden Kurven multipliziert man nun punktweise zu jeweils gleichen Zeitpunkten, etwa in Abständen von Sekunden, Stunden, einer Woche oder einem Monat, und addiert die Ergebnisse.

6.5 Der Korrelationsfaktor

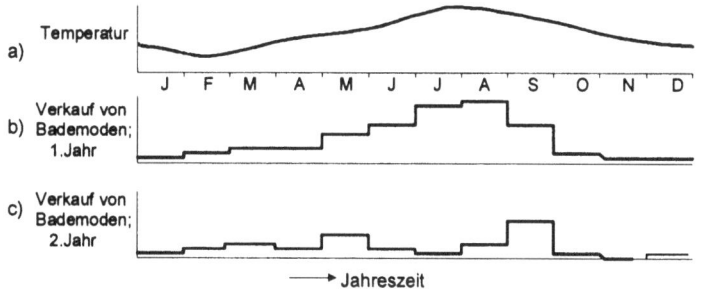

Bild 6.12
Die Korrelation von Ereignissen

Der Verkauf von Bademoden (b) korreliert recht gut mit dem mittleren jährlichen Temperaturverlauf (a); in einem verregneten Sommer mit schönem Herbst sieht aber die Verkaufskurve (c) möglicherweise ganz anders aus – die Korrelation zum mittleren Temperaturverlauf (a) über mehrere Jahre ist eher schlecht.

Natürlich ist das zahlenmäßige Resultat dieser Prozedur etwas willkürlich, je nachdem, ob man die Temperaturen in Grad Celsius oder in Fahrenheit angegeben hat. Auch die Verkaufszahlen können größer oder kleiner sein, je nachdem ob man die Werte einer Ladenkette oder eines kleinen Geschäftes zugrunde legt. Außerdem hatten wir ja offengelassen, ob die Multiplikationen in Wochen- oder Monatsabständen durchgeführt wurden. All das beeinflusst natürlich das zahlenmäßige Ergebnis der Rechnungen, nicht aber die endgültige Aussage über die Ähnlichkeit. Um diesen Einfluss der Maßstäbe auszuschalten, teilt man das Rechenergebnis deshalb noch durch eine Zahl, die diese willkürlichen Amplituden- und Zeitfaktoren berücksichtigt und kommt so zu einem *normierten* Korrelationsfaktor. Er schwankt nur zwischen den Werten +1 und -1.

Im Beispiel von Bild 6.13 wird deutlich, was man mit dieser kompliziert klingenden Formel erreicht hat: Je ähnlicher sich zwei Vorgänge sind, desto größer wird der berechnete Korrelationsfaktor werden, denn unabhängig davon, ob man momentan zwei positive oder zwei negative Werte miteinander multipliziert, wird sich ja immer eine positive Zahl ergeben; die Summe über die vielen positiven Werte wird groß werden. Je mehr sich jedoch beide im Verlauf unterscheiden, desto öfter wird ein positiver Wert der einen Funktion mit einem negativen der anderen zusammen treffen; die sich damit ergebenden negativen Produkte werden die Summe und damit den Korrelationsfaktor verringern.

Der normierte Korrelationsfaktor hat Werte zwischen +1 und -1

Bild 6.13
Positive und negative Werte des normierten Korrelationsfaktors

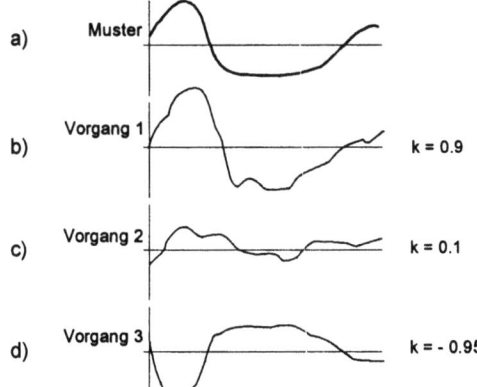

Der Vergleich verschiedener Vorgänge 1, 2, 3 mit einem Muster ergibt verschiedene Grade der Übereinstimmung und damit verschiedene Werte des normierten Korrelationsfaktors.

Wären beide Vorgänge zwar sehr ähnlich, aber gegenläufig wie in Bild 6.13a und d, würde sich wegen der überwiegend negativen Produkte ein negativer Korrelationsfaktor ergeben, bei idealer Gegenläufigkeit der Wert -1. Gibt es überhaupt keine Ähnlichkeit zwischen den Zeitverläufen, wird der Korrelationsfaktor gleich 0 sein; positive und negative Produkte heben sich dann gerade gegenseitig auf. In diesem Fall nennt man die beiden Vorgänge unkorreliert oder *orthogonal*.

Bedingung für Multiplexsysteme: Orthogonalität der Teilsignale

Mit dieser Definition der Mathematiker kommen wir weiter. Wenn wir fordern, dass alle Teilsignale eines Bündels maximal unterschiedlich sein sollen, damit sie auf der Empfängerseite fehlerfrei und ohne Verwechslungen wieder entbündelt werden können, dann kann das nur heißen, dass sie untereinander – jedes mit jedem – unkorreliert und folglich orthogonal sein müssen.

Harmonische Schwingungen mit verschiedener Frequenz sind orthogonal

Überprüfen wir zunächst einmal die unterschiedlichen Trägerfrequenzen zweier Rundfunksender (Bild 6.14a und b). Wir nehmen zunächst an, dass sie unmoduliert sind. Die Multiplikation beider Funktionen führt zum Verlauf (c). Summieren wir über alle Werte längs der Zeitachse, stellen wir fest, dass sich positive Werte und negative Werte immer gerade aufheben. Der Korrelationsfaktor ist also jedenfalls gleich Null, beide Funktionen sind orthogonal und damit – was zu beweisen war – als Signale in einem Multiplexsystem einsetzbar.

Nun ist der Träger allein – wir wissen es – ja noch kein Signal. Wir müssten also die gleiche Rechnung noch einmal mit zwei sich spektral nicht überdeckenden modulierten Signalen machen. Sparen wir uns das. Das Ergebnis wäre das Gleiche. Wir haben mathematisch bestätigt, was uns ohnehin bekannt war, dass sich nämlich zwei Schwingungen verschiedener Frequenz durch Filter trennen lassen und deshalb in einem Frequenzmultiplexsystem eingesetzt werden können.

6.5 Der Korrelationsfaktor

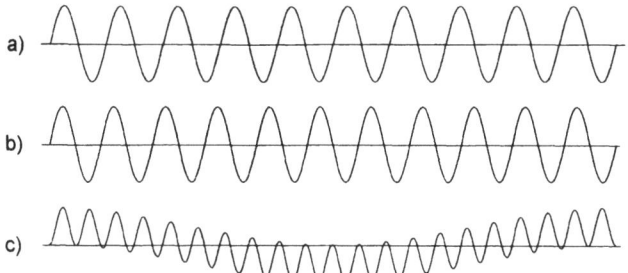

Bild 6.14
Die Orthogonalität zweier harmonischer Funktionen

Korreliert man den Zeitverlauf zweier harmonischer Schwingungen verschiedener Frequenz (a und b), dann folgt aus der Multiplikation beider zunächst der Verlauf (c). Die Summation aller Werte von (c) über eine längere Zeit liefert aber den Wert Null – die positiven und die negativen Werte der Funktion heben sich jeweils gegenseitig auf. Zwei Schwingungen verschiedener Frequenz sind also orthogonal – was zu beweisen war.

Wozu also der große theoretische Aufwand mit dem Korrelationsfaktor? Haben sich hier ein paar Theoretiker ausgetobt, die wieder einmal die einfachsten Sachen so kompliziert wie möglich erklären müssen?

Gemach, gemach. Wir haben ja den Kern der Aussage – *alle Teilsignale eines Bündels müssen orthogonal sein* – noch gar nicht genutzt. Mit Erstaunen stellen wir fest, dass in dieser Vorschrift zur Orthogonalität der Signale in einem Multiplexbündel das bisher geforderte unbedingte Nicht-Überdecken im Zeit- oder Frequenzbereich ja überhaupt nicht enthalten ist. Ist es vielleicht gar keine notwendige Bedingung?

Und nun kommen wir – endlich, nach der langen Einleitung, und als einfachstes Beispiel – noch einmal auf die Übertragung der beiden Farbsignale im Fernsehsignal zurück. Führen wir die obige Testberechnung des Korrelationsfaktors noch einmal mit einer leichten Änderung durch: Korrelieren wir wieder zwei harmonische Funktionen, also zwei Träger, die nun allerdings beide die gleiche Frequenz haben, aber in ihrer Phasenlage um eine viertel Periode, also um 90° in der Phase, gegeneinander verschoben sind (Bild 6.15a und b).

Auch zwei Schwingungen gleicher Frequenz, aber mit 90° Phasendifferenz, sind orthogonal

Das Ergebnis ist verblüffend: Bei der Summierung über das Produkt (Bild 6.15c) heben sich wieder die positiven und negativen Anteile auf, der Korrelationsfaktor verschwindet, und wegen der mit wachsender Summierungszeit wachsenden Größe im Nenner des normierten Korrelationsfaktors schließlich auch bei Summierung über eine beliebige lange Zeit, nicht nur über eine ganze Zahl von Perioden hinweg.

Bild 6.15
Orthogonalität zweier um 90° zeitversetzter Schwingungen gleicher Frequenz

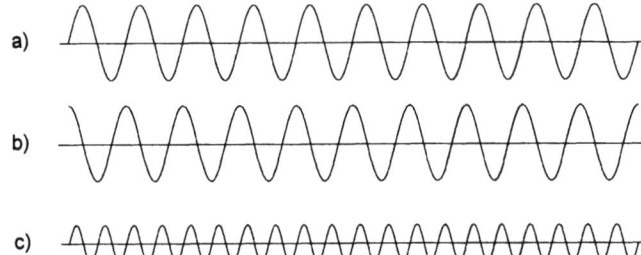

Das Produkt (c) zweier Harmonischer gleicher Frequenz (a) und (b), die aber um eine viertel Periode (90°) in ihren Phasen gegeneinander verschoben sind, ist wieder eine harmonische Funktion, und die Summation über alle ihre Werte ist gleich Null: Auch (a) und (b) sind also orthogonal!

Es ist also tatsächlich möglich – und genau das wird bei der Übertragung der Farbsignale getan – zwei Quellensignale zwei harmonischen Trägern aufzumodulieren, die die *gleiche* Frequenz besitzen und sich nur durch eine Phasenverschiebung von 90° unterscheiden! Beide Signale können im Empfänger wieder getrennt werden, ohne sich gegenseitig zu beeinflussen.

Nur leider – mit anderen Phasenlagen lässt sich dieses Experiment nicht wiederholen. Nur zwei um genau 90° verschobene Harmonische der gleichen Frequenz sind orthogonal. Also ist auch nur ein 2-Kanal-Multiplexsystem auf diese Weise zu realisieren.

Bleibt natürlich die Frage: Wie kann man sie denn wieder trennen? Denn Frequenzfilter helfen hier doch ganz offenbar ebenso wenig weiter wie Zeitschalter – beide Signale besetzen mit ihren Spektren ja den gleichen Frequenzbereich und treten auch gleichzeitig auf.

Demultiplexierung ebenfalls durch Korrelation

Ganz einfach: Durch erneute Korrelation mit je einem Muster – den beiden erwarteten Trägern. Im Empfänger erzeugt ein Oszillator genau die bekannte Farbträgerfrequenz und stellt sie in zwei Versionen zur Verfügung, die eine um 90° gegenüber der anderen phasenverschoben. In einem Multiplikator wird das ankommende Farbdifferenzsignalgemisch mit der einen und in einem zweiten Multiplikator mit der anderen Version des Trägermusters multipliziert und dann summiert. Dieser Multiplikator wird übrigens sehr leicht durch ein einfaches nichtlineares Element nachgebildet, die Summierung durch einen Tiefpass – das nur nebenbei. An den Ausgängen erscheinen dann nur jeweils die „eigenen" Signalkomponenten, nämlich die, deren Trägerfrequenz mit der Farbträgerfrequenz der jeweiligen Phasenlage übereinstimmt.

Und woher weiß der Empfänger die „richtige" Phasenlage? Das ist der Haken an der Sache. Im Fernsehsignal wird sie ihm durch ein kleines Stück Originalschwingung übermittelt, das an einer bestimmten Stelle des Bildsignals – auf der sogenannten Schwarzschulter kurz nach einem Synchronimpuls – vom Sender übermittelt wird (siehe Bild 6.9). An ihm wird das selbst erzeugte Oszillatorsignal ausgerichtet.

Ganz schön kompliziert, dieses Verfahren. Aber es zeigt an einem einfachen Beispiel eine außerordentlich wichtige Tatsache auf, dass nämlich der Frequenz- und der Zeitmultiplex zwar recht einfache, aber doch offenbar nicht die einzigen Möglichkeiten sind, Signale zu bündeln und – vor allem – auf der anderen Seite des Übertragungsweges fehlerfrei wieder zu entbündeln. Mit anderen Worten: Die beiden berühmten und bekannten Multiplexverfahren – das Zeit- und das Frequenzmultiplex – sind nur zwei Sonderfälle des allgemeinen Prinzips.

6.6 Gleichzeitig im gleichen Frequenzband

Wir sind nun aufmerksam geworden. Gibt es vielleicht auch noch andere Funktionen, auf die die Orthogonalitätsbedingung zutrifft, und die folglich für eine solche unkonventionelle Multiplexierung verwendbar sind?

Tatsächlich kennen die Mathematiker einige Funktionenmengen dieser Art. Denn eine *Menge* gegenseitig orthogonaler Funktionen muss es schon sein, weil ja nach Trägern für ein *viel*kanaliges Bündel gesucht wird. Die meisten dieser mathematischen Funktionen haben sich technisch allerdings nicht durchgesetzt. Die Ausnahmen sind wieder – wen wunderts inzwischen – einige digitale Varianten. In Bild 6.16 ist eine solche Menge (oder wenigstens ein Teil davon) gezeigt – die sogenannten Walshfunktionen.

Walshfunktionen

Bild 6.16
Einige
Walshfunktionen

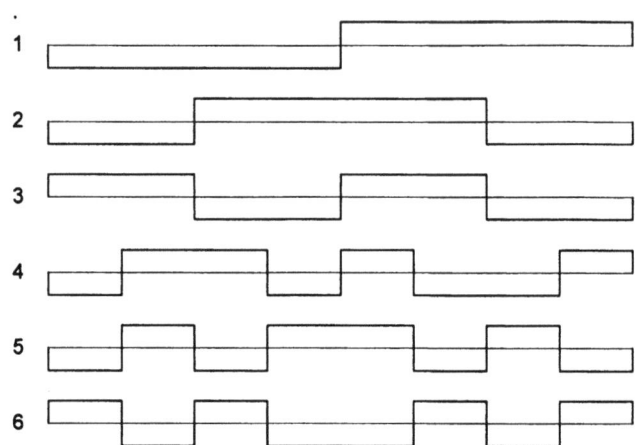

Die Walshfunktionen bilden eine orthogonale Menge von binären Funktionen. Sie wiederholen sich periodisch wie harmonische Funktionen; im Bild ist jeweils eine volle Periode dargestellt. Man spricht hier von Sequenzen anstelle von Frequenzen. Die Orthogonalität ist leicht nachzuprüfen: Multipliziert man je zwei dieser Funktionen und summiert wieder über eine Periode, erhält man immer das Ergebnis Null.

Der Grund, warum wieder die digitalen und speziell binäre Signale das Rennen machten, ist einleuchtend: Wenn einfache Filter oder einfache Zeitschalter nicht mehr verwendet werden können, weil sich die einzelnen Signale zeitlich und spektral überdecken, muss wirklich zur Trennung der Signale auf das Elementarprinzip des Vergleichs zurückgegangen, also der Korrelationsfaktor berechnet werden. Handelt es sich um kontinuierliche Signale, ist die Multiplikation und Summierung viel aufwendiger als mit binären Signalen – wenn das Mustersignal binär ist, muss das ankommende Signal ja nur mit +1 oder mit -1 multipliziert werden. Das ist aber eigentlich gar keine Multiplikation mehr, sondern nur eine Vorzeichenumkehr, und deshalb technisch viel einfacher und schneller zu bewerkstelligen.

Mitte der sechziger Jahre tauchten erste Funkgeräte seltsamer Art auf. Die US-Armee interessierte sich für solche Nachrichtensysteme. Sie hatten völlig ungewohnte und eigenartige Eigenschaften. Die Geräte, für den mobilen Betrieb in der Truppe gedacht, hatten keine Frequenzeinstellung mehr. Alle Teilnehmer nutzten die gleiche Trägerfrequenz und das gleiche Übertragungsband – gleichzeitig und gemeinsam. Die einzelnen örtlich verteilten Sender konnten deshalb durch Funkpeilungen vom Gegner kaum noch ausgemacht werden. Und auch ein Abhören der Gespräche war außerordentlich schwer. Nicht nur, weil digital kodierte Sprache verwendet wurde. Schon die einzelnen Bits

Teilnehmerunterscheidung ohne TDM und FDM

6.6 Gleichzeitig im gleichen Frequenzband

waren nicht mehr unterscheidbar, denn jedes einzelne von ihnen war noch einmal kodiert – umgesetzt in einen für jeden Teilnehmer speziellen Kode mit einer Länge von dutzenden oder sogar hunderten bit.

Diese Kodes aber waren orthogonal oder mindestens annähernd orthogonal. Die Bitfrequenz jedes einzelnen Senders war damit zwar um ein Vielfaches höher als die Bitfrequenz des jeweiligen digitalisierten Sprachsignals und belegte deshalb ein vielfach breiteres Frequenzband. Allerdings hätte aber auch das zeit- oder frequenzgeschachtelte Bündel ein entsprechendes Vielfaches der Bandbreite eines einzelnen Kanals gebraucht. Jetzt aber nutzten alle Sender dieses breite Band gemeinsam. Nicht die Frequenz wurde mehr gewählt, um einen bestimmten Teilnehmer zu empfangen, sondern dessen Kode wurde eingestellt, und schon prüfte der eigene Empfänger das Gewirr von ankommenden und sich gegenseitig überlagernden Binärsignalen auf Korrelation mit dem vorgegebenen Musterkode – immer wieder, in ununterbrochener Folge. Fand er, dass zu einem bestimmten Zeitpunkt alle Bits seines Musters – des Kodes bzw. der „Adresse" des betreffenden Teilnehmers – mit dem ankommenden Signalgemisch übereinstimmten, meldete er den Empfang eines Bits – *eines* Bits! – des binären Sprachsignals des sendenden Teilnehmers. Bit für Bit wurde so aus dem Summensignal des einzigen Übertragungsbandes herausgefischt. Frequenz- und Zeitselektion waren bei diesem System zu nebensächlichen Hilfsfunktionen degradiert. Kodeselektion war an deren Stelle getreten, das Kürzel CDM für *Kodemultiplex* war entstanden.

CDM = code division multiplex

Demonstrieren wir das an einem Beispiel. Der Einfachheit halber nehmen wir ein Signalbündel mit nur 4 Teilnehmern an. Verzichten wir auch auf die Trägerung und setzen voraus, dass die Signale alle in ein einziges Kabel eingespeist werden. Wir nehmen an, dass jeder der Teilnehmer in einem bestimmten betrachteten Zeitintervall gerade ein einzelnes Bit übertragen will, in dem gedachten System sind folglich 4 bit gleichzeitig zu übertragen. Zeile (a) in Bild 6.17 zeigt, wie das in einem konventionellen Zeitmultiplexsystem aussehen würde.

Nun stellen wir auf Kodemultiplex um. Dazu brauchen wir eine Menge von orthogonalen Funktionen als Kanaladressen. Da wir einmal im digitalen Bereich sind, nutzen wir gleich die Walshfunktionen. Vier von ihnen – wir brauchen ja nur 4 davon, um jedem Teilnehmer eine von ihnen zuzuordnen – können wir aus Bild 6.16 entnehmen.

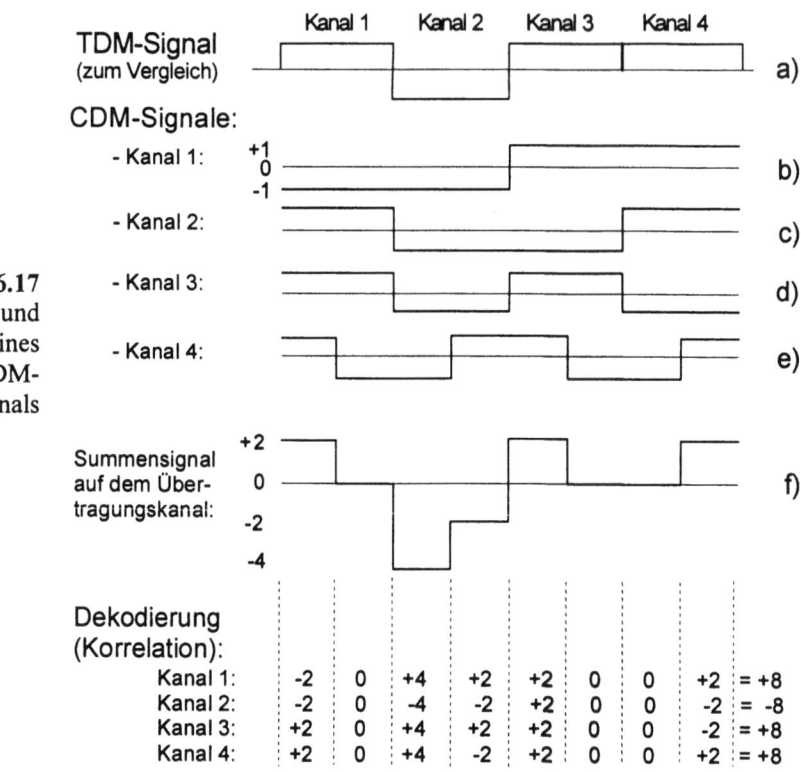

Bild 6.17
Kodierung und Dekodierung eines 4-Kanal-CDM-Signals

Ein TDM-Bündelsignal mit je 1 bit/Kanal (a) und das entsprechende CDM-Signal (f); als Träger werden Walshfunktionen verwendet. Die Zahlen unten zeigen die Bildung der Korrelationsfaktoren für jeden der vier Teilnehmer; die vier Binärwerte (+1, -1, +1, +1) des Ausgangssignals sind fehlerfrei wiedergewonnen.

Zur Konstruktion des Kodemultiplexsignals multiplizieren wir das Bit des ersten Teilnehmers (+1) mit der Walshfunktion 1 aus Bild 6.16; es ergibt sich das Signal Bild 6.17b. Das zweite Bit ist -1, multipliziert mit Walshfunktion 2 aus Bild 6.16 folgt der Verlauf Bild 6.17c, d.h. die Walshfunktion 2 wird einfach in ihrer Polarität umgedreht. Das dritte und vierte Bit, ebenfalls beide gleich +1, ergeben die Verläufe Bild 6.17d und 6.17e. Die vier Bit der vier Kanäle sind also je mit einer unterscheidbaren Adresse versehen worden. Jeder der Vier sendet nun sein Signal auf der gleichen Trägerfrequenz aus. Im Netz sind alle Signale zeitlich überlagert. Bild 6.17f zeigt das irgendwo im Netz empfangene Summensignal.

6.6 Gleichzeitig im gleichen Frequenzband

Das sieht auf den ersten Blick chaotisch aus, lässt sich aber mühelos wieder entbündeln, wie in den 4 Tabellenzeilen im Bild unten demonstriert ist. Das Summensignal (Bild 6.17f) wurde dabei in jedem der 8 kleinen Intervalle mit den jeweiligen Werten der zugehörigen Walshfunktion aus Bild 6.16 multipliziert. Die Einzelprodukte in den 8 Zeitintervallen sind angegeben und für jeden Kanal addiert. Die sich ergebenden Summen, geteilt durch die Intervallzahl 8, liefern tatsächlich für jeden Kanal seinen originalen Binärwert zurück. Ist das empfangene Signal gestört, werden die Summen nicht genau +8 oder -8 betragen, aber doch nahe bei diesen Werten liegen, also erkennbare Ergebnisse liefern.

Das Kodemultiplexverfahren konnte sich anfangs nur schwer durchsetzen. Das Frequenzmultiplex hatte sich längst etabliert, die Zeitmultiplexsysteme waren im Kommen und eroberten sich gerade Stück für Stück von den Bastionen der FDM-Technik auf den Kabeln der Fernmeldeverwaltungen. Die heute selbstverständlichen Technologien der hochintegrierten Mikroelektronik begannen eben erst ihren Einzug in die Gerätetechnik. Gerade sie aber waren eine unbedingte Voraussetzung für den Aufbau solcher anspruchsvollen signalverarbeitenden Funktionen wie der Korrelatoren. Erst gegen Ende des Jahrhunderts erschien deshalb das CDM auf dem zivilen Markt, als eins von mehreren Systemen im mobilen Funkverkehr und in der Satellitentechnik.

Die Abhörsicherheit des CDM-Verfahrens spielt in den zivilen Netzen nicht die entscheidende Rolle. Sie kann auch auf andere Weise sichergestellt werden. Es locken andere interessante und attraktive Eigenschaften der CDM-Systeme. Da sind zum Beispiel die Interferenzen durch Mehrwegeausbreitung der Funkwellen, auf die wir im folgenden Kapitel noch näher eingehen werden. Ihr Leistungsanteil ist nicht nur zeit- und ortsabhängig, sondern vor allem auch an einem bestimmten Ort und zu einem bestimmten Zeitpunkt frequenzabhängig. Schmalbandige Signale, die eben nur einen engen Bereich des Spektrums belegen, sind dagegen besonders empfindlich. Sie können in kritischen Empfangssituationen durch solche Effekte stark verfälscht werden, ja sogar durch Interferenzen der hochfrequenten Signalanteile zeitweise völlig verschwinden. Auch ein schmalbandiger Störer, der zufällig im gleichen Frequenzband liegt, kann sich verheerend bemerkbar machen und möglicherweise ein Signal völlig zerstören.

Das Spektrum der Einzelsignale in einem CDM-Bündel wird dagegen durch die Kodierung über ein sehr breites Frequenzband *verschmiert*. Frequenzselektive Pegeleinbrüche durch Interferenz und schmalbandige Störer treffen dann immer nur einen kleinen Teil des breiten Signalbandes, das jedes einzelne Signal des Bündels einnimmt.

spread spectrum-Signal

Das Signal wird durch die Interferenzeffekte deshalb viel weniger beeinflusst. Auch nacheinander eintreffende Signalanteile überlagern sich nun nicht mehr unkontrolliert, sondern können durch den Korrelator sauber getrennt und anschließend auf definierte Weise wieder ordentlich zusammengefügt oder aussortiert werden. Und noch ein Vorteil: Der Aufwand für eine ständige Aufteilung und Zuteilung des Frequenz- oder des Zeitbandes für die einzelnen Kanäle entfällt – alle werden völlig unabhängig voneinander überlagert, gekennzeichnet nur durch ihren Kode, ihre Adresse.

6.7 Tausend Träger für ein einziges Signal

Die digitale Übertragung scheint nach allem Gesagten ein fast ideales Verfahren zu sein. Natürlich braucht man eine bestimmte Mindestbandbreite des Kanals – je schmaler die Impulse, umso breiter das notwendige Übertragungsband. Denn wird eine Mindestbandbreite des Übertragungskanals unterschritten, werden die einzelnen Impulse unzulässig verbreitert und stören und fälschen sich dann möglicherweise gegenseitig.

Mehrwege-Ausbreitung
Aber selbst bei ausreichend vorhandener Bandbreite gibt es in Funkkanälen eine weitere ausgesprochen bösartige Störung: die eben schon angesprochene sogenannte Mehrwege-Ausbreitung. Denn die elektromagnetische Welle lässt sich zwar durch aufwändige Antennenkonstruktionen mehr oder weniger gut in eine bestimmte Richtung konzentrieren, aber selbst dann sucht sie sich natürlich außer dem direkten geradlinigen Weg zum Empfänger, falls der überhaupt gerade frei ist, noch andere Wege. Sie wird ähnlich wie ein Lichtstrahl an allen möglichen Gegenständen reflektiert und erreicht das Empfangsgerät über manchmal vielerlei Umwege und deshalb – laufzeitabhängig – mit mehr oder weniger Verspätung gegenüber dem Hauptsignal, das den direkten Weg gelaufen ist.

Der Effekt ist kaum störend, wenn die Laufzeitdifferenz zwischen Hauptsignal und den Umwegsignalen klein gegenüber der Länge eines Bits ist. Trifft das nicht zu, überlagern sich verspätet ankommende Umwegsignale mit früheren Binärzeichen. Die Folge sind falsch erkannte Bits und damit ernsthafte Störungen des übertragenen Signals.

Überschlagen wir kurz: Selbst ein Umweg von nur 10 Metern entspricht bei einer Ausbreitungsgeschwindigkeit von 300 000 km/s einer Verzögerung von 33 ns, also $33 \cdot 10^{-9}$ s. Damit diese Zeit den nächstfolgenden Impuls nicht wesentlich beeinflusst, sollte die Impulsbreite der Folge möglichst groß gegen 33 ns sein, also z.B. 100 ns. Das bedeutet, dass in diesem Fall die Übertragungsrate nicht größer als 10

6.7 Tausend Träger für ein einziges Signal

Mbit/s sein dürfte. Das ist wenig. Tatsächlich aber können sogar noch weitaus größere Laufzeitdifferenzen auftreten und würden dann die zulässige Übertragungsrate noch weiter verringern – eine harte Einschränkung für viele Funksysteme.

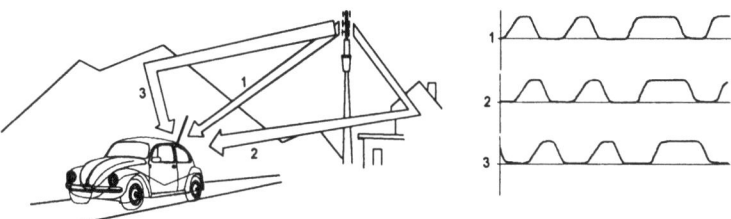

Bild 6.18
Die Mehrwege-Ausbreitung

In Funksystemen wird der Empfänger in der Regel über viele Wege erreicht. Die Laufzeit der elektromagnetischen Welle ist dabei in allen Fällen verschieden. Sind die Laufzeitdifferenzen größer als die Dauer eines Bits, kommt es zu unerwünschten Überlagerungen benachbarter Zeichen und zu Übertragungsfehlern.

Aber kann man das ändern? Wenn eine bestimmte Übertragungsgeschwindigkeit gefordert wird, ist doch die Dauer der einzelnen Binärzeichen verbindlich vorgegeben.

Noch ist nicht alles verloren. Die Zeit als Ursache der Mehrwegestörungen ist ja nicht der einzige verfügbare freie Parameter bei der Wahl unserer Übertragungsverfahren. Erinnern wir uns an die Darstellung der Übertragungskapazität in Bild 2.14: Nutzen wir den Austausch von Zeit gegen Bandbreite!

Die Lösung ist vom Prinzip her einfach: Die schnelle und ununterbrochene Impulsfolge wird in endlich lange Blöcke geteilt, die, sagen wir, je 1000 bit enthalten. Hatte die zu übertragende Folge eine Bitrate von ursprünglich z.B. 500 kbit/s, so wird jetzt alle 1/500 Sekunde, also alle 2 ms, ein neuer Block gebildet werden. Im Sender werden die Werte dieser 1000 bit jedes Blocks zunächst in ebenso viele Speicher geschrieben, sie stehen jetzt also alle „parallel" zur Verfügung. Und diese 1000 Werte werden nun – im Beispiel 500 mal je Sekunde – 1000 verschiedenen Trägerfrequenzen aufmoduliert. Was ist dadurch erreicht?

Zunächst ist die einzelne Information auf jedem Träger jetzt viel länger. Bei der ursprünglichen Folge war jedes Bit 1/500 000 Sekunde lang, nun sind sie 1000 mal länger, also 1/500 Sekunde. Auch die zulässigen Laufzeitdifferenzen bei Mehrwegeausbreitung sind damit tausend mal größer geworden, oder mit anderen Worten: Bisher durch

Mehrwegeausbreitung auftretende Störungen sind nun bedeutungslos. Jede der 1000 Trägerfrequenzen braucht jetzt nur noch 1/1000 des Platzes im Spektrum, den das ursprüngliche breitbandige Signal eingenommen hätte, das Gesamtsignal ist also spektral wieder genauso breit wie vorher. Das Verfahren wird als OFDM bezeichnet.

OFDM = orthogonal frequency division multiplex;

Vorsicht: die gleiche Abkürzung wird für optisches FDM genutzt!

Müde lächelnd wird der Praktiker bemerken: Sehr schön, sicher eine grandiose Idee eines weltfremden Theoretikers – aber wer soll 1000 Modulatoren und ebensoviele Filter bezahlen, und dasselbe noch einmal im Empfänger?

Tatsächlich wäre das ein nicht zumutbarer Aufwand. Aber es gibt eine viel einfachere Lösung. Der gesamte aufwändige Vorgang der Modulation von 1000 Trägerfrequenzen durch 1000 Werte jeweils eines Blocks lässt sich durch eine einzige uns schon lange bekannte mathematische Operation ersetzen: durch eine inverse Fouriertransformation.

Wir wollen versuchen, diesen Vorgang – nur unbedeutend vereinfacht – deutlich zu machen. Wem es zu kompliziert wird, der möge die folgenden drei Absätze ohne Verlust überschlagen.

Erinnern wir uns an die Erklärung zur Bestimmung der Amplitudenwerte der Spektrallinien eines Spektrums: Eine sich periodisch mit T wiederholende Zeitfunktion – nennen wir sie S – hat ein periodisches Spektrum. Es enthält nur Frequenzen bei Vielfachen der Frequenzen f_0 = 1/T, und deren Amplituden sind durch den Algorithmus der Fourier-Hintransformation berechenbar. Damit bildet umgekehrt die Summe aller dieser so bewerteten Schwingungen des Spektrums genau das Signal S ab. Das ist der Vorgang der inversen Fouriertransformation (IFT) oder Fourier-Rücktransformation (Bild 6.19).

Wenn nun, wie in unserem Fall der OFDM, ein Signal aus vielen nebeneinander liegenden Schwingungen aufgebaut werden soll, gehen wir einfach den umgekehrten Weg: Wir setzen voraus, dass dieses gewünschte Spektrum aus N=1000 harmonischen Schwingungen besteht, die Vielfache der Frequenzen f_0 sind, also f_0, $2f_0$, $3f_0$ bis $1000f_0$, und dass die Linien dieses Spektrums die binären Amplituden a_1, a_2, a_3 bis a_{1000} unserer begrenzten Folge von N=1000 bit besitzen, die ja gerade die Dauer von $1/f_0$ = T hat. Die Frequenz f_0 ist dabei z.B. gleich 500 Hz, die Signaldauer T also gleich 2 ms. Wenn wir auf dieses „künstliche Spektrum" nun den Algorithmus der Fourier-Rücktransformation anwenden, werden wir eine Zeitfunktion S erhalten, die diesem von uns vorgegebenen Spektrum entspricht. Die Harmonischen, aus denen sich diese Zeitfunktion zusammensetzt, bekommen nach unserem Modell alle T Sekunden neue Amplitudenwerte zugewiesen, also N mal langsamer, als die Folge der ursprünglichen N bit inner-

6.7 Tausend Träger für ein einziges Signal

halb dieser Zeit, folglich wird sich auch das Signal S nur alle 2 ms ändern.

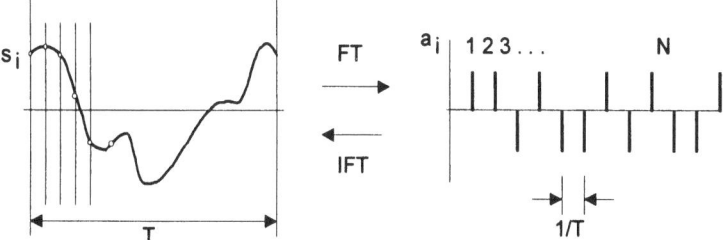

Bild 6.19
FT und IFT zur Bildung eines OFDM-Signals

Ein mit T periodisches Signal führt über die Fouriertransformation (FT) zu einem diskreten Spektrum mit einem Linienabstand von 1/T. Bei der OFDM wird der umgekehrte Weg gegangen: Es wird ein Spektrum vorausgesetzt, dessen z.B. N=1000 Linien die (binären) Werte der N bit der gewählten Kodegruppe der Länge T haben. Durch Anwendung der Inversen Fourier-Tranformation (IFT) lässt sich derjenige kontinuierliche Signalverlauf bestimmen, der diesem Spektrum entspricht. Er wird als Signal der Länge T gesendet. Im Empfänger werden durch Anwendung der FT auf dieses Signal die binären Werte der Spektrallinien wieder gewonnen.

Dieses künstliche Spektrum des Signals S liegt in unserem Beispiel mit seinen 1000 Vielfachen von f_0 im niederfrequenten Bereich von 500 Hz bis 500 kHz. Der folgende Schritt ist nun trivial: Dieses Signal S wird auf irgendeine bekannte Weise einem hochfrequenten Träger aufmoduliert und kann so gesendet werden. Der Empfänger unterwirft das demodulierte wieder erhaltene Signal S nun umgekehrt einer Fourier-Hintransformation. Er erhält dadurch eine Zahl von N Amplitudenwerten, und diese Amplitudenwerte sind natürlich wieder die Binärwerte der N senderseitigen Bits, die nun seriell ausgelesen werden können. Die Effekte der Mehrwegeausbreitung haben jetzt nur noch die Chance, sich über kleine Verzerrungen des Signals S bemerkbar zu machen. Der Einfluss auf dessen Leistungsspektrum und damit auf die wiedergewonnenen Binärwerte ist aber gering.

Die elektronische Realisierung der Fourier-Hin- und -Rücktransformation ist kein Kinderspiel, muss sie doch – in unserem Beispiel – 500 mal je Sekunde mit je 1000 Eingangswerten für 1000 Amplitudenwerte von S durchgeführt werden. Das war noch vor wenigen Jahren utopisch. Die schnellen Fortschritte der Mikroelektronik haben aber auch das möglich gemacht. Die OFDM ist ein Verfahren, das heute in einer Vielzahl von Anwendungen wie selbstverständlich genutzt wird. Bei der Digitalübertragung von Rundfunksignalen (im DAB-System) wird es ebenso verwendet wie in der digitalen Fernsehtechnik (DVB) und an vielen anderen Stellen.

DAB = digital audio broadcast

DVB: siehe Tafel Seite 97

Es realisiert die „Verschmierung" der Signale im Frequenzbereich, ebenso wie die Kodemultiplextechnik es im Zeitbereich tut. Oft werden übrigens beide Verfahren kombiniert, und dabei die Vorteile beider optimal genutzt.

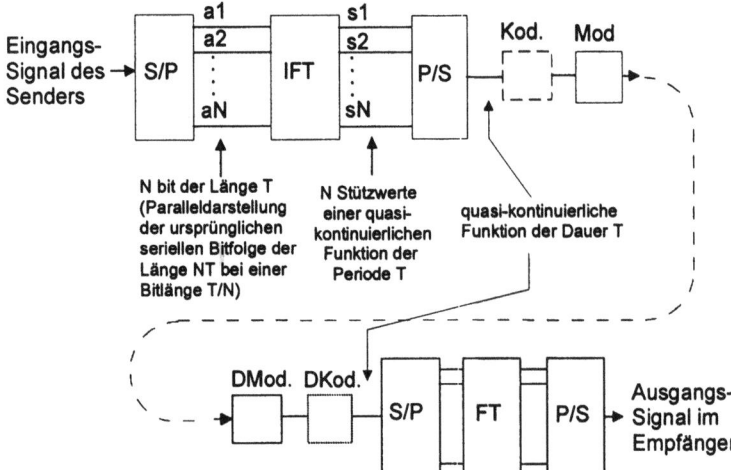

Bild 6.20
Die Realisierung des OFDM-Verfahrens

Das digitale Eingangssignal wird in Blöcke der Länge T zu je N bit geteilt (siehe Bild 6.19 rechts), und die N Binärwerte nach einer Serien-Parallelwandlung (S/P) als N Eingangswerte einer inversen Fouriertransformation (IFT) zur Verfügung gestellt. Das resultierende Ausgangssignal (auch nur für die Dauer T gültig) wird wieder parallel-seriell gewandelt (P/S), kann noch einmal auf eine beliebige Weise kodiert werden und wird dann einem hochfrequenten Träger aufmoduliert (Mod) und gesendet. Im Empfänger läuft der Vorgang umgekehrt ab (DMod – Demodulator, Serien-Parallelwandlung, FT – Fourier-Hintransformation, Parallel-Serienwandlung).

Ganz so schlecht sollte man die Mehrwegeausbreitung übrigens doch nicht machen. Sie hat offenbar nicht nur Nachteile. Die Ingenieure der Bell Laboratorien haben sich in den letzten Jahren die Shannonsche Informationstheorie nach nunmehr einem halben Jahrhundert noch einmal vorgenommen und entdeckt, dass ihr Erfinder eines nicht berücksichtigt hat: die Möglichkeit, einen Übertragungsweg nicht nur zwischen *einem* Sender und *einem* Empfänger aufzubauen, sondern eben zwischen *mehreren* Sendern und *mehreren* Empfängern gleichzeitig. Wird von allen diesen Sendern das gleiche Signal gesendet, so wird es doch von den einzelnen räumlich unterschiedlichen Empfängern in verschiedener Weise empfangen werden. Denn jeder wird

6.7 Tausend Träger für ein einziges Signal

außer auf dem direkten Weg verschiedene zusätzliche Anteile des gesendeten Signals über Umwege empfangen.

Sind die Orte der Sender und Empfänger fest – für mobile Verbindungen ist das Verfahren also nicht zu gebrauchen – und die Sendesignale untereinander streng verkoppelt, dann lassen sich die Signale aller Empfänger zentral kombinieren und daraus das gesendete Signal wiederberechnen – nicht trotz, sondern unter bewusster Nutzung der Mehrwegeausbreitung. Das wesentliche Ergebnis der Arbeiten an diesem BLAST-Projekt ist aber: Die Übertragungskapazität dieser Art der Signalverarbeitung, der Quotient aus übertragbarer Bitrate je Hertz Bandbreite, übersteigt alle mit den bisher bekannten Verfahren erreichten Ergebnisse.

BLAST = Bell Labs layered space-time

Die Theorie, die die Punkt-zu-Punkt-Übertragung nun durch eine Raum-zu-Raum-Übertragung ersetzen will, hat in einem ersten Versuchsaufbau beeindruckende experimentelle Ergebnisse geliefert: Zwölf verschiedene Signale wurden von ebenso vielen räumlich verteilten Antennen auf exakt den gleichen Trägerfrequenzen ausgestrahlt und das Signalgemisch von 16 Empfangsantennen aufgenommen. Durch Reflexionen, Streuung und Dämpfung hatte jeder dieser Empfänger dieses Signal etwas unterschiedlich empfangen. Einem sehr schnellen Computer gelang es, die 12 Signale fehlerfrei zu trennen. Die Übertragungskapazität des Systems erwies sich als 10 bis 20 mal größer als mit bekannten Übertragungsverfahren erreichbar war.

Ein System mit mehreren Sendern und mehreren Empfängern für das gleiche Signal

Ist damit die gesamte Theorie der Multiplexierung und Signalübertragung über den Haufen geworfen, wenn nun auf vollständig gleichen Frequenzen zur gleichen Zeit mehr Information als bisher gesendet und empfangen werden kann?

Keinesfalls. Nur ist das Korrelationsprinzip um eine neue, nämlich die räumliche Dimension erweitert worden: Eine Anwendung des Vergleichsprinzips mit einem bisher nicht bekannten Schwierigkeitsgrad.

Man darf gespannt sein, wann damit ein weiteres Kapitel der Signalübertragung eröffnet wird.

7 Signale im Rauschen

7.1 Rezept für den Optimalempfang

Wir sagten es schon ganz am Anfang des Buches: Der Kampf mit den Störungen ist das Kardinalproblem aller Kommunikationssysteme. Nirgendwo findet sich eine Signalübertragung, die frei von Störeinflüssen ist, in der Natur nicht und nicht in den technischen Nachrichtensystemen.

Es war also naheliegend, dass man sich auch hier fragte: Mit welchen Verfahren lässt sich ein Signal im Umgebungsrauschen am besten wiederfinden? Gibt es einen „optimalen Empfänger"? Und auch hier wieder die Frage: Gibt es bestimmte Signaleigenschaften, die besonders günstig sind? Denn die Erfahrungen mit den Multiplexsystemen haben uns hellhörig gemacht; nicht immer ist offenbar die einfachste Lösung auch die beste.

Nun waren wieder die Mathematiker an der Reihe. Sie sind dafür bekannt, dass sie ein Problem abstrahieren. Sie legten sich auch hier nicht auf eine bestimmte Anwendung fest. Ihre Voraussetzungen waren so allgemein, dass ihre Ergebnisse nicht an technische Vorgaben gebunden waren. Sie setzten zunächst voraus, dass der umgebende Störpegel ein weißes Rauschen ist, d.h. ein über alle Frequenzen reichendes Spektrum besitzt. Das trifft mit ganz wenigen Ausnahmen die wirklichen Verhältnisse meist recht genau. Und für das zu entdeckende Signal nahmen sie vorläufig einen beliebigen Amplitudenverlauf des Signals über der Zeit an, denn sie wollten ja prüfen, ob es vielleicht bestimmte optimale Signalzeitverläufe geben könnte. Dass ihre Variablen die Zeit und die Frequenz waren, war den Technikern geschuldet, die in dieser Welt lebten und die Frage gestellt hatten. Die Mathematiker hätten aber den Buchstaben in ihren Formeln beliebige andere Größen unterschieben können, ohne die Ergebnisse ihrer Rechnungen zu ändern.

Diese Ergebnisse waren außerordentlich interessant und gipfelten in zwei wichtigen Aussagen.

Die erste kann uns, die wir schon das vorteilhafteste Verfahren zur Unterscheidung zweier Signale kennen, überhaupt nicht überraschen. Auch als optimales Verfahren der Signalerkennung im Rauschen ergibt sich wiederum das Vergleichsprinzip. Der Empfänger muss ein Muster desjenigen Signals kennen, das er erwartet, sagen die Theore- *Optimal: Die Korrelation* tiker, und er muss dieses Signalmuster in jedem Moment und über dessen gesamte Länge hinweg mit dem ankommenden Signal-Störgemisch vergleichen, korrelieren. Dann, und nur dann, wird er das Signal unter den überlagerten Störungen mit der höchsten überhaupt erreichbaren Sicherheit erkennen. Jedes andere Verfahren – und derer gibt es mehrere und in der Regel einfacher zu realisierende – wird zu schlechteren Empfangsergebnissen führen, also zum Beispiel eine höhere Fehlerrate des wieder gewonnenen Signals zur Folge haben.

Ein Korrelations- und damit Vergleichsverfahren dient also nicht nur zur Trennung von Signalen in einem Multiplexsystem, sondern ist auch zur Trennung von Signal und unerwünschtem Rauschen das eindeutig beste Verfahren!

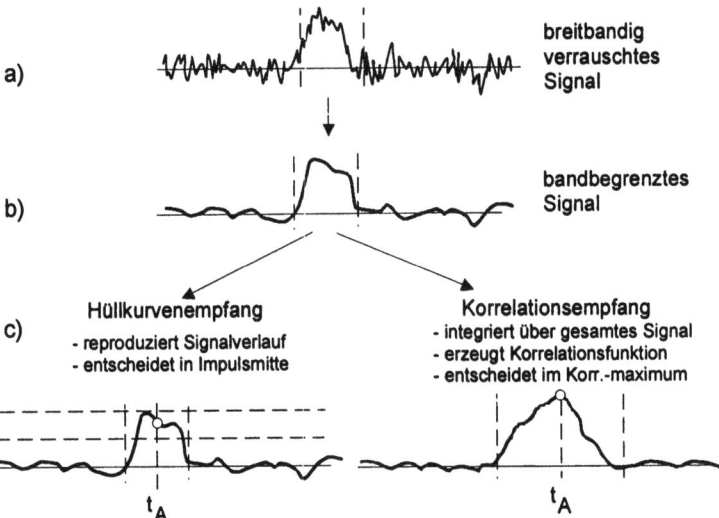

Bild 7.1
Unterschied zwischen Hüllkurven- und Korrelationsempfang am Beispiel eines Einzelimpulses

Ein verrauschtes Signal (a) wird in jedem Fall zunächst maximal bandbegrenzt (b; siehe auch Bild 5.12). Beim normalen Hüllkurvenempfang wird der Signalverlauf möglichst exakt reproduziert, ein binärer Impuls in seiner zeitlichen Mitte abgetastet und das Ergebnis trotz möglicher zufälliger Störeinflüsse an dieser Stelle registriert (c links). Beim Korrelationsempfang wird die Kreuzkorrelationsfunktion (KKF) mit der erwarteten Impulsform gebildet und dazu über die gesamte Zeit des einlaufenden Signals integriert (c rechts); erst am Impulsende, im Maximum der KKF (Punkt im Bild), wird an Hand des dort gefundenen Korrelationsfaktors über Signal vorhanden oder Signal nicht vorhanden entschieden.

Übrigens bedeutet natürlich das Kennen des Signalmusters noch nicht, dass der Empfänger auch das ankommende Signal kennt. Denken wir

7.1 Rezept für den Optimalempfang

nur wieder an ein beliebiges Binärsignal: Das Muster ist die Form, die Breite, vielleicht auch die Periodizität und möglicherweise die eingeschriebene Trägerfrequenz eines einzelnen Impulses. Das alles kennt der Empfänger. Das Signal selbst aber ist durch die Folge der einzelnen Bits – positiv oder negativ, fehlend oder vorhanden in einem bestimmten periodischen Raster – gegeben. Die eigentliche Nachricht ergibt sich erst aus dieser Folge der richtig erkannten Einzelimpulse.

Die zweite Aussage aber ist nun wirklich eine Überraschung: Nutzt man dieses optimale Korrelationsverfahren, heißt es weiter, dann gibt es kein optimales Signal, kein besonders günstiges Spektralgebiet oder keine besonders vorteilhafte kleine oder große Bandbreite des Signals. Jede beliebige Signalform ist möglich. Es sind nur zwei Größen, die die Sicherheit der Erkennung eines Signals im Störnebel beeinflussen: Die *Rauschleistungsdichte* und die *Energie* des Signals. Die Rauschleistungsdichte – das ist die Rauschleistung, die sich pro Hertz im Signalband messen lässt. Sie hat nichts mit dem Signal selbst zu tun, sie ist allein eine Eigenschaft des verwendeten Übertragungskanals oder der Signalumgebung. Wir brauchen sie also an dieser Stelle nicht weiter zu beachten. Bleibt also als einzige Einflussgröße die Signalenergie.

Kriterium für maximalen Signal- Geräuschabstand ist allein die Signalenergie.

Dieses Resultat ist tatsächlich verblüffend, aber zunächst außerordentlich erfreulich: Wenn nämlich keinerlei Einschränkungen für Signalart, Signalform, Spektrum oder Frequenzbereich bestehen, dann wird es möglich sein, in jedem speziellen Einsatzfall eine zweckmäßig angepasste Form der Informationsübertragung zu wählen, und trotzdem wird immer die maximale Störunempfindlichkeit gewährleistet sein – allerdings auch immer unter der Voraussetzung, dass ein optimaler, also ein Korrelationsempfang angewendet wird. Das Signal kann taktil, akustisch oder über die hochfrequenten Schwingungen von Funk-, Wärme- oder Lichtstrahlen übertragen werden, und es kann von einer elektronischen Einrichtung, einem Schmetterling oder einer duftenden Blume ausgesendet worden sein – egal. In jedem Fall besteht die Freiheit der Wahl der Signalform, des genutzten Trägers, des Spektrums!

Ein bisschen staunt man zunächst allerdings über die Tatsache, dass auch keinerlei Einschränkung über eine vielleicht optimale Bandbreite eines Signals gemacht wird. Immerhin waren wir bisher davon ausgegangen, dass bei Verwendung eines schmalbandigen Signals durch ein entsprechend schmalbandiges Filter auch das überlagerte Rauschen – das ja in der Regel breitbandig das Signal überdeckt – vermindert wird. Nun plötzlich soll auch ein breitbandiges Signal ebenso gut vom Rauschen zu trennen sein? Auf dieses scheinbare Paradoxon werden wir später noch einmal bei passender Gelegenheit zurückkommen.

Bild 7.2
Die optimale Signalerkennung

Eine für jede Art von Signalübertragung grundlegende mathematische Aussage: Nur das Korrelationsprinzip ermöglicht eine optimale Signalerkennung im Rauschen. Und in diesem Fall gibt es keinerlei Einschränkungen zum Signal: Dauer, Frequenz, Verlauf und alle anderen möglichen Parameter können frei gewählt und nach anderen Kriterien optimiert werden!

Sehen wir uns zunächst einmal ein typisches Beispiel für einen Fall an, wo eine einfache nicht-optimale Realisierung und eine Optimierung nebeneinander stehen: Die Radarortung. Im folgenden Abschnitt zunächst ein paar Worte zu dieser speziellen Anwendung – danach kommen wir wieder auf das Korrelationsprinzip zurück.

7.2 Entfernungsortung – militärisch und zivil

Radar = radio detection and ranging

Kurz vor Beginn des zweiten Weltkrieges entstand eine Technik, die mit allen ihren Varianten die technische Seite dieses Krieges nicht unerheblich beeinflusst hat: die Radartechnik. Das weltweit eingeführte Kunstwort beschreibt das Entdecken und Orten von Objekten mit Hilfe von Radiowellen. Die von einem Hochfrequenzsender über mächtige Antennengebilde ausgesendeten Funkwellen werden von den Zielobjekten zurückgestreut und in einem hochempfindlichen Empfänger – angeschlossen an die gleiche, eben noch zur Abstrahlung des Sendesignals verwendete Antenne – registriert. Schon das Wort *Streuung* macht deutlich, dass nur ein winziger Bruchteil der ausgestrahlten Sendeenergie den Empfänger wieder erreichen wird.

7.2 Entfernungsortung – militärisch und zivil

Für Radarsysteme hat deshalb die Problematik des dem Nutzsignal immer überlagerten Rauschens eine ganz besondere Bedeutung.

Schon Marconi hatte um 1922 empfohlen, elektromagnetische Wellen zu verwenden, um auf hoher See andere in der Nähe befindliche Schiffe zu erkennen und um Kollisionen vorzubeugen. Aber der erste Einsatz solcher Verfahren erfolgte doch zu einem ganz anderen Zweck. Die Ionosphärenforschung nahm sich des Gedankens an und untersuchte die auch für die neu entstandene Kurzwellentechnik interessanten und wie elektrische Spiegel wirkenden ionisierten Schichten rund um den Erdball. Die Meteorologie ist seitdem ein wenig auffälliger, aber ununterbrochener Nutzer der elektromagnetischen Wellen.

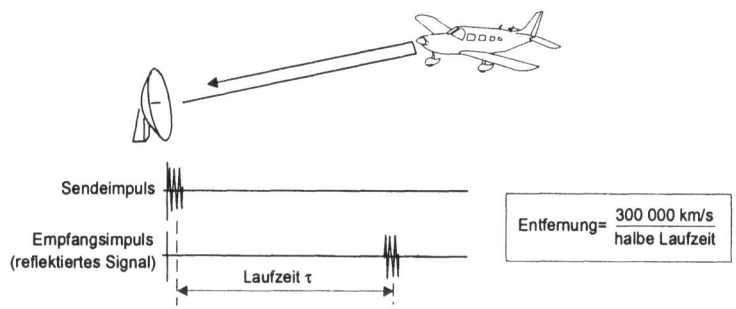

Bild 7.3
Das Radarprinzip

Ein hochfrequenter Impuls hoher Leistung läuft auf das Ziel zu und wird von diesem mehr oder weniger diffus reflektiert. Ein kleiner Teil der Sendeleistung kehrt nach einer Laufzeit τ zur Sendeantenne zurück, die inzwischen mit einem hochempfindlichen Empfänger verbunden wurde. Aus der Laufzeit τ lässt sich die Entfernung berechnen.

Militärisch ernst wurde es dann 1935. Der Engländer Wattson-Watt baute das erste flächendeckende Radarsystem auf, gedacht als Luftüberwachungssystem des Inselreichs.

In wesentlichen Punkten stieß diese Technik damals an die Grenzen des technisch Machbaren. Zum Einen brauchte man hohe Sendeleistungen, konzentriert in kurzen Hochfrequenzimpulsen. Die Leistungen waren notwendig wegen der schon erwähnten riesigen Verluste vor allem durch die ungerichtete Streuung der Strahlung am angepeilten Objekt. Nach dem Aussenden des leistungsstarken kurzen Impulses wird der Sender aus- und ein empfindlicher Empfänger eingeschaltet, um die rückkehrenden Echosignale aufzufangen.

Die sich mit Lichtgeschwindigkeit ausbreitenden Wellen legen 300 km in einer Millisekunde zurück – Hin- und Rückweg gerechnet, kann man also die Ortungsimpulse periodisch im 1 kHz-Takt aussenden, wenn man von einer Reichweite von 150 km ausgeht. Spezielle Elektronenröhren – sogenannte Magnetrons – mussten entwickelt werden, um diese Forderungen zu erfüllen.

Magnetron - Elektronenröhre zur Erzeugung von Hochfrequenzimpulsen hoher Leistung

Die zweite Schwierigkeit war der für diese Technik notwendige extrem hohe Frequenzbereich. Denn die Radartechnik forderte außer der hohen Sendeleistung eine möglichst gute räumliche Auflösung, dazu gehörte – neben einem möglichst kurzen Impuls für eine genaue Entfernungsbestimmung – eine hohe Winkelgenauigkeit der Messung. Das war aber nur mit Antennen zu erreichen, deren Abmessungen groß gegenüber der verwendeten Wellenlänge waren, und die noch dazu bewegt werden konnten, um ein bestimmtes Zielgebiet abzutasten. Meter- und möglichst Dezimeterwellen mussten also verwendet werden, deren Wellenlängen klein gegen den Abmessungen der zu erwartenden Objekte waren – Frequenzen im Gigahertz-Bereich also. Da die Entwicklung während des zweiten Weltkrieges schließlich auf beiden Seiten der Front vorangetrieben wurde und sie sich auf beiden Seiten unter höchster Geheimhaltung immer im Grenzgebiet des gerade noch technisch Machbaren abspielte, wäre die Geschichte dieses Wettbewerbs launisch zu erzählen, wenn sie sich nicht vor einem so tödlichen Hintergrund abgespielt hätte.

Radarortung fordert hohe Trägerfrequenzen

Die Entwicklung von Ortungssystemen ging selbstverständlich auch nach dem Krieg weiter, und nicht nur für militärische Anwendungen. Die zivile Luftfahrt und die Schifffahrt nutzten die erreichten Ergebnisse. Der Frequenzbereich wurde bis auf 9 GHz und noch weiter ausgedehnt; mit diesen Sendefrequenzen konnten besonders kleine und leichte Antennen etwa für die Binnenschifffahrt gebaut werden, die trotzdem eine hohe Richtwirkung und damit eine gute Winkelauflösung gestatteten. Bei noch höheren Frequenzen – prinzipiell durchaus möglich und in speziellen Fällen auch sinnvoll – muss man allerdings dann mit zunehmenden Dämpfungen bei Nebel und Regen rechnen. Die Meteorologen machen sich übrigens gerade das in ihrem Wetterradar zunutze, um Wetterlagen, Orkane und diverse andere Unbeliebtheiten des atmosphärischen Geschehens zu entdecken. Auch in der Fahrzeugtechnik werden solche extrem hohen Frequenzen bald genutzt werden: Ein Sensor soll zukünftig mit 24 GHz das unmittelbare Nahfeld jedes Autos, und mit 77 GHz den Bereich bis etwa 150 m vor dem Fahrzeug überwachen, um Hindernisse und Gefahren rechtzeitig zu erkennen.

Regendämpfung: siehe Bild 4.14

Festzielunterdrückung

Mit der einfachen Darstellung des rückkehrenden Echos auf den runden Radarschirmen – synchron mit der Antennendrehung bewegt, und deshalb wieder in eine kartografische und leicht lesbare Darstellung gebracht – gab man sich übrigens nicht lange zufrieden.

7.2 Entfernungsortung – militärisch und zivil

Zunehmend wurden Details des Echos verwertet. Bewegt sich das Ziel, tritt der aus der Akustik bekannte Doppler-Effekt auf. Bekanntlich hört man die Geräusche eines sich nähernden Fahrzeuges zuerst in einer etwas höheren, und wenn es vorbeigefahren ist und sich wieder entfernt, in einer tieferen Tonlage.

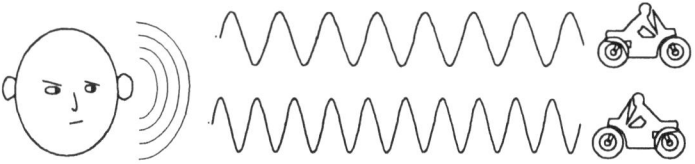

Bild 7.4
Der Dopplereffekt

Die Periodendauer einer Schallfrequenz wird scheinbar vergrößert oder verringert, je nachdem, ob sich die Schallquelle vom Hörer weg oder zu ihm hin bewegt. Im ersten Fall scheint deren Frequenz deshalb tiefer, im zweiten Fall höher als bei unbewegter Quelle.

Der gleiche Effekt tritt im Hochfrequenzbereich auf. Bewegt sich das Ziel auf den Empfänger zu, wird die Trägerfrequenz des rückgestreuten und am Empfänger ankommenden Signals höher, und sie wird etwas geringer werden, wenn sich das Ziel entfernt. Diese Abweichung von der bekannten Sendefrequenz wird ausgenutzt, um auf dem Radarbildschirm sich bewegende Ziele deutlich zu machen oder überhaupt nur noch darzustellen, während Reflexionen von Festzielen, deren Echos eine unveränderte Trägerfrequenz haben, unterdrückt werden.

Auch in den gefürchteten Radarfallen der Polizei wird das Dopplerprinzip genutzt, wenn auch in einer etwas anderen technischen Realisierung. Sie gehören zu den sogenannten CW- oder Dauerstrich-Radarsystemen. Sie senden ein kontinuierliches, unmoduliertes, harmonisches Signal aus, also eigentlich nur einen Träger. Die „Modulation", d.h. die eigentliche Information, bekommt dieser Träger erst durch die Reflexion am Fahrzeug aufgedrückt, indem diese Frequenz durch die Dopplerverschiebung geändert wird. Das Ziel frequenzmoduliert also den gesendeten Träger – eine interessante Variante des bisher betrachteten Übertragungsprinzips. Da die Dopplerverschiebung sich in erster Näherung zur Trägerfrequenz verhält wie die doppelte Zielgeschwindigkeit zur Ausbreitungsgeschwindigkeit der elektromagnetischen Wellen, lässt sich die Frequenzänderung leicht berechnen:

CW-Radar = continuous wave radar

Bei einer Fahrzeuggeschwindigkeit von 90 km/h und mit der Ausbreitungsgeschwindigkeit der elektromagnetischen Welle von 300000 km/s wird eine CW-Sendefrequenz von 10 GHz durch die Dopplerverschiebung um 1.7 kHz verändert – nicht viel, aber ohne Probleme nachweisbar und messbar.

Wie? Natürlich wieder durch Korrelation, nämlich mit dem Sendesignal, das ja immer als Muster im Ortungsgerät zur Verfügung steht.

7.3 Kodierte Impulse

Zurück nun zum Radar und dem Korrelator als optimalem Empfangsprinzip.

Der periodisch gesendete Einzelimpuls – das war die Urform der Radargeräte. Die Leistung dieses Hochfrequenzimpulses musste möglichst groß sein, um die geringen reflektierten Anteile im Empfänger überhaupt noch erkennen zu können. Der Impuls und damit die aktive Zeit des Senders musste kurz sein, damit auch schnell zurückkommende Echos – also solche von nur wenig entfernten Objekten – noch registriert werden konnten, denn der Empfänger musste ja ausgeschaltet sein, wenn gesendet wurde. Viel wichtiger aber war ein anderer Grund, der für kurze Impulse sprach: Ein langer Impuls verursacht auch lange andauernde Echos, und die machten das Bild auf dem Radarschirm unscharf, ähnlich, als würde man mit einem dicken Pinsel eine feine Landkarte zeichnen wollen. Ein kurzer Impuls kann auf diese Weise etwa zwei in geringem Abstand aufeinander folgende Objekte auflösen, ein langer würde beide zu einem einzigen Fleck auf dem Bildschirm verschwimmen lassen.

Die maximale Leistung auch eines für Impulsbetrieb ausgelegten Magnetrons ist begrenzt, die Reichweite deshalb auch. Ein längerer Impuls würde eine geringere Signalbandbreite bedeuten und deshalb Verbesserungen durch eine Verminderung der überlagerten Rauschleistung bringen, verbietet sich aber aus den genannten Gründen. Wie lässt sich dieses Dilemma auflösen?

Es half der Rückgriff auf das Versprechen der Theoretiker: Nutzt den Korrelationsempfang und verwendet dabei ein Signal, das auf eure Anwendung zugeschnitten ist!

Die Forderungen an das Signal waren nach den Optimierungsrechnungen der Mathematiker klar: Bei vergleichsweise gleicher Leistung, denn die war technisch begrenzt, musste es eine möglichst große Energie haben, eine höhere als der schmale Einzelimpuls, und

7.3 Kodierte Impulse

es musste aber gleichzeitig ebenso wie dieser eine hohe Zielgenauigkeit erreichen.

Diese Forderungen scheinen zunächst widersprüchlich, denn die erste hätte bei gleicher begrenzter Sendeleistung einen möglichst breiten, die zweite einen möglichst kurzen Impuls verlangt. Sie lassen sich aber dennoch beide gemeinsam durch eine Eigenschaft des Korrelationsempfangs erreichen, auf die schon in Bild 7.1 hingewiesen wurde: Ein nicht-optimaler Empfänger, wie er für den Einzelimpuls verwendet wurde, wie er aber auch in jedem Rundfunkempfänger eingesetzt wird, liefert an seinem Ausgang die *Form* des gesendeten Signals zurück – den zeitlichen Verlauf des Impulses, die Tonschwingungen der Musik. Der Korrelationsempfänger dagegen kann sich das ersparen – er beruht ja gerade darauf, dass er das ankommende Signal bereits kennt und nur dessen Existenz im Störnebel maximal sicher erkennen soll. An seinen Ausgangsklemmen entsteht deshalb am Ende etwas ganz anderes, nämlich der Korrelationsfaktor zwischen dem Mustersignal und dem ankommenden Gemisch aus Signal und Störung.

Hinzu kommt eine besondere Schwierigkeit. Anders als in dem Beispiel mit dem 4-Kanal-CDM-System in Bild 6.17 ist der Zeitpunkt, an dem das Signal zum Empfänger zurückkehrt und mit dem Mustersignal verglichen werden muss, beim Radarsystem von vornherein nicht bekannt. Der Vergleich muss demnach „auf Verdacht" ständig und ununterbrochen zu aufeinanderfolgenden Zeitpunkten wiederholt werden, und der momentane Korrelationsfaktor praktisch in jedem Moment neu ermittelt werden. Am Korrelatorausgang erscheint also statt eines einzigen Korrelationswertes jetzt eine zeitliche Folge solcher Rechenwerte, die sogenannte *Korrelationsfunktion*. Wird ein Mustersignal mit einem zweiten, z.B. dem gestörten Echosignal korreliert, spricht man dabei von einer *Kreuzkorrelationsfunktion*. Ihr Wert wird meistens unbedeutend klein sein, und nur dann, wenn tatsächlich ein reflektiertes Signal eintrifft, plötzlich einen großen Wert annehmen.

Die Korrelationsfunktion

Diese Eigenschaften lassen sich nutzen. Man sendet erstens nicht mehr nur einen kurzen Impuls, sondern ein viel längeres Signal. Bei gleicher Amplitude und damit gleicher Leistung ist deshalb die Sende*energie* um ein Vielfaches größer. Zum Zweiten aber wird dieses Signal sorgsam ausgewählt. Seine *Autokorrelationsfunktion (AKF)*, also der Verlauf des Korrelationsfaktors, wenn das Signal mit sich selbst verglichen und damit zeitlich Stück für Stück verschoben wird, sollte nur ein einziges, schmales Maximum haben – dann nämlich, wenn die Verschiebung gleich Null ist, wenn Signal und Muster sich genau überdecken. Bei jeder anderen, noch so geringen Verschiebung sollte ihr Wert so klein wie irgend möglich sein.

KKF, AKF = Kreuz- und Autokorrelationsfunktion

Signalenergie = Signalleistung × Signaldauer

Chirp = Impuls mit frequenzmoduliertem Träger

Solche Signale kann man finden. Es können digitale sein – Binärfolgen bestimmter Anordnung und Länge, z.B. der in Bild 7.5 dargestellte Barkerkode. Aber auch bestimmte kontinuierliche Signale endlicher Länge haben diese Eigenschaft, etwa die sogenannten *Chirps*, kurze Stücke einer nahezu harmonischen Schwingung, die jedoch während ihrer Dauer ihre Frequenz ändern.

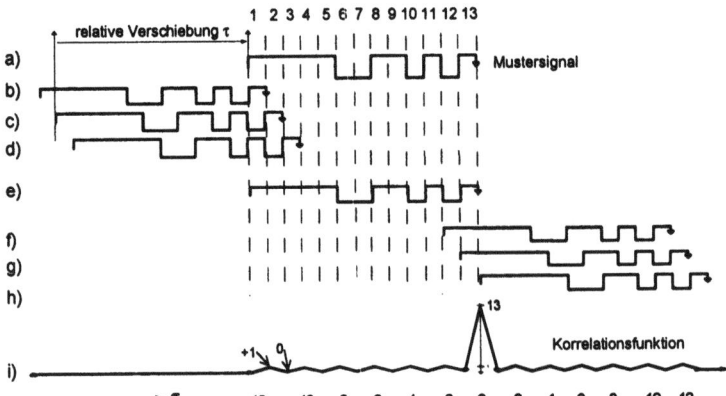

Bild 7.5 Korrelationsfunktion des Barkerkodes

Die Berechnung einer Autokorrelationsfunktion (AKF), demonstriert am Beispiel des 13 bit langen Barkerkodes (a) mit seinen nahezu idealen Korrelationseigenschaften: Die ±1-Werte des Mustersignals (a) werden für alle 13 bit des Kodes mit denjenigen genau unter ihnen stehenden Werten eines um die Zeit τ verschobenen Signals multipliziert (in b um 12, in c um 11, in d um 10 Stellen nach links, in f um 11 Stellen nach rechts usw.; außerhalb des Barkerkodes sind die Werte gleich Null zu setzen). Die Addition aller dieser Produkte liefert den Wert der Korrelationsfunktion für die betreffende Verschiebung τ (i). Der Maximalwert der AKF wird immer dann erreicht, wenn τ=0 ist, also wenn Mustersignal und verschobenes Signals zeitlich zusammenfallen (e). Günstige Autokorrelationsfunktionen haben nur ein einziges Maximum und liefern für alle anderen Werte von τ minimal kleine Werte.

Ortungssysteme dieser Art finden sich heute in den verschiedensten Anwendungsbereichen. Sie arbeiten mit ganz bestimmten langen digitalen Signalen (Bitfolgen) oder mit den erwähnten hochfrequenten Chirpimpulsen. Sie kombinieren hohe Sendeenergien und deshalb große Reichweiten mit hoher Ortungsgenauigkeit. Denn in der einzigen Spitze der Korrelationsfunktion am Empfängerausgang ist nahezu die gesamte Energie des reflektierten Signals enthalten, aber eben nicht über einen langen Zeitraum verbreitet wie im Sendeimpuls, sondern konzentriert und deshalb amplitudenvergrößert in einem kurzen Zeitpunkt – Garantie für eine hohe Ortungsgenauigkeit, die der mit einem schmalen Einzelimpuls erreichbaren in nichts nachsteht, und gleichzeitig für eine gute Erkennbarkeit im Hintergrundrauschen.

Und damit erklärt sich auch die Tatsache, dass die Optimalempfangsvorschrift breitbandige Signale wie zum Beispiel eben den Barkerkode durchaus nicht verbietet: Das dann notwendige breitbandige Filter fängt zwar auch eine viel größere Rauschleistung ein, die gesamte Signalenergie wird aber im Korrelationsmaximum konzentriert und hebt sich so wiederum aus dem Rauschpegel heraus – kein Vorteil, aber auch kein Nachteil gegenüber schmalbandigen Signalen, immer aber unter der Voraussetzung des Korrelationsempfangs, denn nur dieser bringt diesen Effekt zustande.

7.4 Optimalempfänger in der Natur

Von den Fledermäusen weiß man, dass sie sich eines akustischen Ortungsverfahrens bedienen. Weniger bekannt ist, dass sie Jahrmillionen vor den Technikern und Signaltheoretikern erfunden haben, was diese erst seit wenigen Jahrzehnten wissen. Sie nutzen den Korrelationsempfang, verbunden mit einer zielgerichteten Optimierung ihrer Ortungsimpulse – noch dazu in einer Vollkommenheit, die bis heute auch von technischen Geräten nicht erreicht wird.

Seit den Beobachtungen des Italieners Spallanzani am Ende des 18. Jahrhunderts wusste man, dass Fledermäuse sich auch in vollkommener Dunkelheit orientieren können. Eine wissenschaftliche Untersuchung begann aber erst viel später, als der amerikanische Biologe Griffin in den fünfziger Jahren Tiere im Labor hielt und ihre Lautäußerungen und ihr Verhalten intensiv untersuchte. Er stellte fest, dass einige Fledermäuse zum Teil lange, einige 10 ms dauernde Impulse mit konstanter Ultraschallfrequenz aussenden, sogenannte *CW-Impulse*, andere Spezies aber ganz kurze Ortungsimpulse verwenden. Später stellte sich heraus, dass viele Tiere artenabhängig und umgebungsabhängig beide Signale getrennt oder unmittelbar aneinander anschließend und auch situationsabhängig verwenden. Dabei tauchten scheinbare Widersprüche auf, die sich die Biologen zunächst nicht erklären konnten.

CW = continuous wave

CW-Impuls: Hochfrequenzimpuls, dessen eingeschriebene Trägerfrequenz während der Impulsdauer unveränderlich konstant bleibt

Da war zum Beispiel die Breite des kurzen ausgesendeten Ultraschallimpulses von wenigen Millisekunden. Da der Impuls stark abgerundet ist, kann auch der Rückkehrzeitpunkt des reflektierten Signals nicht wesentlich genauer als mit der Toleranz der Impulsbreite gemessen werden. Selbst bei einer Breite von nur 2 ms, Hin- und Rückrichtung gerechnet, würde das bedeuten, dass Entfernungen nur mit einer Genauigkeit von 30 cm gemessen werden könnten. Tatsächlich fand man aber, dass die Ortungsgenauigkeit der Tiere wenige Millimeter betrug. Selbst ein Gitter aus dünnen, senkrecht gespannten Drähten, das gerade so viel Platz ließ, um „hochkant" hindurch zu fliegen, wurde erkannt und ohne anzustoßen bewältigt. Die Ortungsfähigkeit musste also jedenfalls viel besser sein, als diese Rechnung ergab.

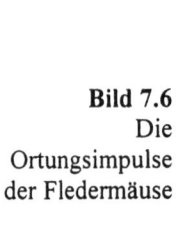
Bild 7.6
Die Ortungsimpulse der Fledermäuse

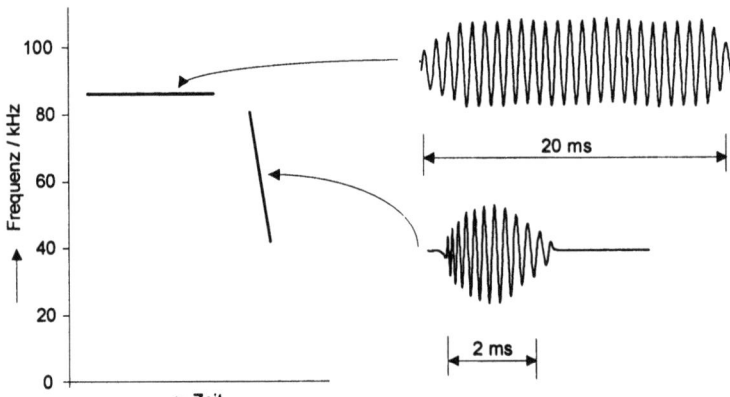

Fledermäuse nutzen zur Ortung zwei grundsätzlich verschiedene Signale: einen langen, frequenzkonstanten Impuls (CW-Impuls) und einen kurzen Chirpimpuls, dessen Ultraschall-Trägerfrequenz sich vom Impulsanfang bis zum Impulsende rund um die Hälfte verringert.

Noch erstaunlicher waren die Ergebnisse einer anderen Messung. Man beschallte den Raum, in dem die Tiere auf die Fütterung am anderen Raumende warteten, mit immer stärkerem Störgeräusch im gleichen Ultraschall-Frequenzbereich, den sie für ihre Ortung benutzten. Zunächst ließen sich die Tiere dadurch nicht stören und flogen weiter unbeirrt zu ihrer Futterstelle. Bei einer bestimmten Lautstärke aber gaben die Fledermäuse erwartungsgemäß auf und blieben an ihren Raststellen hängen, weil ihr Ortungssystem zu stark gestört war. Als man aber das Verhältnis von Nutzleistung – d.h. der Leistung des reflektierten Ortungssignals – zur künstlich erzeugten Störleistung vor den Ohren der Tiere maß, glaubte man den Resultaten nicht: Die Ortungsmechanismen der Tiere setzten erst dann aus, wenn die Nutzleistung rund zehn mal *kleiner* war als die Störleistung!

<small>Signalleistung viel kleiner als Rauschleistung</small>

Tatsächlich fand man bald heraus, dass die kurzen Ortungsimpulse keinesfalls mit konstanter Ultraschallfrequenz ausgesendet wurden. Vielmehr senden Fledermäuse Chirp-Impulse aus – die Ultraschallfrequenz verringert sich vom Beginn des kurzen Impulses bis zu dessen Ende etwa auf die Hälfte (Bild 7.6). Der Chirp aber hat – wie oben schon erwähnt – genau diejenige Autokorrelationsfunktion, die für ein

7.4 Optimalempfänger in der Natur

Entfernungsmesssystem optimal ist: eine einzige kurze Spitze (Bild 7.7). Deren Dauer wird durch die Bandbreite des Chirpsignals bestimmt, die bei Fledermäusen mindestens bei mehreren zehn Kilohertz liegt. Bei Annahme eines Frequenzhubes und damit einer Signalbandbreite selbst von nur 40 kHz ist die Breite der Korrelatorantwort damit etwa 25 µs. Das entspricht einer Messgenauigkeit von 8 mm! Tatsächlich verarbeiten die Tiere aber, wie inzwischen nachgewiesen wurde, auch die Oberwellen ihrer Ortungsschreie. Bandbreite und Messgenauigkeit sind deshalb eher noch höher anzusetzen.

Auch die zunächst unerklärliche Störsicherheit wird nun verständlich. Aus der Dauer und der Bandbreite des Chirpimpulses lässt sich der Amplitudenfaktor berechnen, um den sich der Korrelationsimpuls – infolge der Summierung, wie wir wissen – aus dem Rauschen heraus anhebt; er erreicht den Wert zehn. Die Impuls*leistung* erhöht sich damit am Korrelatorausgang um das Hundertfache. Damit wird ein um den Faktor 10 *unter* der Rauschleistung liegendes Nutzsignal nun um den Faktor hundert angehoben, liegt also jetzt um das zehnfache *über* dem Rauschpegel! Diese Empfindlichkeitsgrenze ist nun durchaus akzeptabel und verständlich – der Widerspruch ist aufgeklärt.

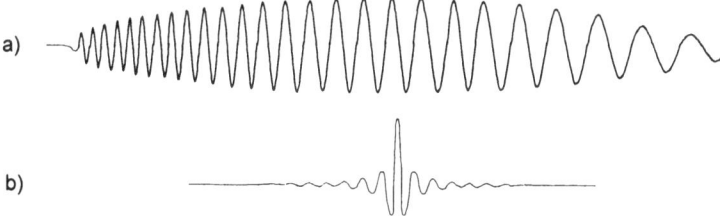

Bild 7.7
Der Chirp und seine Autokorrelationsfunktion

Ein Chirpimpuls (a), dessen Trägerfrequenz sich vom Impulsanfang bis zum Impulsende auf die Hälfte reduziert, liefert am Korrelatorausgang eine sehr schmale Korrelationsfunktion (b), die damit hervorragend zur Entfernungsmessung geeignet ist.

Interessant sind aber auch noch weitere Ergebnisse. Da die Fledermaus bewegte Ziele ortet und sich selbst bewegt, wird ein Dopplereffekt auftreten: Wird ein Beutetier angeflogen, erhöht sich die Ultraschall-Trägerfrequenz des reflektierten Signals. Das mit kurzen Impulsen ortende Tier hat nun eine weitere entscheidende Entdeckung gemacht: Wird nicht die Frequenz des Chirps linear mit der Zeit verringert, sondern die Periodendauer linear vergrößert – und nur dann! – bleibt trotz des Dopplereffekts die Eindeutigkeit der Korrelationsspitze erhalten. Diese beiden prinzipiell möglichen Varianten des Chirps, unterscheiden sich im Zeitverlauf nur minimal, der Unterschied ist

Der Einfluss des Dopplereffekts

überhaupt nur bei einem sehr großen relativen Frequenzhub merkbar. Beide Varianten besitzen die günstige Autokorrelationsfunktion, allein der periodenlineare Verlauf ist aber dopplerinvariant. Als genaue Messungen des Chirps vorgenommen wurden, konnte man nachweisen, dass die Tiere tatsächlich den systemtheoretisch optimalen periodenlinearen Chirp verwenden.

Und mehr noch: Beim Vergleich des rückkehrenden Signals mit dem Mustersignal tritt durch das Korrelationsprinzip bedingt infolge der notwendigen Summierung bis zum Ende des Signals eine Verzögerung bei der Bereitstellung des Messwertes auf. Die Fledermaus würde tatsächlich immer eine Entfernung ermitteln, die eine kurze Zeit *vor* dem Erhalt des Korrelationsergebnisses gegolten hat. Eine Rechnung zeigt aber ein interessantes Ergebnis. Werden zwei bestimmte Bedingungen eingehalten, kann man diese Verzögerungszeit kompensieren und erhält damit punktgenaue Messresultate: Erstens muss die Frequenz des Chirps während des Impulses genau um den Faktor zwei reduziert werden, und zweitens darf immer nur ein Chirp verwendet werden, der von einer höheren zu einer tieferen Frequenz wechselt, sonst verdoppelt sich der Messfehler.

Korrektur von systematischen Messfehlern

Bild 7.8
Die Störbeeinflussung der Korrelationsfunktion

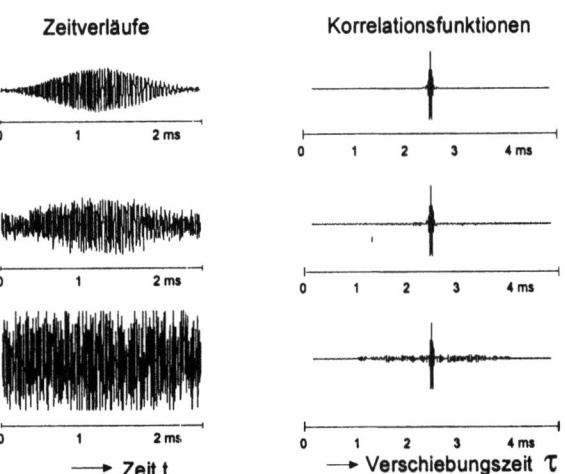

Bei zunehmender Störung auf dem empfangenen Signal (links) wird tatsächlich das Korrelationssignal (rechts) zunächst kaum beeinflusst. Selbst wenn, wie in der letzten Zeile, der Chirp nicht mehr im Rauschen erkennbar ist, bleibt der scharfe Messimpuls noch klar auswertbar.

Das trifft tatsächlich zu: Ein Frequenzverhältnis von etwa 2:1 zwischen höchster und niedrigster Trägerfrequenz des Chirps ist die Regel, von der nur selten abgewichen wird, und die Nutzung eines umgekehrten Chirps zur Ortung wurde bisher bei keiner Fledermausart beobachtet.

7.5 Signaladaption par excellence

Es ist übrigens nicht uninteressant, sich auch die zweite, einfachere Art der angewendeten Ortungsimpulse einmal näher anzusehen, die CW-Impulse. Sie unterscheiden sich wesentlich von den Chirpimpulsen: Sie sind etwa zehn mal länger, und die Korrelationsfunktion eines solchen Signals ist keinesfalls mehr nadelförmig schmal, sondern ganz einfach dreieckförmig. Sie wächst linear bis zu einem Maximalwert an und fällt dann wieder linear bis auf den Wert Null ab.

Für die hochgenaue Zielortung ist dieser Signaltyp also offenbar nicht so gut zu gebrauchen. Aber der Fang von Beutetieren ist ja nur *ein* Zweck der akustischen Ortung. Fledermäuse müssen sich ja auch sonst orientieren können, etwa im belaubten Wald. Hier reflektieren Hunderte von Blättern in Flug- und Peilrichtung das ausgesendete Signal. Ein noch so präzises Zielortungssystem ist hier überfordert – anstelle einer einzigen Entfernungsinformation würden Hunderte eintreffen und sich gegenseitig überlagern. Von irgendeiner Korrelation mit dem ausgesendeten Signal kann keine Rede mehr sein. Das rückkehrende Echosignal würde einem zufälligen Rauschsignal ähnlich sehen. Es kann also nicht mehr um das Problem gehen, *ein* erwartetes Signal, *eine einzige* bestimmte Signalform im Umgebungsrauschen wieder zu finden.

Die Aufgabenstellung für unseren Mathematiker, dem wir die Frage nach der Optimierung des Empfangsprinzip gestellt hatten, hat sich nun geändert, und entsprechend auch die Antwort. Um die ist er nicht verlegen. In diesem Fall, sagt er und weist die Ergebnisse seiner theoretischen Überlegungen vor, sind ganz andere Forderungen an das optimale Signal zu stellen: Eine möglichst hohe Energie ist nach wie vor wesentlich, daneben aber – eine *minimale Bandbreite*. Denn das rückkehrende Signal ist ja zufällig, und daher nur noch hinsichtlich seines Spektrums vom Hintergrundrauschen zu unterscheiden. Also muss es so schmalbandig wie möglich sein, um es durch ein hochselektives Filter von breitbandigen Störungen maximal befreien zu können.

Mehrzielortung: Schmalband-Ortungssignal erforderlich

Manche Fledermäuse wissen das schon lange. Sie nutzen vor der eigentlichen Fangphase ein langes Signal, das also eine viel höhere Energie als das Chirp-Signal hat, und zwar mit einem minimal breiten Spektrum – eine harmonische Schwingung konstanter Amplitude. Das Spektrum ist damit fast auf eine einzige Linie geschrumpft, deren minimale Breite nur durch den Übergang an ihren Anfang und ihrem Ende begrenzt ist. Eine bessere Realisierung für diese spezielle Optimalvorschrift des Mathematikers gibt es nicht.

Das „Filter" für diese Eigenfrequenz des Tieres ist fest installiert – die Empfindlichkeit des Ohres ist an dieser Stelle des Spektrums extrem hoch, fällt nach tieferen und höheren Frequenzen steil ab, wie bei einem technischen Resonanzkreis, und ermöglicht so einen selektiven Empfang des Echosignals. Das ist nur möglich, weil jedes Tier seine eigene Frequenz mit einer relativen Genauigkeit von weniger als 0.1% reproduziert. Bei einigen Tieren wurde gemessen, dass die Ortungsfrequenz von 80 kHz mit einer Toleranz von nur 50 Hz immer wieder ausgesendet wird – vorausgesetzt, das Zielobjekt bewegt sich nicht.

Was aber geschieht bei bewegtem Ziel und der dann unvermeidlichen Dopplerverschiebung des rückkehrenden Signals?

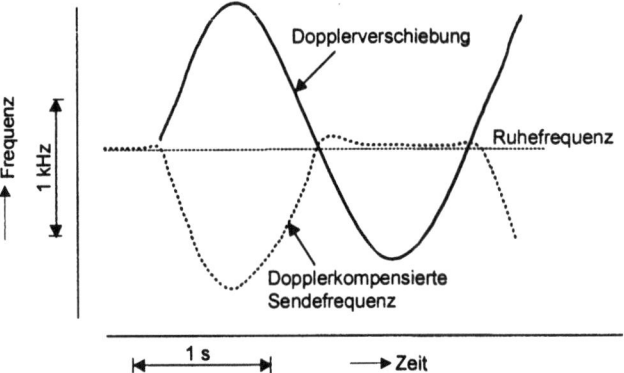

Bild 7.9
Kompensation der CW-Frequenz

Wenn man vor einer Fledermaus, die ein CW-Signal aussendet („Ruhefrequenz") ein Pendel schwingen lässt, ändert sie ihre Sendefrequenz so, dass die empfangene Echofrequenz immer unverändert gleich der Ruhefrequenz bleibt – allerdings nur in dem für sie sinnvollen Fall, dass das Pendel auf sie zuschwingt (positive Halbwelle im Bild), sie sich also der vermeintlichen Beute nähert.

Dopplerkompensation
In diesem Fall ändert das Tier die *Sende*frequenz jeweils so, dass das Echosignal immer genau gleich der Ruhefrequenz und damit auch der Filterfrequenz ist. Eine Lösung, die, nebenbei gesagt, in entsprechend abgewandelter Form von den Nachrichtentheoretikern als optimal für den Empfang kontinuierlich frequenzmodulierter Signale genutzt wird, bei denen ja der Empfänger auch nicht von einem festen Signalmuster ausgehen kann.

7.5 Signaladaption par excellence

Aber nicht nur das. Wird das CW-Signal einer ruhenden Fledermaus von einem fliegenden Insekt reflektiert, führt der Dopplereffekt dazu, dass die konstante Frequenz des ausgesendeten Signals mit der Frequenz des Flügelschlags moduliert wird. Die steile Flanke der Ohrempfindlichkeitskurve wandelt diese Frequenzmodulation des Echos in eine periodische Intensitätsschwankung – das Ziel ist erkannt. Viele Fledermäuse haben sich auf diese Art der Futterentdeckung eingerichtet; bei dem darauf folgenden Fangflug wird dann der Chirp eingesetzt. Auf Vermutungen, dass diese spektrale Unterscheidbarkeit des Echos von einem breitbandigen Sendesignal wie dem Chirp sogar noch viel weiter gehen könnte, wollen wir uns hier nicht einlassen – das Erkennen von Oberflächenstrukturen durch Interferenzeffekte ist nicht ausgeschlossen.

FM-Demodulation an einer Filterflanke: siehe Abschnitt 5.4

Diese Optimierung aller Systemparameter der Fledermausortung ist eine wahrhaft erstaunliche Spitzenleistung der Evolution. Mit den aufgezählten Fakten ist dabei die Liste der außerordentlichen Eigenschaften dieses Ortungssystems bei weitem nicht erschöpft. Hinzu kommt eine hervorragende Flexibilität bei der Anpassung der Signalparameter an die einzelnen Phasen einer Beutejagd, die ja oft vom Entdecken der Beute bis zum Fangen mit dem Flügel und Verspeisen nur Sekunden dauert – Ultraschallfrequenz, Frequenzhub des Chirps, Dauer, Amplitude und Form des Ortungsimpulses sowie Häufigkeit der Aussendung des Impulses wird innerhalb dieser kurzen Zeit der jeweiligen Situation angepasst und ständig geändert und optimiert. Selbst unsere modernsten Radargeräte können diese Flexibilität des Ortungssignals auch nicht annähernd erreichen.

Variation aller Signalparameter während der Ortung

Innerhalb des Wissenschaftszweiges Bionik wurden in den vergangenen Jahren viele bemerkenswerte Leistungen unserer natürlichen Umwelt untersucht, um daraus Erkenntnisse für technische Konstruktionen zu gewinnen und biologische Verfahren für die Technik nutzbar zu machen. Im Bauwesen fanden sich Vorbilder für Türme im Grashalm und für Dachkonstruktionen in Blättern, in der Mechanik Vorlagen für Mondfahrzeuge, die in der Lage waren, Hindernisse zu überwinden und im Staub zu waten, und in der Hydrodynamik Oberflächenstrukturen für Boote und Flugzeuge, die minimale Reibungsverluste garantieren, und der Lotoseffekt für schmutzabweisende Häuserwände. Offensichtlich kann also auch die Signalverarbeitung von den erstaunlichen Leistungen der Natur – optimiert in Jahrmillionen der Evolution – lernen, und sie in dem einen oder anderen Punkt versuchen zu erreichen.

Bei allen solchen Vergleichen ist allerdings die Gefahr der schematischen Gleichsetzung von natürlichen und technischen Lösungen groß. Unser Bildgedächtnis und ein Fotoapparat haben zweifellos einiges Gemeinsames in der Funktion. In der Realisierung gibt es

Funktionsprinzip und Realisierung

allerdings, wie wir wissen, beträchtliche Unterschiede. Eine Unterscheidung zwischen *Funktionsprinzip* und *Realisierung* ist deshalb immer notwendig.

Will man ein Funktionsprinzip erkennen oder beschreiben, dann ist das gelegentlich über die Theorie erreichbar. Wenn es gelingt, durch theoretische Überlegungen und unter bestimmten Randbedingungen oder hypothetischen Annahmen gar eine optimale Funktionsvorschrift für die Lösung eines anstehenden Problems zu finden, dann ist hochwahrscheinlich, dass auch natürliche Systeme im Laufe der Evolution diese Lösung entdeckt und angewendet haben. Bei den Fledermäusen trifft das offenbar zu. Funktionsprinzipien und speziell optimale Funktionsprinzipien können also von theoretischen Überlegungen her angedacht werden.

Anderseits lässt auch das *experimentell* bestimmbare *Verhalten* eines lebenden und eines technischen Systems Schlüsse auf das Funktionsprinzip zu. Beide Ergebnisse können verglichen werden und, eventuell durch iterative Korrektur, zum Verständnis der Funktion führen.

Bild 7.10
Zugang zum Funktionsprinzip eines Systems

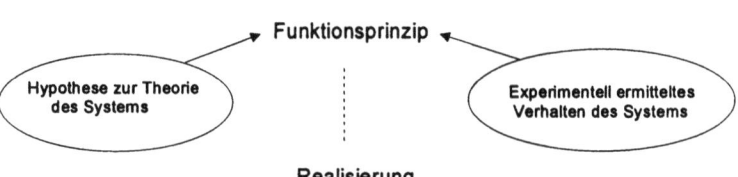

Funktionsprinzip und Realisierung eines technischen ebenso wie eines natürlichen Systems sind zu unterscheiden. Das Funktionsprinzip kann von der Systemtheorie her oder experimentell, z.B. über das Verhalten des Systems unter verschiedenen Bedingungen, erkannt werden. Die spezielle Art der Realisierung ist damit jedoch nicht erklärt.

Jedoch bestimmt das Funktionsprinzip noch nicht die konkrete *Realisierung*. Sie wird durch viele Nebenbedingungen beeinflusst und ist in der Technik einerseits und in der Natur andererseits in der Regel sehr unterschiedlich. Selbst im technischen Bereich gibt es oft eine Vielzahl von Realisierungsmöglichkeiten für ein und dasselbe Funktionsprinzip. So werden z.B. bestimmte Aufgaben der Regelung von Vorgängen pneumatisch, hydraulisch, elektronisch, magnetisch oder noch auf andere Weise gelöst, die Übertragung von Signalen erfolgt bei sonst gleichen theoretischen Prinzipien akustisch, über Antennen, über Kupferkabel oder über Glasfasern. Die Regelvorgänge und die Signalübertragung in Lebewesen folgen zwar gleichen Gesetzen, sind aber bekanntlich auf ganz andere Weise und mit völlig verschiedenen Mitteln realisiert. Die Realisierung einer Funktion ist also in der Regel weder unmittelbar durch die Theorie des Systems noch durch das Verhalten des Systems erkennbar.

Beim Vergleich der *Realisierungen* von Systemlösungen in Natur und Technik ist also Vorsicht geboten. Ein Vergleich von *Funktionsprinzipien* ist dagegen sinnvoll und verspricht noch viele Überraschungen. Neuronale Netze sind inzwischen auch in den informationsverarbeitenden Systemen zu einem interessanten Ansatzpunkt geworden. Weit entfernt von einer Kopie der Realisierung ist es auch hier das Funktionsprinzip, das – zunächst – interessiert.

Die Realisierung des Optimalempfängers der Fledermaus ist bis heute nicht vollständig geklärt. Sicher ist inzwischen, dass sie irgendwo im neuronalen Bereich angesiedelt ist. Sicher ist auch, dass die zeitliche Verzögerung zwischen Sende- und Empfangssignal, die die gewünschte Information über den Entfernungswert enthält, nach der in Details noch unbekannten Signalverarbeitung letztendlich in eine räumliche Darstellung in der Hörrinde überführt wird.

Einfach hat es sich die Natur mit der Realisierung dieses Verfahrens nicht gemacht. Wie Beobachtungen zeigten, muss jedes Jungtier die Erzeugung dieser komplizierten Signale und deren erstaunliche Variation bei der Jagd erst mühsam erlernen.

7.6 Zufallssignale und Zufallsorganisation

Wir sagten es eben: Die Funktion eines Systems ist das Eine, die Realisierung der Funktion das Andere. Und das trifft auch auf den doch recht umständlichen Vorgang der Berechnung des Korrelationsfaktors zu, auf die vielen Multiplikationen während der gesamten Dauer des Mustersignals und anschließende Summierung aller Produkte. Wenn gar der Zeitpunkt nicht bekannt ist, wann erwartete Signale eintreffen könnten – wie bei den Ortungsverfahren – und diese Rechnung immer wieder neu gemacht werden muss, wird das besonders ärgerlich.

Glücklicherweise, das soll der Vollständigkeit halber noch erwähnt werden, gibt es eine einfachere Möglichkeit zur Realisierung dieser Aufgabe. Man kann spezielle Schaltungen aufbauen, deren Struktur durch die Form des erwarteten Mustersignals bestimmt wird, und die zum vollständig gleichen Endergebnis kommen. Diese sogenannten angepassten Filter („matched filter") bekommen das Mustersignal fest einprogrammiert – ihre Struktur wird durch das zu erkennende Signal

Das angepasste Filter als Kreuzkorrelator

vom Konstrukteur vorgegeben. Wenn an ihrem Eingang das Gemisch von Signal und Rauschen oder die Summe aller Kanalsignale eines Bündels angelegt wird, erscheint an ihrem Ausgang die Kreuzkorrelationsfunktion zwischen Eingangssignal und Mustersignal. Das Filter antwortet also dann und nur dann an seinem Ausgang mit einem starken Ausgangssignal, wenn ein Eingangssignal mit eben der Form des Mustersignals anliegt und gerade vollständig in das Filter eingelaufen ist (Bild 7.11).

Es ist interessant, dass die von einer amerikanischen Forschergruppe in letzter Zeit veröffentlichten Bilder zur mutmaßlichen Verschaltung der Neuronen im Nervensystem der Fledermäuse dieser Schaltungsstruktur verblüffend ähnlich sehen.

Bild 7.11
Die Konstruktion eines angepassten Filters
(*matched filter*)

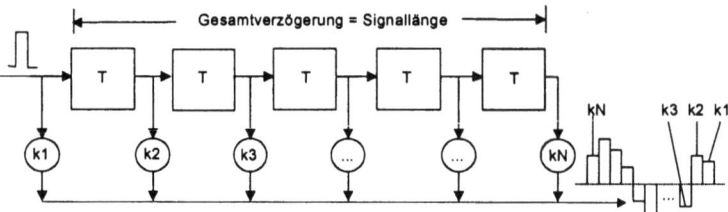

Ein für ein bestimmtes Mustersignal angepasstes digitales Filter besteht im einfachsten Fall aus einer Kette von Verzögerungsgliedern (T), deren Ausgänge, bewertet mit Amplitudenfaktoren k1...kN, auf einen gemeinsamen Ausgang führen; die Summe aller Verzögerungszeiten ist gleich der Länge des Mustersignals. Die Faktoren müssen dabei so gewählt werden, dass bei Erregung dieser Schaltung mit einem Impuls (Impulsdauer=Signallänge/N) am Ausgang das Mustersignal zeitinvers erscheint. Wird dann das Mustersignal selbst am Eingang angelegt, erscheint ausgangsseitig die Korrelationsfunktion mit einem Maximum genau dann, wenn das Mustersignal gerade vollständig in die Schaltung eingelaufen ist. Die Schaltungsanordnung wird wegen ihrer Funktion auch Schieberegister genannt.

An dieser Stelle sei auch noch einmal an das Kodemultiplexverfahren erinnert, bei dem wir ja das erste Mal auf das Korrelationsprinzip gestoßen waren. Dort und an vielen anderen Stellen werden heute solche sinnvoll strukturierten Signale eingesetzt und empfängerseitig mit solchen angepassten Filtern wieder erkannt.

Diese Signale werden als *pseudo-zufällig* bezeichnet, als scheinbar zufällig. Das für die meisten Störvorgänge verantwortliche weiße Rauschen – Ergebnis chaotischer Schwankungen physikalischer Größen – ist dagegen ein echter Zufallsvorgang. Es wäre ideal für diese Zwecke geeignet, einzelne zeitliche Abschnitte sind untereinander

7.6 Zufallssignale und Zufallsorganisation

praktisch unkorreliert. Die Autokorrelationsfunktion des weißen Rauschens hat deshalb ein einziges, extrem schmales Maximum. Diese Rauschsignale aber haben den entscheidenden Nachteil, dass sie nicht reproduzierbar wiederholt werden können, und eben das ist ja notwendig, um im Empfänger ein identisches Muster des gesendeten Signals herstellen zu können, mit dessen Hilfe der notwendige Vergleich – die Bildung der Korrelationsfunktion – überhaupt erst realisierbar ist. Das ist der Grund für den Einsatz binärer Pseudozufallssignale, die durch Gesetzmäßigkeiten elektronischer Schaltungen wiederholbar generiert werden können. Sie können in einer für Mehrkanalsysteme ausreichenden Vielzahl hergestellt und hinsichtlich ihrer Kreuzkorrelationen dann auch noch ausgesucht werden.

Solche Folgen werden übrigens im Deutschen gelegentlich etwas missverständlich als *Breitbandsignale* bezeichnet, allerdings in einem anderen Sinne als bisher, wo wir etwa Telefonsignale als Schmalband- und Videosignale als Breitbandsignale bezeichnet haben. Treffender ist die englische Bezeichnung *spread spectrum signal* – spektral verschmiertes oder gespreiztes Signal.

spread spectrum-Signal

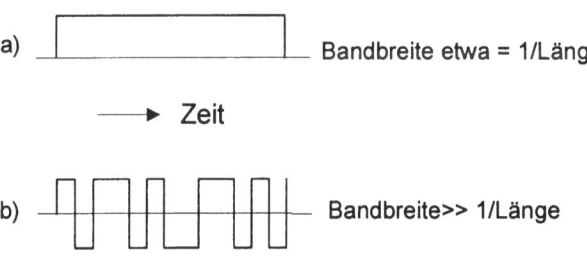

Bild 7.12
Das *spread spectrum*-Signal

Ein spread spectrum-Signal (b) – hier eine zufallsähnliche Folge von Binärzeichen, die ein einzelnes Signalelement, etwa ein einzelnes Bit (a) einer Signalfolge repräsentiert – ist dadurch gekennzeichnet, dass seine Bandbreite sehr viel größer ist als seine reziproke Länge, oder mit anderen Worten: als die desjenigen Bit (a), das es repräsentiert.

Diese *zeitliche* Orientierung ist aber nur eine von mehreren Möglichkeiten, ein Pseudozufallssignal zu realisieren. Ebenso ist eine Zufallsorientierung im *Frequenzbereich* möglich, etwa ein wieder pseudozufälliges sprunghaftes Verändern der Trägerfrequenz eines Funksignals. Von technischen Realisierungen abgesehen, ist ein natürliches Kommunikationssystem dieser Art naheliegend: Man denke an das vielstimmige Vogelkonzert an einem frühen Sommermorgen, mit dem Revierabgrenzungen durch akustische Signale erfolgen, spektral und zeitlich sich überdeckend, aber klar unterschieden durch Melodien – spektral kodierte, gegenseitig unkorrelierte Signalfolgen!

Kann man solche Gedanken auch auf die Fläche und den Raum übertragen?

Eine Überlegung in dieser Richtung könnte etwa auf ein Blatt Papier führen, auf dem mehrere verschiedene Bilder untergebracht werden sollen. Die konventionelle Lösung dieser Aufgabe wäre, die Bilder neben- und untereinander und sich selbstverständlich nicht gegenseitig überdeckend anzuordnen – ein Analogon zum Zeit- oder Frequenzmultiplex. Das könnte man vielleicht als Raummultiplex der Bilder bezeichnen. Eine dem Kodemultiplex entsprechende zweidimensionale Variante würde dagegen alle Bilder übereinander anordnen, wobei jedes Einzelbild die volle Seite einnehmen würde. Alle Bildpunkte aller Bilder würden dann – jeder Punkt mit der „Adresse" des zugeordneten Bildes kodiert – die gesamte gemeinsame Bildfläche füllen. Erinnern wir uns an den Vorteil des CDM-Signalbündels im gemeinsamen Frequenzbereich: Schmalbandige Störungen überdecken nicht mehr, wie bei FDM, nur ein einzelnes Signal des Signalbündels, sondern stören jedes Signal des über ein breites gemeinsames Spektrum verschmierten Bündels nur ein kleines bisschen. Auf das räumliche CDM-Beispiel bezogen würde das bedeuten: Durch Störungen oder Zerstörung eines Teils der Bildfläche werden nicht mehr einzelne Bilder verloren gehen, sondern in jedem Bild nur einzelne Punkte.

Der „Empfänger" wäre in diesem Fall recht komplex. Er müsste nicht nur auf einer eindimensionalen Linie – der Zeitachse – ständig nach Korrelationen mit der Musteradresse eines Bildes suchen, sondern auf der zweidimensionalen Bildfläche. Eine komplexe gegenseitige Verschaltung der einzelnen Flächenpunkte wäre die Voraussetzung für einen solchen Korrelator. Das optische Hologramm ist übrigens von solchen Überlegungen nicht sehr weit entfernt, ein Funktionsprinzip, das mit einiger Wahrscheinlichkeit in zukünftigen hochkomplexen optischen Signalspeichern eine Rolle spielen wird.

Geht man in Gedanken auch noch den nächsten Schritt zu einem derart organisierten *drei*dimensionalen Signalraum und stellt sich dessen Realisierung vor, ist man versucht, an den Aufbau der Gehirnrinde mit seiner unendlichen Zahl von Verschaltungen zwischen Neuronen und Synapsen zu denken. Es ist vielleicht nicht so abwegig, auch in diesem extrem effektiven Signalverarbeitungssystem eine ähnliche Art der Informationsorganisation, -speicherung und -sicherung für möglich zu halten.

7.6 Zufallssignale und Zufallsorganisation

Das Korrelationsprinzip ist ganz offensichtlich tatsächlich ein Universalprinzip auf dem weiten Gebiet der Informationsverarbeitung. Wo man auch nachhakt – man begegnet ihm immer wieder.

8 Optische Signale

8.1 Mit Licht Nachrichten übertragen

Über ein Jahrhundert lang hatte der elektrische Strom die Nachrichtentechnik von Stufe zu Stufe nach oben begleitet. Nach dem Telegrafen kam das Telefon, nach dem Telefon das Bildsignal, und immer war es der Strom, der im Kabel die Signale transportierte und in der Antenne die elektromagnetischen Felder anregte, die dann über Länder, Kontinente und schließlich den Weltraum Verbindungen schafften.

Es war nicht unbekannt, dass auch das Licht schließlich eine elektromagnetische Schwingung ist, wenn auch mit viel höherer Frequenz als die Funkwellen. Und es ist auch durchaus keine Erfindung der Neuzeit, dass man mit Hilfe von Licht Nachrichten übertragen kann, waren doch Feuersignale und Blinklichter seit langem bekannt. Die schon mehrfach erwähnten Flügeltelegrafen (Bild 8.1), zuerst in Frankreich, dann auch in England und Deutschland eingesetzt, erlaubten schließlich sogar die Übertragung zusammenhängender Texte. Aber alle diese Verfahren stießen an die gleiche Grenze: die Eigenschaften der Erdatmosphäre. Denn die war, was die Ausbreitungsverhältnisse betraf, recht unzuverlässig, weil wetterabhängig. Bei Regen und Nebel verringerte sich die Sichtweite und die Kommunikation brach zusammen. Ausserdem war das, was man bei den Funkwellen so hervorragend beherrschte – die Modulation des hochfrequenten Trägers – nur sehr bedingt anwendbar. Die Intensität einer künstlichen Lichtquelle wie der Glühlampe lässt sich nur sehr langsam ändern, die Trägheit der glühenden Wendel erlaubt bestenfalls die Intensitätsmodulation mit tiefen und mittleren Sprachfrequenzen.

Unser natürlicher optischer Empfänger – das Auge – ist ohnehin nicht auf eine zeitliche Modulation eingerichtet. Seine Stärke ist in enger Zusammenarbeit mit neuronalen Funktionen in mehreren Ebenen des Gehirns die Erkennung räumlicher Strukturen und die Unterscheidung von Entfernungen, Intensitäten, Farben und Bewegungen. Er tut also das gleichzeitig, was unsere technischen Systeme heute gerade mühsam in ein zeitliches Nacheinander transformieren, um es überhaupt beherrschen zu können.

Als um 1950 absehbar war, dass der Bedarf an Übertragungskanälen schnell steigen und in den folgenden Jahren wohl die Möglichkeiten

Die Hohlleitertechnik

der bekannten Kabelkonstruktionen bald übersteigen würde, verschwendete man folglich an das Licht weiter keine Gedanken. Eine andere Richtung wurde dagegen von einigen großen Industrienationen in Europa und in den USA mit beträchtlichem finanziellen Aufwand verfolgt: Die Nutzung von metallischen Hohlrohren mit etwa 50 mm Durchmesser, in denen sehr hohe Frequenzen um die 30 GHz nahezu verlustfrei übertragen werden können. Die Herstellung dieser Wellenleiter wäre zwar sehr teuer geworden, weil extrem enge Toleranzen und hohe Oberflächengüten im Rohrinneren verlangt wurden. Die Rohre hätten außerdem schnurgerade verlegt werden müssen – man stelle sich die Durchquerung einer Stadt vor! Der Netzaufbau wäre nur für Transitstrecken mit sehr hohem Verkehrsaufkommen diskutabel gewesen.

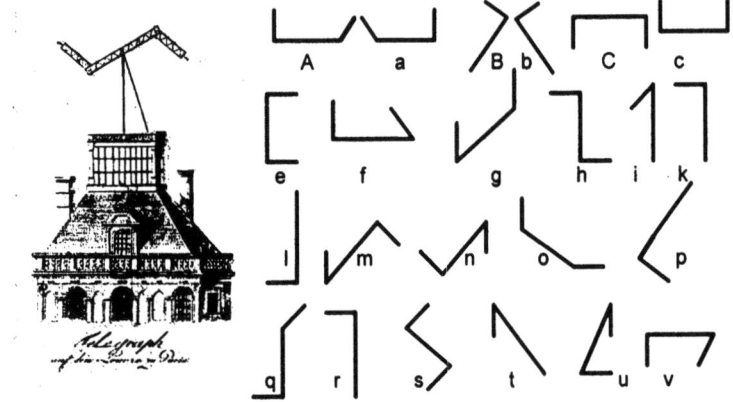

Bild 8.1
Der Chappesche Flügeltelegraf

Optische Nachrichtenübertragung zu Beginn des 19. Jahrhunderts: Der Chappesche Flügeltelegraph verband über mehr als 200 Zwischenstationen Paris mit Brest, Calais, Lille, Straßbourg und Toulon. Auf Napoleons Feldzügen wurden mobile Flügeltelegrafen mitgeführt. Die Flügel konnten nachts beleuchtet werden. Rechts einige Flügelstellungen; Groß und Kleinbuchstaben wurden durch symmetrische Stellungen charakterisiert (Beispiele in oberer Zeile).

Trotzdem – man scheute keinen Aufwand. Es gab ja keine weitere Möglichkeit zur Realisierung zukünftiger extrem hoher Übertragungskapazitäten. Im Jahre 1975 war die Entwicklung der Hohlleitertechnik weltweit bis zur Fertigungsreife gediehen.

Umsonst. Zu diesem Zeitpunkt wurden auch im letzten Forschungsinstitut die jahrzehntelangen Arbeiten an dieser Technik eingestellt und die hohen Investitionen endgültig abgeschrieben. Eine viel billigere, viel leistungsfähigere, viel bequemere Technik hatte das Tor in eine neue Welt aufgeschlagen. Glas statt Kupfer hieß die Devise.

8.2 Photonen statt Elektronen

Der Ausgangspunkt war, anderthalb Jahrzehnte früher, die Entdeckung einer ganz neuen Lichtquelle – des *Lasers*. Das erzeugte Licht dieser Quelle war kohärent – eine vollständig neue Qualität.

Licht ist eine doppelgesichtige Erscheinung. Es ist gleichzeitig Welle und Teilchen, elektromagnetische Schwingung und Photon. Keines der beiden Modelle kann die Eigenschaften von Licht unter allen Umständen vollständig beschreiben. Der Techniker kommt nicht umhin, das Licht und seine Wirkungen mal mit der einen, mal mit der anderen Interpretation zu erklären. Bleiben wir zunächst beim Wellencharakter.

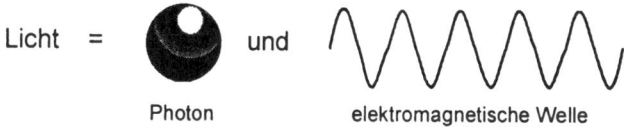

Bild 8.2
Licht hat zwei Gesichter

„Licht" existiert in einer Art Doppelleben. Es ist gleichzeitig ein Fluss von Elementarteilchen mit bestimmter Energie, den Photonen, und elektromagnetische Welle. Die Wellenlängen des in der optischen Nachrichtentechnik verwendeten Lichts liegen im infraroten Bereich von 0.85 bis 1.6 µm, also bei Frequenzen um 150 bis 300 THz (Terahertz).

Das natürliche Sonnenlicht ist ebenso wie das Licht vieler unserer künstlichen thermischen Lichtquellen „breitbandig", sein Spektrum überdeckt einen weiten Wellenlängen- und Frequenzbereich. Darin unterscheidet es sich von den Trägerfrequenzen, mit denen Funksignale übertragen werden. Das sind ja Schwingungen einer definierten Frequenz, die zeitlich nur minimal um ihren Sollwert schwankt, oft um weniger als den millionstel Teil ihres Nominalwertes. Das Spektrum der künstlichen und natürlichen Lichtquellen reicht dagegen vom Ultravioletten bis zum Infraroten, mit Wellenlängen von einigen zehntel Mikrometern bis zu einigen Mikrometern. Sichtbar ist für das menschliche Auge davon nur ein kleiner Teil, etwa beginnend bei den Wellenlängen um 0.4 µm, die wir als blaues Licht empfinden, bis etwa 0.7 µm, das wir dunkelrot nennen. Die Frequenzen liegen im Bereich einiger 10^{14} Hz, wie sich leicht aus dem Quotienten von Lichtgeschwindigkeit und Wellenlänge ausrechnen lässt.

Natürlich kann man durch Farbfilter oder mit Hilfe optischer Brechungs- und Beugungseffekte Teile dieses Spektrum abtrennen, etwa indem man den bekannten Farbsaum, den ein Prisma erzeugt, durch immer engere Blenden begrenzt und nur einen winzigen Teil des Spektrums hindurchlässt. Die Physiker nutzen das seit langem in ihren Spektrometern. Aber selbst die dadurch erreichten Bandbreiten sind groß gegenüber den oben beschriebenen sogenannten *Rausch*bandbreiten, die eine Funkfrequenz aufweist. Und vor allem: Je besser man auf diese Weise einen immer noch schmaleren Frequenzbereich aus dem Gesamtlicht herausselektiert, umso geringer wird die übrigbleibende gewonnene Lichtleistung.

LASER = light amplification by stimulated emission of radiation

Im Jahre 1958 beschrieben zwei Amerikaner, Arthur Schawlow und Charles H. Townes, ein ganz anderes Verfahren der Lichterzeugung, und nur zwei Jahre später gelang es, dieses Prinzip zu realisieren und einen ersten *Laser* aufzubauen. LASER – das ist die Abkürzung für die Beschreibung dieses Vorgangs: Lichtverstärkung durch stimulierte Emission von Strahlung. Er wurde gleichzeitig zum Synonym für den Beginn einer neuen Ära – auch und nicht zuletzt in der Nachrichtentechnik.

Als Lasermaterialien können feste Körper, Gase oder auch Flüssigkeiten dienen. Die Atome in diesen Stoffen haben Elektronen gebunden, die bestimmte diskrete und stabile Energiezustände aufweisen. Man kann diesen Atomen Energie von außen zuführen, sie werden *gepumpt*. Die Elektronen nehmen dann höhere Energiezustände ein. Diese Zustände sind aber nicht stabil, die Elektronen stehen gewissermaßen in Wartestellung, um wieder in niedere Energiezustände überzugehen und dabei ihre Energie wieder abzugeben. In welcher Form diese abgegebene Energie frei wird, hängt vom Lasermaterial ab und kann bei geeigneter Wahl in der Form von Strahlung ganz bestimmter Wellenlänge bzw. Frequenz erfolgen.

Photonen stimulieren die Emission weiterer Photonen

Der eigentliche Trick dabei ist jedoch, dass diese Energieabgabe durch andere Photonen der gleichen Frequenz synchronisiert werden kann. Ein in das Lasermaterial eingekoppeltes Photon kann im Material einen angeregten Energiezustand eines Atoms zum Rückkippen und damit zur Energieabgabe bewegen. Das dabei freiwerdende Photon, der entstehende Wellenzug, hat dann die gleiche Frequenz und vor allem die gleiche Phasenlage der elektromagnetischen Schwingung wie das den Vorgang auslösende, *stimulierende* fremde Photon. Die Lichtenergie hat sich durch diesen Vorgang also verdoppelt. Die notwendige zusätzliche Energie hat dabei die – elektrische oder andersartige – Pumpquelle geliefert.

8.2 Photonen statt Elektronen

Dass dieser Effekt tatsächlich allein zur Verstärkung von Licht verwendet werden kann, darüber wird noch zu sprechen sein. Beim Laser aber geht es um mehr – um die Erzeugung von einfrequentem Licht. Und das geschieht auf sehr ähnliche Weise wie bei der Erzeugung elektrischer Schwingungen: Es wird ein Resonanzkreis angestoßen, und diesem Resonanzkreis in einer Art Rückkopplung immer wieder die schon verstärkte Schwingung erneut zugeführt.

Schwingungserzeugung: siehe Abschnitt 4.3

Dieser Resonanzkreis wird beim Laser prinzipiell durch eine Anordnung von zwei parallelen reflektierenden Flächen oder Strukturen gebildet, zwischen denen das erwähnte optisch verstärkende Lasermaterial liegt. Für bestimmte optische Frequenzen, nämlich immer dann, wenn ein vollständiger Hin- und Rücklauf zwischen den Reflektoren gerade genau ein ganzzahliges Vielfaches der Wellenlänge ist, schaukelt sich die Verstärkung eines einzelnen Photons immer weiter auf; jedes neu stimulierte Photon beteiligt sich an dem Ringelspiel und stimuliert immer wieder neue Photonen, und immer wieder in exakt gleicher Phasenlage. Erstmalig entsteht hier eine ganz neue Qualität: weitgehend *kohärentes* Licht – Licht, dessen Frequenz und Phase so konstant ist, wie es von keiner natürlichen Lichtquelle erzeugt wird. Ein kleiner Teil davon wird an den Spiegeln ausgekoppelt und steht nun zur Nutzung zur Verfügung.

Kohärenz: Frequenz und Phasenlage der Schwingung ist über Zeit und Raum unveränderlich

Durch die Erfindung des Lasers ist damit Licht erstmalig als extrem höchstfrequente elektromagnetische Schwingung verfügbar – als Träger für aufmodulierte Quellensignale.

Allerdings ist die unmittelbare und vor allem schnelle Modulation der Lichtintensität eines Lasers nicht bei jeder Laserkonstruktion möglich. Aber das ist auch nicht nötig. Laser werden heute in einer Vielzahl von Anwendungen genutzt – in der Medizin als Skalpell, in der Werkstoffbearbeitung zum Schweißen, Bohren und Trennen, in der Bauwirtschaft zur Nivellierung, in der Wissenschaft zum Messen, und nicht zuletzt in jedem CD-Spieler zum Auslesen der winzig kleinen pits in der Acrylscheibe. Auf jedem Gebiet werden andere Anforderungen gestellt und durch besondere Konstruktionsformen erreicht. *Festkörperlasern* wird die Pumpenergie als Licht einer äußeren, konventionellen Lichtquelle zugeführt. Sie liefern extrem hohe Leistungen zur Materialbearbeitung. Der *Gaslaser* verwendet eine Gasentladung als Pumpenergie; sein Laserlicht ist extrem kohärent und deshalb für die physikalische Forschung wertvoll. Für die Nachrichtentechnik aber ist es der *Halbleiterlaser*, der ideal auf die Belange der Signalübertragung und -verarbeitung eingerichtet ist. Er ist so klein wie alle umgebenden Bauelemente der Halbleiter-Elektronik, zu seiner Herstellung können ähnliche Technologien wie dort verwendet werden, ihm genügen winzige Betriebsspannungen von einigen Volt, und er ist leicht und extrem schnell modulierbar – einfach durch Änderung eines

Der Halbleiterlaser: leicht modulierbar

elektrischen Stromes von wenigen Milliampere, der das Pumpen des Halbleitermaterials besorgt – je höher der Pumpstrom, desto größer die abgegebene Lichtleistung.

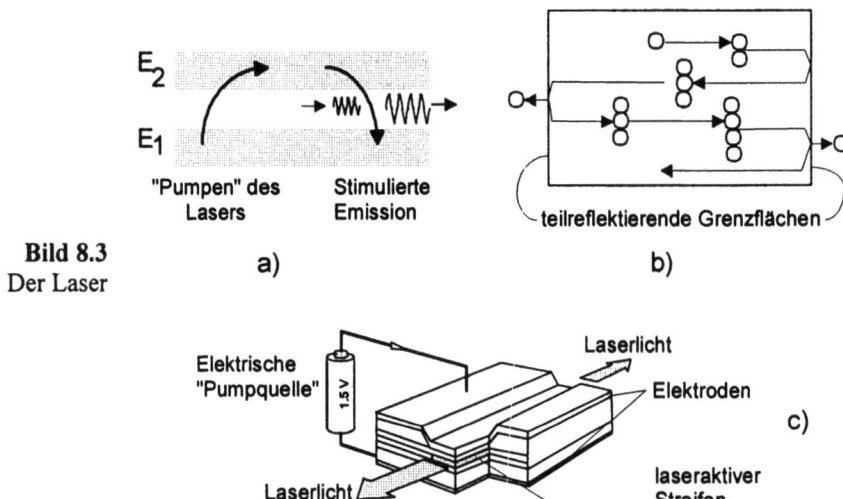

Bild 8.3 Der Laser

Durch das Pumpen des Lasers werden Ladungsträger im Lasermaterial auf ein höheres, allerdings instabiles Energieniveau gehoben (vereinfacht: von E_1 auf E_2). Von dort fallen sie zufällig (spontane Emission: Lumineszenzdiode) oder stimuliert durch andere Photonen (stimulierte Emission: Laser) unter Abgabe eines Photons wieder auf ihr ursprüngliches Energieniveau zurück (a). Infolge der ständigen Reflexionen – hier an den Endflächen des Laserkristalls – wiederholt sich dieser Vorgang immer wieder, die Lichtleistung wächst dabei an, und ein Teil des Lichts kann ausgekoppelt werden (b). Die Skizze (c) zeigt eine von mehreren möglichen Konstruktionsformen des Halbleiterlasers; die Schichtdicken betragen Mikrometer oder Bruchteile davon, seine Abmessungen Bruchteile eines Millimeters. Der aktive Laserkanal ist einige Mikrometer breit und weniger als ein Mikrometer dick.

Aber wir sind weit vorgeprescht. Als 1962 der erste Halbleiterlaser im Labor funktionierte lieferte er Licht zunächst nur in Form seltener, extrem kurzer Lichtimpulse, und sein Wirkungsgrad war so gering, dass er wegen der unerwünschten Umwandlung eines Großteils der Pumpenergie in Wärme fast bis zum absoluten Nullpunkt gekühlt werden musste. Trotzdem diskutierten die Informationstechniker schon den Einsatz der neuen Lichtquelle zur Signalübertragung. Das lag nahe, nie vorher war eine derart hochfrequente Signalquelle realisiert worden, die sich auch gleichzeitig so einfach und so schnell modulieren ließ. Nur leider gab es eine Hürde: Die Quelle war da, aber das Übertragungsmedium fehlte. Wie sollte man das Licht über große Entfernungen übertragen? Einfach durch die Luft? Und bei Nebel geht kein Telefon mehr?

Wieder waren es die bekannten Ausbreitungsprobleme in der Atmosphäre, die diesen doch so naheliegenden Übertragungskanal disqualifizierten und zunächst die schöne neue Vision von der optischen Nachrichtentechnik gleich mit.

8.3 Glasfasern übertragen Signale

Es gab da zwar schon eine ähnliche Anwendung und eine Lösung. Die Mediziner beleuchteten und betrachteten seit einigen Jahren das Innere von Körperhöhlen mit eingeschobenen Lichtleitern – einem Bündel aus Glasfasern. Durch einige davon wurde Licht zur Beleuchtung geschickt, die Vielzahl der anderen Fasern aber übertrug ein im Körperinneren auf das Kabelende projiziertes Bild bis zum anderen Ende, wo es durch eine Lupe betrachtet werden konnte. Dazu war es nötig, die geordnete räumliche Anordnung vieler hundert dünner Fasern über die gesamte Länge des Lichtleitkabels beizubehalten – eine technologische Meisterleistung.

Während der medizinischen Untersuchung ist ein solches Kabel mehrfach gekrümmt. Trotzdem bleibt das Licht in jeder der einzelnen Fasern des Bündels eingesperrt und tritt nicht in benachbarte Fasern über oder sogar seitlich aus dem Kabel aus. Dieser Effekt wird durch einen dünnen Mantel aus einem Glas mit niedrigerer Brechzahl erreicht – fällt Licht genügend flach auf einen solchen Übergang von Material mit einer höheren Brechzahl zu Material mit einer niedrigeren Brechzahl, tritt Totalreflexion ein, d.h. die Übergangsschicht wirkt wie ein idealer Spiegel; ohne Verluste wird das Licht wieder in die Faser zurück reflektiert.

Totalreflexion kanalisiert Licht

Es lag nahe, dieses Prinzip auch für die Führung modulierten Lichts zu benutzen und damit das elektrisch leitende Kupferkabel durch eine „optisch leitende" Glasfaser zu ersetzen. Aber das erwies sich zunächst als unmöglich. Eine 60 cm dicke Fensterglasscheibe dämpft einfallendes Licht auf ein Tausendstel der Eingangsleistung. Aus normalem Fensterglas gefertigt, würde demnach schon eine 60 cm lange Faser praktisch lichtundurchlässig sein. Die besten optischen Glassorten, die man herstellen konnte, waren in ihrer Transparenz zwar günstiger, aber trotzdem nicht besser als ein nebliger Herbsttag – nach 10 Metern war die eingekoppelte Lichtleistung bis auf einen kaum nachweisbaren Rest verschwunden. Die Verluste im Glas waren

Verluste im Übertragungsmedium noch ausreichend klein gewesen, um den einen Meter im Lichtleitkabel der Mediziner zu überwinden. Für die Signalübertragung war das viel zu wenig.

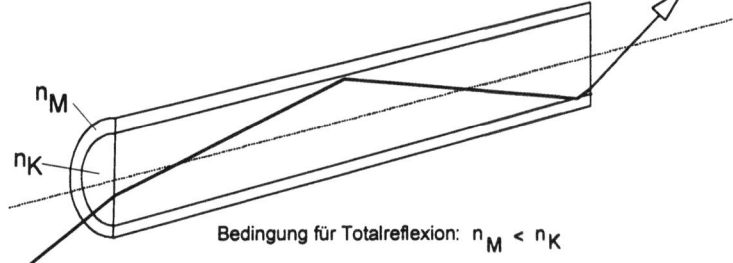

Bild 8.4 Totalreflexion kann Licht führen

Fällt ein Lichtstrahl genügend flach auf eine Grenzfläche von einem optisch dichteren zu einem optisch dünneren Material, wird es totalreflektiert. Dadurch lässt sich Licht in einem Glasstab oder einer Glasfaser leiten und tritt nicht aus. Das Verfahren funktioniert auch schon mit einem einfachen Glasstab (Glas: n=1.5, Luft: n=1), jede Berührung würde aber an dieser Stelle den Effekt zerstören und einen Lichtverlust verursachen. Deshalb wird der Lichtwellenleiter aus Kernglas (n_K) und Mantelglas (n_M) aufgebaut; das Mantelglas hat eine um wenige Prozent geringere Brechzahl als der Kern, in dem sich das Licht ausbreitet.

Tabelle 8.1 Dämpfung verschiedener optischer Übertragungsmedien

Material	Dämpfung dB/km	Eindringtiefe in m (30 dB Dämpfung)
Fensterglas	50 000	0.6
Optisches Glas	3 000	10
Nebel	500	60
Atmospäre über Stadtgebiet	10	3 000
Silikatglas bei λ=0.85 µm	3	10 000
Silikatglas bei λ=1.55 µm	0.2	150 000

Auch ein Koaxialkabel hat Verluste, sicher. Aber damit konnte man etwa zwei Kilometer überwinden, ehe man einen Zwischenverstärker einschalten musste, um die Signalleistung wieder zu erhöhen und erneut zwei Kilometer weiter zu kommen. Koaxial-Verteilkabel für Fernsehprogramme in den städtischen Kabelnetzen verlangen sogar alle 200 m einen solchen Zwischenverstärker. Und diese Forderungen

8.3 Glasfasern übertragen Signale

stellten die Techniker nun auch den Glastechnologen: Liefert uns ein Glas mit einer Dämpfung von einigen 10 dB/km, dann würden wir wenigstens einige wenige Kilometer weit kommen! Das Dezibel – dB abgekürzt – ist bekanntlich ein logarithmisches Maß für einen Leistungsverlust; 10 dB bedeutet einen Leistungsschwund auf ein Zehntel, 20 dB auf ein Hundertstel, und 30 dB auf ein Tausendstel. Diesen winzigen verbleibenden Teil hätte man gerade noch vom Rauschen des optischen Empfängers trennen und damit erkennen und wieder verstärken können. Aber die Glasspezialisten winkten ab: Unmöglich. Wir verwenden bereits das reinste Quarzglas, das sich schmelzen lässt.

Definition des dB: siehe Abschnitt 3.5

Damit sah es zunächst trübe aus mit der Nutzung des Lasers und einer neuen, optischen Signalübertragung – fast ein Jahrzehnt lang. Bis am Ende der sechziger Jahre die ersten Nachrichten kamen von einer vollständig neuen Art Glas. Nicht mehr aus Quarzsand geschmolzen, sondern aus hochreinen Gasen gewonnen, die in der Innenwand eines Quarzrohres bei hohen Temperaturen in dünnen Schichten und unter ständigem Drehen und Verschieben der Erhitzungszone niedergeschlagen wurden, eine Schicht über der anderen, bis das Rohr von außen nach innen nahezu gefüllt war. Aus dieser Vorform – über einen Meter lang und einige Zentimeter dick und noch einmal erhitzt, sodass auch der letzte Hohlraum noch kollabierte – wurde nun bei hohen Temperaturen eine dünne und rund hundert Kilometer lange Glasfaser gezogen. Verblüffend, das die Geometrie dieser Faser, im Durchmesser etwa 10 000 mal kleiner als die Vorform, mit deren Geometrie vollkommen überein stimmte!

Glas aus der Gasphase

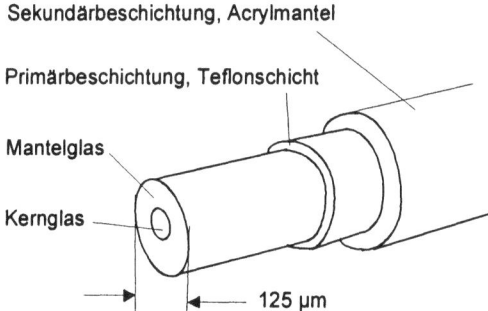

Bild 8.5
Der Aufbau eines Lichtwellenleiters

Die eigentliche Lichtleitung erfolgt im Kern des Lichtwellenleiters (LWL). Bei dem heute fast durchweg verwendeten Monomode-LWL hat er einen Durchmesser von nur 8 bis 10 µm. Mantel und Kern werden durch eine wenige Mikrometer dünne Teflonschicht geschützt. Meist werden mehrere solche Fasern „schwimmend" in einem Gel in einem flexiblen Röhrchen und mehrere davon in einem Kabel vereinigt. Als Einzelfaser bekommt der LWL eine Sekundärbeschichtung aus Acryl.

LWL = Lichtwellenleiter

Die ersten Fasern mit dieser neuen Technologie erreichten eine Dämpfung von 30 dB/km. Schlagartig war eine neue Art der Signalübertragung möglich geworden. Wenige Jahre später gelang es, durch Verbesserungen im technologischen Prozess die Verluste auf einige wenige Dezibel je Kilometer zu senken; nun waren schon Streckenlängen von 20 km ohne Zwischenverstärkung überbrückbar.

Und an dieser Stelle musste auch beim Laser nachgebessert werden. Zwar war die Kühlung und der Impulsbetrieb inzwischen längst überflüssig geworden, aber es gab neue Probleme. Die ersten dieser neuen Bauelemente arbeiteten bei Wellenlängen um 0.85 µm, also knapp jenseits der Sichtbarkeitsgrenze im nahen Infraroten. Das war durch die Wahl des Grundmaterials Gallium-Arsenid (GaAs) vorgegeben, dessen Technologie einigermaßen gut beherrscht wurde. Für die Übertragung allerdings war diese Wellenlänge nicht so günstig. Die Theoretiker hatten längst berechnet, welche minimalen Dämpfungen selbst im besten Glas eines Lichtwellenleiters auf SiO_2-Grundlage noch erwartet werden konnten. Dabei erwies sich, dass die Verluste in diesem Wellenlängenbereich durch unvermeidliche Streuung des Lichtes bedingt waren, die aber mit steigender Wellenlänge abnimmt – bis zu einer Wellenlänge von etwa 1.6 µm. Dort wird ein anderer physikalisch bedingter Verlusteffekt des Basismaterials wirksam, der ein extrem starkes Ansteigen der Dämpfung zur Folge hat.

Bild 8.6
Die Wellenlängenabhängigkeit der Dämpfung von Silikatglas

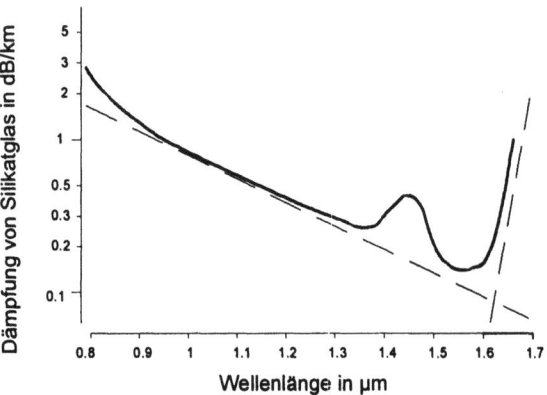

Die Dämpfung (Verluste durch Absorption) des reinen Silikatglases (SiO_2) nimmt physikalisch bedingt (gestrichelte Kurve) mit zunehmender Wellenlänge ab und steigt erst jenseits 1.6 µm infolge atomarer Resonanzeffekte wieder stark an. Die heute technisch erreichten Dämpfungswerte (ausgezogene Kurve) kommen sehr nahe an die physikalischen Grenzen (gestrichelt) heran.

Damit war klar, dass der Weg zu kleinsten Dämpfungswerten nur über längere Wellenlängen führen würde. Das GaAs aber war dazu als Lasermaterial nicht mehr zu verwenden. Das Indium-Arsenid mit variablen Dotierungen von Gallium und Phosphit erwies sich schließlich als brauchbar, um den weiten Wellenlängenbereich von 1.2 bis 1.6 μm für den Laser zu erschließen – eine vollständig neue Technologie musste geschaffen werden.

Der Aufwand lohnte sich. Ende der achtziger Jahre war im gesamten verfügbaren Wellenlängenbereich von 0.85 μm bis 1.6 μm praktisch die physikalische Grenze der Dämpfung erreicht – Verluste von weniger als 0.2 dB/km, wenn man im Minimum der Verlustkurve bei einer Wellenlänge von 1.55 μm arbeitet. Das Problem der Verluste im Lichtwellenleiter konnte als gelöst abgehakt werden.

8.4 Fast unbegrenzte Bandbreiten

Die Dämpfung der elektrischen Koaxialkabel ist von der übertragenen Signalfrequenz abhängig. Neben einer Grunddämpfung, die allein durch den elektrischen Widerstand des Kupfers bedingt ist, wachsen die Verluste mit steigenden Signalfrequenzen an. Das Koaxialkabel kann man deshalb, auch wenn man diese Abhängigkeit in Grenzen durch schaltungstechnische Maßnahmen in den Zwischenverstärkern ausgleichen kann, nur bis zu bestimmten maximalen Signalfrequenzen oder Signalbandbreiten verwenden.

Die Dämpfung des Lichtwellenleiters hängt zunächst nicht von der Frequenz des Modulationssignals ab und fordert deshalb auch keinen elektronischen Ausgleich – aber nur bis zu einer bestimmten Grenze. Dann macht sich ein Effekt bemerkbar, der jede Kompensation illusorisch werden lässt: die sogenannte Dispersion. Jenseits dieser oberen Modulationsfrequenz ist der Lichtwellenleiter nicht mehr anwendbar.

Die Ursache dafür ist, dass die einzelnen Anteile der eingekoppelten Lichtleistung verschieden lange Zeiten zum Durchlaufen des Lichtwellenleiters brauchen. Das trifft z.B. auf die sich unter verschiedenen Winkeln im Lichtwellenleiter fortbewegenden Strahlen zu. Der sich in einem gestreckten Lichtwellenleiter schnurgerade ausbreitende Strahlanteil und ein anderer, der den Ausgang nur durch mehrfache Totalreflexionen erreicht, kommen offensichtlich nicht mehr gleichzeitig am Ende an. Eine Fotodiode am Faserausgang aber registriert nur die Summe allen ankommenden Lichts. Ein kurzer in den Lichtwellenleiter eingekoppelter Impuls wird folglich ausgangsseitig durch diesen Effekt verbreitert. Das wirkt wie eine Bandbegrenzung. Für niederfre-

Die Dispersion

quente Signalanteile, langsame Änderungen also, ist der Effekt unwichtig, für schnelle, hochfrequente dagegen tödlich.

SI = step index Am empfindlichsten ist die einfache Konstruktion von Lichtwellenleitern, wie sie damals für die medizinische Anwendung und zuerst auch für einfache Datenübertragungen eingesetzt wurde: ein das Licht führender vergleichsweise dicker Lichtwellenleiterkern mit einer bestimmten Brechzahl, und darum herum ein Mantel aus einem etwas geringer brechenden Glas. Über einen Lichtwellenleiter dieser Art – den *Stufenindex-Lichtwellenleiter* (SI-LWL) – kann man Signalbandbreiten von einigen zehn Megahertz noch über einen Kilometer übertragen, aber im gleichen Maße, wie die Länge vergrößert wird, sinkt die noch nutzbare Bandbreite. Für nicht allzu große Entfernungen und relativ langsame Daten ist er zu gebrauchen, darüber hinaus nicht.

Die neue Technologie, mit der die Vorform für die Faser aus hochreinen Gasen Schicht für Schicht aufgebaut wird, lässt es aber zu, in aufeinanderfolgenden Schichten die Brechzahl zu ändern – einfach durch Beimischung bestimmter Fremdgase. So kann man eine Vorform aufbauen und daraus eine Faser ziehen, deren Brechzahl im Kern nicht mehr sprungartig an der Kern-Mantelgrenze reduziert wird, sondern die sich allmählich von einem größeren Wert in der Kernmitte der kleineren Mantelbrechzahl kontinuierlich annähert. Die Wirkung ist überzeugend: In den Randbereichen des Kerns wächst infolge der kleineren Brechzahl die Ausbreitungsgeschwindigkeit des Lichts. Das Licht, das in diese äußeren Kerngebiete vordringt und deshalb längere Wege zurückzulegen hat als ein in Kernmitte laufender Strahl, holt deshalb den Kernmittenstrahl wieder ein – die Laufzeitdifferenzen können bei geeigneter Wahl des Brechzahlprofils fast beseitigt, jedenfalls aber stark reduziert werden. Die Grenze dieses *Gradientenindex-*

GI = graded index *Lichtwellenleiters* (GI-LWL) liegt nun für das Produkt aus nutzbarer Bandbreite und Länge bei etwa 3 GHz·km, über hundert mal höher als beim SI-LWL.

Lange wurde für anspruchsvolle Übertragungsstrecken der Gradienten-Lichtwellenleiter weltweit eingesetzt. Allerdings wusste man schon seit einiger Zeit, dass es noch eine bessere Lösung gibt. Aber erst Mitte der achtziger Jahre war man in der Lage, einen Lichtwellenleiter billig genug herzustellen, der heute fast als Universallö-

SM = single mode sung genutzt wird: der *Einmoden-* oder *Monomode-Lichtwellenleiter* (SM-LWL). Während Stufenindex- und Gradientenfaser Kerndurchmesser von 50 oder 60 μm und mehr haben – das ist etwa der Durchmesser eines Haars – ist bei ihm der Kern extrem dünn; sein Durchmesser liegt bei etwa 8 μm. Er kommt damit der Wellenlänge des übertragenen Lichts recht nahe. Die Vorstellung eines „Lichtstrahls", die wir gewohnt sind, ist in dieser Mikrowelt nicht mehr aufrecht zu erhalten. Die Ausbreitungsgesetze des Lichts werden hier durch die

8.4 Fast unbegrenzte Bandbreiten

Gesetze der elektromagnetischen Wellen und Felder bestimmt – so wie in den schon erwähnten Hohlrohr-Wellenleitern der Gigahertztechnik. Deshalb wurde übrigens auch die Bezeichnung Licht*wellenleiter* gewählt. Nur eine einzige Wellenform kann sich in einem solchen dünnen Kern noch ausbreiten, eine einzige „Mode". Es gibt keine verschieden langen Wege mehr. Die Folge ist eine fast unbegrenzte Bandbreite, die dieser Monomode-Lichtwellenleiter zur Verfügung stellt. Er wird heute nahezu ausnahmslos verwendet.

Leider gibt es aber noch eine andere Ursache für eine Begrenzung der Übertragungsbandbreite infolge von Laufzeitunterschieden. Eine endliche spektrale Breite des vom Laser ausgesendeten Lichts – auch wenn sie minimal ist – bedeutet, dass verschiedene Wellenlängen im Spektrum des Signals enthalten sind. Die Brechzahl eines Glases und damit wiederum die Ausbreitungsgeschwindigkeit im Glas ist jedoch auch von der Wellenlänge abhängig. Folglich pflanzen sich die einzelnen Spektralanteile des Signals mit verschiedenen Geschwindigkeiten fort. Auch das führt zu einer Signaldispersion, und dagegen ist auch der Monomode-Lichtwellenleiter machtlos.

Dispersion durch die Signalquelle

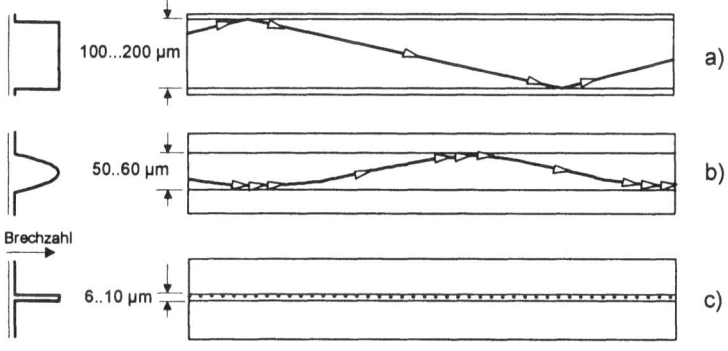

Bild 8.7
Die verschiedenen Konstruktionen des Lichtwellenleiters

Im Stufenindex-LWL (SI-LWL) ist die Brechzahl im dicken Kern konstant (a); der Laufweg eines schräg einfallenden Lichtstrahls ist viel größer als der des in Kernmitte laufenden Strahls. Im Gradienten-LWL (GI-LWL) nimmt die Brechzahl am Kernrand ab, die Lichtgeschwindigkeit also zu; die Laufzeitdifferenz zwischen schrägen Strahlen und Kernmittenstrahl ist dadurch geringer (b). Im Monomode-LWL (SM-LWL) ist nur noch eine einzige „Mode", quasi der Kernmittenstrahl, ausbreitungsfähig, er bietet die größte nutzbare Übertragungsbandbreite (c). Links ist der Brechzahlverlauf über dem Kernquerschnitt für die drei LWL-Konstruktionen eingezeichnet.

Diese spektrale Breite des gesendeten Signals kann durch Unvollkommenheiten des Lasers selbst bedingt sein. Da ist zunächst seine so genannte Rauschbandbreite, d.h. diejenige zwar geringe, aber doch endliche spektrale Breite, die schon die unmodulierte, aber nicht idealkohärente Laserschwingung einnimmt. Zweitens hat der Halbleiterlaser die meist unangenehme Eigenschaft, dass sich seine Frequenz mit dem Modulationsstrom verändert; auch dadurch verbreitert sich sein Spektrum noch einmal. Darüber hinaus wird in jedem Fall ein aufmoduliertes Signal eine bestimmte Ausdehnung des Spektrums bedeuten, so, wie das von einem elektrischen hochfrequenten Träger bekannt ist.

äußerer Modulator: siehe Bild 8.19

Als erstes wird man also versuchen, die Rauschbandbreite als eine wesentliche Ursache der Dispersion so klein wie möglich zu halten. Mit besonderen Laserkonstruktionen, die sich heute allgemein durchgesetzt haben, kann man sie tatsächlich so weit verringern, dass sie nicht mehr ins Gewicht fällt. Die zweite genannte Einflussgröße – die Frequenzänderung bei der Modulation – kann man ganz vermeiden, wenn man den Laser nicht mehr selbst moduliert, was allerdings die einfachste Lösung ist, sondern das Signal in einem getrennten äußeren Modulator dem optischen Träger aufprägt; der Laser selbst emittiert dann eine Schwingung konstanter Frequenz. Mit der Spektralverbreiterung durch das aufmodulierte Signal muss man allerdings leben – die ist unvermeidbar.

Bild 8.8
Der für die optische Technik genutzte Wellenlängenbereich

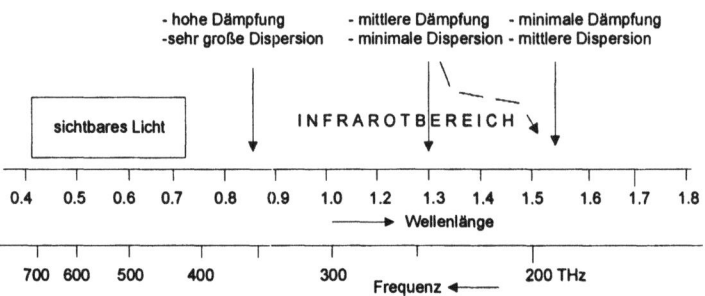

Der Wellenlängenbereich um 0.85 µm wird heute nur noch für Kurzstreckenverbindungen genutzt. Der Bereich der minimalen Dispersion kann durch bestimmte Brechzahlprofile des Kerns bis in den Bereich der geringsten Dämpfung verschoben werden. Im Wellenlängenbereich zwischen 1.5 und 1.6 µm liegt heute der Anwendungsschwerpunkt des Lichtwellenleiters.

Dispersionsverschobene LWL

Es zeigt sich, dass diese sogenannte chromatische (d.h. wellenlängenabhängige) Dispersion minimal ist, wenn man bei einer ganz bestimmten Wellenlänge arbeitet: bei 1.3 µm. Leider ist es gerade nicht diejenige um 1.55 µm, die auch die geringsten Verluste verspricht. Und deshalb drehen sich viele Diskussionen immer wieder um diese beiden interessanten Wellenlängen und um Kompromisse, die sowohl geringe Dämpfungen als auch geringe Signalverzerrungen und damit maximale Übertragungsbandbreiten zu erreichen gestatten. Durch bestimmte Kunstgriffe – die Herstellung besonderer Brechzahlverläufe im Kern und umgebenden Mantelbereich der Monomodefaser – gelingt es tatsächlich, dieses Dispersionsminimum willkürlich in den Bereich des Dämpfungsminimums zu verschieben.

Die optische Übertragungsstrecke ist damit komplett. Auf der Senderseite moduliert ein elektrisches Signal – in der Regel ein binäres, zeitmultiplexiertes Bündel mit einer Bitrate von einigen Gbit/s – im einfachsten Fall unmittelbar einen Laser. Seine Lichtleistung wächst ja proportional dem eingespeisten Strom. Zur Übertragung extrem hoher Bandbreiten bleibt der Laser unmoduliert, und ein nachfolgender externer Modulator übernimmt diese Aufgabe. Werden geringere Bandbreiten gebraucht, genügt oft auch ein billigeres Bauelement als Sender, die Lumineszenzdiode. Das Licht wird mit einer Leistung von etwa einem Milliwatt in einen Lichtwellenleiter eingekoppelt, was übrigens bei dem geringen Kernquerschnitt der Monomodefaser nicht unproblematisch ist. Am Ende des Lichtwellenleiters gelangt das Licht auf eine Fotodiode. Sie wandelt das Licht in einen elektrischen Strom um, der den Schwankungen der Lichtleistung proportional folgt. Damit steht dort wieder ein elektrisches Signal zur Verfügung.

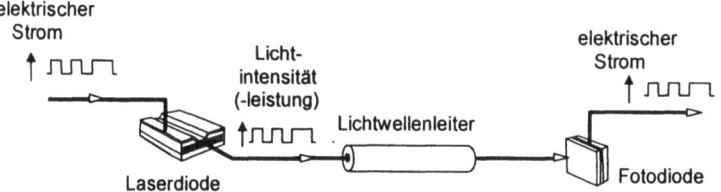

Bild 8.9 Der Grundaufbau einer optischen Übertragungsstrecke

Das Grundprinzip der optischen Signalübertragung: Auf der Sendeseite steuert das meist digitale elektrische Signal die Intensität (Lichtleistung) eines Lasers. Das Laserlicht wird in einen LWL eingekoppelt, der auf der Empfängerseite mit einer Fotodiode verbunden ist. Dort erfolgt die umgekehrte Wandlung der Lichtleistung in einen elektrischen Strom.

8.5 Terabit und große Entfernungen

Am Beginn der achtziger Jahre begann der kommerzielle Einsatz der optischen anstelle von Kupferkabeln in den Verbindungsnetzen der Fernmeldeverwaltungen, zuerst mit Gradienten-, dann nur noch mit

Monomode-Lichtwellenleitern. Heute kann man bei Neuverlegungen von einer nahezu vollständigen Ablösung des Koaxialkabels durch den Lichtwellenleiter sprechen.

Dessen Vorteile sind überwältigend. Die Übertragungskapazität bereits einer einzelnen Faser ist um bis zu drei Größenordnungen höher, die notwendigen Verstärkerabstände haben sich von 2 km auf Werte zwischen 70 und 150 km vergrößert, und selbst ein Lichtwellenleiterkabel mit einem dutzend Fasern und damit nochmal um mehr als eine Zehnerpotenz erhöhter Übertragungskapazität ist viel leichter und dünner als ein Koaxialkabel. Die anfängliche Furcht, ein Glasfaserkabel wäre zerbrechlich und schwerer zu handhaben, hat sich nicht bestätigt; optische Kabel werden mit den gleichen Werkzeugen in enge Kanäle eingezogen wie Koaxialkabel, und die zulässigen Krümmungsradien der Kabel unterscheiden sich nicht von denen der Kupferkabel. Tatsächlich lässt sich eine einzelne Faser noch um einen dicken Bleistift wickeln, ohne zu zerbrechen!

Die neue Technologie kam wahrhaftig zur rechten Zeit. Der Bedarf an Übertragungskapazität nimmt in einem Maße zu, dem die bisherige Technik nicht mehr gewachsen gewesen wäre. Noch bis vor wenigen Jahren war der Telefonverkehr das Maß aller Dinge; Bildsignale spielten nur im Fernsehprogramm eine Rolle, und der Datenverkehr war schon gegenüber den Telefonsignalen vernachlässigbar. Den allermeisten Datenverbindungen genügten Verbindungen mit wenigen tausend Bit pro Sekunde. Das hat sich geändert. Die Vernetzung der Industrie, wissenschaftlicher Einrichtungen und der Wirtschaft verlangt immer mehr und schnellere Verbindungen. Die Zahl der Internetnutzer steigt weiter an und damit der massenhafte Wunsch nach schnellen Verbindungen bis in die Wohnungen. Der Umfang des Datenverkehrs hat heute schon den des Telefons erreicht und wird ihn in allernächster Zukunft übersteigen. Er verdoppelt sich alle 12 Monate, während weltweit der Telefonverkehr jährlich nur um 10-15% ansteigt. Schon wird mit Datenströmen im Terabit/s-Bereich gerechnet, die in Knotenstellen des Netzes je Sekunde zu verarbeiten sind. Terabit – das sind 1000 Gbit, eine Zahl mit 12 Nullen! Die notwendige Übertragungskapazität für die immer mehr zunehmende Zahl von Bild- und hochqualitativen Tonsignalen ist nur durch die inzwischen eingesetzten Quellenkodierungsverfahren einigermaßen kanalisierbar.

Doppelte Multiplexierung — Um diese Größenordnungen noch zu beherrschen, muss an vielen Stellen angepackt werden. Wie bei allen anderen Übertragungsverfahren gilt auch in der optischen Technik: Je größer das Signalbündel, desto geringer werden die Übertragungskosten für den Einzelkanal. Also wird doppelt gebündelt. Im konventionellen Zeitmultiplex werden seit langem auf der Ebene der elektrischen Signale Bündel mit Bitraten von 2.5 Gbit/s und 10 Gbit/s geschnürt.

8.5 Terabit und große Entfernungen

Aber das ist noch nicht die oberste erreichbare Grenze, obgleich die Anforderungen an die Elektronik in diesem Bereich immer höher werden. Erste Systeme mit elektrischen Bündelstärken von 40 Gbit/s stehen bereits im Labor.

Diese Bündel aber werden nun ein weiteres Mal zusammengefasst – mit einer Technik, die sich *Wellenlängenmultiplex* nennt und die doch nichts anderes ist als das bekannte Frequenzmultiplex im Bereich der extrem hohen optischen Frequenzen (Bild 8.10a). Neben der Abkürzung WDM wird deshalb auch oft das Kürzel OFDM für optischen Frequenzmultiplex genutzt, oder auch DWDM, um eine besonders dichte Packung von Kanälen zu kennzeichnen. Eine Vielzahl von Lasern mit leicht unterschiedlicher Wellenlänge werden mit Gigabit-Signalbündeln moduliert und alle zusammen auf einer einzigen Faser übertragen. Wellenlängenfilter trennen auf der Empfängerseite zuerst die optischen Frequenzen, gewinnen so das elektrische Bündelsignal wieder und teilen es anschließend je nach Bedarf in Signalgruppen oder Einzelsignale auf. Mit dieser Technik des doppelten Multiplexierens ist heute bereits die Grenze von einem Terabit/s in jeder einzelnen Faser eines Lichtwellenleiterkabels überschritten worden, und das gleichzeitig in beiden Richtungen auf der gleichen Faser.

WDM = wavelength division multiplex

OFDM = optical frequency division multiplex;
DWDM = dense wavelength division multiplex

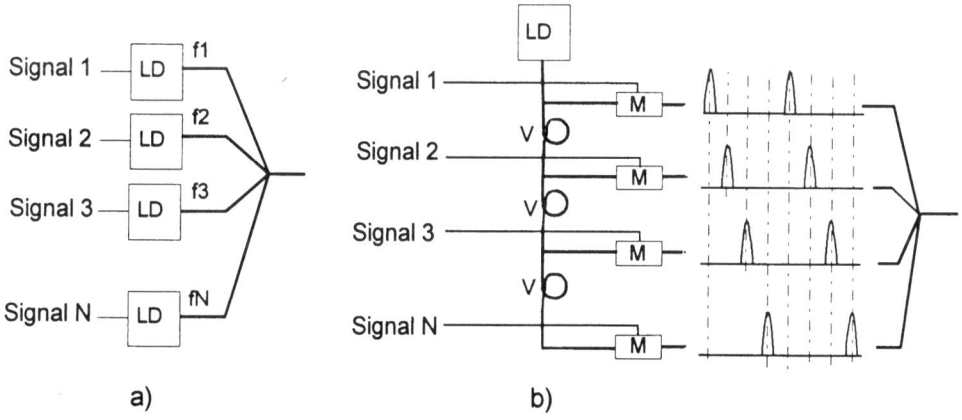

Beim Wellenlängenmultiplex (a) modulieren N elektrische Signalbündel ebensoviele Laserdioden (LD) mit optischen Frequenzen f1, f2,...fN. Die optischen Signale werden auf einen gemeinsamen Lichtwellenleiter gekoppelt. Empfängerseitig werden sie in einem Wellenlängen-Demultiplexer wieder getrennt und N Fotodioden zugeführt, die die elektrischen Signale wieder herstellen. Beim optischen Zeitmultiplex (b) erzeugt eine einzige Laserdiode periodisch sehr kurze Impulse, die über optische Verzögerungsleitungen (V) (kurze LWL-Stücke) mehreren Mach-Zehnder-Modulatoren (M) zugeführt werden, die diese Impulse im Takte der ebenfalls anliegenden elektrischen Signale modulieren.

Bild 8.10
Optisches Wellenlängen – und Zeitmultiplex

Mach-Zehnder-Modulator: siehe Bild 8.17

Das hört sich einfach an, setzt aber Kleinarbeit an vielen Stellen voraus. Die Filter zum Trennen der einzelnen optischen Signalbündel müssen extrem selektiv sein; die Abstände zweier optischer Träger sind inzwischen teilweise bis auf eine Wellenlängendifferenz von 0.4 Nanometer reduziert, das sind im optischen Frequenzbereich 50 GHz. Andererseits müssen die Wellenlängen der Sendelaser auf die gewünschten Werte abstimmbar sein und diese Werte stabil halten. Wenn im Jahre 2002 das im Aufbau befindliche Transatlantikkabel Apollo mit 80 WDM-Kanälen zu je 10 Gbit/s und zwei Faserpaaren in beiden Richtungen seinen Betrieb aufnehmen wird, wird es bereits das vierte Unterseekabel mit einer Gesamtkapazität über 1 Tbit/s sein – 13 000 km lang.

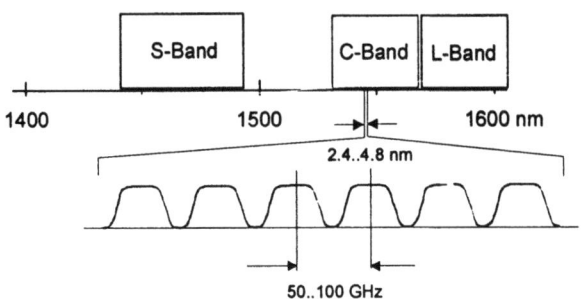

Bild 8.11
Die genutzten optischen Übertragungsbänder

Im dämpfungsarmen Bereich um 1.55 µm wird heute schon neben dem konventionellen C-Band (1530-1565 nm) das L-Band genutzt. Zukünftig rechnet man mit der zusätzlichen Verwendung des S-Bandes. Damit sind bei optischen Kanalabständen von 50 GHz über 80 Kanäle je Band verfügbar. Selbst bei einer Übertragungsrate von nur 10 Gbit/s je Signal liegt die Übertragungskapazität einer einzelnen Monomodefaser mit OFDM damit bereits über der Terabit-Grenze.

OTDM = optical time division multiplex

Auch das *Zeitmultiplexverfahren* kann prinzipiell aus der elektronischen in die optische Technik übernommen werden. Dazu wird auf einer einzigen Wellenlänge und mit einem einzigen Laser ein Raster kurzer optischer Impulse erzeugt, die gegenseitig zeitlich versetzt sind, etwa mit Hilfe mehrerer optischer Verzögerungsleitungen (Bild 8.10b). Die Einzelimpulse werden optischen Modulatoren zugeführt, die sie im Takte anliegender elektrischer Bündelsignale modulieren. Dieses optische Zeitmultiplexverfahren (OTDM) wird allerdings bisher noch nicht eingesetzt – trotz einiger Vorteile bei der Nutzung sehr starker zeitgeschachtelter Bündel. Einer der Gründe für diese Zurückhaltung ist der quadratisch mit der Bandbreite des modulierenden

8.5 Terabit und große Entfernungen

Signals (also des elektrischen TDM-Bündels) wachsende Einfluss der Dispersion des Lichtwellenleiters auf langen Übertragungsstrecken.

Diesen Einfluss versucht man heute durch eine ganze Reihe von Verfahren zu kompensieren oder wenigstens zu minimieren, etwa indem man spezielle optische Bauelemente oder Stücke spezieller Lichtwellenleiter in den Übertragungsweg einfügt, die ein umgekehrtes Dispersionsverhalten wie der lange Lichtwellenleiter aufweisen.

Es geht allerdings auch anders.

Eine elementare Eigenschaft des Glases ist seine Brechzahl. Sie ist natürlich vom Material abhängig, es gibt hoch- und niedrigbrechende Gläser, und sie bestimmt nicht nur die schon erwähnten Totalreflexionswinkel, sondern unter anderem eben auch die Ausbreitungsgeschwindigkeit des Lichts in dem betreffenden Material. Immer aber wurde bisher die Brechzahl als eine zwar material- und wellenlängenabhängige, aber sonst unveränderliche Größe geführt. Nur stimmt das eben nicht ganz.

Die Sache wurde offenkundig, als mit dem Laser plötzlich Lichtleistungen erzeugt werden konnten, die auf Grund der Kohärenzeigenschaften des Lichts in dem minimalen Querschnitt des Monomode-Lichtwellenleiters – man denke an den Kerndurchmesser von wenigen Mikrometern! – extrem hohe Leistungsdichten hervor riefen. Tatsächlich wird in einem solchen Lichtwellenleiter schon bei nur 10 Milliwatt eingekoppelter Lichtleistung eine Leistungsdichte von 20 000 Watt pro Quadratzentimeter erreicht. Die dabei entstehenden elektrischen Feldstärken verursachen in diesem Fall atomare Kräfte der gleichen Größenordnung wie die auf die Valenzelektronen des Materials wirkenden atomaren Bindungskräfte. Das Licht ändert dann die Materialeigenschaften – die Brechzahl bleibt nicht länger eine Konstante. Sie wächst mit steigender Leistungsdichte des Lichts in der Faser.

Nichtlinearität des Glases: Die Brechzahl steigt mit der Leistungsdichte

Die Änderung ist nicht groß, aber die Wirkung kann sich auf den viele Kilometer langen Strecken summieren. Diese *optische Nichtlinearität* der Faser hat in den letzten Jahren viel Unruhe in die Welt der Lichtsignale gebracht. Sie kann – genau wie Nichtlinearitäten in der Elektronik – ungewollt und schädlich, aber auch gewollt und nützlich sein. Zu den schädlichen Wirkungen gehört, dass man mit der Leistung der auf einer einzigen Faser im Wellenlängenmultiplex übertragenen Signale vorsichtig sein muss. Kommt sie in eine Größenordnung von einigen 10 Milliwatt, können die gleichen Effekte auftreten, die schon in der alten Trägerfrequenztechnik auf elektrischen Kabeln Schwierigkeiten machten: Die einzelnen Kanäle können sich gegenseitig stören, weil durch die optische Nichtlinearität der Faser jedes Signal sofort störende optische Oberwellen und Mischprodukte erzeugt.

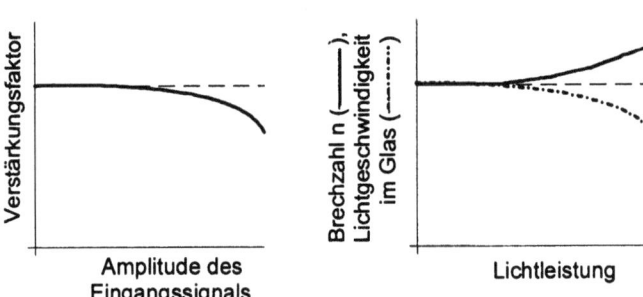

Bild 8.12
Nichtlinearitäten in elektrischen und optischen Übertragungssystemen

In elektrischen Übertragungsstrecken treten Signalverzerrungen auf, wenn in zwischengeschalteten Verstärkern die Verstärkung sich mit der Größe des Eingangssignal ändert (links). In optischen Systemen kann bei großen Lichtleistungsdichten im Lichtwellenleiter ein ähnlicher nichtlinearer Effekt eintreten, weil die Brechzahl nicht mehr konstant bleibt (rechts).

Auch ein weiterer Effekt ist unangenehm: Bei der Übertragung jedes einzelnen Impulses wird nicht nur die Lichtleistung ansteigen und wieder abfallen, vielmehr folgt sogar die Brechzahl der Faser diesem Verlauf. Die vordere, ansteigende Flanke des Impulses wird also mit zunehmend geringerer Geschwindigkeit durch den Lichtwellenleiter laufen, die hintere abfallende mit wieder wachsender Geschwindigkeit. Noch eine Ursache also für einen Dispersionseffekt!

Und hier bietet sich ein entscheidender Ansatz: Da beide Dispersionseffekte unabhängig voneinander funktionieren – der eine durch die Wellenlängenabhängigkeit der Brechzahl des Lichtwellenleiters, der zweite durch dessen Leistungsabhängigkeit bedingt – lassen sie sich gegenseitig kompensieren. Dazu ist allerdings notwendig, dass man die Arbeitswellenlänge sowie Leistung, Breite und auch Zeitverlauf der einzelnen übertragenen Impulse genau aufeinander abstimmt. Hält man die notwendigen Relationen ein, erhält man ein auf den ersten Blick unglaubliches Ergebnis: Ein solcher Lichtimpuls verändert seine Form niemals. Er kann beliebig große Entfernungen ohne die geringste Dispersion überwinden!

Das Soliton – ein nichtdispersiver Einzelimpuls

Ein derartiger spezieller Lichtimpuls wird *Soliton* genannt. Im Labor gelang es, Solitons über 1 Million Kilometer einer normalen Monomodefaser laufen zu lassen, die dreifache Entfernung von der Erde zum Mond – der Impuls war danach nicht von dem am Fasereingang zu unterscheiden. Erste Solitonverbindungen mit Impulsraten von etwa 5 Gbit/s sind in Betrieb, geeignet vor allem für die langen Transatlantik-Unterwasserstrecken.

Einen Haken hat die Sache allerdings: Die Erhaltung des Solitons ist ja an die Bedingung einer bestimmten Impulsleistung gebunden. Die aber verringert sich mit steigender Streckenlänge, weil das Soliton ebenso wie ein normales Lichtsignal von Leitungsverlusten nicht verschont wird. In einigen 10 km Abstand muss also auch hier das optische Signal immer wieder verstärkt werden.

Wie kann man optische Signale verstärken?

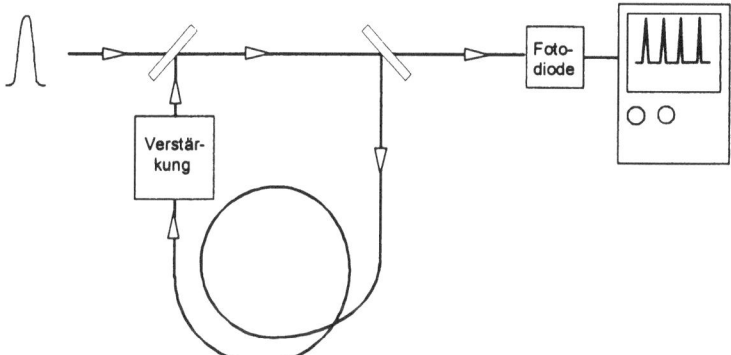

Bild 8.13
Experiment zur Solitonübertragung

Zur Demonstration der Solitonübertragung wird ein Lichtimpuls in einen LWL eingespeist (links) und gelangt über zwei teildurchlässige Spiegel sowohl zu einer Fotodiode und einem Oszillografen als auch in eine 100 km lange LWL-Schleife. Die durchläuft er immer wieder, und jedesmal wird ein kleiner Teil des umgelaufenen Lichts ausgekoppelt und – entsprechend verzögert – ebenfalls auf dem Bildschirm dargestellt. So lässt sich zeigen, dass selbst nach zehntausendfachem Durchlaufen der Schleife der Impuls keinerlei Dispersion zeigt.

8.6 Licht wird verstärkt

Diese Frage stellt sich durchaus nicht nur bei der etwas exotischen Solitonübertragung.

Die mögliche Reichweite – die *Verstärkerfeldlänge* – einer ganz normalen optischen Verbindung ist mit 70 bis über 100 km riesengroß im Vergleich zu der einer Koaxialkabeltrasse. Aber viele Verbindungen sind länger, und nicht nur in Unterseekabeln sondern auch als Verbindungsstrecken im internationalen und nationalen Verkehr.

Der Signalpegel muss also auch auf allen optischen Übertragungsstrecken immer wieder in Zwischenverstärkern angehoben werden, um dann ein weiteres Mal und immer wieder neu auf die nächste Etappe geschickt zu werden.

Auf elektrischen Kabelstrecken hat sich diese Technik seit Jahrzehnten bewährt. Wie schon mehrfach erwähnt, ist dabei ein analoges Signal – z.B. eines der früheren Trägerfrequenzbündel, aber auch das Bündel von frequenzmultiplexen Videoprogrammen, das uns ins Haus gebracht wird – sehr empfindlich für Nichtlinearitäten der Zwischenverstärker.

Es ist einer der Vorteile digitaler Signale, dass dieses Problem bei ihnen keine große Rolle mehr spielt. Bestimmte Forderungen sind jedoch auch hier einzuhalten, etwa dass ein Impuls nicht seinen Nachbarimpuls beeinflussen und vielleicht fälschen darf. Gegenüber dem am Leitungsanfang eingespeisten Impuls ist aber der am Leitungsende in der Regel merklich in seinem Verlauf verzerrt. Auf den stark frequenzabhängigen elektrischen Kabeln wird die Impulsfolge deshalb in der Regel nicht nur verstärkt, sondern auch regeneriert; jeder einzelne Impuls wird zunächst erkannt und dann als vollkommen neuer Impuls mit der gewünschten und zweckmäßigen Impulsform wieder ausgesendet. Oft wird deshalb auch von *Regeneratoren* anstatt von Zwischenverstärkern gesprochen.

Zwischenverstärkung mit mehrfacher Wandlung

Die optische Technik übernahm dieses Verfahren zunächst vollständig. Da ein optischer Verstärker nicht zur Verfügung stand, wurde an jedem Zwischenverstärkerpunkt das optische Signal von einer Fotodiode in ein elektrisches Signal gewandelt, anschließend verstärkt und regeneriert und wieder einer Laserdiode aufmoduliert. An jeder Zwischenverstärkerstelle wurde also das optische Signal in ein elektrisches und anschließend wieder in ein optisches umgesetzt.

Das Verfahren ist umständlich und ärgerlich, war aber bis vor wenigen Jahren nicht zu umgehen. Es gab keinen optischen Verstärker, der das optische Signal selbst verstärken konnte.

Dann kam die Zeit, wo man auch die letzten noch freien Reserveadern, die man in den schon verlegten Lichtwellenleiterkabeln fand, mit Signalen belegt hatte und sich mit dem Gedanken anfreunden musste, die Kabel mit Hilfe des Wellenlängenmultiplex besser auszunutzen. Jetzt wurde offensichtlich, dass der Aufwand in jedem Zwischenverstärker ins Unerträgliche ansteigen würde. Es ist ja nicht möglich, alle optischen Signale eines WDM-Bündels gemeinsam in einer einzigen Fotodiode zu wandeln und dann gemeinsam elektrisch zu verstärken. Jeder einzelne optische Träger muss vielmehr mit seinem aufmodulierten Signal aus dem Bündel getrennt, in einem separaten Verstärker und Regenerator behandelt und über eine Laserdiode

8.6 Licht wird verstärkt

mit der richtigen Wellenlänge wieder ausgesendet werden. Es hätte sich nicht nur die Zahl der notwendigen Fotodioden, Verstärker, Regeneratoren und Laserdioden mit der Zahl der optischen Kanäle im Multiplexbündel erhöht, auch die notwendigen Aufwendungen für die Filterbank zur Trennung der Kanäle und die Einrichtungen zur automatischen Abstimmung und Regelung der Wellenlänge der einzelnen Laser wären nicht unerheblich gewesen.

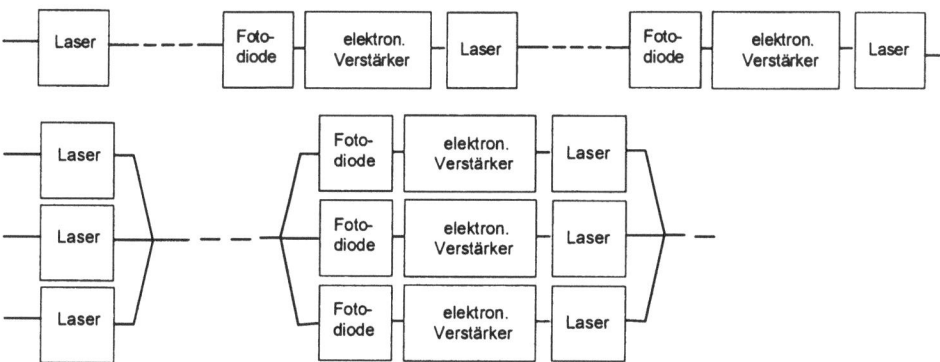

In einer einfachen optischen Übertragungsstrecke ist es vergleichsweise unproblematisch, eine notwendige Zwischenverstärkung über den Umweg einer optoelektrischen und elektrooptischen Wandlung zu realisieren (oben). In einem Übertragungssystem mit Wellenlängenmultiplex bedeutet das aber einen nicht mehr tolerierbaren Mehraufwand, da diese Prozedur für alle Wellenlängen einzeln realisiert werden müsste (unten).

Bild 8.14 Zwischenverstärkung in optischen Systemen

Der optische Verstärker musste kommen. Und er kam – als Faserverstärker.

Der Faserverstärker kopiert die Funktionsweise des Verstärkungseffekts im Laser, passt sich aber dem Übertragungsmedium an, in das er sich einfügen soll. Er besteht im Grunde genommen nur aus einem weiteren nur wenige Meter langen Stück eines Monomode-Lichtwellenleiters. Allerdings hat der es im wahrsten Sinne des Wortes in sich. Sein Kern – genauer sogar: der innere Teil des ohnehin dünnen Kerns – ist gezielt verunreinigt, dotiert mit einem Element aus der Gruppe der Seltenen Erden: Erbium. Und zwar so stark, dass auf den wenigen Metern dieser Faser normalerweise die eingekoppelte Lichtleistung vollständig verloren gehen, also weggedämpft würde.

Der Faserverstärker

Aber die Atome dieser Dotierung werden gepumpt. Eine lokale Laserdiode – Bestandteil dieses Verstärkers – mit einer dem Aufbau des Erbiumatoms angepassten Wellenlänge koppelt eine Lichtleistung von einigen zehn Milliwatt in diese Faser, regt damit die Elektronen der Dotierung an und hebt sie auf ein höheres Energieniveau. Und nun geschieht das Gleiche wie im Laser: Das schwache, mit der Pumpleistung zusammen eingekoppelte Signal stimuliert die Abgabe von Photonen der gleichen optischen Frequenz und Phase, und das immer wieder, bis die verstärkende Faser durchlaufen ist. An ihrem Ausgang steht nun das Signal wieder zur Verfügung – mit einer fast tausendfach verstärkten Leistung.

EDFA = erbium doped fiber amplifier

Optische Bänder: siehe Bild 8.11

Der Erbium-Faserverstärker (EDFA) hat die volle Nutzung der Übertragungskapazität eines Lichtwellenleiters überhaupt erst ermöglicht. Durch seine Arbeitsbandbreite von etwa 30 nm kann er eine Vielzahl von optischen Kanälen, ein ganzes Wellenlängenmultiplex-Bündel, auf einmal verstärken. Spezielle Doppelbandverstärker schaffen es sogar, in den optischen Bändern von 1530-1560 nm und von 1565-1610 nm 120 optische Kanäle auf einmal zu verstärken.

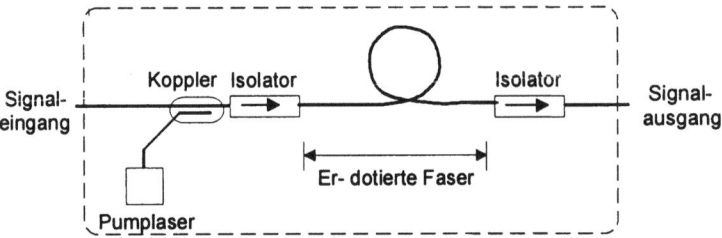

Bild 8.15 Erbium-Faserverstärker

Kernelement des Erbium-Faserverstärkers ist das dotierte Stück einer Monomodefaser, die durch einen Pumplaser angeregt wird. Pumpleistung und zu verstärkende Signalleistung werden gemeinsam über einen Koppler der Faser zugeführt. Zwei Isolatoren, die Licht nur in einer Richtung durchlassen, sorgen dafür, dass Störsignale nicht den Übertragungstrakt in der Gegenrichtung durchlaufen und dabei auch noch verstärkt werden. Die Erbium-Dotierung schränkt den Arbeitsbereich des EDFA auf das 1.55 μm-Band ein. Die Wellenlänge des Pumplasers ist 0.98 μm oder 1.48 μm.

Die Einbindung eines Faserverstärkers in ein optisches Kabel ist unproblematisch, weil Lichtwellenleiter und Verstärkerfaser gleiche Abmessungen haben und genauso verbunden werden können, wie man üblicherweise zwei Lichtleiter verbindet, nämlich durch optische Steckverbindungen oder einen kurzen Schweißvorgang in einem Mikrolichtbogen. Der EDFA ist so linear, dass man sogar analoge Signalbündel verstärken kann, z.B. die schon oft erwähnten Bündel von Kabelfernsehprogrammen. Aber sein weit wichtigeres Einsatzgebiet ist natürlich die Verstärkung von Multiplexbündeln von Binärsignalen.

8.6 Licht wird verstärkt

Was er (noch) nicht kann, ist die Regenerierung der Signale. Er verstärkt nur. Wie sich zeigt, reicht das aber für mehrere Verstärkerfelder aus. Und an dieser noch fehlenden Eigenschaft wird gearbeitet. Im Labor steht auch schon der regenerierende optische Verstärker.

Der EDFA hat einen Nachteil: Er funktioniert nur im Wellenlängenbereich um 1.55 µm. Das hängt mit den spezifischen Energieniveaus des Dotierungselements Erbium zusammen, ebenso wie der GaAs-Laser nur bei 0.85 µm arbeitete. Für den 1.3 µm-Bereich muss die Dotierung geändert werden. Dort tritt Praseodymium an seine Stelle, und das bringt einige technologische Probleme mit sich, aber glücklicherweise keine prinzipiellen.

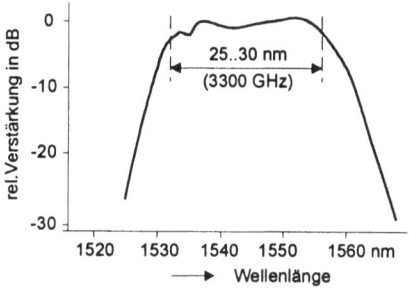

Die Bandbreite des EDFA ist mit etwa 30 nm breit genug, um ein Vielkanal-WDM-Bündel komplett zu verstärken.

Bild 8.16
Bandbreite eines Erbium-Faserverstärkers

Tatsächlich existiert aber sogar noch ein zweiter außerordentlich interessanter Verstärkungseffekt, der in allerletzter Zeit von sich reden macht: die stimulierte Raman-Streuung, und der auf diesem Effekt aufbauende Raman-Verstärker. Dieser Effekt wirkt ähnlich – aber eben nur ähnlich – wie der Verstärkungseffekt in einer dotierten Faser. Ein Unterschied ist wichtig: Die Raman-Verstärkung verlangt keine spezielle Faser, sie tritt in jeder Monomodefaser auf. Und sie funktioniert unabhängig von der Wellenlänge des zu verstärkenden Lichts. Ihre Arbeitsbandbreite ist mit einigen hundert Nanometern noch um ein Vielfaches größer als die des EDFA. Weil sie im Gegensatz zu diesem darüber hinaus eine kontinuierliche Verstärkung des Lichts über lange Strecken des Lichtwellenleiters bewirkt, kommt es gar nicht erst dazu, dass das Signal extrem schwach wird, und deshalb ist die Situation hinsichtlich des Rauschens vorteilhafter. Erste Versuche zeigten, dass es möglich ist, mittels Raman-Verstärkung ein DWDM-Bündel von 40 Signalen zu je 40 Gbit/s – ein 1.6 Tbit/s-Signal! – über 400 km ohne zwischengeschaltete andere Signalverstärkung zu übertragen. Der Nachteil: Der Raman-Verstärker braucht eine erheblich größere optische Pumpleistung als der EDFA.

Der Ramanverstärker

Faserverstärker sind ideal geeignet als Verstärker in optischen Übertragungsleitungen. Sie sind aber sicher ungeeignet, um als optische Verstärker in optoelektronische Schaltungen eingefügt zu werden. Dazu sind sie zu groß. Aber auch dort ist eine optische Verstärkung dringend erforderlich.

In elektronischen Schaltungen ist der Transistor das klassische Verstärkungselement, und in dieser Funktion in jedem Schaltkreis hunderttausendfach enthalten, um unvermeidbare Verluste an allen möglichen Stellen der Signalverarbeitung auszugleichen. Dasselbe Problem des notwendigen Verlustausgleichs besteht aber auch in zukünftigen Schaltungen der optischen Signalverarbeitung. Hierfür wäre ein Halbleiterverstärker hervorragend geeignet – klein genug, um an die optischen Streifenleiterbauelemente angekoppelt oder sogar zusammen mit ihnen integriert gefertigt werden zu können.

Bild 8.17
Raman-Streuung
und Raman-
Verstärkung

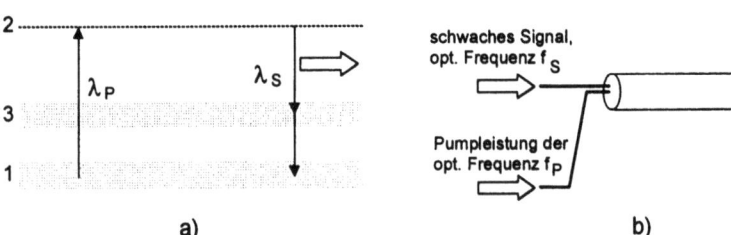

Die Raman-Streuung und die stimulierte Raman-Streuung (a) sind die Grundlagen des Raman-Verstärkers (b): Wird dem Glas des Lichtwellenleiters optische Energie der Wellenlänge λ_P zugeführt, wird der Energiepegel 1 der Atome dadurch angehoben – in der Regel auf einen Wert 2, der – im Gegensatz zu den Verhältnissen beim EDFA – kein erlaubtes Energieniveau darstellt. Die Situation ist also instabil, das Energieniveau wechselt zurück auf ein nächstgelegenes erlaubtes Niveau 3 und von dort auf das Ursprungsniveau 1. Beim Zurückkippen von 2 auf 3 wird Strahlung der dieser Energiedifferenz entsprechenden Wellenlänge λ_S frei. Erhöht man nun die zugeführte Energie immer mehr, dann tritt fast plötzlich ein interner Synchronisationseffekt dieser Strahlung ein: Die Strahlung wird kohärent („stimulierter Raman-Effekt") zu einem ebenfalls anliegenden optischen Signal der gleichen Frequenz, das damit verstärkt wird.

Der optische
Halbleiter-
verstärker

Wir sagten es schon: Der optische Verstärkungseffekt ist ja eigentlich in jedem Halbleiterlaser vorhanden. Das Problem ist aber, diesen Verstärkungseffekt zu isolieren. Denn im Laser ist er mit zwei anderen Funktionselementen fest verbunden: den beiden Spiegeln des optischen Resonators. Und diese Spiegel werden beim Verstärker nicht gebraucht, noch mehr: Ihre Wirkung ist in hohem Maße unerwünscht, denn sie sind ja ein wesentlicher Grund dafür, dass der Laser als frequenzselektiver Oszillator arbeitete – eine für Verstärker höchst schädliche Eigenschaft. Die Beseitigung dieser Spiegel in einem diskreten Laserchip ist aber nicht einfach, denn es handelt sich ja gar nicht um diskrete Elemente, die man einfach weglassen könnte. Es sind die kristallinen Bruchkanten des Halbleiterchips, die nur wegen des großen Brechzahlsprungs zwischen Laserchip und der umgebenden Luft als teildurchlässige Spiegel wirken. Durch eine spezielle wellenabhängige Beschichtung, ähnlich der Vergütung auf Fotoobjektiven, muss dieser optische Effekt aufwändig unwirksam gemacht werden.

Auch der Halbleiterverstärker (SOA) hat damit seinen Platz gefunden, in den Schaltungsaufbauten der optischen Signalverarbeitung ebenso wie in den optischen Lichtwellenleiterkabeln. Selbst sein Einsatz im Weltraum ist nur eine Frage der Zeit – als Hochleistungssender in den Freiraumstrecken der Satellitenverbindungen.

SOA = semiconductor optical amplifier

8.7 Optische Signalverarbeitung

In den vergangenen beiden Jahrzehnten war es die optische *Übertragungs*technik, die im Mittelpunkt der Forschung und Entwicklung und schließlich der Inbetriebnahme weitverzweigter breitbandiger Netze stand. Die Kanalbündelstärken sind in dieser Zeit um Größenordnungen gewachsen, die Bitraten haben sich vervielfacht. Nun geht es darum, die optische Technik auch für die Signal*verarbeitung* einzusetzen.

Der schon einmal erwähnte elektro-optische Modulator ist nur eines der ersten und der einfachsten von vielen Funktionselementen der optischen Signalverarbeitung, die mit der optischen Signalübertragung neu geschaffen werden mussten. Optische Signale müssen zusammengeführt werden, an bestimmten Stellen des Netzes müssen Teile des optischen Bündelsignals abgetrennt und auf andere Fasern umgeleitet werden, Reserveadern müssen optisch verbunden oder umgeschaltet werden – alles das sind Funktionen, die seit langem in der elektronischen Welt und für elektrische Signale üblich sind, die aber bisher niemals als optische Bauelemente gebraucht oder auch nur angedacht worden waren. Auch die Computertechnik hat ein Auge auf die neuen Möglichkeiten optischer und elektrooptischer Funktionselemente geworfen und verspricht sich dadurch schnellere Rechner und vielleicht neuartige Verfahren der Signalverarbeitung.

Optischer Modulator: siehe Bild 8.19

Einige elementare Funktionen lassen sich mit den herkömmlichen optischen Elementen realisieren, wenn man sie nur klein genug herstellt, damit sie sich den geringen Abmessungen des Halbleiterlasers, der Fotodioden oder des Lichtwellenleiterkerns anpassen. So werden Mikrolinsen, -prismen und -filter verwendet, die nur Millimeter groß sind. Aber solche Aufbauten haben Nachteile: Ihre Justierung ist in der Regel aufwändig und erfordert individuelle und oft manuelle Feinarbeit. Ein Halbleiterlaser allein – etwa der in einem CD-Spieler – ist deshalb beispielsweise viel billiger herzustellen als einer, der mit einem fest angekoppelten Lichtwellenleiter für den optischen Signalausgang geliefert wird. Aber diese Mikrotechnik ist schwer zu vermeiden, solange Funktionsgruppen aus vielen technologisch verschiedenen Einzelelementen aufgebaut werden müssen.

Integrationstechnologien Die Entwicklung optischer Baugruppen geht deshalb den gleichen Weg, den die Elektronik in den letzten Jahrzehnten gegangen ist – hin zu einer Integrationstechnologie, die es erlaubt, mehrere Bauelemente in einem geschlossenen Technologieprozess zu einer ganzen Funktionsgruppe zusammenzufassen.

Der Ausgangspunkt ist – analog der elektrischen Verbindung in elektronischen Schaltungen – der Lichtwellenleiter. Die Faser ist hier jedoch wenig geeignet. Sie ist ideal für lange Strecken, aber nicht, um in kleinen Stücken als Verbindungselement zu dienen. Hinzu kommt, dass in vielen optischen Schaltungen und Bauelementen, die mit kohärentem Licht arbeiten und bei denen deshalb Phasenbeziehungen der optischen Felder und Wellen eine wesentliche Rolle spielen, deren Funktion durch die Abmessungen dieser Verbindungen empfindlich beeinflusst wird. An ihre Stelle tritt deshalb – analog der „gedruckten Schaltung" der Elektronik – ein sogenannter Streifen-Lichtwellenleiter. Er wird dadurch erzeugt, dass an der Oberfläche eines Trägersubstrates dessen Brechzahl in bestimmten Bahnen – im einfachsten Fall eben in einem schmalen Streifen von wenigen Mikrometern Breite und noch geringerer Tiefe – etwas erhöht wird. Licht ist damit in diesem Streifen genauso eingesperrt wie im Kern einer runden Faser, nur ist der Querschnitt in der Regel rechteckig.

Streifenleiter

Solche Streifenleiter sind schon auf Substraten aus speziellem Glas herstellbar; die Brechzahlvergrößerung wird durch physikalisch-chemische Verfahren erreicht. Damit gelingt es sogar, Tiefe, Breite und Querschnitt des Streifens den Abmessungen einer runden Multimodefaser anzupassen, so dass ein weitgehend verlustfreier Übergang z.B. zwischen einem ankommenden runden Multimode-Lichtwellenleiter und dem Streifen-Bauelement erreicht werden kann. Mehr als Streifenleiter und einige einfache Funktionselemente, die auf ihnen aufbauen, lassen sich aber leider auf Glasbasis nicht erreichen.

8.7 Optische Signalverarbeitung

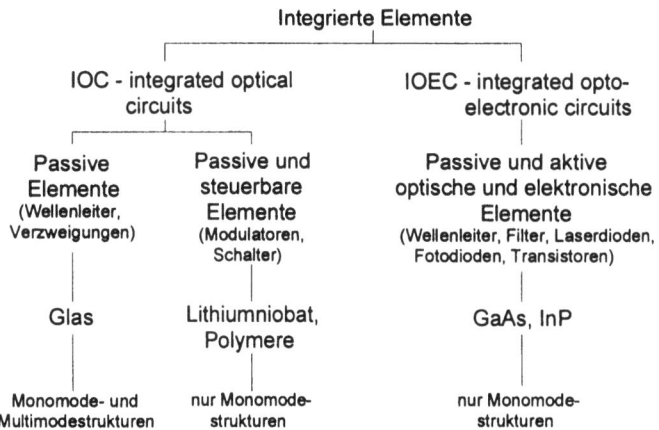

Bild 8.18
Technologien der optoelektronischen Integration

Es gibt verschiedene Wege, optische Funktionselemente in einer integrationsfreundlichen Technologie herzustellen. Durch die Substrate werden dabei bestimmte Grenzen gesetzt. Die Integration auf Halbleitersubstraten ist die aufwendigste, aber auf lange Sicht auch die aussichtsreichste Technologie und die einzige, die es erlaubt, optische und elektronische Bauelemente auf dem gleichen Chip zu integrieren.

Da sind andere Substratmaterialien vielseitiger, etwa das Lithiumniobat ($LiNbO_3$). Es hat schon in der Elektronik gute Dienste geleistet, etwa als elektroakustisches Frequenzfilter in Fernsehgeräten. Lithiumniobat ist im Gegensatz zu Glas ein optisch aktives Material; seine Eigenschaften – insbesondere die Brechzahl – lassen sich insbesondere durch ein angelegtes elektrisches Feld beeinflussen und gezielt verändern. Mit Diffussionsprozessen ähnlich denen der Halbleiterelektronik lässt auch $LiNbO_3$ den Aufbau von Streifenleitern zu, und deren Eigenschaften sind nun beeinflussbar – eine wichtige Voraussetzung für *elektrisch steuerbare* optische Bauelemente (Bild 8.18). Allerdings beträgt die erreichbare Streifentiefe im Material nur wenige zehntel Mikrometer, so dass nur Bauelemente in Monomodetechnik herstellbar sind. Da die gesamte optische Signalverarbeitung sich aber in Zukunft in der Monomode-Welt abspielen wird, bedeutet das keine wirkliche Einschränkung. Auch bestimmte Polymere sind in den letzten Jahren zunehmend interessant geworden. Ihre Parameter lassen sich ähnlich einfach – durch Temperatur und elektrische Felder – beeinflussen und steuern.

Steuerbare Elemente

Eins kann man auch mit dem Lithiumniobat oder Polymeren nicht tun: Halbleiterbauelemente wie Laser und Fotodiode mit den Streifenleitern auf einem gemeinsamen Substrat integrieren. Diese optoelektronischen Bauelemente müssen als diskrete Elemente aufgesetzt und wiederum aufwändig justiert werden. Das Ziel ist aber, auch kompliziertere gemischt optisch-elektronische Funktionsgruppen komplett und räumlich stabil und mit engen Toleranzen wiederholbar herzustellen. Und deshalb sind Halbleitersubstrate die dritte Materialgruppe für zukünftige photonische Baugruppen, wenn auch die am schwierigsten zu beherrschende. Denn leider erfordern schon Lichtsender und Lichtempfänger – Laser und Fotodioden – verschiedene Integrationstechnologien, und die Herstellung von Streifenleitern und diverser anderer optischer Elemente noch andere.

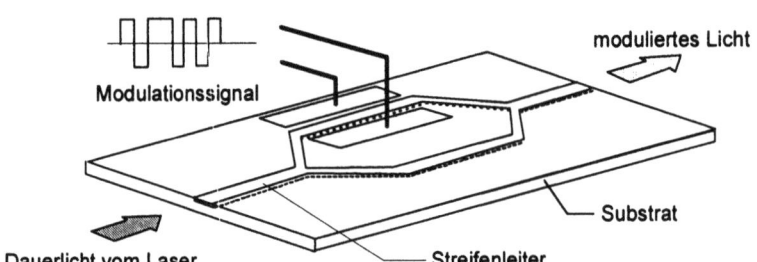

Bild 8.19
Mach-Zehnder-Modulator

Im Mach-Zehnder-Modulator wird das vom (unmodulierten) Laser eingekoppelte Licht in zwei Zweige aufgeteilt. In einem von beiden wird durch ein elektrisches Feld, dass über zwei aufgedampfte Elektroden im Streifenleiter wirksam wird, die Brechzahl und damit die Ausbreitungsgeschwindigkeit des Lichts in diesem Zweig im Takt des angelegten Modulationssignals geändert. Durch Interferenz beider Lichtanteile am Ausgang wird die dadurch erzeugte Phasenmodulation des modulierten Lichts in eine Intensitätsmodulation ü-berführt.

Es ist ja bei weitem nicht nur die Modulation von Laserlicht durch elektrische Signale, die die Wissenschaftler und Techniker beschäftigt. Wenn diese extrem schnellen optischen Signale, in starken frequenz- und zeitmultiplexen Bündeln zusammengefasst, die weltweiten Netze durcheilen, müssen sie immer wieder und auf verschiedene Weise beeinflusst werden. Teile des Signalbündels müssen aus dem Datenstrom ausgekoppelt, andere dafür eingefügt werden, Signale von einem Lichtwellenleiter werden in einen anderen umgeleitet oder müssen auf einen anderen optischen Träger umgesetzt werden. Das alles muss mit unbegreiflich schneller Geschwindigkeit und nicht selten mit einer zeitlichen Genauigkeit von Bruchteilen einer Nanosekunde erfolgen. Hier ist selbst die Elektronik am Ende – Licht muss jetzt mit Licht gesteuert werden.

Optisch gesteuerte Funktionen

Auch hier sind es wieder die Nichtlinearitäten, die weiter helfen. Licht kann ja nicht nur – wie wir wissen – die Brechzahl von Glas ändern. Auch andere für die Lichtleitung in Halbleitern und Polymeren ver-

8.7 Optische Signalverarbeitung

antwortliche Parameter lassen sich durch Lichtimpulse extrem schnell beeinflussen. Und so entsteht eine ganz neue Klasse von photonischen Bauelementen und Funktionsgruppen, gesteuert nicht nur durch elektrische, sondern auch durch optische Signale.

Außerordentlich wichtig ist die Möglichkeit, die Trägerfrequenzen optischer Signale durch Mischprozesse in nichtlinearen optoelektronischen Bauelementen zu verändern, das Signal also ohne zwischenzeitliche Demodulation von einer auf eine andere optische Frequenz zu verschieben (Bild 8.20). Diese Funktion ist in zukünftigen ausgedehnten optischen Netzen unumgänglich, wenn im Wellenlängenmultiplex übertragene Bündel in zentralen Punkten des Netzes aufgelöst und neu geordnet werden müssen.

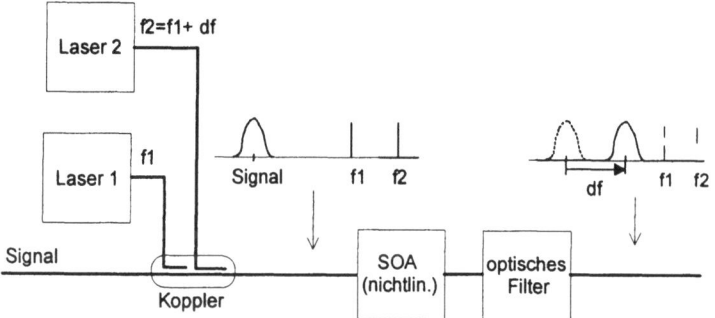

Bild 8.20
Verschiebung eines optischen Signalspektrums

Das stark nichtlineare Verhalten des optischen Halbleiterverstärkers (SOA) kann genutzt werden, um optische Signale spektral zu verschieben. Im Bild werden das Signal (graues Spektrum) und zwei leistungsstarke Laserfrequenzen, die sich um den Betrag df (etwa einige hundert GHz) unterscheiden, dem SOA zugeführt. Unter den entstehenden Kombinationsfrequenzen Signalband $\pm f \pm (f+df)$ entsteht auch die Frequenz Signalband+df und kann durch ein Filter getrennt werden – das Signalband ist um df verschoben.

Noch eine andere und nicht minder interessante Anwendung entsteht durch das Verhalten eines auf den ersten Blick völlig unscheinbaren und seit langem bekannten Bauelements, nämlich der in jedem optischen Empfänger eingesetzten Fotodiode. Sie wandelt die ankommende optische Lichtleistung in einen elektrischen Strom zurück, das optische Signal wieder in ein elektrisches, und zwar weitgehend linear. Die Funktion der Laserdiode, die ihrerseits den Signalstrom in eine optische Leistung gewandelt hatte, wird also in der Fotodiode exakt wieder umgekehrt. Optische Empfangsleistung und elektrischer Ausgangsstrom sind tatsächlich in einem weiten Wertebereich genau proportional. Es gibt jedoch ein „aber": Die Lichtleistung entspricht dem

Quadrat der elektrischen Feldstärke des Lichts im Lichtwellenleiter. Wenn also zwei optische Signale so zusammengeführt werden, dass sich ihre Feldstärken addieren – und das ist mit kohärentem und nur mit kohärentem Licht in einem Monomode-Lichtwellenleiter möglich – dann ergibt sich die Gesamtlichtleistung aus dem Quadrat der Summe beider Felder. Und das ist eine nichtlineare Operation!

Optischer Überlagerungsempfang

Mit diesem nichtlinearen Effekt ganz anderer Art ist es möglich, das aus der elektronischen Welt bekannte Überlagerungsprinzip auch im optischen Frequenzbereich anzuwenden. Durch Mischung eines optischen Signals mit dem konstanten Licht eines lokalen Lasers im Empfänger, dessen optische Frequenz sich z.B. nur um 1 GHz (also um 0.0005 %!) von dem signaltragenden Licht unterscheidet, entsteht am Fotodiodenausgang eine mit dem Signal modulierte Zwischenfrequenz von 1 GHz. Die kann jetzt mit den gleichen Vorteilen wie beim Überlagerungsempfang im Hochfrequenzbereich hochselektiv weiter verarbeitet werden.

Überlagerungsempfang im HF-Bereich: siehe Abschnitt 5.4 und Bild 5.11

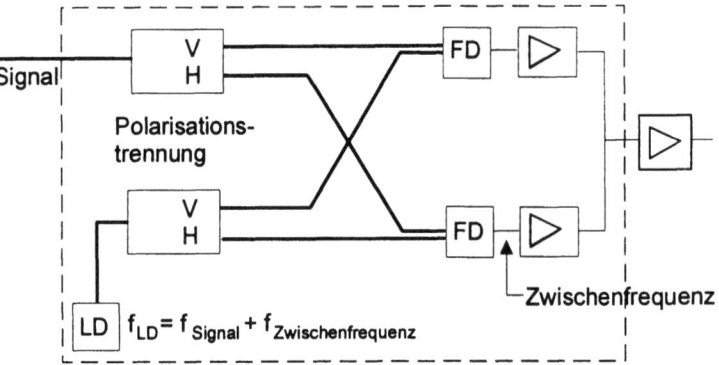

Bild 8.21
Das optische Überlagerungsprinzip

Nach Trennung der Feldkomponenten des ankommenden Signallichts und desjenigen des lokalen Lasers (LD) in seine vertikale und horizontale Komponente (VH) werden die jeweils gleichen Polarisationsanteile in getrennten Fotodioden (FD) gemischt. Die Differenzfrequenz zwischen Signal und lokaler Laserdiode bestimmt die sich nach der Mischung ergebende Zwischenfrequenz, die etwa im Bereich von 1..2 GHz liegt, und damit als elektrisches Signal nun leicht weiter verarbeitet werden kann.

Hier kommt allerdings ein weiterer Parameter des Lichts ins Spiel, der bisher nicht erwähnt wurde: die Polarisation. Er ist uns durchaus nicht unbekannt; schon bei der Betrachtung der Antennen hatten wir diese Eigenschaft des elektromagnetischen Feldes, sich in bestimmter Weise im Raum zu orientieren, kennen gelernt. Und wie dort eine senkrecht polarisierte Empfangsantenne unempfindlich für ein horizontal polarisiertes Sendefeld war, so gilt auch hier: Orthogonal polarisierte Anteile des Lichts können weder interferieren noch sich mischen. Sowohl das auf dem Lichtwellenleiter ankommende Signal – auf dem langen Weg zum Empfänger unkontrolliert in seiner Polarisation verändert – als auch das des lokalen Lasers müssen zunächst in ihre beiden Anteile aufgespalten werden, und dann – jedes zusammen mit dem passend polarisierten Anteil des anderen – getrennten Dioden zugeführt werden (Bild 8.21).

8.8 Wo sind die Grenzen?

Die optische Übertragungstechnik hat Maßstäbe gesetzt. Reichweite, Kanalkapazität und Bitrate gehen weit über das hinaus, was mit elektrischer Signalübertragung möglich ist. Da liegt die Frage nahe: Wie geht es weiter?

Diese Frage ist nur mit Vorsicht zu beantworten – zu viele neue Ideen und Lösungen haben im vergangenen Jahrzehnt manche Grenzen immer weiter hinaus geschoben, aber auch manche gedanklichen Höhenflüge auf den Boden zurück geholt. Das ist auch in Zukunft nicht auszuschließen.

Die ersten Schritte führten vom Stufenindex-Lichtwellenleiter über den Gradienten- zum monomodigen Lichtwellenleiter. Nur dadurch konnte die Dispersion um Größenordnungen vermindert und die Übertragungskapazität extrem erhöht werden. Die Laufzeitabhängigkeit der verschiedenen optischen Leistungsanteile durch verschieden lange Ausbreitungs*wege* in der Faser – die *Modendispersion* – war damit beseitigt, die nutzbare Übertragungsbandbreite ganz erheblich vergrößert worden. Es blieb die Dispersion infolge der Wellenlängenabhängigkeit der Brechzahl und deshalb der Ausbreitungs*geschwindigkeit* im Lichtwellenleiter. Viele Verfahren werden eingesetzt, um diesen Effekt zu verringern. Um auch mögliche Einflüsse des Lasers selbst auszuschließen, wird bei hohen Übertragungsraten auf die günstige und einfache unmittelbare Modulation des Lasers verzichtet, und das kontinuierliche Laserlicht erst in einem nachgeschalteten optischen Modulator durch das Signal beeinflusst.

Auch die alte Dämpfungsproblematik ist noch nicht ganz vergessen. Die ereichten Werte liegen zwar mit wenigen Dezibel dicht an den physikalisch möglichen Grenzen. Allerdings eben nur für einen einzi- | Silikatglas bisher nicht zu ersetzen gen Werkstoff – das Silikatglas. Gibt es noch andere Grundmaterialien, die zur Lichtleitung verwendet werden können? Diverse Kunststoffe stehen zur Diskussion, die vielleicht sogar billiger herzustellen wären. Deren Entwicklung hat in den letzten Jahren viele positive Ergebnisse gebracht, aber an die Eigenschaften des Glases ist man noch nicht heran gekommen. Für viele Kurzstreckenverbindungen zu optoelektronischen Sensoren und Aktoren etwa im Fahrzeugbau sind Kunststofffasern jedoch hervorragend geeignet. Problematisch ist auch die Entwicklung andersartiger Gläser. Seit vielen Jahren weiß man, dass die physikalischen Kennwerte von Zirkonium-Fluoridgläsern wesentlich günstigere Dämpfungswerte als das Silikatglas versprechen. Aber diese Werte sind technologisch nicht zu erreichen oder die Gläser sind zu spröde, um aus ihnen Fasern ziehen zu können. Vorläufig gibt es also zur Silikatglasfaser keine Alternative.

Dann kam die Wellenlängenmultiplextechnik. Sie brachte eine Vervielfachung der Kanalkapazität, wenn auch nicht ohne Probleme. Optische Filter mit immer höherer Selcktion und Frequenzstabilität mussten gebaut werden. Und ohne die optische Verstärkung ging es nun gar nicht mehr. Der EDFA und der Ramanverstärker erlangten Praxisreife, und alte physikalische Effekte wurden wieder entdeckt und praktisch eingesetzt – ein Sprung in eine neue Qualität.

Parallel dazu wurden die Grenzen der elektronischen Bauelemente nach immer höheren Frequenzen und immer höheren Bitraten verschoben. Über Bündelstärken mit Übertragungsraten von 2.5 und 10 Gbit/s arbeitete man sich bis in den 40 Gbit/s-Bereich vor. Derart starke elektronisch vorgefertigte Signalbündel werden in naher Zukunft als Elementarsignale im optischen Multiplex verwendet werden. An dieser Stelle scheint aber möglicherweise eine entscheidende Schwelle zu liegen. Nicht nur die schnell steigenden optischen Dispersionseffekte solch breiter Signalspektren machen Schwierigkeiten. Auch in der elektronischen Schaltungstechnik gibt es Probleme.

Denken wir an die Abmessungen allein der Verbindungsleitungen in den elektronischen Schaltungen. Die Wellenlänge einer Schwingung von 40 GHz beträgt in einem metallischen Leiter nur noch etwa 2 mm. Um den Einfluss von Phasenänderungen auf die Schaltungsfunktion auszuschließen, sollten die Leitungen kurz gegen die Wellenlänge sein, dürfen also nur noch wenige zehntel Millimeter betragen. Sind sie länger, erhöht sich die Gefahr, dass sich ungewollt Resonanzstrukturen bilden – Verstärker werden zu Oszillatoren, und die Schaltung wird zum Sender. Die gegenseitige Anpassung von Leitungen und Schaltelementen untereinander wird zunehmend problematisch – es treten Signalreflexionen und Echoimpulse auf, die das Signal stören und verzerren können. Die Problemliste ließe sich noch fortsetzen.

8.8 Wo sind die Grenzen?

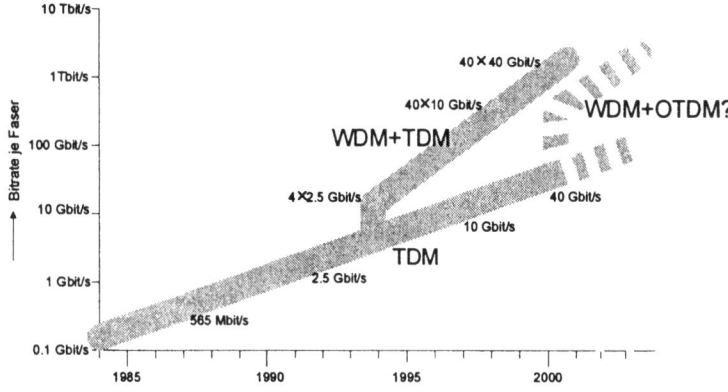

Bild 8.22
Übertragungskapazität des einzelnen Monomode-Lichtwellenleiters

Durch immer stärkere (elektrische) TDM-Bündel wurde die Übertragungskapazität des einzelnen Lichtwellenleiter ständig erhöht. Mit dem Einsatz der Wellenlängenmultiplextechnik Mitte der neunziger Jahre wurde eine neue Qualität erreicht; durch steigende WDM-Kanalzahlen und höhere TDM-Bündelstärke wurde die 1 Tbit/s-Grenze überschritten. Ob eine weitere Vergrößerung des TDM-Bündels über 40 Gbit/s erfolgt und/oder der Einsatz von OTDM sich statt dessen durchsetzt, ist heute noch offen.

Stärkere Bündel als 40 Gbit/s werden also Schwierigkeiten machen. Es bleibt die Vervielfachung durch mehrere optische Kanäle im Wellenlängenmultiplex, und da erscheint die Zahl von mehreren hundert, ja sogar 1000 Kanälen auf einer einzigen Faser nicht unmöglich – die 300 nm im Wellenlängenbereich zwischen 1.2 µm und 1.6 µm bieten selbst bei einem gegenseitigen Abstand von 100 GHz reichlich Platz. Man vermutet heute 10 Tbit/s als höchste mögliche Übertragungsrate auf einer Faser.

40 Gbit/s als Grenze der Elektronik?

Über allen diesen rekordverdächtigen Zahlen sollte man nicht vergessen, dass der Lichtwellenleiter auch viele andere Vorteile hat, die nichts mit großen Streckenlängen und riesigen Bitraten zu tun haben – allen voran seine Unempfindlichkeit gegen elektromagnetische Störfelder. Allein diese Eigenschaft hat ihm bei all denjenigen Anwendern Ruhm und Ansehen eingebracht, die eine hochsichere und störungsfreie Datenübertragung brauchen.

Wird die Photonik die Elektronik vollständig verdrängen?

In absehbarer Zeit bestimmt nicht. Zu viele Probleme lassen sich heute und sehr viele davon auch in Zukunft besser mit elektronischen Mitteln lösen als mit optischen Funktionselementen. Andere wiederum fordern aber eine Realisierung im optischen Bereich, weil die elektronische Variante – wenn überhaupt möglich – umständlicher, zu langsam oder auch gar nicht realisierbar wäre.

Beide Techniken werden also auf absehbare Zeit nebeneinander bestehen. In beiden Techniken aber wird es auch in Zukunft Fortschritte geben, und die Grenzen zwischen beiden Techniken werden sich weiter verschieben. So ist heute der Abstand zwischen beiden noch riesig, wenn es darum geht, komplizierte logische Funktionen in wenigen Fertigungsprozessen zu realisieren. Die Elektronik hat hier einen jahrzehntelangen Vorsprung. Sie gestattet die Herstellung von Schaltkreisen mit Millionen von elektronischen Einzelbauelementen auf einem winzigen Chip, und wiederum viele solcher Chips durchlaufen den technologischen Prozess gleichzeitig auf einem einzigen Wafer – einer runden dünnen kristallinen Scheibe.

Für optische Funktionselemente steckt diese Technik noch in den Kinderschuhen, und es ist mindestens mit den heute bekannten Verfahren schwer absehbar, ob sie jemals diesen hohen Integrationsgrad erreichen kann. Elektronische Schaltkreise sind in ihrer Struktur auf kleine quadratische Einheiten orientiert. Optische Funktionselemente auf Streifenleiterbasis sind dagegen heute noch vorwiegend schmal und lang, wenige Mikrometer breit bei einer Länge von einigen Millimetern – Unterschiede und Schwierigkeiten gegenüber elektronischen Schaltkreisen bereits bei der Herstellung der hochgenauen Diffusionsmasken. Aber auch hier ist das letzte Wort sicher noch nicht gesprochen, zu sehr hängen manche modernen optischen Funktionselemente noch am Gängelband der klassischen Optik. Neue Ideen sind auch hier gefragt, und einige davon geben zu großen Hoffnungen Anlass.

9 Verbindungen im Weltraum

9.1 Satelliten als Zwischenverstärker

Im Jahre 1866 wurde das erste Transatlantikkabel verlegt und verband damit die Alte und die Neue Welt – eine Meisterleistung der damaligen Technik. Zwar war das nach unseren heutigen Maßstäben nur ein dünnes Rinnsal an Informationen, das da fließen konnte. Nur langsame Telegrafiesignale konnten mit einer Übertragungsrate von wenigen bit/s ausgetauscht werden. Und doch war es ein gewaltiger Fortschritt, denn daneben gab es ja nur Schiffe, die Nachrichten von einem zum anderen Kontinent transportieren konnten.

Erst ein rundes Jahrhundert später – 1956 – wurde das erste Kabel verlegt, das *Telefon*verkehr zwischen Europa und Amerika ermöglichte, also den Austausch von Sprachsignalen. Telefonische Verbindungen gab es zwar inzwischen auch über Kurzwelle, aber eben mit den bekannten Schwierigkeiten. Nur in bestimmten engen Frequenzbereichen und nur zu bestimmten Tages- oder Nachtzeiten war Nachrichtenverkehr mit einigermaßen brauchbarer Qualität möglich.

Auf dem Landweg hatte man inzwischen die Richtfunktechnik auf einen hohen technischen Stand gebracht und Länder und Kontinente mit einem Netz von Verbindungen überzogen, die Bündel von Telefonkanälen mit Bitraten bis zu 565 Mbit/s übertrugen oder Rundfunk- und Fernsehstudios mit den im Land verteilten Sendetürmen verbanden. Diese Funkstrecken – erkennbar an den metergroßen Antennenspiegeln auf hohen Gebäuden oder Masten – arbeiteten im Gigahertzbereich und unterlagen deshalb fast optischen Ausbreitungsbedingungen. Sender und Empfänger mussten sich also gegenseitig „sehen", und das stieß mindestens wegen der Erdkrümmung an Grenzen. Zur Überbrückung großer Entfernungen waren also wie beim alten Zeigertelegrafen *Relaisstationen* im Abstand von 50 km notwendig, Zwischenstationen, die die Signale empfangen, verstärken und erneut aussenden konnten bis zum nächsten Antennenturm. Soweit kam man gerade, wenn man die Sende- und die Empfangsantennen einigermaßen hoch installierte, auf Gebäuden oder Masten und möglichst auf Hügeln und Bergen. Das reichte über Land, aber nicht über die Meere.

Die Richtfunktechnik

Dann umkreiste am 4. Oktober 1957 der „Sputnik" die Erdkugel – periodisch piepsend, denn er hatte einen schwachen Hochfrequenzsender an Bord, mit dem er sich bemerkbar machte und 3 Wochen lang Messdaten über sein Innenleben zur Erde sendete. Das Eis war gebrochen. Denn jetzt konnte man in neuen Dimensionen denken. Relaisstationen im – wenn auch sehr nahen – Weltraum wurden möglich, und dadurch die Überbrückung viel größerer Entfernungen als bisher.

Bild 9.1
Richtfunksystem

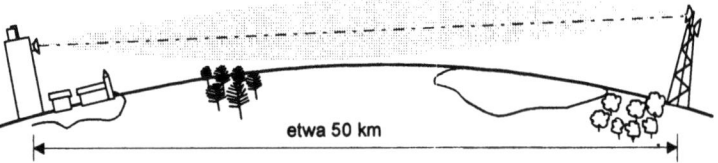

Erdgebundene Richtfunkstrecken übertragen Bündel von digitalisierten Sprachsignalen oder Videosignale mit Trägerfrequenzen zwischen etwa 2 und 10 GHz. Infolge der Erdkrümmung und der schon lichtähnlichen geradlinigen Ausbreitung dieser Frequenzen müssen für die Sendeantennen hohe Standorte (Berge, Gebäude) gewählt werden. Trotzdem sind etwa alle 50 km Zwischenstationen erforderlich. Nur „Sichtverbindung" zwischen den Antennen reicht jedoch nicht aus; wegen der speziellen Ausbreitungsbedingungen elektromagnetischer Strahlung – übrigens auch des Lichts – muss ein elliptisch begrenzter Raum zwischen ihnen frei von Hindernissen sein: die sogenannte Fresnelzone, im Bild grau unterlegt. Ihr größter Durchmesser beträgt im Richtfunkbereich etwa 100 m.

Passive Nachrichtensatelliten

Zuerst versuchte man, passive Spiegel für diesen Zweck zu installieren. Im Jahre 1960 startete in den USA mit einer noch kleinen Rakete das Projekt Echo 1, ein metallisierter 30 m-Ballon, der in 1500 km Höhe von einer Erdfunkstelle ausgesendete Wellen reflektieren und zur Erde zurücksenden sollte. Der Versuch gelang, aber die rückgestreute Energie war minimal. Einige Jahre später wurde Echo 2 ins All gebracht, etwas größer und damit etwas effektiver. Dann gab man auf. So ging es nicht. Die Leistung der rückgestreuten Signale war viel zu gering, nur sehr langsame Signalfolgen konnten aus dem Rauschen der Empfänger wieder herausgefiltert werden.

Aktive Nachrichtensatelliten

Inzwischen hatte man mit aktiven Nachrichtensatelliten experimentiert, mit solchen also, die eigene Empfänger und eigene Sender an Bord hatten. Ebenso wie die Relaisstationen der erdgebundenen Richtfunksender empfingen sie die hochfrequenten Signale von einer Erdstation und sendeten sie – frequenzversetzt, um ihre eigenen Empfän-

9.1 Satelliten als Zwischenverstärker

ger nicht zu stören – wieder aus. Das war außerordentlich viel wirtschaftlicher, als nur den Streueffekt an einer Kugeloberfläche auszunutzen. Im Satelliten konnten jetzt Empfangsantennen und Sendeantennen mit Richtwirkung genutzt werden, vor allem aber elektronische Breitbandverstärker auf dem Satelliten selbst. Allerdings erforderte das alles größere Startmassen der Raketen und einen höheren Energiebedarf des Satelliten im Orbit.

Auch der Aufwand auf dem Boden war nicht unerheblich. Antennen mit einem Spiegeldurchmesser bis zu 10 m waren üblich, um mit einer extremen Strahlbündelung eine maximale Leistung zum Satelliten zu bringen und auf dem Rückweg wieder zu empfangen. Der erste aktive Nachrichtensatellit Oscar 1 bewegte sich in einer nahezu kreisförmigen, der 1962 gestartete erste transatlantische Fernsehsatellit in einer stark elliptischen Bahn in Höhen zwischen rund 950 und 5600 km um die Erde. Ihre Umlaufzeit betrug etwa 2 Stunden. Sie zeigten sich einem bestimmten Ort auf der Erde nur eine begrenzte Zeit, dann waren sie wieder am Horizont verschwunden. Ein ununterbrochener Funkverkehr zwischen zwei Bodenstellen war nur mit mehreren sich gegenseitig abwechselnden Satelliten möglich. Die ohnehin schweren Antennen mussten dem Weg des Satelliten ständig nachgeführt werden – umso genauer, je größer sie waren und je schmaler deshalb der gebündelte Funkstrahl.

Der entscheidende Sprung wurde ein Jahr später mit dem ersten Synchronsatellit Syncom 2 getan. Seine Erdumlaufbahn lag genau in der Äquatorebene, und die Höhe von 36 000 km über der Erdoberfläche garantierte, dass seine Umlaufzeit gerade 24 Stunden betrug. Werden diese beiden Bedingungen für einen Satelliten eingehalten, dann scheint er für einen Beobachter auf der Erde am Himmel still zu stehen – seine Winkelgeschwindigkeit ist genau so groß wie die der Erde selbst.

Synchron- oder geostationärer Satellit

Ein solcher Satellit ist nun tatsächlich ziemlich genau das, was man sich unter einer idealen Relaisstation vorgestellt hatte: ein scheinbar unbeweglicher Punkt im Weltraum. Sende- und Empfangsantennen am Boden konnten fest auf seine Position ausgerichtet werden, seine Entfernung blieb konstant, und er war immer sichtbar – wenn er denn überhaupt sichtbar war...

Und das ist seine kleine Schwäche: Weil er eben in der Äquatorebene geparkt sein muss, erscheint er umso flacher über dem Horizont, je näher der Beobachter an die Pole rückt. Nicht nur, dass die Entfernung zwischen Erde und Satellit dann größer wird. Die hochfrequenten Wellen müssen dann immer flacher und eine immer größere Strecke durch die verlustreiche Atmosphäre laufen – man denke an die wachsende Dämpfung durch Regen bei den Frequenzen im hohen Gigahertzbereich. Und noch ein Effekt kommt hinzu: Die Erde ist im Ge-

Regendämpfung: siehe Bild 4.14, Abschnitt 4.6

Geosynchrone Satellitenbahnen

gensatz zum kalten Weltraum warm, und wenn die Richtantennen zu flach über den Boden peilen müssen, dann wirkt sich das in einem zusätzlichen Rauschen im Empfänger aus. Trotz ihrer erwähnten Nachteile werden deshalb auch heute noch Nachrichtensatelliten mit stark elliptischen Umlaufbahnen genutzt. Für die bewohnten Gegenden im Nordpolargebiet sind sie durch Synchronsatelliten kaum zu ersetzen. Die russischen Molnija-Satelliten haben Bahnen, deren Höhe zwischen 500 und 40 000 km pendeln, dafür aber eine maximal lange Zeit über dem zu versorgenden Gebiet verweilen, und sehr schnell die uninteressanten Gebiete überfliegen. Immerhin können in diesem Fall *geosynchrone* Satellitenbahnen genutzt werden: Die Satelliten – es sind wieder drei – durchlaufen immer wieder den gleichen Weg am Himmel, wenn auch in einer stark elliptischen Bahn mit einer zwischen 1250 und 39100 km veränderlichen Höhe, und sind deshalb wenigstens etwas einfacher vom Boden her zu verfolgen.

Bild 9.2 Satellitenbahnen

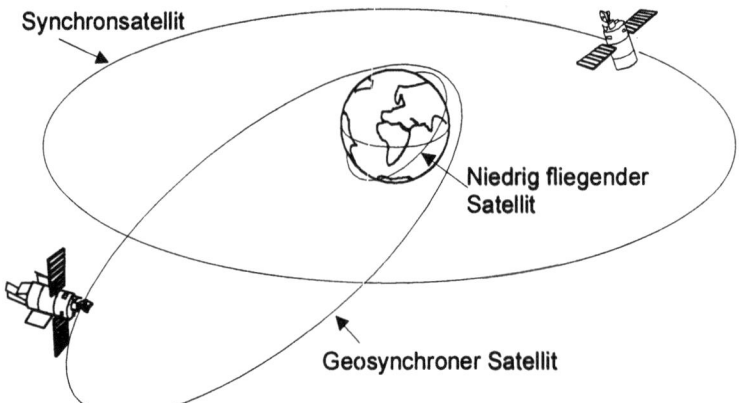

Synchronsatelliten kreisen in der Äquatorebene in 36000 km Höhe und scheinen für den Erdbewohner am Himmel still zu stehen. Die Sende- und Empfangsantennen auf der Erde können also jetzt unbeweglich bleiben; geringe Bahnabweichungen der Satelliten werden ab und zu durch Hilfsraketen und durch Korrektur der Antennenausrichtung ausgeglichen. Allerdings „sieht" der Synchronsatellit immer nur einen Teil der Erdoberfläche. Es sind also mindestens drei Satelliten nötig, um den Erdumfang abzudecken. Satelliten mit elliptischen Bahnen können geosynchron laufen, d.h. sich in ständig gleichen Bahnen bewegen. Die niedrig fliegenden Satelliten kreisen nur in wenigen hundert Kilometern Höhe über der Erde.

Für einige andere Anwendungen – den weltweiten Mobilfunkverkehr ebenso wie für die satellitengestützten Ortungssysteme – sind darüber hinaus nur wenige hundert Kilometer hoch fliegende Satelliten im

Einsatz. Auch sie sind natürlich nicht-stationär, aber sie werden nicht „verfolgt". Auf sie werden wir gleich noch eingehen.

Der erdnahe Weltraum ist damit für den Nachrichtentechniker seit langem nicht mehr leer. Daten-, Telefon- und Bildsignale finden ihren Weg über Satelliten. Internetdienste und Videokonferenzen werden übertragen, Fernstudenten und die Telemedizin nutzen Satelliten zur Kommunikation, der Vertrieb und das Update von Software hat diesen Übertragungskanal für sich entdeckt, Datensammelsatelliten erfassen automatisch generierte Messwerte von Schiffen, Bojen, Lastwagenflotten und nicht zuletzt von Wildtieren, die von Zoologen mit Minisendern ausgerüstet wurden, um deren Wanderungen zu verfolgen. Und schließlich verwendet natürlich mancher, der heute von Europa nach Amerika oder Japan telefoniert, neben den Unterwasserkabeln in Glas und Kupfer auch Satelliten als Zwischenstationen.

9.2 Zugriffsverfahren

Die ersten und auch viele heutige Anwendungen der Kommunikationssatelliten betreffen sogenannte fixed service-Systeme. Sie verbinden feste Erdfunkstellen. Das klingt einfach. Tatsächlich hat sich der Einsatzbereich selbst dieser Anwendungsgruppe in den letzten vier Jahrzehnten immer wieder gewandelt und neu orientiert. Am Anfang war der Satellit Transportmittel für den interkontinentalen und kontinentalen Fernmeldeverkehr. Bald kam die Übertragung von Rundfunk- und Fernsehprogrammen dazu und letztlich auch deren unmittelbare Verteilung über die sogenannten direktsendenden Satelliten. Nun, an der Jahrtausendwende, ist es die Multimediatechnik mit all ihren neuen Möglichkeiten und Anforderungen, die den Weltraum mit nutzen möchte. Schon sind erste Anwender auf dem Markt, die schnelle interaktive Internetanschlüsse für Jedermann über Satelliten anbieten, mit einem technischen Aufwand für den Nutzer, der kaum größer ist als der für den Fernsehempfang.

DTM-Satelliten: siehe Abschnitt 9.3

Diese Entwicklung wurde nur möglich durch eine ständige Weiterentwicklung der technischen Möglichkeiten. Die höchstfrequenten Baugruppen im Satelliten und natürlich auch in den Bodenfunkstellen wurden miniaturisiert und leistungsfähige Antennenkonstruktionen entwickelt. Leistungsstarke und trotzdem leichte Sendeeinrichtungen im Satelliten machten wiederum billige und einfache Direktempfangssysteme auf der Erde möglich und erweiterten im Verein mit den modernen digitalen Verfahren zur Redundanzreduktion der Signale und der Signalkompression die Übertragungskapazität der Satelliten.

Und so sind selbst diese einfachen fixed service-Satelliten inzwischen über ihre ursprüngliche reine Relaisfunktion längst hinausgewachsen. Schon bald stellte sich heraus, dass ja oft nicht *eine* Station auf der Erde mit nur *einer* anderen verbunden werden musste. *Mehrere* Bodenfunkstellen wollten und mussten auf den Satelliten zugreifen können, um seine Übertragungskapazität auszulasten.

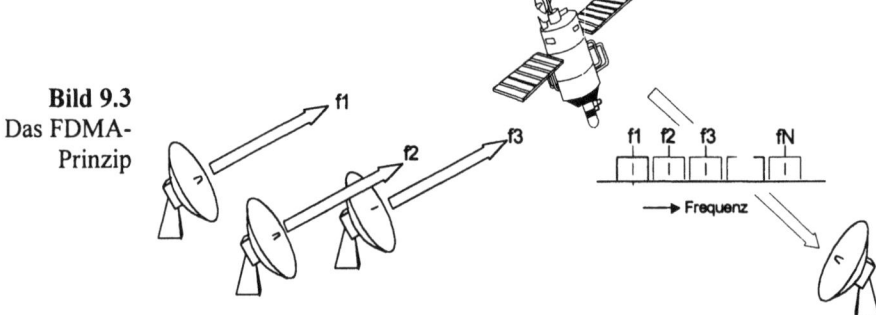

Bild 9.3
Das FDMA-Prinzip

*Beim FDMA-Prinzip nutzen viele Bodenstationen im uplink getrennte Frequenzbereiche, um den Satelliten zu erreichen. Die Frequenzen werden nach Bedarf (*on demand*) zugeteilt. Im Transponder des Satelliten werden sie im downlink zu einem gemeinsamen Frequenzband zusammengesetzt.*

Die dazu notwendige Systemtechnik – die *Zugriffsverfahren* – haben viel Gemeinsames mit den bekannten Multiplexverfahren. Allerdings mit einigen zusätzlichen Schwierigkeiten, denn es sind ja jetzt räumlich getrennte Quellen ohne gegenseitige Verbindung, die ihre Signale schließlich in einem Punkt vereinigen müssen: im sogenannten *Transponder* des Satelliten, der in der Regel eine Übertragungsbandbreite von etwa 30 MHz hat und als Zwischenverstärker wirkt. Ebenso wie in der Multiplextechnik werden deshalb, je nach den speziellen Anforderungen, verschiedene Zugriffsverfahren genutzt.

uplink = Richtung von der Erdstelle zum Satelliten; downlink = Richtung vom Satelliten zur Erdstelle

Naheliegend ist natürlich die Nutzung verschiedener Sendefrequenzen innerhalb des Übertragungsbandes des Satelliten. Jede Bodenstation kann damit – fest oder flexibel zugeteilt – etwa ein Bündel von Telefonkanälen an den Satelliten senden. Diese Richtung vom Boden zum Weltraum wird als uplink bezeichnet. Dabei werden die uns wohlbekannten Übertragungs- und Modulationsverfahren verwendet: zuerst etwa eine Bündelung von Sprachkanälen im frequenzbandsparenden Einseitenbandbetrieb, und anschließend die Übertragung mittels der störresistenten Frequenzmodulation des zugeteilten Trägers im GHz-Bereich. Dieser Vorgang wird als FDMA bezeichnet, wobei das *MA* hier nicht für Multiplex, sondern für *multiple access* steht: Vielfach-

FDMA = frequency division multiple access

9.2 Zugriffsverfahren

zugriff. Tatsächlich lässt sich dieser Frequenzzugriff soweit treiben, dass nicht nur in Bündeln auf den Satelliten zugegriffen werden kann, sondern sogar mit einzelnen Telefonkanälen – ein Vorteil in vielen dünn besiedelten ländlichen Gebieten, die auf diese Weise Anschluss an das weltweite Telefonnetz bekommen können.

Aber auch hier haben digitale Verfahren und eine intelligente Zugriffssteuerung inzwischen gegriffen: Die einzelnen Sprachsignale werden noch am Boden in ein 56 kbit/s-PCM-Signal überführt und mit einer 4-Phasen-PSK zum Satelliten übertragen. 800 Trägerfrequenzen stehen innerhalb der Transponderbandbreite zur Verfügung und werden „nach Bedarf" automatisch zugeteilt.

PSK: siehe Abschnitt 5.3

Noch effektiver in der Nutzung der Übertragungskapazität ist das TDMA-Verfahren. Die einzelnen digitalen Signale werden von den Bodenstationen in ein Zeitraster eingeblendet. Dessen Länge ist, wie bei den üblichen Zeitmultiplexverfahren, an Vielfachen entsprechend der standardisierten Abtastrate von 8 kHz der Sprachsignale von 125 µs orientiert. Zusatzinformationen garantieren die notwendige zeitliche Synchronisation, die Signalisierung, die Stationskennung und eine Reihe immer notwendiger Hilfsdaten. Werden Bitfehler im Rahmen erkannt, fordert das System eine Wiederholung des gesamten Rahmens an.

TDMA = time division multiple access

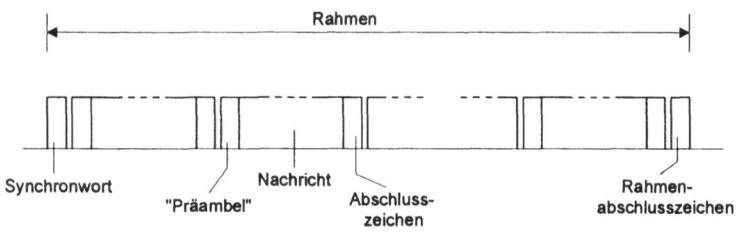

Bild 9.4
Die Signalorganisation beim zeitlichen Zugriffsverfahren

Die Sendungen der Einzelteilnehmer (Bodenstationen) werden in Zeitrahmen zusammengefasst. Jeder Rahmen wird durch ein Synchronwort eingeleitet; jeder einzelnen Sendung ist eine Präambel vorgeschaltet, die alle notwendigen Hilfsdaten enthält (u.a. Zeichenfolgen zur Träger- und Taktrückgewinnung die Stationskennung, die Signalisierungszeichen). Dann folgen die eigentliche Nachricht und einige abschließende Bits.

Auch die Kodemultiplextechnik findet sich bei den Zugriffsverfahren wieder. Beim CDMA-Verfahren nutzt jede einzelne Bodenstation das vollständige Übertragungsband des Transponders, indem es sein digitales Signal durch Multiplikation mit einer definierten Quasi-

CDMA = code division multiple access

spread spectrum-Technik: siehe Abschnitt 7.6

Zufallsfolge – seinem individuellen Kode – „verschmiert". Während im TDMA-Betrieb jede Station nur während eines Bruchteils der Zeit senden darf, sendet jede CDMA-Bodenstation ununterbrochen; bei gleicher Sendeenergie kann also die Sendeleistung erheblich verringert werden – wir erinnern uns, dass nur die Energie als Produkt von Leistung und Zeit beim Korrelationsempfang wichtig ist. Das Verfahren ist, wie allgemein die spread spectrum-Technik, besonders unempfindlich gegen frequenzselektive Störungen auf dem Übertragungsweg. Allerdings fordert es eine sehr gute zeitliche Synchronisation, um am Boden alle Signale wieder einwandfrei entbündeln zu können.

Und schließlich, last not least, ist nicht nur im uplink, sondern in den hohen Frequenzbändern auch im downlink wieder das einfache Raummultiplexprinzip anwendbar. Mehrere sehr genau ausgerichtete, eng bündelnde Antennen des Satelliten können abgegrenzte Gebiete der Erdoberfläche selektiv mit den zugehörigen Signalen versorgen, und für jedes Gebiet kann jedes der erwähnten Zugriffsverfahren zusätzlich eingesetzt werden. Prozessoren im Satelliten übernehmen eine umfangreiche Informationsverarbeitung an Bord und gewährleisten so eine effektive Signalvermittlung von bestimmten Orten auf der Erde selektiv an andere Orte.

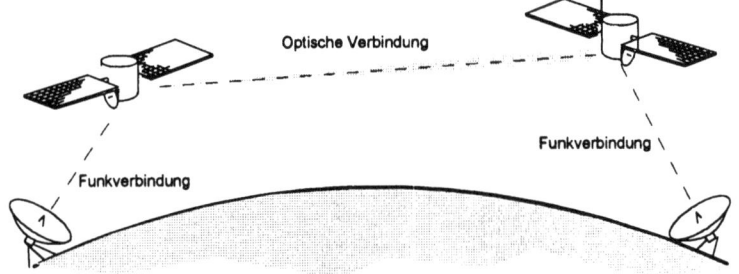

Bild 9.5
Direktverbindung zwischen Satelliten

Weil im Weltraum die erdgebundene atmosphärische Dämpfung keine Rolle mehr spielt, können optische Freiraumverbindungen genutzt werden. Mit Festkörperlasern und einer Sendeleistung von nur 3 W wird, über eine 25 cm-Optik fokussiert, ein mit 10 Gbit/s modulierter nadelfeiner Lichtstrahl zu einem zweiten 70 000 km entfernten Satelliten geschickt. Nach dieser riesigen Entfernung wird er sich auf einen Durchmesser von nur etwa 400 m verbreitert haben – keine geringen Anforderungen an die Stabilität des sendenden Satelliten und die den Strahl steuernde Automatik. Auch uplink und downlinks können optische Verbindungen sein.

Da allerdings zeigt sich, dass sich der moderne Nachrichtensatellit doch bereits ganz erheblich von seinem Urvater, der Richtfunk-Relaisstelle, abgesetzt hat. Er ist bei weitem nicht mehr nur Verstärker und Frequenzumsetzer. Er ist inzwischen zu einer voll funktionsfähigen Vermittlungsstelle im All geworden. Unbemannt, vollautomatisiert, fernüberwacht realisiert er die gleichen Funktionen wie ein Router in einem erdgebundenen Netz.

9.3 Direktverbindung vom Himmel

Die geostationären Satelliten waren für die Nachrichteningenieure eine ideale Ergänzung ihrer erdgebundenen Technik. Ein Manko aber blieb über zwei Jahrzehnte erhalten: Zwar konnten durch den technologischen Fortschritt Bodenstationen und Satelliteneinrichtungen einfacher und billiger werden. Der Aufwand am Boden war aber trotz allem so hoch, dass nur kommerzielle Verbindungen unterhalten werden konnten. Neben transkontinentalen und transnationalen Verbindungen wurden dabei zunehmend Satelliten für nationale Verbindungen eingesetzt – in den sechziger und vor allem in den siebziger Jahren zunächst von den großflächigen Staaten Kanada, den USA und der Sowjetunion. Die breitbandigen Telefonbündel und Fernsehprogramme wurden so von einem Netz großer Bodenstationen empfangen und von dort über Kabel und Richtfunknetze weiter verteilt.

Erst am Ende der achtziger Jahre erfolgte der Durchbruch: Die ersten *direktsendenden* DTH-Satelliten begannen ihren Siegeszug. In Europa sind es vor allem die Astra- und Eutelsat-Satelliten, die das Rennen in der Gunst der Nutzer gemacht haben und erfolgreich mit dem in Deutschland gut ausgebauten Fernseh-Kabelnetz konkurrieren.

DTH = direct to home

Natürlich sind auch sie geostationär. Sender- und Antennenkonstruktion waren im Laufe der Jahre so vervollkommnet worden, dass es nun gelang, mit zumutbarem Aufwand auf der Erde unmittelbar vom Satelliten zur Heimempfangsanlage zu gelangen.

Wie in Bild 9.6 dargestellt, ist dieser Empfang nicht ganz unproblematisch, wenn auch der Käufer einer solchen Anlage davon kaum etwas merkt. Denn sowohl die Sendefrequenz des Satelliten als auch dessen Modulationsverfahren werden vom normalen Fernsehempfänger nicht verstanden. Der Satellit verwendet für den downlink den hohen Frequenzbereich zwischen 10.7 und 12.75 GHz – mehr als eine Größenordnung höher als die erdgebundenen Fernsehstationen. In zwei Etappen – zunächst im LNC direkt am Antennenspiegel, dann im Empfänger im Zimmer – muss das Signal also den Träger wechseln. Das geschieht wie in allen anderen Techniken durch Mischung mit

LNC = low noise converter – rauscharmer Frequenzumsetzer, das ist die elektronische Einheit unmittelbar am Antennenspiegel (auch LNB = low noise block converter üblich).

Mischung: siehe Abschnitt 5.4

einer geeigneten Frequenz. Vorher aber gilt es eine weitere Entscheidung zu treffen: Sollen die horizontal oder die vertikal polarisierten Anteile des hochfrequenten Feldes genutzt werden?

Denn der Satellit nutzt die Polarisationsselektion, um spektral nebeneinander liegende Kanäle zusätzlich zu entkoppeln. Benachbarte Trägerfrequenzen werden mit wechselnder Polarisation gesendet. Der Antennenspiegel kann – weil rotationssymmetrisch aufgebaut – beide Polarisationen nicht unterscheiden und soll es auch nicht. Er hat nur die Aufgabe, das Feld in die Öffnung des LNC zu fokussieren. Wohl aber können das die beiden horizontal und vertikal orientierten Empfangsstrahler im LNC, zwischen denen automatisch, je nach Programmwunsch, umgeschaltet wird. Das geschieht übrigens mit Hilfe zweier unterschiedlicher Gleichspannungen, die vom Empfänger über das Antennenkabel zum LNC übertragen werden.

Polarisationswahl

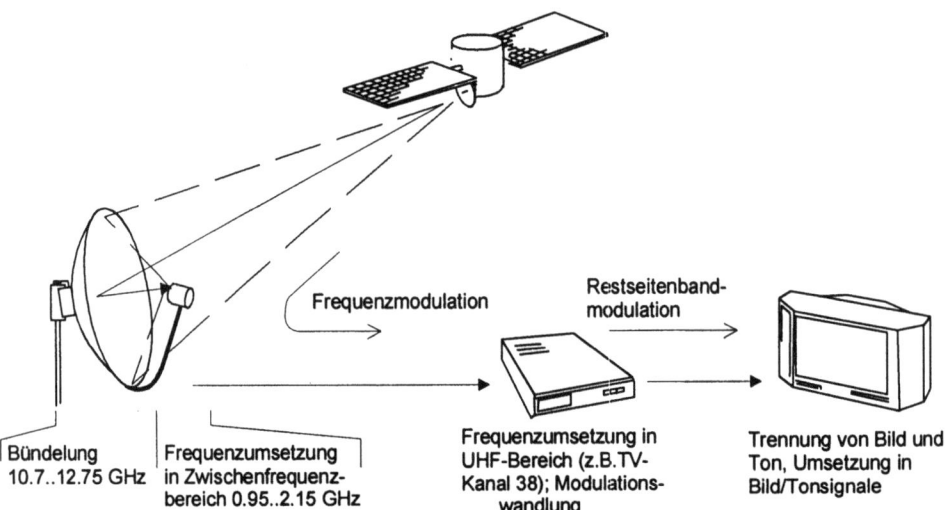

Bild 9.6 Frequenz- und Signalumsetzung beim Direktempfang analoger TV-Signale

Restseitenband-AM: siehe Abschnitt 6.1

Das DTH-System: In der Hornantenne des LNC wird, vom Empfänger aus umschaltbar, die horizontale oder vertikale Polarisation des Feldes ausgewählt und das gesamte Frequenzband dieser Polarisation mit allen ausgesendeten Programmen in das Zwischenfrequenzband umgesetzt. Über das Antennenkabel gelangt es in den Satellitenempfänger. Dort erfolgt erst die Selektion des gewünschten Programms und bei älteren TV-Empfängern möglicherweise die Umsetzung auf einen vorher festgelegten Kanal des Fernsehgerätes – in der Regel im UHF-Band – und die Umwandlung der Frequenzmodulation des Trägers in die Restseitenband-Amplitudenmodulation, die der Fernsehempfänger „versteht" und dann zum Bild- und Tonsignal demodulieren kann.

9.3 Direktverbindung vom Himmel

Im LNC erfolgt außer der genannten Unterscheidung der Polarisation der Signale keine weitere Selektion. Alle gleichpolarisierten Signale werden als Bündel in die sogenannte erste Zwischenfrequenzlage umgesetzt, die jetzt von 950 bis 2050 MHz reichen kann. Auch das ist übrigens nicht so ohne weiteres zu machen; das Originalband ist ja – kurz gerechnet: 12 750-10 700 MHz = 2050 MHz – breiter als das verfügbare Zwischenfrequenzband (2050 – 950= 1100 MHz). Also wird, wieder auf einen diesmal kodierten Befehl vom Empfänger hin, die Oszillatorfrequenz im LNC von 9.75 GHz für den Empfang des unteren Frequenzbereiches auf 10.6 GHz für den Empfang der digitalen TV-Sender im oberen Frequenzband umgeschaltet.

Damit ist somit etwa ein Viertel aller Programme schließlich auf dem Antennenkabel und auf dem Weg zum eigentlichen Empfänger. Dieser Weg sollte nicht allzu lang sein, denn die extrem hohen Frequenzen sind fast schon eine Zumutung für ein Koaxialkabel. Aber 20 bis 30 Meter sind gerade noch zu überbrücken. Im Empfänger erfolgt dann erst einmal die Auswahl des gewünschten Programms und anschließend möglicherweise die nächste Umsetzung, nämlich die in eines derjenigen Frequenzbänder, die von den terrestrischen Sendern verwendet werden. Aber auch das reicht noch nicht, denn vom Satelliten wurde die störunempfindliche Frequenzmodulation verwendet, während terrestrische Sender ja die Fernsehprogramme mit einer speziellen und besonders frequenzbandsparenden Art der Restseitenband-Amplitudenmodulation übertragen. Also ist auch noch eine Modulationswandlung erforderlich, bis das Signal endlich vom analogen Fernsehempfänger verstanden werden kann.

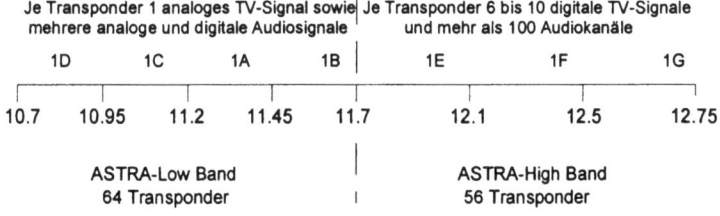

Bild 9.7
Die Frequenzbänder des ASTRA-Satelliten

Die Aufteilung der Frequenzbänder für die einzelnen Fernsehprogramme im ASTRA-Satelliten. Das Gesamtband ist auf derzeit 10 einzelne Satelliten aufgeteilt, die zwischen Anfang 1989 und 1999 gestartet wurden. Bis 2002 sollen es 13 Satelliten sein. Alle stehen auf einer gemeinsamen geostationären Position – 19.2⁰ Ost, aufgereiht auf einer Strecke von nicht mehr als 140 km. Jedes Band ist einem Transponder zugeordnet, der eine Bandbreite von 26 bzw. 33 MHz hat. Weil das Frequenzband in den beiden orthogonalen Polarisationen ausgestrahlt wird, stehen allein über die ASTRA-Satellitenflotte zweimal 2 GHz Bandbreite zur Verfügung.

Jeder Transponder der Astrasatelliten 1A bis 1D kann übrigens mehr als nur ein einziges analoges Fernsehprogramm übertragen. Neben dem üblichen 5 MHz breiten Fernsehband ist Platz für 14 sogenannte Ton-Unterträger zwischen 6.12 und 8.46 MHz. Damit können völlig unabhängig von dem Fernsehprogramm im gleichen Transponder eine große Zahl von Stereotonsignalen – jedes braucht für den linken und den rechten Kanal je einen Unterträger – oder Monotonsignalen übertragen werden. Jeder Satellitenempfänger ist in der Lage, diese ebenfalls frequenzmoduliert übertragenen Hörrundfunkkanäle zu selektieren und ersetzt damit spielend einen eigenen UKW-Empfänger für terrestrische Programme, falls man nicht unbedingt Wert auf den örtlichen Rundfunksender legt.

ADR = Astra digital radio

Einige Dutzend dieser Unterträger werden allerdings auch verwendet, um digitalisierte Hörprogramme zu übertragen. Die Qualität dieser Sendungen zeigen noch einmal eine Steigerung gegenüber den genannten analogen Signalen. Dazu wird ein sogenannter ADR-Empfänger gebraucht, der die Digitalsignale dekodieren kann.

MPEG2: siehe Abschnitt 3.8

Für die Astrasatelliten 1E und höher gelten andere Regeln. Sie übertragen neben wiederum mehreren Tonprogrammen auch die Fernsehprogramme in digitalisierter und – das ist der eigentliche Knackpunkt – komprimierter Form. Verwendet wird das MPEG2-Format. In jedem Transponder können dadurch 6 bis 10 Fernsehprogramme und weitere Tonrundfunkprogramme im Paket untergebracht werden. Im Digitalempfänger in der Wohnung werden sie aus der übertragenen Bitfolge heraus getrennt und einzeln dekodiert und dekomprimiert. Erst diese Technik hat die vielen zusätzlichen Spartenprogramme möglich gemacht, die heute dem Fernsehzuschauer geboten werden.

Auf die Astra-Satellitenflotte sind wohl die meisten Satellitenantennen auf den deutschen Dächern ausgerichtet. Aber das sind ja nicht die einzigen Vertreter ihrer Zunft. Dutzende von Satelliten sind allein von Mitteleuropa aus sichtbar, oft nur wenige Winkelgrade voneinander entfernt, einige mit Miniantennen von kaum mehr als einem halben Meter Durchmesser zu empfangen, andere mit Anderthalbmeterspiegeln. Nicht nur Rundfunkprogramme werden geliefert, auch das Internet wird vom Himmel her bedient. 250 Fernsehprogramme in 24 Sprachen werden heute allein in Europa über Satelliten angeboten. Der Weltraum ist greifbar, unmittelbar nutzbar geworden.

9.4 LEO-Satelliten umkreisen die Erde

Das Handy als Statussymbol? Lange vorbei. Jeder, der glaubt, es brauchen zu können, hat eins. Es wird telefoniert, es werden Kurzmitteilungen verschickt, Fußball- und Börsendaten werden abgefragt. Das alles klappt in den dichtbesiedelten Ballungsräumen, die von verschiedenen Betreibern mit einem Netz von Sende- und Empfangsstationen überzogen worden sind. Aber was ist außerhalb dieser Zonen?

Mobilfunk: siehe Abschnitt 10.4

Natürlich liegt es nahe, auch hier Satelliten zu nutzen. Sind es doch nicht nur Wissenschaftler und Abenteurer, die in unerschlossenen Gebieten der Erde Verbindungen und vielleicht Hilfe brauchen. Von Schiffen, Flugzeugen und den umfangreichen Fahrzeugflotten werden sichere Übertragungsstrecken gefordert. Hilfsorganisation in aller Welt verlangen Kontakt zu ihren Stützpunkten. Allerdings müssen sie alle mit geringen Sendeleistungen und mit kleinen Antennen zurechtkommen; selbst eine Richtantenne zum Satelliten ist oft zu aufwändig.

Das waren die Gründe, warum man wieder auf die nichtstationären Satelliten zurückgriff. Neben den GEO-Satelliten haben inzwischen die LEO-Satelliten den Himmel erobert, die allein schon wegen der geringeren Höhe von etwa 700 bis 1500 km über der Erdoberfläche niedrigere Sendeleistungen und einen kleineren Antennenaufwand erfordern als die mehr als 36 000 km langen Verbindungen zu geostationären Satelliten.

GEO = geostationary earth orbit
LEO = low earth orbit

Dass es trotzdem kein unproblematisches Vorhaben ist, zeigt das Iridium-Projekt – das erste System dieser Art. Obgleich funktionsfähig, musste es noch in den letzten Monaten des alten Jahrhunderts aufgeben. Die Handfunkgeräte und die Gebühren waren zu teuer. Anstelle der vorgesehenen Millionen von Nutzern hatte man schließlich nur knapp 100 000 Kunden begeistern können.

Iridium-Projekt

Inzwischen sind bereits andere Projekte auf den Weg gebracht – auch die nicht ohne Probleme. Im September 1998 gingen bei der Explosion einer Trägerrakete gleich 12 Satelliten des Globalstar-Projektes auf ein Mal verloren, die aus Kostengründen gemeinsam auf ihre Bahn gebracht werden sollten – eine Terminverschiebung, mehr nicht. Zur Jahrtausendwende waren die ersten Testkunden – sogenannte *friendly users* – an das System angeschlossen.

256   9 Verbindungen im Weltraum

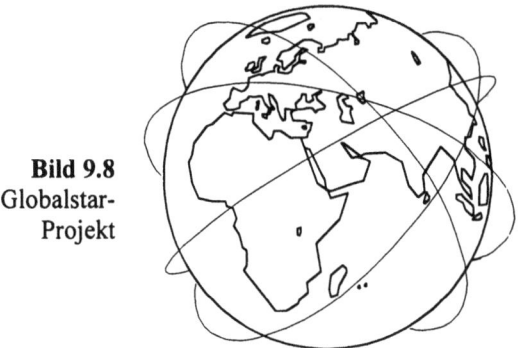

Bild 9.8
Globalstar-
Projekt

Im Globalstar-System umrunden 48 Satelliten die Erde in einer kreisrunden Flugbahn und 1414 km Höhe. Ihre Bahnen sind gegenüber dem Äquator geneigt und verschoben, so dass die gesamte Erdoberfläche von Satelliten eingesehen werden kann.

Globalstar-Projekt   Globalstar garantiert mit 48 aktiven und zusätzlichen 8 Reserve-LEO-Satelliten und 38 Bodenstationen eine weltweite flächendeckende Versorgung. Für einen Umlauf werden etwa 2 Stunden gebraucht. Auf insgesamt 8 Bahnen (orbits) kreisen je 6 Satelliten, 450 kg schwer. Jeder verfügt über eine Übertragungskapazität von 2700 Telefoniekanälen, und an jedem Ort der Erde ist immer mindestens einer der Satelliten sichtbar und zu empfangen. Wieder ist es die CDM-Technik, mit der ein besonders bandbreiteneffektiver Zugriff auf den Satelliten realisiert wird.

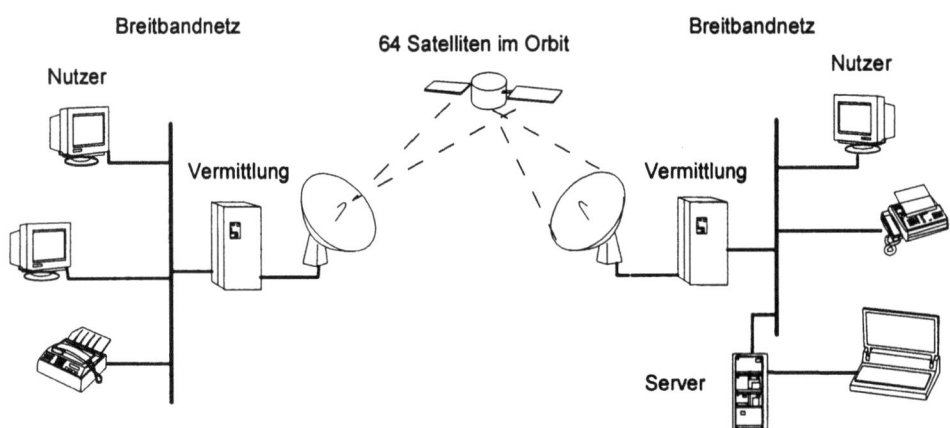

Bild 9.9
Das Skybridge-
System

Das Skybridge-Projekt sieht eine Vielzahl von Zugriffsmöglichkeiten zu den Satelliten vor. Im Ku-Band (10-18 GHz) sollen mehr als 20 Millionen Teilnehmer weltweit versorgt werden. Über terrestrische Breitbandnetze können Einzelteilnehmer und Server ihre Signale den Bodenstationen übermitteln, die sie bündeln und zu den Satelliten übertragen. Auf der Empfängerseite kann eine ATM-Vermittlung die Verbindung zu lokalen Zentren und Einzelteilnehmern herstellen. Der Satellit arbeitet in diesem Fall transparent, d.h ohne eigene Vermittlungsfunktionen.

Über Kooperation mit den Betreibern erdgebundener Mobilfunknetze wird es möglich sein, mit geeigneten Multimode-Handys auch auf Globalstar zuzugreifen. Schließlich soll auch ein Zugriff von normalen Festnetztelefonen möglich sein. Immerhin ist ein großer Teil der bewohnten Erdoberfläche noch nicht für den Fernsprechverkehr erschlossen – ganze Ortschaften könnten so über einen Satellitenkanal an das weltweite Netz angekoppelt werden.

Der Einsatz von LEO-Satelliten beschränkt sich nicht nur auf Globalstar. Andere Projekte wie Skybridge, die 64 Satelliten in 16 Bahnebenen einsetzen, versprechen einen breitbandigen Zugang zum Internet und anderen online-Diensten, die Verbindung lokaler Netze, den Aufbau von Videokonferenzen und Bildfernsprechen. Wettersatelliten und Erderkundungssatelliten nutzen niedrige Bahnen, ganz zu schweigen vom militärischen Bereich.

Und noch ein ganz anderes Anwendungsgebiet der Satelliten gilt es zu erwähnen: die satellitengestützte Ortung und Navigation.

9.5 Navigationssatelliten

Die in Abschnitt 7.2 beschriebene Radartechnik dient dazu, einer Bodenstation Angaben über feste oder bewegte Objekte in ihrer Umgebung zu vermitteln.

Primär- und Sekundärradar

Neben diesem *Primärradar* sind darüber hinaus in der Flugsicherung sogenannte *Sekundärradar*-Systeme im Einsatz (Bild 9.10), die nicht die passive Reflexion des Sendestrahls nutzen, sondern einen Antwortsender am Flugzeug voraussetzen. In beiden Fällen aber handelt es sich um eine *Fremdortung*, d.h. die Bodenstation ermittelt die Ortskoordinaten eines fremden Objektes.

Ein interessantes anderes Problem aber ist die *Eigenortung*: Ein Flugzeug, ein Schiff, ein Landfahrzeug oder auch nur ein verirrter Wanderer möchte seinen eigenen Standort wissen.

See- und Luftfahrt haben dieses Problem lange schon mit funktechnischen Mitteln gelöst. Dazu wurden feste Sendestationen verwendet, deren Signale von den interessierten Schiffen oder Flugzeugen aufgefangen und zur Berechnung der eigenen Ortskoordinaten benutzt wurden. Eines der ersten modernen Systeme dieser Art war das schon in den 50-er Jahren für militärische Zwecke in den USA entwickelte Loran C-System, das mit Impulssendungen der Feststationen arbeitete. Im DECCA- und Omega-System wurden dagegen kontinuierliche elektromagnetische Wellen konstanter Frequenz gesendet; hier wurden die Phasenverschiebungen der Wellen verschiedener Sender zur

Hyperbel-Navigation Ermittlung der Laufzeitunterschiede genutzt. Alle diese Verfahren gehören zur Gruppe der Hyperbel-Ortungsverfahren (Bild 9.11).

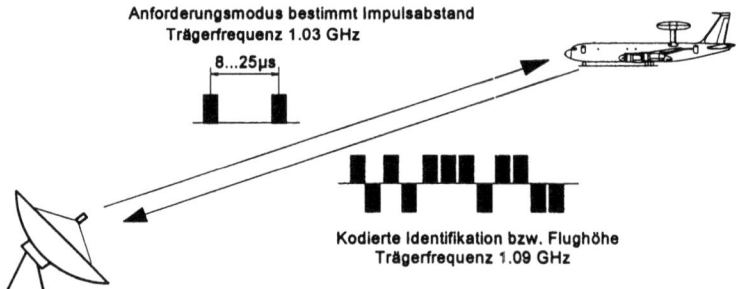

Bild 9.10 Sekundärradar

Das Flugzeug empfängt das Signal der Bodenstation – in der Regel zwei Impulse in einem bestimmten Abstand von einigen Mikrosekunden – und sendet daraufhin auf einer gegenüber dem Anforderungssignal etwas verschobenen Frequenz eine Antwortsequenz von 12 bit zurück. Durch den Abstand der beiden Impulse kodiert der Bodensender seinen Abfragewunsch, z.B. die Aufforderung zur Identifizierung oder zur Angabe der Flughöhe. Im 12 bit-Antwortsignal gibt der Flieger die gewünschte Information.

Ein Problem dieser Systeme ist die Wahl der Sendefrequenzen. Um große Reichweiten zu erreichen, sind Frequenzen im Lang- und Längstwellenbereich zweckmäßig, die fast die halbe Erde umrunden können. Loran C arbeitete deshalb mit Sendefrequenzen im 100 kHz-Bereich, Omega sogar bei in vieler Hinsicht schon problematischen 10 bis 14 kHz. Eine hohe Genauigkeit ist aber andererseits eher mit höheren Frequenzen zu erreichen. Bei Reichweiten von mehreren tausend Kilometern wurden deshalb günstigstenfalls Ortungsgenauigkeiten zwischen einigen hundert Metern (Loran C) und einigen tausend Metern (Omega) erreicht.

Anflug- und Landenavigation Im Flugbetrieb, vor allem aber zur Anflug- und Landenavigation, sind diese Ortungsgenauigkeiten nicht ausreichend. Hier werden heute die Flieger durch ein kompliziertes System modulierter Funkstrahlen in einen Landekurs gezwungen; die Sendefrequenzen liegen im Ultrakurzwellenbereich um 100 bis 300 MHz. Jede seitliche Abweichung vom Kurs und jede Höhenabweichung vom geforderten Gleitweg wird an einem Instrument im Cockpit angezeigt und kann sofort ausgeglichen werden.

Beide Nutzer – die auf dem Wasser und die in der Luft – sind jedoch letztlich mit dem Erreichten unzufrieden. Die Seefahrt fordert höhere Ortungsgenauigkeit, die Luftfahrzeuge stoßen sich zunehmend an der

9.5 Navigationssatelliten

Bindung an Luftkorridore und Einflugschneisen, die durch die notwendige Sendeausrüstung am Boden festgelegt sind. Umweg und Warteschleifen sind dadurch nicht zu vermeiden und begrenzen die erreichbare Start- und Landefrequenz der Flugplätze.

Wieder waren es die Satelliten, die Auswege boten. Man verlegte die Bezugspunkte der Navigationssysteme von der Erdoberfläche in den Raum. Allerdings sind das nun keine Festpunkte mehr, die man ein für allemal ausmessen und den trigonometrischen Berechnungen zugrunde legen kann, denn Geo-Satelliten hätten nicht die gesamte Erdoberfläche abdecken können. Das aber war eine der Bedingungen für ein solches Satelliten-Navigationssystem.

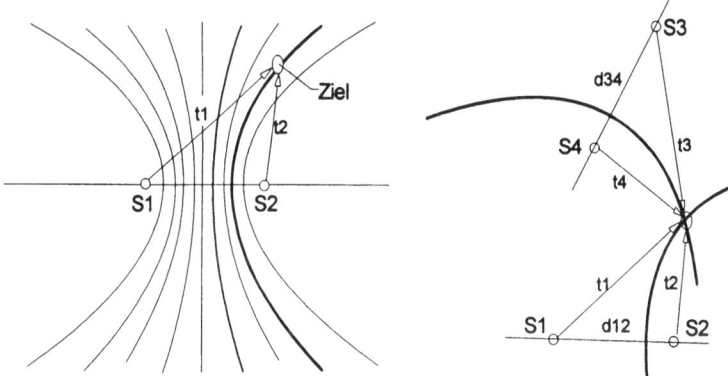

Bild 9.11
Prinzip der Hyperbel-Navigation

Wenn zwei zeitlich synchronisierte Sender Impulse oder Schwingungen aussenden, dann geben die Hyperbeln, die sich um die Sendeorte konstruieren lassen, diejenigen Orte an, an denen jeweils gleiche zeitliche Verzögerungen der Signale gemessen werden. Zwei Sender (S1 und S2, links) sind demnach noch nicht ausreichend, um durch Messung der Laufzeitdifferenz (t1-t2) seinen eigenen Standort zu bestimmen. Wenn ein zweites Senderpaar (S3 und S4 mit t3 und t4, rechts) eingesetzt wird, ist durch den Schnittpunkt beider Hyperbeln dagegen die Ortsbestimmung eindeutig. Oft werden weitere Senderpaare genutzt, um eine höhere Genauigkeit vor allem an ungünstigen Orten zu erreichen. Die Senderorte und damit auch die Abstände d12 und d34 sind dem Ziel bekannt.

Zwei solche Systeme stehen heute zur Verfügung, beide für militärische Zwecke entwickelt und beide inzwischen – zuerst mit kleinen Einschränkungen – für die zivile Nutzung freigegeben: das amerikanische GPS und das russische GLONASS. Beide technischen Lösungen sind sehr ähnlich.

GPS = global positioning system; GLONASS = global navigation satellite system

Die Entwicklung des GPS begann bereits 1973. Nach einer ersten Erprobung 1978 erstreckte sich der Aufbau des Systems über ein Jahrzehnt; 1992 wurde schließlich der Vollausbau erreicht. Drei sogenannte Segmente arbeiten eng zusammen, um den Nutzern die Bestimmung der Eigenposition, seiner Geschwindigkeit und darüber hinaus auch die gemeinsame Nutzung eines hochgenauen Zeitsystems zu ermöglichen: das *Raumsegment*, das *Kontrollsegment* und schließlich das *Nutzersegment*.

Das Raumsegment

Das Raumsegment – das ist ein Netz von mindestens 21 Satelliten, die in einer Höhe von 20 000 km über der Erde in 6 Bahnebenen, jede um 55° zur Äquatorebene geneigt, in 12 Stunden die Erde umkreisen. Die Satelliten tragen hochgenaue Uhren, die von Cäsium-Frequenznormalen synchronisiert werden. Sie können untereinander kommunizieren und so auftretende Differenzen in den Bahndaten sogar selbstständig korrigieren. Laufend werden Verbesserungen ihrer technischen Parameter vorgenommen. Die Speicher- und Rechenkapazität der neuesten Satelliten des Systems – 24 sind zur Zeit im Raum – sind in der Lage, bei Bedarf ein halbes Jahr auch ohne die Unterstützung durch das Kontrollsegment auf der Erde mit unveränderter Genauigkeit Dienst zu tun. Durch die große Bahnhöhe kann jeder Satellit ständig von rund einem Drittel der Erdoberfläche eingesehen werden.

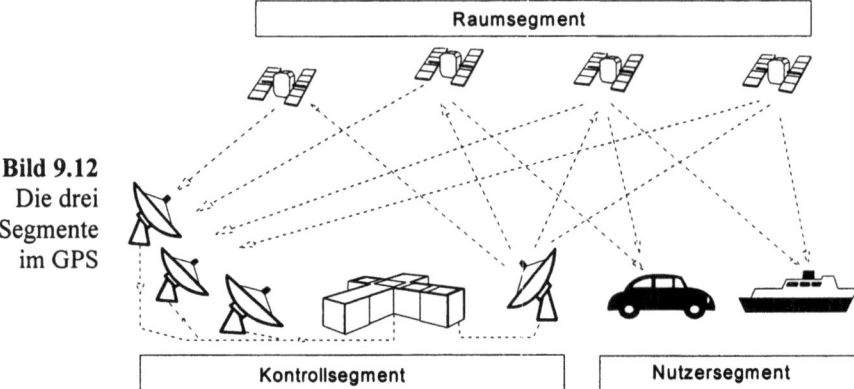

Bild 9.12
Die drei Segmente im GPS

Das Zusammenspiel der drei Segmente des GPS: Im Kontrollsegment beobachten und überwachen mehrere Monitore die Satelliten, dort erfolgt auch die Auswertung der Daten und die Weitergabe zu den 3 Sendestationen, die die von den Satelliten im Raumsegment gesendeten Navigationsdaten auf den neuesten Stand bringen. Die Nutzer empfangen die Daten von jeweils mindestens 4 Satelliten und berechnen daraus ihre eigenen Ortskoordinaten, evtl. auch ihre Geschwindigkeit, und entnehmen gegebenenfalls exakte Zeitwerte.

9.5 Navigationssatelliten

Im Kontrollsegment am Boden empfängt eine zentrale Station in Colorado Springs von 5 Beobachtungsstationen Daten über die Bewegung der Satelliten, bringt die Navigationsdaten der Satelliten danach auf den neuesten Stand und leitet sie an drei über den Erdball verteilte Sendestationen weiter. Die senden die Informationen an die betreffenden Satelliten. Durch diese ständige Überwachung können die verschiedenen Einflüsse auf die Navigation, die durch Brechung der elektromagnetischen Wellen in der Troposphäre und Ionosphäre und viele andere Gründe verursacht werden, berücksichtigt werden. Der uplink erfolgt im S-Band zwischen 2 und 4 GHz; die Sendedaten jedes Satelliten werden auf diese Weise dreimal täglich korrigiert.

Das Kontrollsegment

Das dritte Segment schließlich ist die Vielzahl der Nutzer des GPS mit ihren ebenso vielen Wünschen und Ansprüchen an das System. Denn die Positionsbestimmung ist nur eine der Anforderungen. Im Verkehrswesen ist darüber hinaus die Geschwindigkeit der Objekte gefragt, für viele wissenschaftliche Aufgaben wird die hochgenaue Uhrzeit genutzt.

Das Nutzersegment

Die Basis aller Messgrößen aber ist die Ortsbestimmung. Sie erfolgt durch die genaue Ermittlung der Entfernung des Nutzers auf der Erde von mindestens 3 momentan sichtbaren Satelliten wiederum über die Messung von Signallaufzeiten. Dafür ist allerdings eine exakte Übereinstimmung der Uhr des Nutzers mit denen der Satelliten erforderlich. Weil das nie exakt der Fall sein dürfte, wird ein weiterer, vierter Satellit empfangen. Die Messdaten aller 4 Satelliten gestatten dann den Ausgleich auch dieser zeitlichen Abweichung.

Bei der Aussendung der Navigationsdaten vom Satelliten wird wiederum durch eine Multiplikation der Daten mit einem Kodewort hoher Chipfrequenz ein spread spectrum-Signal erzeugt, also eine Signalspreizung der an sich langsamen Daten vorgenommen (Bild 9.13). Die Übertragung erfolgt durch eine Phasensprungmodulation (PSK) des hochfrequenten Trägers. Der GPS-Empfänger des Nutzers macht diese Spreizung mittels eines Korrelators rückgängig. Nur so kann gewährleistet werden, dass sowohl eine hohe Genauigkeit der Laufzeit- und damit Entfernungsmessung, die eine große Signalbandbreite erfordert, als auch eine hohe Störresistenz des Signals am Empfangsort erreicht wird. Dass sogar ein weiteres Kodewort mit einer um den Faktor 10 höheren Bandbreite und Entfernungsauflösung nur für die militärische Nutzung genutzt wird sei nur am Rande erwähnt.

chip = Bezeichnung der Einzelimpulse in einem spread spectrum-Kodewort

spread spectrum-Signal: siehe Abschnitt 7.6

PSK: siehe Abschnitt 5.3

Die eigentliche Navigationsinformation ist in einem Datenblock von 1500 bit zusammengefasst und wird mit einer Geschwindigkeit von 50 bit/s vom Satelliten zum Nutzer auf der Erde übertragen. Der damit 30 Sekunden lange Datenblock enthält die Bahndaten des jeweiligen

Satelliten einschließlich notwendiger Korrekturbits sowie Angaben zur Korrektur verschiedener Zeitdaten.

Auf weitere Einzelheiten wollen wir hier verzichten. Tatsächlich ist das Ortungssystem in vieler Hinsicht außerordentlich flexibel und an viele spezielle Nutzerforderungen anpassbar. Mehrere Jahre lang war im Wesentlichen nur die US-Armee befugt und in der Lage, die hohe Genauigkeit des Systems wirklich auszunutzen. Die zivilen Anwender mussten sich mit absichtlich gefälschten Daten zufrieden geben und erreichten nur Ortungsgenauigkeiten um die 100 Meter. Inzwischen – im Mai 2000 – wurden diese Beschränkungen außer Kraft gesetzt.

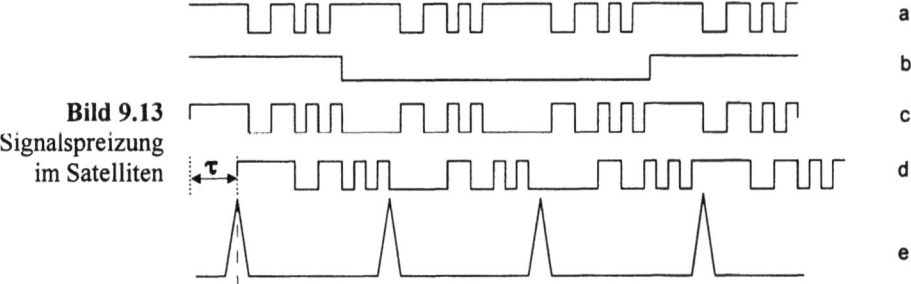

Bild 9.13 Signalspreizung im Satelliten

Die Signalspreizung des Sendesignals im Satelliten erfolgt durch Multiplikation des satelliteneigenen hochfrequenten Kodewortes (a; 1 bzw. 10 Mchip/s) mit den langsamen Navigationsdaten (b; 50 bit/s); das Ergebnis ist (c). Die Korrelation (e) des um die Zeit τ verzögert ankommenden Signals (d) mit dem gleichen Kodewort (a) im Empfänger des Nutzers erlaubt dann sowohl die exakte Zeitangabe für den Zeitpunkt des Empfangs als auch die Rückmultiplikation des gespreizten Signals in das originale schmalbandige Datensignal (b) und mit Hilfe des Kodes natürlich die Erkennung des jeweils verbundenen Satelliten. Der Empfänger ist in der Lage, mindestens 4 Satelliten gleichzeitig zu empfangen und deren Signale gleichzeitig (oder zeitlich sequentiell) auszuwerten.

Während sich nun schon mit handlichen Geräten für den Normalnutzer Ortungsgenauigkeiten von 10 m erreichen lassen, die für die meisten Anwendungen völlig ausreichend sind, kann dieser Wert im speziellen Fall, etwa für die Vermessungstechnik, noch um mehrere Größenordnungen verbessert werden. In vielen Fahrzeugen wird das System heute schon genutzt; man schätzt, dass in den nächsten 10 Jahren über 90% aller Neufahrzeuge mit satellitengesteuerten Navigationsinstrumenten ausgerüstet sein werden. Selbst erste Realisierungen des GPS als erweiterte Armbanduhr sind inzwischen auf dem Markt. Eine

9.5 Navigationssatelliten

Weiterentwicklung, die die Vorteile des amerikanischen und des russischen Systems übernehmen soll – das europäische System Galileo – soll 2008 betriebsbereit sein. Mit ihm soll das Fundament für GNSS2, die 2. Generation der Navigationssatelliten gelegt werden: 9 geostationäre Satelitten und 20 bis 30 MEO-Satelliten werden das Gerüst dieses weltumspannenden Ortungssystems bilden. Neben der Überwachung von Fahrzeugflotten und automatischen Ortsangaben notrufender Handys wird man dann auch das oben genannte Problem der Luftfahrt in den Griff bekommen.

MEO = medium earth orbit;
GNSS = global navigation satellite system

Inzwischen ist EGNOS aufgetaucht – ein System, das 2003 seinen Betrieb aufnehmen soll. Es nutzt und empfängt die beiden konkurrierenden Navigationssysteme GPS und GLONASS, korrigiert deren Messungen, sendet sie zurück in das Weltall an einen Synchronsatelliten, und der informiert den Nutzer. Ende 2000 erstmalig in einem Auto installiert und vorgeführt, erreicht dieses System eine Ortungsgenauigkeit unter einem Meter – ausreichend selbst für die hochgesteckten Forderungen der Luftfahrt.

EGNOS = european geostationary navigation overlay service

Jahrhunderte lang haben die Seefahrer sich an den Sternen orientiert. Sie sind inzwischen zur elektronischen Navigation übergewechselt. Nur an einer Stelle wird dieses „altmodische" Verfahren weiter intensiv genutzt: in der Satellitentechnik. Für deren Orientierung im Weltraum gibt es keine Alternative.

10 Nachrichtennetze

10.1 Der größte Computer der Welt

Im Shannonschen Modell eines Übertragungssystems werden zwei Punkte miteinander verbunden: Sender **A** und Empfänger **B**. Schon für eine einfache Kommunikation zwischen beiden ist das nicht ausreichend. Auch von **B** zu **A** muss ja eine funktionierende Verbindung möglich sein. Wenn **A** oder **B** dann auch noch mit **C** sprechen will, und **C** außerdem mit **D** oder **E**, wird's kompliziert. Jede mit jeder anderen Endstelle zu verbinden fordert eine quadratisch wachsende Zahl von Verbindungen. Selbst wenn für Hin- und Rückverbindung nur eine Leitung angesetzt wird, kämen bei N Teilnehmern ½(N²-N) Leitungen zusammen, selbst bei nur 100 Teilnehmern also schon knapp 5 000 Leitungen.

Dass es so nicht geht, hatte man schon bald erkannt. Im neu entstandenen Telefonverkehr erfand man das „Fräulein vom Amt". Von jedem Telefon führt nur eine einzige Leitung zu ihr. Wie eine Spinne sitzt sie im Netz dieser Leitungen. Ein Teilnehmer **A** kann ihr mitteilen, dass er mit **B** sprechen möchte, und sie verbindet auf ihrem Steckerpult die Leitung von **A** mit der von **B** – sie *vermittelt* die Verbindung. Nun sind nur noch N Leitungen nötig, von denen jede vom Teilnehmer zur vermittelnden Zentrale führt, bei 100 Teilnehmern nur noch 100 Leitungen anstelle von 5 000.

Vermittlungsnetz

Damit sind drei für ein solches System wichtige Begriffe genannt: das *Netz* als die Gesamtheit vieler Teilnehmer oder Endstellen (Sender und/oder Empfänger), die *Vermittlung*, die auf Anforderung nur die bei Bedarf notwendigen Verbindungen schaltet, und schließlich die *Signalisierung* des speziellen Verbindungswunsches.

Das älteste und heute umfangreichste Kommunikationsnetz dieser Art ist das weltweite Telefonnetz. Es verbindet über eine Vielzahl von Vermittlungsstellen rund 800 Millionen Telefonapparate miteinander. Wie ein dichtes Gespinst liegt es über dem Globus und erreicht dank Kupfer-, Glas- und Funkverbindungen auch noch den entferntesten Punkt der Erde. (Sollte der aufmerksame Leser hier protestieren und auf das „Netz der Netze", das Internet, verweisen, sei er auf die vorsichtig gewählte Formulierung „...Kommunikationsnetz *dieser Art*..." verwiesen und auf das letzte Kapitel dieses Buches.)

Bild 10.1
Netzmodelle

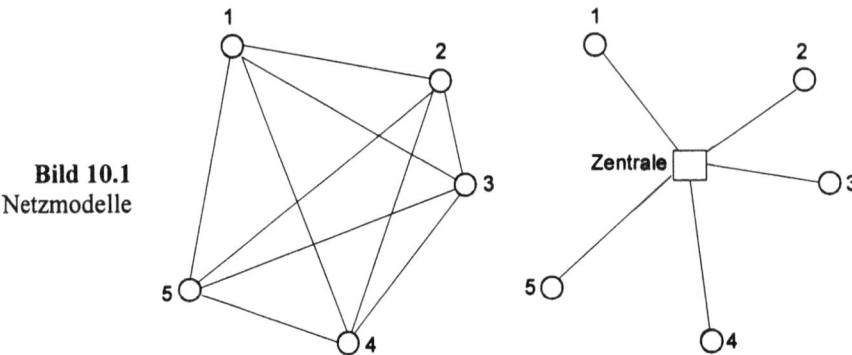

Jeden Teilnehmer mit jedem anderen zu verbinden, ist schon bei relativ kleinen Netzen unwirtschaftlich. Die vermittelnde Zentrale reduziert die Zahl der notwendigen Leitungen rigoros.

Das Impulswahlverfahren

Das Fräulein vom Amt hat sich zwar für spezielle Aufgaben bis weit in das nun schon vergangene 20. Jahrhundert hinein gehalten, aber ausgedient hatte es eigentlich schon über 100 Jahre vorher. Nur ein Jahrzehnt nachdem Alexander Graham Bell mit Kohlekörner-Mikrofon und elektromagnetischem Hörer das Telefon marktreif gemacht hatte, wurde auch die erste *automatische* Vermittlung erfunden. Die Nummer des gewünschten Teilnehmers wurde als Signalkode über die Leitung gegeben und beeinflusste in der Vermittlungsstelle eine Reihe elektromagnetisch gesteuerter Schalter, die schließlich die Verbindung zwischen ankommender und abgehender Leitung herstellten. Mindestens den älteren Zeitgenossen ist noch die gute alte Wählscheibe in Erinnerung, die beim Zurückschnurren in schneller Folge einen Kontakt schloss und unterbrach und damit die jeweils gewählte Ziffer in eine entsprechende Zahl von Stromimpulsen verwandelte. Jeder einzelne Impuls verursachte in der Vermittlungsstelle das Weiterschalten eines Kontaktarmes um genau eine Stelle, und jede neu gewählte Ziffer tastete sich mit einem neuen Kontaktarm immer näher an die gewünschte Anschlussleitung heran.

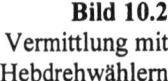

Bild 10.2
Vermittlung mit Hebdrehwählern

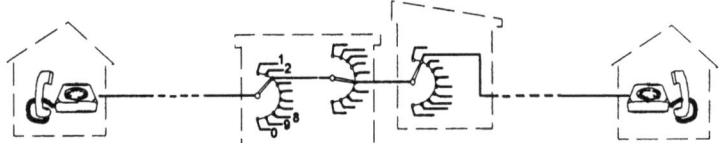

Der Hebdrehwähler bestimmte Jahrzehnte lang das Bild – und das Geräusch – der Vermittlungsstellen. Jede Ziffer der gewählten Rufnummer belegte einen der Schaltarme und stellte ihn auf eine von 10 Stellungen.

10.1 Der größte Computer der Welt

Als diese Technik entwickelt wurde, gab es noch keine elektronischen Verstärker. Das Relais beherrschte die Vermittlungstechnik, und das blieb so, weit über ein halbes Jahrhundert.

Selbstverständlich arbeiteten automatische Vermittlungsstellen schneller als die netten Damen vom Vermittlungsamt. Das war auch nötig, denn bis zum Aufbau des Gesprächs und dann am Gesprächsende zur Auflösung der Verbindung waren doch eine Reihe von Schritten nötig. Ist aber die Verbindung hergestellt, muss ein weiterer technischer Kraftakt bewältigt werden. Denn die sparsame Fernmeldeverwaltung hat jedem Teilnehmer nur klägliche zwei dünne Drähte zwischen der Vermittlungsstelle und seinem Telefon zugedacht. Zwei Leitungen also nur, aber der Teilnehmer will doch sprechen *und* hören, und das oft sogar gleichzeitig. Das heißt aber, dass er eigentlich zwei getrennte Stromkreise braucht: einen, der sein Telefon mit dem Hörer des anderen Teilnehmer verbindet, und einen zweiten, der umgekehrt seinen Hörer an das Mikrofon des Gegenüber anschließt. Nur durch eine äußerst geschickte Schaltungstechnik lässt sich dieses Problem mit vergleichsweise geringem Aufwand lösen, und man vermeidet so eine Verdopplung der auf der Teilnehmerseite nötigen Kupferkabelmenge – ein Problem übrigens, das auch bei den neuesten volldigitalen Telefonsystemen nicht ohne Schwierigkeiten zu bewältigen war.

Zweidrahtverbindung: siehe Abschnitt 10.3

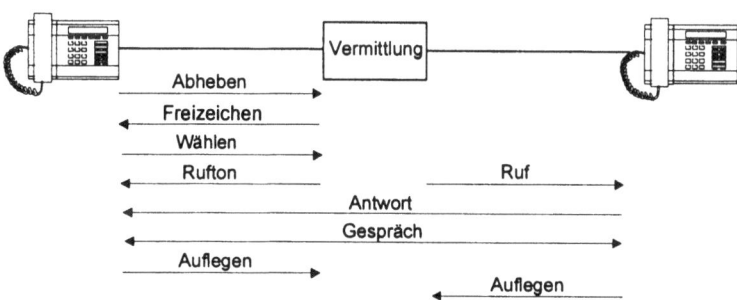

Bild 10.3
Der Aufbau einer Gesprächsverbindung

Der Aufbau einer Gesprächsverbindung über die Vermittlung wird inzwischen durch Software gesteuert und über elektronische Schaltungen aufgebaut, geschieht aber unverändert durch eine Reihe aufeinanderfolgender Schritte.

Wie schon erwähnt: Mit einer einzigen Vermittlungsstelle ist es in einem umfangreichen Netz natürlich nicht getan. Viele solche Konzentrationspunkte sind dort untereinander verbunden und vermascht. Jeder Teilnehmer ist zwar nur an eine einzige *Ortsvermittlungsstelle* angeschlossen, und bis dorthin hat er tatsächlich seine eigene dünne Zweidrahtleitung, die er und nur er benutzt. Mehrere dieser Ortsvermittlungsstellen können untereinander verbunden sein, jedenfalls aber ist jede von ihnen mit meist mehreren übergeordneten Vermittlungsstellen verbunden, die in ihrer Vielzahl das Rückgrat des *Fernnetzes* bilden. Über sie laufen Gespräche zwischen einzelnen Städten eines Landes, und sie stellen auch die Verbindungen zu den Netzen anderer Länder und Kontinente her. Die Organisationsstruktur dieser Hierarchien ist landesverschieden, aber typisch für vermittelnde Netze, und sie hat sich bis heute erhalten und bewährt.

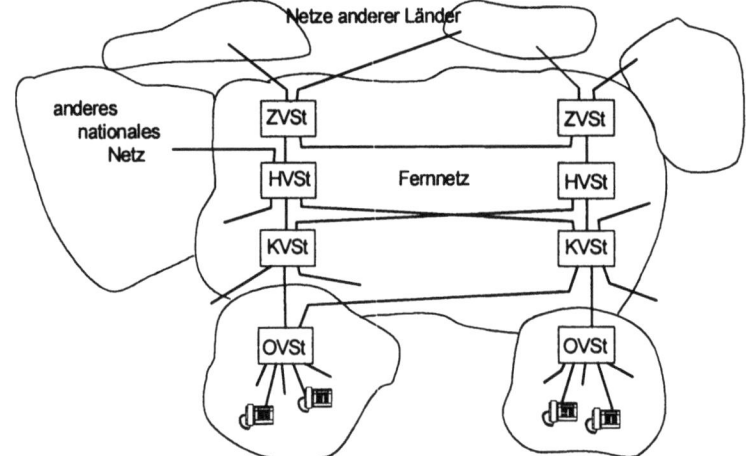

Bild 10.4 Netzhierarchie

Das Fernsprechnetz ist hierarchisch aufgebaut. Nur bis zur Ortsvermittlungsstelle (OVSt) hat der Teilnehmer seine eigene Leitung. Spätestens dort wird heute das analoge Signal in ein digitales gewandelt und im Zeitmultiplex über die miteinander verbundenen Knoten-, Haupt- und Zentralen Vermittlungsstellen (KVSt, HVSt, ZVSt) im Netz wieder weiter „nach unten" zum gerufenen Teilnehmer gereicht. Hat der Teilnehmer einen ISDN-Anschluss, geschieht die Analog-Digitalwandlung sogar bereits in seinem eigenen Telefon (siehe Abschnitt 10.3).

Über die Verbindungsleitungen zwischen den Vermittlungsstellen in der gleichen oder in verschiedenen Hierarchieebenen ist einiges Interessantes zu sagen, und das hängt mit den Menschen zusammen, die diese Technik nutzen. Die meisten von ihnen heben den Hörer nur ab, wenn sie einem Zeitgenossen Wichtiges zu sagen haben, und legen danach wieder auf (es soll auch Ausnahmen geben). Sie nutzen also ihr Telefon und ihre Leitung zur Ortsvermittlung – man nennt das *den Teilnehmer-Anschlussbereich* oder *Die letzte Meile* – nur sporadisch

Die „letzte Meile": siehe Abschnitt 10.7

10.1 Der größte Computer der Welt

und meist nur verhältnismäßig kurz. Die übrige Zeit besteht kein Verbindungswunsch. Darauf spekulieren die Fernmeldeverwaltungen. Da man das Teilnehmerverhalten inzwischen kennt – die Häufigkeit und mittlere Dauer von Gesprächen tagsüber und nachts und in den Hauptverkehrsstunden – kann man mit einiger Sicherheit voraussagen, wie viele der jeweils angeschlossenen Teilnehmer im Mittel sprechen wollen. Nur so viele Leitungen werden im Verbindungsnetz zwischen den Vermittlungsstellen gebraucht und zur Verfügung gestellt. Reichen sie in seltenen Fällen einmal doch nicht aus, hört der wählende Teilnehmer ein Besetztzeichen, so, als ob sein gewünschter Gegenüber nicht zu Hause wäre. Aber das sollte extrem selten vorkommen, und bei einem zweiten Wählversuch ist dann meist schon wieder eine der Verbindungsleitungen frei.

Deren Zahl kann also kleiner sein als die Zahl der über die betreffende Verbindungsstelle prinzipiell erreichbaren Teilnehmer. In der Regel ist das Verhältnis etwa 1:10 – zehn mal weniger Anschlussleitungen als angeschlossene Teilnehmer reichen im Verbindungsnetz vollkommen aus. Denkt man aber daran, dass an einer Ortsvermittlungsstelle Tausende und Zehntausende von Teilnehmern angeschlossen sein können, bleibt doch eine erkleckliche Zahl von notwendigen Leitungen übrig. Naheliegend, dass man dazu auf die uns inzwischen gut bekannten Multiplexverfahren zurückgreift. Anstelle vieler Einzelleitungen laufen also Bündelsignale über einige wenige breitbandige Verbindungen zwischen den Vermittlungsstellen.

Die Relaistechnik aber hielt sich noch eine ganze Weile. Verbessert zwar, aber lange noch wurden selbst die nun digitalen Signale über elektrische Kontakte geschleift, die nun magnetisch statt mechanisch beeinflusst wurden. Erst zu Beginn der achtziger Jahre setzten sich zuerst in den Fernvermittlungsstellen, dann auch in den unteren Hierarchieebenen elektronische Lösungen durch. Auch die Vermittlungsstellen wurden nun „digital". Wie in der sich parallel immer weiter ausdehnenden Computertechnik werden auch im Telefonnetz die digitalen Signale heute elektronisch geschaltet, gespeichert und verarbeitet. Transistoren und hochintegrierte elektronische Schaltungen ersetzten die elektromechanische Technik. *Digitale Vermittlung*

Als äußeres Merkmal trat inzwischen neben die alte Impulswahl die Tonfrequenzwahl (Bild 10.5). Für jede gewählte Ziffer wird nun eine Kombination von zwei Tonfrequenzen im Sprachband übertragen – schneller, komfortabler und umfangreicher in den gebotenen Möglichkeiten und gar nicht so sehr unterschiedlich von unserem Beispiel der „Doppelpfiffe" im ersten Kapitel. Die Wählscheibe wurde durch die Tastatur ersetzt. Die neuen Möglichkeiten der elektronischen Signalverarbeitung in den Vermittlungsstellen schufen neue Freiräume: *Tonfrequenzwahl* zentrale Anrufbeantworter, Konferenzgespräche, Fernprogrammierungen ...

Allerdings auch kaum mehr verständliche dicke Gebrauchsanweisungen für den Telefonapparat mit seinen vielen neuen Extras, von denen man die meisten leider nie nutzt.

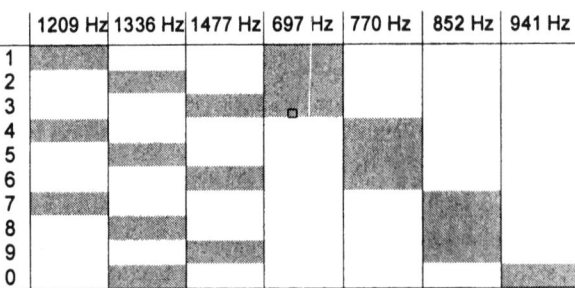

Bild 10.5
Ziffernkodierung bei der Tonfrequenzwahl

Während bei der Impulswahl durch jede gewählte Ziffer eine entsprechende Zahl von Impulsen zur OVSt geschickt wurde, wird heute jede Ziffer durch eine Kombination zweier Tonfrequenzen kodiert. Für Sonderzeichen steht noch eine weitere Frequenz zur Verfügung.

10.2 Fast-synchrone und synchrone Netze

Analoges Verbindungsnetz

Bis zur Mitte der sechziger Jahre war das Netz „analog". Von Teilnehmer zu Teilnehmer wurde das Sprachsignal als kontinuierliches Signal mit der bekannten oberen Grenzfrequenz von 3400 Hz durchgeschaltet. Auf den Verbindungsleitungen wanderte es im Frequenzmultiplex, gebündelt mit bis zu einigen hundert anderen Sprachkanälen in der Frequenzband sparenden Einseitenbandtechnik. Diese Trägerfrequenztechnik war durchaus keine triviale Lösung; Multiplex- und Übertragungstechnik mussten mit steigender Kanalzahl immer höheren Anforderungen an die Linearität der vielen Zwischenverstärker genügen, um ein nur minimales *Übersprechen* zwischen den Kanälen eines Bündels zu garantieren, also eine minimale gegenseitige Störung der einzelnen Sprachkanäle des Bündels.

Mitte der sechziger Jahre war die technologische Entwicklung soweit fortgeschritten, dass man daran gehen konnte, die inzwischen 30 Jahre alte Erfindung der Pulskodemodulation technisch zu realisieren. Zwar blieben das Telefon und die Leitungen im Teilnehmerbereich noch analog, aber im Ortsvermittlungsamt des rufenden Teilnehmers wurden die ankommenden Sprachsignale kodiert und in einem 30-Kanal-

10.2 Fast-synchrone und synchrone Netze

TDM-Bündel zusammengefasst. Erst im Ortsvermittlungsamt des Gerufenen wurde das PCM-Signal wieder in die analoge Form umgesetzt.

Natürlich blieb es nicht bei den 30 Kanal-Verbindungen. Schritt für Schritt gelang es in den darauf folgenden Jahren, die Bündelstärke zu vergrößern und damit auch die höheren Anforderungen der digitalen Verbindungsleitungen im Fernnetz zu realisieren – zunächst auf Kupferkabeln und seit Ende der siebziger Jahre auch auf den neuen Lichtwellenleiterkabeln. Vieles wurde durch die Einführung dieser Techniken leichter. Die linearen Zwischenverstärker der Trägerfrequenztechnik verschwanden ebenso wie die hochspezialisierten Frequenzfilter, die für die komplizierten Modulations- und Demodulationsprozesse des Multiplexverfahrens erforderlich waren. Denn wenn auch die Theorie dieser Filter in jahrzehntelanger Arbeit zur Vollkommenheit gebracht worden war – ihre Realisierung war kein Kinderspiel und verschloss sich insbesondere den inzwischen weit fortgeschrittenen mikroelektronischen Technologien. Nur mühsam und über trickreiche Umwege ließen sich Kondensatoren und Induktivitäten – die Grundelemente aller analogen Filter – in dieser Technik simulieren. Viel einfacher waren dagegen elektronische Schaltfunktionen umzusetzen, die völlig ausreichten, um digitale Impulsströme zu immer stärkeren Bündeln zusammenzufassen.

Digitale Bündel im Netz

Nur leider hatte man beim Übergang zur digitalen Technik auch einen wichtigen Pluspunkt der Frequenzmultiplextechnik verloren: die Orientierung an der Frequenzachse. Das Verfahren hatte nun ausgedient. Jetzt war das Bündel zeitlich orientiert. Zu genau bestimmten Zeitpunkten mussten elektronische Schalter geschlossen werden, um ein ganz bestimmtes Gespräch – zum Beispiel die Impulse des Kanals Nummer 5 und nur diese – aus dem ankommenden zeitmultiplexen Bündel zu erkennen, einzufügen oder herauszuholen.

Erinnern wir uns: 2048 Mbit/s liefert allein schon ein 30-Kanal-Grundsystem. Die Bündelstärke auf vielen Fernleitungen ist heute aber noch um ein Vielfaches höher, Impulsraten von 10 Gbit/s sind keine Ausnahme mehr. Das bedeutet Impulslängen von 0.1 Nanosekunden oder 100 Picosekunden. Mit dieser Genauigkeit müssen dann Zeittakte im Multiplexbündel gemessen, eingehalten und geschaltet werden.

Man erkennt gleich zwei Schwierigkeiten: Erstens braucht man elektronische Schalter, die schnell genug sind, um überhaupt in so kurzen Zeiten reagieren zu können. Zweitens muss ein Zeitgeber geschaffen werden, der die notwendigen Schaltvorgänge genau zur rechten Zeit startet und wieder abbricht.

Für das erste Problem sind die Mikroelektroniker zuständig. Sie haben es gelöst. In jahrzehntelanger Arbeit ist es gelungen, mit immer kleineren Strukturen und immer besseren Technologien diese enormen Arbeitsgeschwindigkeiten zu beherrschen.

Zeitliche Synchronisation der Bündel

Das zweite Problem aber lässt sich wiederum dadurch beherrschen, dass man neben der eigentlichen digitalen Nachricht periodisch sogenannte Synchronzeichen überträgt. Wir hatten solche Zeichen schon bei der Diskussion des Fernsehsignals erwähnt. Dort sorgten sie dafür, dass der Beginn einer neuen Bildzeile und eines neuen Bildes erkannt werden konnte, und sie ließen sich recht einfach vom eigentlichen Signal – dem Bildsignal – unterscheiden. Den Zeilensynchronimpulsen wurde einfach ein Amplitudenwert zugeteilt, der zur Kennzeichnung der Helligkeitswerte und der Farbinformation nicht verwendet wurde, und der Bildsynchronimpuls unterschied sich vom Zeilensynchronimpuls durch eine größere Breite.

Diesen einfachen Weg – etwa dem Synchronzeichen eine höhere Amplitude oder eine andere Breite als den übrigen Zeichen zu geben – geht man bei der Übertragung eines Digitalsignals bewusst nicht. Denn es ist ja gerade ein Vorteil dieser Technik, dass alle Zeichen gleiche Amplitude und Form haben. Nur dann lassen sich auf dem Übertragungsweg gestörte und deshalb formveränderte Zeichen auf einfache Weise wieder regenerieren. Hier muss man sich also andere Merkmale für solche Synchronzeichen ausdenken. Oft verwendet man Folgen von meist wenigen Bits, die sich aber in ihrer Aufeinanderfolge von den Impulsfolgen der eigentlichen Nachricht unterscheiden, manchmal auch nur einzelne Bits, die aber von bestimmten Regeln abweichen, die für Signalbits in dem betreffenden Übertragungs- oder Kodierungsverfahren gelten. Sie können also auf der Empfängerseite im digitalen Signal entdeckt und herausgelöst werden. Sie kennzeichnen bestimmte wichtige Zeitpunkte im Nachrichtenfluss, zum Beispiel den Beginn eines neuen Zeitabschnitts, in dem immer wieder die Signalimpulse der einzelnen Kanäle des Bündels aufeinander folgen.

Bild 10.6 zeigt eine Folge solcher Pulsrahmen für das 30 Kanal-PCM-Grundsystem. In jedem der 30 für die Kanalsignale reservierten Zeitplätze jedes Pulsrahmens (1-15 und 17-31) findet jeweils ein 8 bit-Kodewort eines Sprachsignals Platz. Der erste Zeitplatz (mit der Ordnungszahl 0) aber ist abwechselnd für die Übertragung eines Synchronwortes und eines Kodewortes für eine mögliche Störungsmeldung reserviert. Nach dem Zeitplatz 15 ist dann noch einmal ein Platz frei „für besondere Zwecke". In ihm werden die notwendigen Kennzeichen für den Auf- und Abbau der Gespräche übertragen und gleichzeitig einige Bits zur Fehlererkennung. Da das im schlimmsten Fall, nämlich bei Vollbelegung des Multiplexsystems, für alle 30

10.2 Fast-synchrone und synchrone Netze

Sprachkanäle quasi-gleichzeitig geschehen muss, reichen die verfügbaren 8 bit auf diesem Platz natürlich nicht aus. Es werden deshalb jeweils die Plätze Nr.16 in sechzehn aufeinander folgenden Pulsrahmen für diesen Zweck verwendet. Diese Einheit von 2 ms Länge wird als *Überrahmen* bezeichnet.

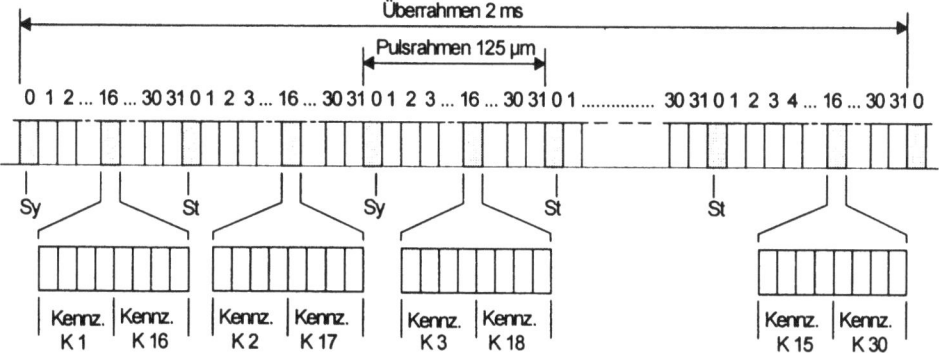

Im 30-Kanal-PCM-Pulsrahmen sind außer den 8 bit-Kodeworten der Sprachsignale verschiedene andere Signale zu übertragen, die allerdings nicht notwendigerweise an den 125 μs-Takt gebunden sind. Es werden deshalb 16 dieser Pulsrahmen zu einem Überrahmen von 2 ms Länge zusammengefasst; Dazu werden alle Zeitintervalle 16 genutzt, womit 30 Kodeworte zu je 4 bit zur Verfügung stehen. (Sy – Synchronworte, St – Störungsmeldungen)

Bild 10.6 Impulsrahmen des PCM-Grundsystems

Auf weitere Einzelheiten können wir getrost verzichten. Sehen wir uns statt dessen lieber an, wie die Bündelung der digitalen Sprachsignale weitergeht. Denn selbstverständlich reichen Bündel von 30 Kanälen ja bei weitem nicht aus, um den Nachrichtenfluss zwischen den Vermittlungszentralen vor allem der höheren Netzebenen zu bedienen. Es wird also immer wieder die Aufgabe bestehen, mehrere dieser Grundbündel zusammenzufassen.

Das ist einfacher, als es auf den ersten Blick scheint. Eine weitere Analog-Digitalwandlung ist ja nun nicht mehr erforderlich, es geht nur noch darum, digitale Folgen ineinander zu schachteln. Der dazu notwendige Platz wird geschaffen, indem man die einzelnen Impulse jedes Grundbündels einfach schmaler macht – schon entstehen Lücken, in die andere Bündel eingefügt werden können. In länderübergreifenden Standards hat man dieses Verfahren einigermaßen einheitlich festgelegt. In Europa – in den USA und Japan etwas abweichend – werden immer Vierergruppen zu einem neuen Bündel zusammengefasst: vier 30-Kanal-Grundgruppen zu einer 120-Kanalgruppe mit einer Bitfrequenz von etwa 8 Mbit/s, vier solche zu einer 480-Kanalgruppe von etwa 34 Mbit/s, vier von diesen zu einer 1920-

Bündelung durch einfache Schaltvorgänge

Kanalgruppe (rund 140 Mbit/s) und schließlich vier davon zu einem Bündel von 7680 Sprachkanälen und einer Bitrate von rund 565 Mbit/s. Rechnet man nach, dann findet man, dass die Bitrate immer etwas schneller steigt als um den erwarteten Faktor 4. Das ist die Folge von weiteren Signalen, die für alle möglichen Hilfsfunktionen im Netz neben den eigentlichen Sprachsignalen erforderlich werden.

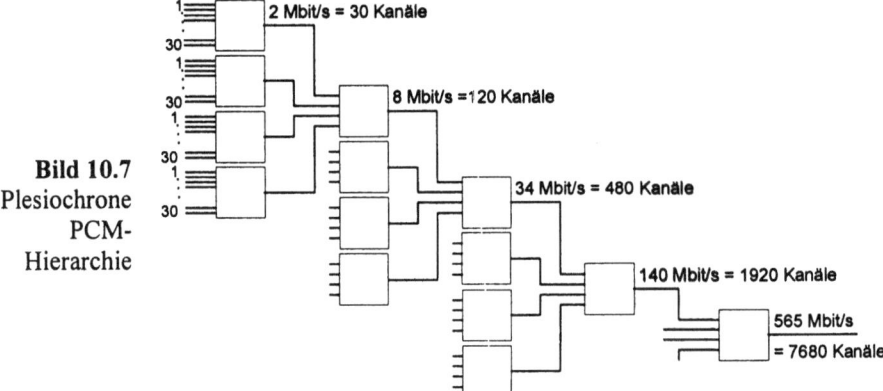

Bild 10.7
Plesiochrone PCM-Hierarchie

Die Bündelung erfolgt in der für Europa einheitlichen plesiochronen PCM-Hierarchie in Viererschritten. So können bis zu 7680 PCM-Sprachkanäle zu einem Zeitmultiplexbündel mit einer Gesamtbitrate von 565 Mbit/s zusammengefasst werden.

Mit den bei den höheren Bündelstärken immer geringer werdenden Bitbreiten wächst natürlich auch die notwendige Übertragungsbandbreite. Während die kleineren Bündel noch mit einfachen Fernmeldekabeln übertragen werden konnten, sind bei den stärksten Bündeln schon Koaxialkabel erforderlich. Auch Richtfunkstrecken mit Sendefrequenzen im GHz-Bereich werden für diese Zwecke eingesetzt. Als am Ende der siebziger Jahre dann Lichtwellenleiter zur Verfügung standen, übernahmen diese nach und nach nicht nur die Funktion der Kupferkabel, sondern ermöglichten darüber hinaus die Übertragung noch höherer Bündelstärken als in der genannten Systemhierarchie festgelegt worden war.

Leider hat dieses System einige Schwächen, die sich insbesondere bemerkbar machen, wenn an bestimmten Stellen des Netzes kleinere Bündel oder sogar Einzelkanäle aus dem großen Multiplexsignal aus- und eingekoppelt werden müssen. Das gelingt nur, in dem man es vollständig auflöst – Schritt für Schritt, so wie es aus Einzelbündeln auch aufgebaut wurde. Eine Synchronität über die einzelnen Hierarchieebenen ist nicht möglich. Deshalb wird dieses System auch als plesiochrone (fast-synchrone) digitale Hierarchie (PDH) bezeichnet.

PDH = plesiochrone digitale Hierarchie

Als es nun darum ging, auch für weitere noch stärkere Bündel eine einheitliche Lösung zu finden, gelang es endlich einmal wenigstens einigermaßen, eine wirklich weltweite Vereinheitlichung zu erreichen: Aus einem ursprünglich für die optische Übertragung vorgesehenen amerikanischen System SONET entstand ein Standard für die extrem starken Bündel. Seine Grundbitrate beträgt 155.52 Mbit/s und wird mit Level 1 oder STM-1 bezeichnet. Weitere Bündel werden aus diesmal nun genau geradzahligen Vielfachen gebildet – die höchste Hierarchieebene ist 13.22 Gbit/s. Der Standard bietet noch dazu viele zusätzliche Möglichkeiten, die in modernen und zukünftigen Netzen gebraucht werden, wie etwa weltweite Steuerungs- und Überwachungsfunktionen in den Knotenpunkten solcher großen Netze. Er garantiert aber vor allem, dass auch kleinere Bündel, und zwar sowohl die europäischen als auch die amerikanisch-japanischen Signale der PDH-Hierarchie, in diesem SDH-System problemlos untergebracht werden können. Sie werden dazu einzeln in sogenannte Container gepackt. Mit diesem Trick gelingt es sogar, kleinste Bündel wie ein 30-Kanal-PCM-Signal aus einem extrem breiten SDH-Bündel herauszulösen, ohne wie bisher beim plesiochronen System das ganze Bündel aufschnüren zu müssen.

SONET = synchronous optical network

STM = synchronous transport module

SDH = synchrone digitale Hierarchie

Der digitalen Multiplexierung sind also kaum noch Grenzen gesetzt.

10.3 ISDN – ein einziges Netz für alle Dienste

Der Widerspruch ist offensichtlich: Das Verbindungsnetz der Fernmeldeverwaltungen ist digital, aber das Fernsprechsignal – noch fast bis zur Jahrtausendwende dominierender Nutzer dieses Netzes – ist ein analoges Signal. Daneben hatten sich zwar eine ganze Reihe anderer Dienste etabliert, etwa der Fernschreibdienst, die Faksimileübertragung, verschiedene Dienste zur Übertragung von Daten. Die lieferten nun zwar tatsächlich digitale Signale ab. Aber sie wurden – was sollte man auch anderes tun – paradoxerweise in speziellen Modems in analoge Signale umgewandelt, um sie mit oder neben den analogen Sprachsignalen in gleicher Weise übertragen zu können.

So konnte es nicht bleiben. Und deshalb entstand die Idee des alle Dienste zusammenfassenden, integrierten digitalen Netzes, des ISDN. Durchgängig digitale Verbindungen sollten geschaffen werden, für alle Teilnehmer und für alle Dienste, so dass die Vorteile der digitalen

ISDN = integrated services digital network

Technik bei der Übertragung, der Vermittlung und jeder Signalverarbeitung voll genutzt werden konnten.

Die Vorarbeiten dauerten viele Jahre; 1988 konnte endlich eine international abgestimmte Empfehlung vorgelegt werden.

Eines war Voraussetzung aller Überlegungen: Das bisherige Teilnehmer-Leitungsnetz von der Telefonsteckdose im Haus bis zur nächsten Vermittlung, das für jeden Teilnehmer eine dünne zweiadrige Leitung zur Verfügung stellt, musste weiter genutzt werden. In diesem Netzteil steckt fast die Hälfte der Investitionen des gesamten Fernmeldenetzes. Es musste auch für den neuen Verwendungszweck – die digitale Übertragung auf diesem ersten und letzten Stück des Netzes – verwendbar sein. Wieder wurde Bandbreite gegen Signal-Geräuschabstand getauscht. An Stelle eines schmalbandigen, analogen Signals, das deshalb einen großen Signal-Geräuschabstand forderte, konnte nun ein gegen Störungen unempfindlicheres Digitalsignal mit viel größerer Bandbreite und deshalb hoher Bitrate übertragen werden. Über die gleichen dünnen Drähte, über die bisher das schmale Spektrum von 300 bis 3400 Hz des analogen Sprachsignals transportiert worden war, laufen jetzt – in beiden Richtungen gleichzeitig – 144 kbit/s.

144 kbit/s über die analoge Teilnehmerleitung

Ein PCM-Koder, bisher gemeinsam für 30 Kanäle in der Ortsvermittlungsstelle eingesetzt, findet sich nun in jedem ISDN-Telefonapparat. Unmittelbar nach dem Mikrofon wandelt er das Sprachsignal in eine Binärfolge. Und nicht nur das – *zwei* dieser Übertragungskanäle zu je 64 kbit/s werden gleichzeitig dem Teilnehmer zur Verfügung gestellt. Sie werden als die beiden B-Kanäle des ISDN-Netzes bezeichnet. Auf diese beiden Übertragungskanäle haben aber auch alle anderen Endgeräte des Teilnehmers Zugriff – das Faxgerät, der Anrufbeantworter, das Teletexgerät, der Computer. Bis zu 8 Geräte können an ebenso vielen Steckdosen betrieben werden. Liefern sie selbst die passende Bitrate, wie das ISDN-Telefon oder das Teletexgerät – das ist die viel schnellere ISDN-Variante des Telexgerätes – werden sie direkt angeschaltet. Trifft das nicht zu, wie beim herkömmlichen Faxgerät oder auch dem noch vorhandenen Analog-Telefon, wird ein sogenannter Terminal-Adapter (TA) dazwischen geschaltet.

ISDN: 2 B-Kanäle zu je 64 kbit/s ...

Jeder ISDN-Anschluss kann mehrere interne Teilnehmernummern verwalten. Sie können nach Belieben den angeschlossenen Endgeräten zugeteilt werden; drei werden ohnehin mitgeliefert, weitere Nummern können bei Bedarf angefordert werden.

Verständlich, dass diese gebotene Vielfalt gesteuert werden muss. Die ankommenden Gespräche müssen auf die zugeordneten Teilnehmernummern verteilt werden, vor allem aber auch auf die richtigen Geräte.

10.3 ISDN – ein einziges Netz für alle Dienste

Das Faxgerät darf nicht auf ein Teletexsignal ansprechen, und der Computer nicht auf einen Telefonanruf. Jedes Gerät teilt also vorsorglich vor dem Beginn der Übertragung seine Dienstart mit. Zur Übertragung aller dieser Informationen von und zu den Geräten dient ein weiterer Kanal mit einer Übertragungskapazität von 16 kbit/s. Er kann zwar auch zur Datenübertragung verwendet werden, sein eigentlicher Daseinszweck ist aber die Verwaltung der angeschlossenen Endgeräte. Er wird als Dienst- oder Datenkanal (D-Kanal) bezeichnet. Er steht allen Endgeräten zur Verfügung, wenn auch nicht gleichzeitig. Er ordnet deren Wünsche zeitmultiplex ein und mittels seiner speziellen Kodierung kann er wesentlich dazu beitragen, dass auch bei zufällig gleichzeitigem Zugriff zweier Dienste kein Durcheinander entsteht.

... plus ein D-Kanal zu 16 kbit/s

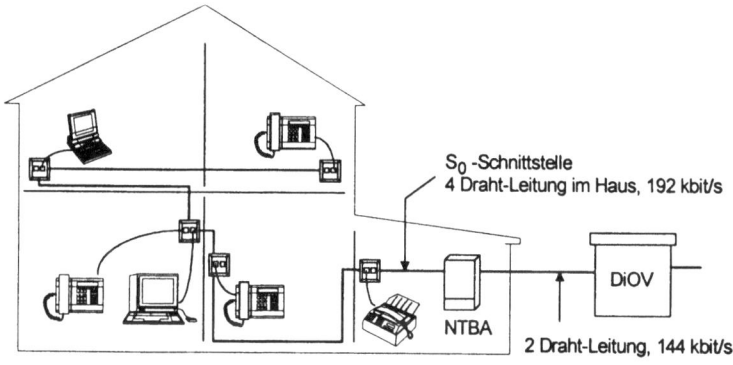

Bild 10.8 Der ISDN-Anschluss im Haus

Im Netzanschlussgerät (NT, NTBA) erfolgt die Anpassung an die digitalen Endgeräte (Telefon, ISDN-Fax, Teletexgerät). Im Haus sind Hin- und Rückleitung getrennt (4-Draht-Verbindung), zwischen NTBA und DiOV laufen die digitalen Signale über die konventionelle 2-Draht-Verbindung.

Die Steuerung dieses Mini-Netzes, aber auch die Funktionen des Gesprächsaufbaus und des Gesprächsabbruchs sowie der Multiplexierung und Demultiplexierung der ankommenden und abgehenden digitalen Signale – das alles erfolgt in dem kleinen Kästchen, das zwischen der alten Telefonsteckdose (den beiden Enden des Doppeldrahtes zur Ortsvermittlung) und den ISDN-Gerätesteckdosen eingeschaltet wird. Es wird als Netzabschluss (NT) bezeichnet, wenn für Nebenstellenanlagen ein ganzes Primärgruppenbündel von 30 ISDN-Kanälen zur Verfügung gestellt wird, und als NTBA speziell für den sogenannten Basisanschluss, der für private Nutzer infrage kommt.

NT = network termination;

NTBA = NT für einen Basisanschluss

DiOV = digitale Ortsvermittlung

Eine vierdrähtige Leitung verbindet den Netzabschluss mit allen ISDN-Steckdosen im Haus – nun tatsächlich zwei Leitungen für den Hinweg und zwei für den Rückweg. Auf beiden Leitungspaaren laufen zeitmultiplex eine Vielzahl von Einzelsignalen. Die Impulse der zwei B-Kanäle und des D-Kanals sind die wichtigsten und nehmen mit 2×64 kbit/s + 16 kbit/s den größten Raum ein. Weitere Impulse mit insgesamt 48 kbit/s ermöglichen u.a. die Synchronisation zwischen Netzabschluss und den Endgeräten sowie deren Aktivierung und Deaktivierung bei Gesprächsbeginn und -ende.

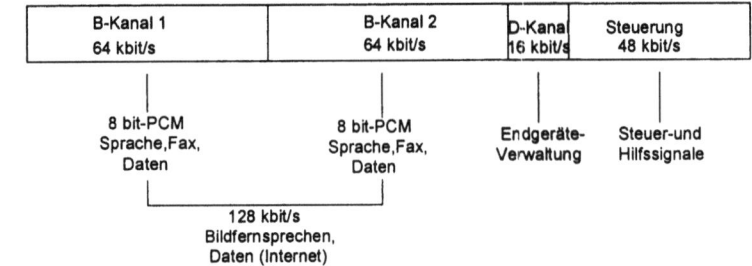

Bild 10.9
Der Datenfluss zwischen Steckdose und NT

Die Gesamtbitrate auf dem Weg zwischen den Teilnehmersteckdosen und dem NTBA setzt sich aus den beiden unabhängigen B-Kanälen, die aber auch gemeinsam genutzt werden können und dann die doppelte Übertragungsgeschwindigkeit von 128 kbit/s zur Verfügung stellen, dem Datenkanal (D-Kanal) und weiteren 48 kbit/s für Steuer- und Hilfssignale zusammen.

192 kbit/s in der Hausverkabelung

Die Gesamtimpulsrate von 192 kbit/s wird dabei übrigens nicht binär, sondern mit einem speziellen dreiwertigen Kode übertragen. Mit ihm gelingt es z.B. recht einfach, die erwähnten Kollisionsgefahren zu entdecken und zu vermeiden, wenn zwei Endgeräte gleichzeitig auf den Dienstkanal zugreifen.

4 Draht-Leitung im Haus

Bei der Verbindungsleitung zwischen dem Netzabschluss und den Anschlussdosen ist es unproblematisch, 4 Drähte zu verlegen. Sie läuft in der Regel innerhalb einer Wohnung oder eines Hauses, obgleich durchaus mehrere hundert Meter Leitungslänge zugelassen sind. Jenseits des Netzabschlusskästchens aber beginnt die raue Wirklichkeit – dort liegt die zweiadrige Teilnehmeranschlussleitung und muss benutzt werden, eine Neuverlegung wäre viel zu aufwändig.

Wir hatten schon bei der Diskussion des analogen Telefonanschlusses gesehen: Die Beschränkung auf nur 2 Drähte macht Schwierigkeiten. Denn normalerweise gehören zu einer solchen Duplex-Verbindung – das ist eine, in der im Prinzip gleichzeitig in beiden Richtungen gesprochen und gehört werden kann – zwei getrennte Leitungspaare. Hat

10.3 ISDN – ein einziges Netz für alle Dienste

man nur eines zur Verfügung, dann müssen Mikrofon und Hörer jedes Telefons ja gewissermaßen an den gleichen Leitungsklemmen liegen. Darüber hinaus macht sich aber ein physikalisch bedingter Effekt unangenehm bemerkbar. Etwas vereinfacht dargestellt: Ein Teil der vom Sender zum Empfänger laufenden Signalleistung wird vom Leitungsende quasi reflektiert und läuft auf der gleichen Leitung zurück. Es erscheinen also mehr oder weniger große „Echos" – teils durch den eigenen Kurzschluss vom Mikrofon zum Hörer, und teils durch das reflektierte Signal vom anderen Ende der Leitung. Das stört. Diese Reflexionen können nur durch eine sehr sorgfältige Anpassung der an den Kabelenden angeschlossenen Geräte an die elektrischen Eigenschaften des Kabels vermieden werden. Das ist übrigens auch der Grund, weshalb spezielle Antennenkabel für jede Verbindung zwischen Heimempfangsgeräten und der Dachantenne oder dem Satellitenspiegel genutzt werden müssen. Im Bereich des Teilnehmeranschlussnetzes ist eine solche ideale Anpassung leider praktisch unmöglich.

Durch bestimmte Schaltungen – *Gabel* genannt – gelingt es im analogen Telefon, Mikrofon und Hörer gegenseitig zu entkoppeln, obgleich sie letzten Endes die gleichen zwei Drähte verwenden. Der verbleibende geringe Rest an Übersprechen ist eher nützlich. Bei einer vollständigen Trennung des eigenen Hörers vom eigenen Mikrofon würde man wie in einen schalltoten Raum hineinsprechen – man hätte den Eindruck, als ob man allein in der Welt wäre.

Im ISDN-Telefon reichen aber diese noch vergleichsweise einfachen schaltungstechnischen Tricks nicht aus. Dadurch, dass die Sendeleistung des Netzabschlusses groß ist, die des von der Gegenstelle ankommenden Signals aber durch die Leitungsdämpfung bedingt viel kleiner, sind die Störeinflüsse beträchtlich. Beide Signale sind noch dazu, weil im digitalen Rahmen verpackt, ja ständig vorhanden, auch wenn der Gegenüber gar nicht spricht. Das Sendesignal wird das empfangene Signal vollständig überdecken.

Man kann es mit dem sogenannten Ping-Pong-Prinzip versuchen: So wie ein Tischtennisball bei guten Spielern ständig hin und her springt, könnten sich auf der Leitung hin- und rücklaufendes Signal in sehr schneller Folge gegenseitig abwechseln. In einem streng synchronisierten Zeitablauf wäre dann immer nur eines von beiden aktiv. Die Sache funktioniert, aber fordert der Leitung einiges ab, denn jeder der beiden Teilnehmer hätte nur die Hälfte der Übertragungszeit für sich, müsste also die Bitlänge seiner digitalen Sendung halbieren. Die erforderliche Bandbreite wird folglich doppelt so groß wie bei einer einfachen Übertragung, die noch überbrückbare Entfernung bis zur Vermittlung verringert sich entsprechend. Immerhin – für Verbindungen bis zu 3...5 km Länge ist das Verfahren anwendbar.

Ping-Pong-Prinzip

Gleichlage-
verfahren mit
Echo-
kompensation

Die deutsche Telekom verwendet ein anderes Prinzip: das *Gleichlage-übertragungsverfahren mit Echokompensation*. Das Prinzip klingt einfach: Was an einem bestimmten Empfängereingang stört, ist die Sendeleistung des eigenen NTs, die über die unvollkommene Gabel, die es eigentlich vom Empfängereingang trennen sollte, dorthin gelangt, und zusätzlich die von der Leitung reflektierten Anteile.

Dieses Signal bildet man sehr genau nach und führt es dem vom anderen Teilnehmer ankommenden Eingangssignal mit gegensinniger Polarität zu. Das Störsignal wird dadurch kompensiert.

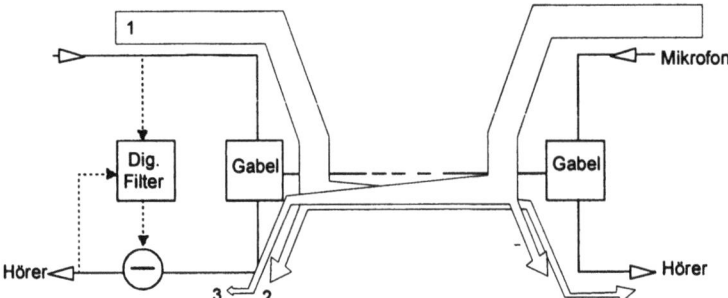

Bild 10.10
Die Echo-
kompensation
im NT

Die Dicke der Pfeile deuten die Stärke der einzelnen Signale im Hörer des linken Teilnehmers vor der Echokompensation an: 2 – der Anteil des eigenen Sendesignals 1, das von der Gabel nicht vollständig vom eigenen Hörer ferngehalten werden kann und das Echo vom anderen Leitungsende; 3 – das vergleichsweise viel kleinere Nutzsignal des anderen Teilnehmers. Die Echokompensation bildet im Digitalfilter das Störsignal ständig nach und subtrahiert es vom einlaufenden Datenstrom.

Tatsächlich ist die Gabelschaltung leider so unvollkommen, dass die Amplitude des Störsignals trotz Gabeldämpfung 20 ... 30 mal größer als die des ankommenden Nutzsignals ist, die Kompensation aber so genau sein muss, dass der verbleibende Fehler letztlich kleiner als etwa 10% der Nutzsignalamplitude wird. Ein fast aussichtsloses Unterfangen, wenn man bedenkt, dass der zeitliche Verlauf des nachzubildenden Störsignals keinesfalls zeitlich konstant ist, sondern sich ständig verändert – nicht nur wegen des sich ständig ändernden Sendesignals, sondern auch durch die zufälligen zeitlichen Änderungen der Leitungsparameter, die ihrerseits die reflektierten Anteile beeinflussen. Die Lösung dieses Problems ist ein komplizierter Rechneralgorithmus, der ein spezielles Filter in ununterbrochener Folge so korrigiert, dass es ständig das variable Zeitverhalten aller durch Gabel und Reflexionen bedingten Störungen nachbildet. Wird das Sendesignal über dieses Filter gegensinnig dem Empfänger zugeführt, gelingt

10.3 ISDN – ein einziges Netz für alle Dienste

es tatsächlich, das schwache ankommende Signal fehlerfrei zu erkennen.

Auf der Zweidrahtleitung zwischen dem NT-Kästchen des Teilnehmers und der digitalen Ortsvermittlungsstelle schafft man es auf diese Weise tatsächlich die für die beiden B-Kanäle und den D-Kanal erforderlichen 144 kbit/s zu übertragen – gleichzeitig, in beiden Richtungen und im gleichen Frequenzband (deshalb die Bezeichnung *Gleichlage*verfahren). Allerdings muss auch hier wieder eine günstige Kanalkodierung gewählt werden. Wegen der doch gelegentlich großen zu überbrückenden Entfernungen ist es wichtig, die erforderliche Übertragungsbandbreite so gering wie möglich zu machen. Das Binärsignal wird im NT und ebenso natürlich auf der Seite der digitalen Ortsvermittlung für die Gegenrichtung in einen sogenannten 2B/1Q-Kode umgewandelt und in dieser Form gesendet: Immer 2 bit des Binärkodes werden zusammengefasst und als ein vierwertiger Impuls gesendet. Und auch dem inzwischen gut bekannten Korrelationsprinzip begegnet man hier wieder: Die zeitliche Synchronisation des zeitmultiplexen Signals erfolgt durch die Übertragung eines 7-stelligen Barker-Kodes. Ein auf ihn spezialisiertes angepasstes digitales Filter erkennt seine Existenz unter Tausenden ankommender Bits und antwortet mit einer scharfen und hohen Ausgangsamplitude – das erwartete Maximum der Korrelationsfunktion dient hier als Synchronzeichen.

2B/1Q-Kodierung

Für das ISDN sprechen viele Vorteile. Wirklich wichtig aber ist der Schritt, der hier erstmalig getan wurde – der Schritt zur volldigitalen Übertragung von Teilnehmer zu Teilnehmer, und unabhängig von der Art der Nachrichtenquelle.

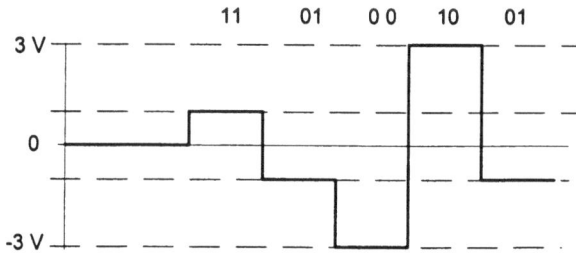

Bild 10.11
Der 2B/1Q-Kode

Die 2B/1Q-Kodierung auf dem Weg zwischen NT und DiOV: 2 Binärzeichen werden in ein Quartärzeichen, also ein 4-wertiges Zeichen gewandelt und reduzieren damit den Bandbreitebedarf auf der Teilnehmerleitung auf die Hälfte.

Die Entwicklung wird hier nicht stehen bleiben. Die Bildübertragung, gestern noch als Breitbanddienst angesehen, ist dank der modernen Verfahren der Quellenkodierung heute schon eine normale weitere Ergänzung des ehemals ausdrücklich als Schmalband-ISDN konzipierten Systems. Die Nutzung für die schnelle Datenübertragung ist inzwischen selbstverständlich geworden. Ein Weg zurück zur analogen Technik ist nicht vorstellbar.

10.4 Der mobile Teilnehmer

Die Bellschen Telefone und viele ihrer Nachfolger waren fest an der Wand montiert. Auch mit den späteren Modellen war ihr Besitzer an die Leine gelegt – länger als ein paar Meter war die Leitung zwischen Telefonsteckdose und Gerät nie. Das Telefonnetz ist in mehrfacher Hinsicht ein *Festnetz*. Die Telefonnummer ist an einen Ort gebunden, weniger an eine Person.

Schon um 1935 konnte man sich jedoch aus mehreren fahrenden Zügen der Deutschen Reichsbahn in das Telefonnetz einwählen. Aber erst in den fünfziger Jahren wurden mobile Funkverbindungen für den zivilen Einsatz aktuell. Die Idee war gut, aber die Realisierung machte Schwierigkeiten. Die Geräte waren groß und schwer und verlangten im Auto einen Platz im Kofferraum und eine zusätzliche Batterie. In Abschnitt 3.3 wurde diese Entwicklung schon einmal angedeutet. Die leistungsfressenden Elektronenröhren konnten den Anforderungen der Praxis noch nicht genügen. Es waren nur kleine Netze, die da aufgebaut wurden – Insellösungen, sagte man. Bald wurden einige von ihnen zum sogenannten A-Netz zusammengefasst – handvermittelt. Erst zu Beginn der siebziger Jahre ging man zur automatischen Vermittlung über. Allerdings musste man wissen, wo sich der mobile Teilnehmer aufhielt, um den richtigen Sender zu erwischen. Und bald merkte man auch, dass noch ein anderer Gesichtspunkt immer wichtiger wurde: Die Zahl der verfügbaren Sende- und Empfangsfrequenzen war begrenzt. Die wenigen verfügbaren Frequenzbereiche im Bereich um 140 MHz – dicht neben den Fernsehbändern – waren bald belegt.

A-, B- und C-Netz: siehe Abschnitt 3.3

Inzwischen waren die Elektronenröhren durch Transistoren abgelöst worden, man konnte nun kleinere und leichtere Geräte bauen, die wirklich *mobil*, beweglich waren. Das hatte eine steigende Nachfrage zur Folge, man musste sich etwas einfallen lassen. Und wiederum zehn Jahre später – 1985 – entstand die dritte Variante eines analogen Mobilfunknetzes, das C-Netz. Es nutzte wie die vorhergehenden Netze die gegen Pegelschwankungen unempfindliche Frequenzmodu-

10.4 Der mobile Teilnehmer

lation zur Übertragung des Sprachsignals und nun auch den höheren 450 MHz-Bereich.

Entscheidend war die Idee des zellularen Netzes: Das Land wurde mit einem dichten Netz von Funkzellen bedeckt, von denen immer sieben ein sogenanntes Cluster bildeten. Jeder dieser sieben Zellen wurde eine bestimmte Sendefrequenz zugeteilt, und deren Sendeleistung optimiert. Ihre Reichweite von etwa 5...20 km deckte die Fläche der eigenen Zelle ab, reichte aber nicht wesentlich darüber hinaus. So konnte man die gleiche Zellenanordnung ständig wiederholen, und mit wenigen Funkfrequenzen doch das ganze Land bedecken. Alle sieben Sende/Empfangsstationen eines Clusters aber wurden an eine Funkvermittlungsstelle angeschlossen, die wiederum mit dem öffentlichen festen Fernsprechnetz verbunden war.

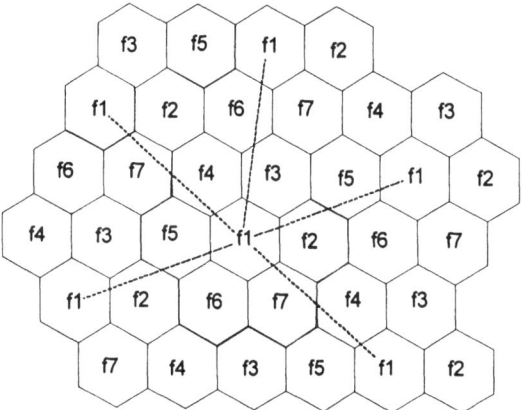

Bild 10.12
Das Funkzellenprinzip

Das Prinzip der Funkzellen wurde konsequent zuerst im C-Netz angewendet: Immer 7 Funkzellen bildeten mit 7 immer gleichen zugeteilten Sende/Empfangsfrequenzpaaren ein sog. Cluster, das sich periodisch wiederholte. Dadurch waren Sender gleicher Frequenz immer weit voneinander entfernt, wie am Beispiel des Frequenzpaares f1 gezeigt ist (gestrichelte Linien).

Erst zur Jahrtausendwende wurde das C-Netz abgeschaltet – es hatte sich in einer inzwischen digitalen Umgebung überholt. In schneller Folge entstanden auf der Grundlage des GSM-Standards die digitalen Netze.

Das zellulare Netz

GSM = global system for mobile communication

Der zellulare Aufbau wurde übernommen. An die Zahl sieben für ein Cluster hielt man sich allerdings nicht mehr streng. Die Funkbereiche wurden in der Tendenz verkleinert und immer der örtlichen Besiedlungsdichte angepasst: Sehr kleine Zellen von wenigen Kilometern Reichweite wurden in dicht besiedelten Gebieten, größere in ländlichen Gebieten eingesetzt. Dadurch konnten nicht nur die Sendeleistungen der Basisstationen verringert werden, sondern auch die der mobilen Stationen, der *Handys*. Und das kam schließlich auch dem Gewicht und der Betriebsdauer ihrer Batterien zugute. Die Signalübertragung und die umfangreiche Steuerung des Betriebsablaufes dieser Netze aber sind nun digital und deshalb mit dem digitalen und länderübergreifenden festen Fernsprechnetz kompatibel.

Im wirklich mobilen Teil des Netzes muss selbstverständlich nach wie vor und trotz der vorteilhaften Nutzung digitaler Signale mit dem Funkfrequenzband gespart werden. Deshalb wird die Bitrate des Sprachsignals auf 13 oder sogar auf 7 kbit/s reduziert. Schon in jeder zugeordneten Basisstation aber wird in einem Transcoder auf die 64 kbit/s des Fernsprechnetzes umgesetzt.

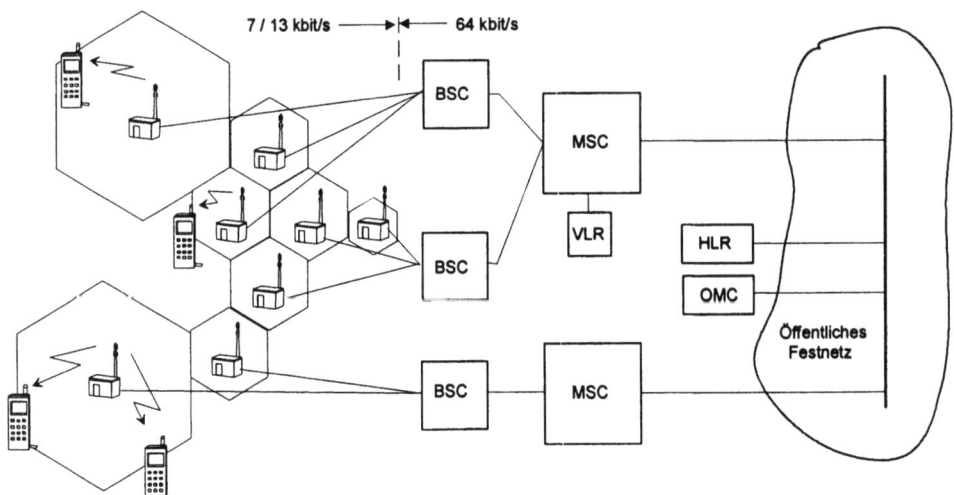

Bild 10.13 GSM-Mobilfunknetz *Prinzipaufbau eines Mobilfunknetzes nach dem GSM-Standard. Die jeder Zelle zur Verfügung stehende Übertragungsfrequenz ist verschieden; an jedem Ort sucht das Handy alle möglichen Frequenzen ab und wählt sich die stärkste Verbindung aus. BS – base station, Basisstation; BSC – base station controller; MSC – mobile switching center, Funkvermittlungsstelle; VLR – visitor location register, Fremddatei; HLR – home location register, Heimatdatei; OMC – operation and maintenance center, Steuerung und Überwachung.*

Auf einige interessante Details der Schachtelung von Sprach- und Kontrollsignalen wird im folgenden Abschnitt eingegangen. Hier soll zunächst noch einiges über die eigentliche Organisation des Netzes

10.4 Der mobile Teilnehmer

gesagt werden. Wie ist es möglich, dass jeder Teilnehmer von jedem Ort der Erde aus erreicht werden kann, ohne zu wissen, wo er sich gerade befindet?

Der Schlüssel zu diesem Problem liegt in der Existenz zweier „Listen" oder Register, und in der Tatsache, dass jedes eingeschaltete Handy sich automatisch und periodisch in ständigem Kontakt mit einer nahe gelegenen Basisstation (BS) befindet, an die es Informationen abgibt und von der es Informationen bekommt. Schon beim Kauf des Handys (genauer: der eingesteckten kleinen Speicherkarte, des SIM) ist der Teilnehmer A in einem sogenannten Heimatregister (HLR) mit seiner Rufnummer und anderen für seinen Anschluss zutreffenden Daten gespeichert. Um die 100 000 Teilnehmer werden in jedem HLR registriert. Hat er sich an einen anderen Ort begeben und dort sein Handy eingeschaltet, erkennt die nächstliegende Basisstation bei seiner nächsten periodischen Meldung an seiner Nummer das zuständige Homeregister, meldet diesem die Ankunft in ihrem Einzugsbereich, registriert den Gast in einem eigenen Besucherregister (VLR) und merkt sich noch dazu die Zelle, aus der A sich gemeldet hat. Wird jetzt der betreffende Teilnehmer A von einem anderen Teilnehmer B gerufen, wird aus der eingetippten Rufnummer von A wieder sofort sein zugehöriges HLR erkannt, und dieses wiederum kennt ja nun den momentanen Aufenthaltsort von A und kann das Gespräch gezielt dorthin vermitteln.

Register orten den Teilnehmer

SIM = subscriber identity module

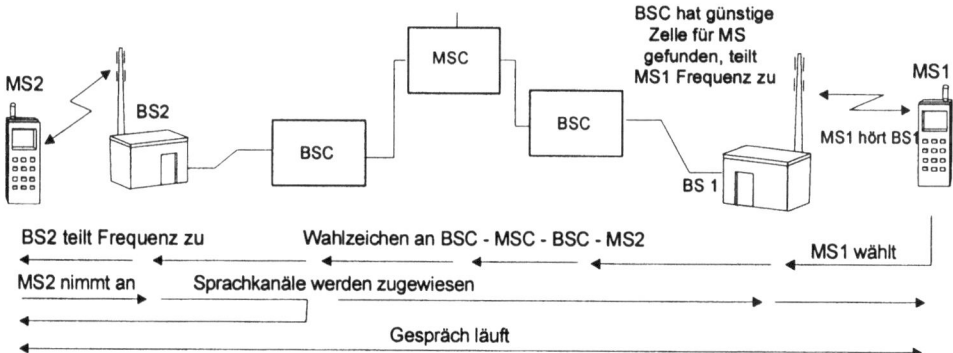

So etwa laufen die Signale im Ruhezustand und bei der Aufnahme eines Gespräches (Mobilteilnehmer wählt). Bewegt sich der Mobilteilnehmer im Netz, hat die kontrollierende Basisstation rechtzeitig eine günstigere Zelle gewählt und vorbereitet. Ohne Unterbrechung wird die Basisstation der neuen Zelle 2 aktiviert, ein neuer in der Zelle 2 unbesetzter Kanal zugewiesen und das Handy auf diesen Kanal geschaltet („handover").

Bild 10.14 Der Gesprächsaufbau im Mobilfunknetz

CCCH = common control channel

handover, roaming = Zellenwechsel

Dieser automatische Verkehr auch bei einer ruhenden Verbindung, aber auch die Vorbereitung eines gewünschten Gesprächs, erfolgt über einen für alle Teilnehmer gemeinsamen Kontrollkanal CCCH. Bewegt sich der mobile Teilnehmer aus dem Einflusskreis seiner BS heraus, löscht diese den Teilnehmer aus ihrem VLR und die benachbarte BS, weil vom Handy mit einem stärkeren Signal empfangen, meldet den Teilnehmer und seine aktuelle BS an der HLR an. Diese Prozedur des Zellenwechsels wird im eigenen Netz als *handover*, und wenn in ein anderes Netz gewechselt wird, als *roaming* bezeichnet.

Damit ist erklärt, dass ein Teilnehmer an einer beliebigen Stelle im eigenen Netz und, da im Land und über Ländergrenzen hinweg anhand der Netzkennziffern auch Fremdnetze erkannt werden können, nahezu überall gerufen und gefunden werden kann.

Auch einen Verbindungswunsch meldet der Teilnehmer über den Kontrollkanal an. Die MS1 zugeordnete Basisstation BS1 (Bild 10.14) gibt in diesem Fall die gewählte Nummer an eine Vermittlungsstelle (MSC) weiter, die den Ruf an das Festnetz oder über das Festnetz oder auch direkt über die zugehörige BSC an die erfragte BS2 des gewünschten Teilnehmers MS2 weiterleitet. Wird MS2 erreicht – auch das geschieht auf dem Kontrollkanal der dortigen Zelle, der ja ständig von MS2 abgehört wird – und kann die Verbindung hergestellt werden, teilen die BSC den Teilnehmern freie Funkfrequenzen zu, eine für den Hin- und eine für den Rückweg der Signale, und es kann gesprochen werden.

Überwachung der Empfangsleistung

Auch während des Gesprächs reißt die „unterirdische Verbindung" zwischen Handy und zugeordneter BS nicht ab; Empfangsleistung und Signal-Geräuschabstand werden ständig überwacht. Ist wegen geringer Entfernung der Empfang ausgezeichnet, wird die Sendeleistung des Handys entsprechend verringert, was die Betriebsdauer der Batterie erhöht. Wird die Entfernung aber größer oder werden die Empfangsbedingungen schlechter, wird zunächst die Sendeleistung erhöht. Ist die Verbindungssituation zu einer benachbarten Basisstation besser, wird in einem komplizierten Wechselprozess dorthin gewechselt – alles ohne das Gespräch zu unterbrechen. Ist das Gespräch zuende, wird die Korrektur der Ortsbestimmung des Handys dem HLR mitgeteilt, sodass der nächste Anruf den Teilnehmer sofort unter der neuen Basisstation erreicht.

Was aber, wenn gleichzeitig mehrere Teilnehmer aus der gleichen Zelle sprechen wollen oder gerufen werden?

Dazu ist im nächsten Abschnitt einiges zu sagen – auch im Zusammenhang mit einem anderen Verfahren, das möglicherweise bei zukünftigen Netzen eine Rolle spielen wird.

10.5 Zugriff über Frequenz und Zeit

Was eben am Beispiel einer einzigen Mobilstation gezeigt wurde, reicht natürlich nicht aus, wenn mehrere Teilnehmer sprechen möchten. Es müssen also viele Kanäle gleichzeitig zur Verfügung gestellt werden, zum Beispiel mehrere Trägerfrequenzen.

Im GSM-Netz wird ein komplizierterer Weg gewählt: Beide Parameter, die Frequenz *und* die Zeit, werden gleichzeitig bemüht. Es stehen in stark belegten Zellen einerseits mehrere Trägerfrequenzen zur Verfügung, auf jeder Frequenz wird jedoch außerdem ein *zeitgeteiltes* Bündel von Übertragungskanälen bereitgestellt – eine optimale Anpassung an die digitalen Signale, die im Netz zu übertragen sind. Diese Zeitintervalle und diese verschiedenen Funkfrequenzen sind den Teilnehmern nicht fest zugeordnet. Sie werden ihnen bei Bedarf zugeteilt. Das erklärt auch die Bezeichnung TDMA und FDMA, die wir schon in der Satellitentechnik kennen lernten.

GSM nutzt Frequenz- und Zeitzugriff gleichzeitig

TDMA, FDMA: siehe Abschnitt 9.2

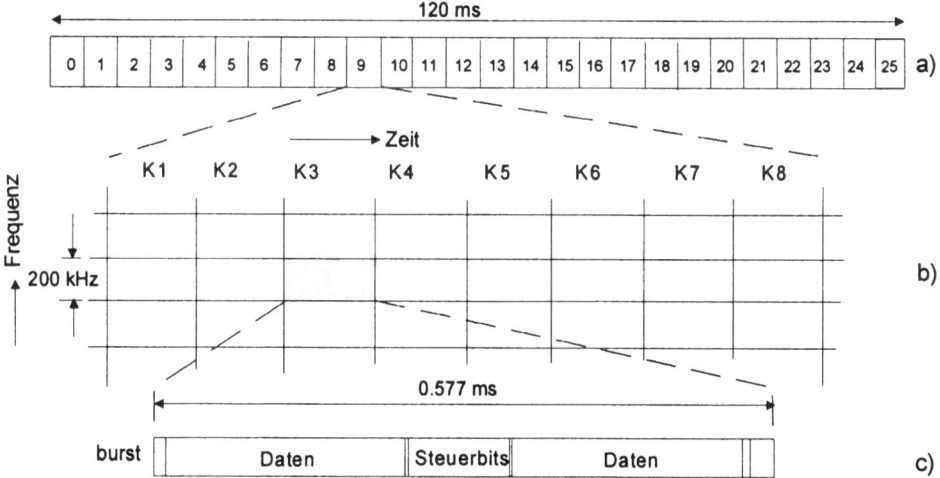

Acht bursts (c) werden in einer Gruppe von ebenso vielen Zeitintervallen *(slots; b)* gebündelt. Jeder dieser slots ist im Prinzip für jeden Teilnehmer zugänglich. 24 dieser TDMA-Gruppen werden schließlich in einen Überrahmen (a) mit 26 Zeitplätzen eingefügt; ein Zeitplatz davon wird für einen langsamen Kontrollkanal verwendet. Die Zuteilung erfolgt durch die betreffende BSC.

Bild 10.15 Frequenz- und Zeitmultiplex im GSM

Zeitlich gesehen werden auf jeder Trägerfrequenz 8 Intervalle *(slots)* für die Übertragung von 8 Teilnehmersignalen zur Verfügung gestellt.

Der Sender des Handys muss also im Impulsbetrieb arbeiten, er ist immer nur 1/8 der Zeit aktiv: Es werden kurze Impulsgruppen (*bursts*) mit der Länge eines slots gesendet. Jeder slot ist 0.577 ms breit, die bursts eines Teilnehmers wiederholen sich also periodisch im Abstand von 4.615 ms. Innerhalb eines bursts werden 156 bit gesendet, davon sind jeweils 2 Pakete zu je 57 bit Datenimpulse, also 114 bit. Wie in Bild 10.15 gezeigt, sind Gruppen von je 8 slots in einem Überrahmen von 120 ms Länge zusammengefasst, der also mit einer Frequenz von 8 1/3 Hz erscheint. Berücksichtigt man, dass in diesem Überrahmen von 26 Zeitintervallen nur 24 für die eigentliche Nachrichtenübertragung verwendet werden, dann steht also je slot eine Übertragungskapazität von $8\ ^1/_3 \cdot 24 \cdot 114 = 22\ 800$ bit/s zur Verfügung – mehr als die 13 kbit/s, die für das stark komprimierte Sprachsignal erforderlich sind. Was geschieht mit dem Rest?

Kanalkodierung mit 13 kbit/s: siehe Abschnitt 3.4

Tatsächlich wird im GSM-Netz im Interesse der Sicherheit und Störunanfälligkeit der Übertragung ein erheblicher Aufwand zur Kanalkodierung getrieben. Die in 20 ms-Intervallen übertragenen 260 bit des redundanzreduzierten Quellensignals werden je nach ihrer Wichtigkeit zur Erhaltung der Sprachqualität in drei Gruppen geteilt, und jede der drei Gruppen wird auf verschiedene Weise durch zusätzliche Bits zur Fehlererkennung ergänzt und umkodiert. So werden aus den 260 bit nun 456 bit, und die Gesamtbitrate steigt tatsächlich auf die genannten 22 800 bit/s. Eine zeitliche Verschachtelung der einzelnen Teile der Nachricht tut ein Übriges, um zeitliche Fehlerkonzentrationen zu vermeiden.

Mehrwege-ausbreitung: siehe Bild 6.18

Der übrige und nicht unerhebliche Teil der insgesamt verfügbaren Übertragungskapazität – die 26 bit neben den 2 · 57 bit in jedem slot – dient dazu, die bei der Ausbreitung der Funkwellen in der Regel unvermeidliche Wirkung der Mehrfachausbreitung zu bekämpfen. Denn die elektromagnetische Welle findet ihren Weg wiederum nicht nur geradewegs von der Sende- zur Empfangsantenne, sondern auch über Reflexionen an Häusern, Wänden und anderen Gegenständen. Teile der Sendeenergie kommen deshalb mehr oder weniger später an – man erinnere sich an die Dispersion in Lichtwellenleitern. Dadurch können die Empfangssignale bis zur Unkenntlichkeit verzerrt werden – ein weiterer Grund für eine mögliche Verringerung der Übertragungsqualität. Deshalb werden die erwähnten 26 bit dazu verwendet, immer wieder ein Testsignal auszusenden, das nichts anderes zu tun hat, als die momentane Wirkung der Mehrwegeausbreitung zu messen. Die Verzerrungen, die es durch die momentan wirksamen Mehrwegeeffekte erleidet, dienen zur laufenden Nachstellung eines ständig veränderbaren Filters, das dadurch diese Effekte gerade aufhebt. Das Problem und seine Lösung haben durchaus Ähnlichkeit mit denen des Echos und des Echofilters bei der ISDN-Übertragung.

Und noch ein Gesichtspunkt war zu berücksichtigen: Basisstationen wie auch Mobilstationen müssen in der Lage sein, gleichzeitig zu senden und zu empfangen, d.h. einen sogenannten Duplexkanal zur Verfügung stellen. Das ist bei Funkanlagen nicht unproblematisch. Sendefrequenz und Empfangsfrequenz müssen sich unterscheiden, um nicht mit dem starken Sendesignal den eigenen empfindlichen Empfänger zu übersteuern und womöglich sogar zu zerstören. Durch den Frequenz- und Zeitzugriff im GSM-System wird das gleich doppelt vermieden: Es wird auf verschiedenen Frequenzen und zu verschiedenen Zeiten gesendet und empfangen. Für das GSM-System stehen 124 Funkkanäle in jeder Richtung zur Verfügung, jeder mit einer Bandbreite von 200 kHz. Hin- und Rückkanal haben immer einen Sicherheitsabstand von 45 MHz und sind außerdem um 3 burst-Längen gegeneinander versetzt, so dass Sender und Empfänger immer zeit- und frequenzversetzt arbeiten können.

Duplexbetrieb = gleichzeitige Übertragung in beiden Richtungen

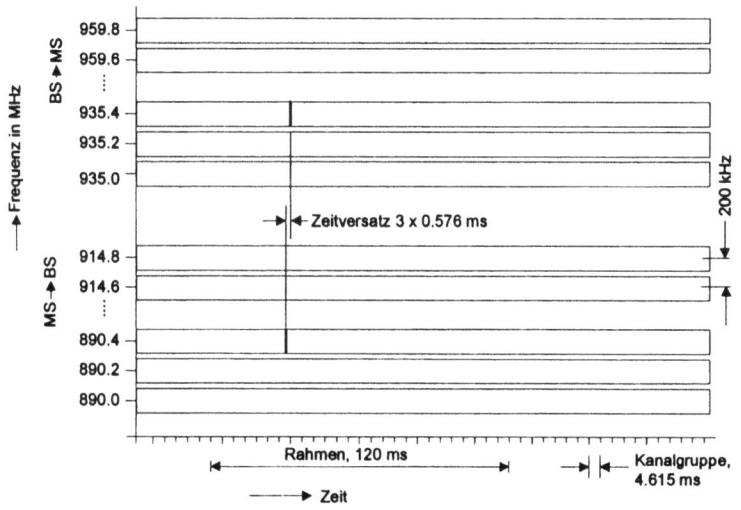

Bild 10.16
Frequenz- und Zeitversatz für Hin- und Rückkanal im GSM-System

Im Bild sind der Frequenzunterschied von 45 MHz zwischen Hin- und Rückkanal einer Verbindung und der zusätzliche Zeitversatz eingetragen. Die angegebenen Frequenzbereiche gelten für die sogenannten D-Netze. Andere Betreiber (E-Netze) nutzen das Band von 1710-1880 MHz (GSM1800). Die Zahl der Frequenzkanäle ist dabei größer und entsprechend auch die mögliche Teilnehmerzahl. In den USA wird ein Frequenzbereich um 1900 MHz bei sonst gleichen GSM-Eigenschaften verwendet. In allen diesen Bändern wird das digitale Signal über eine spezielle 4-Phasenmodulation der Träger übertragen.

Die Entwicklung wird bei diesem System nicht stehen bleiben. Wenn mit dem GSM auch eine territoriale Einheitlichkeit – vollständig mindestens in Europa – erreicht ist, so bleiben doch noch viele Wünsche offen. Etwa der Wunsch nach einer einzigen personen- und nicht mehr ortsbezogenen Rufnummer, die sowohl im Festnetz als auch mobil funktioniert, und mit der Jeder an jeder Stelle und völlig unabhängig von den dabei genutzten Netzen erreichbar sein wird – wenn er das will. Vor allem aber nach größerer Bandbreite. Die Beschränkung auf das Sprachsignal ist nicht mehr aufrecht zu erhalten. Bitraten von mindestens einigen 100 kbit/ je Kanal sollen unter anderem komprimierte Videoübertragungen möglich machen, aber auch schnellen Zugriff auf alle möglichen online-Dienste.

10.6 Versteigerte Frequenzen – das UMTS

Das GSM ist ein Mobilfunksystem der sogenannten 2. Generation, ein „2G"-System. Die nächste Generation der *3G-Netze* hat sich mit der Versteigerung der UMTS-Frequenzen im Sommer 2000 sehr publikumswirksam eingeführt. Allerdings ist das nun wirklich auch ein Sprung in der Entwicklung, mit neuen Eigenschaften, in neuen Frequenzbändern und deshalb mit neuen und leider auch nicht unerheblichen Investitionen.

Kein Wunder, dass man sich deshalb schon einmal Gedanken machte über eine „2.5G"-Generation, über Verfahren, die mit geringerem Aufwand und der Nutzung vorhandener Technik vielleicht doch schon mehr als die GSM-Systeme können.

GPRS = general packet radio system

Das GPRS ist ein solches System. Es verwendet die gleichen Sendefrequenzen wie das GSM, gestattet aber, dem Teilnehmer bis zu 8 Zeitintervalle des GSM im Block anzubieten. Wenn dann auch noch mehrere Frequenzen gleichzeitig verwendet werden, lässt sich die Übertragungsgeschwindigkeit bis zu 171 kbit/s erhöhen – mindestens theoretisch. Mit steigendem Verkehr wird das allerdings kaum erreichbar sein, aber selbst 100 kbit/s wären ja für Internetnutzer schon eine merkliche Verbesserung, vor allem, da auch der Verbindungsaufbau nur noch weniger als eine Sekunde betragen soll – wesentlich kürzer als im GSM. Vorteilhaft: Die Senderketten des GSM könnten erhalten bleiben und nach Umrüstung weiter genutzt werden. Allerdings sind neue Handys erforderlich. Schon spricht man von Bildschirmgeräten und solchen, die zwischen dem kleinen Handy in der Jackentasche und einem größeren flachen Bildschirm in der Hand über bluetooth, eine Mini-Funkverbindung, verkehren.

bluetooth: siehe Abschnitt 10.10

Das UMTS dagegen ist nun tatsächlich eine neue Kategorie, Teil eines international geplanten weltweiten Mobilfunksystems mit dem Namen IMT-2000. Und hier wird nicht nur ein neuer Frequenzbereich erschlossen. Anstelle der festen Kanalzuteilung im GSM wird jetzt, wie

10.6 Versteigerte Frequenzen – das UMTS

übrigens auch schon im eben zitierten GPRS, das Signal in „Paketen" auf die Reise geschickt. Auch das Multiplexverfahren wird neu sein. W-CDM anstelle von TDM wird in den Frequenzkanälen eingesetzt werden, und das W bedeutet hier nicht Wellenlänge, sondern *wideband*. Breitband-Kodemultiplex wird das Verfahren der Wahl im UMTS sein, wenn es um den eigentlichen Mobilfunk geht, also um Übertragung breitbandiger Signale zu bewegten Teilnehmern in den sogenannten paarigen Frequenzbändern. Aber das UMTS greift weiter. Auch in den Piconetzen, im *indoor*-Bereich, d.h. innerhalb von Gebäuden und Räumen, in denen also nur Reichweiten im Zehnmeterbereich gebraucht werden, soll es eingesetzt werden, in Großraumbüros etwa zur leitungslosen Verbindung von Geräten. Dort ist eine zeitmultiplexe, eine TD-CDM vorgesehen, die eine CDM-Funktion innerhalb von Zeitslots nutzt.

UMTS = universal mobile telecommunications system

IMT = international mobile telecommunications

TD-CDM = time division-code division multiplex

W-CDM = wideband code division multiplex

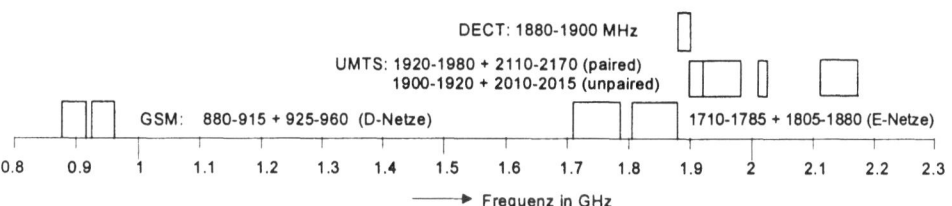

Die für die GSM-Netze, das DECT (schnurlose digitale Telefone) und das UMTS zugewiesenen Frequenzbereiche. Man erkennt die gleichgroßen frequenzversetzten Bänder für den Hin- und Rückkanal (paired) und im UTMS zusätzlich die beiden für einseitigen Datenverkehr vorgesehenen Einzelbänder (unpaired).

Bild 10.17 Frequenzbereiche der Mobilnetze

Das Kodemultiplexprinzip kennen wir. Hier sind es wechselnde Abschnitte aus sogenannten pseudo-Zufallsfolgen, die als unterscheidbare Codes verwendet werden. Sie können durch Schieberegister sende- und empfängerseitig leicht erzeugt und verändert werden, so dass dem vergleichenden Korrelationsempfang nichts mehr im Wege steht – in jedem Handy wird in Zukunft das Optimalempfangsprinzip als übergeordnetes Gesetz zur Signalunterscheidung realisiert sein. Diese Folgen werden von den Basisstationen ebenso nach Bedarf verteilt und benutzt wie im GSM-System die slots. Im Sender verursacht jedes Bit der digitalen Nachricht eine Aussendung dieses Kodes – beispielsweise unmittelbar, wenn eine digitale 0 anliegt, und invertiert, d.h. mit umgekehrten Vorzeichen, wenn eine digitale 1 zu übertragen ist.

Schieberegister: siehe Bild 7.9

Die Folge ist natürlich eine Vervielfachung der Bitrate und entsprechend eine Vervielfachung der Bandbreite, die ein einzelnes Signal beansprucht. Aber nun nutzen dafür viele Teilnehmer die gleiche Funkfrequenz – der ständige Wechsel der Frequenzen in den FDMA/TDMA-Netzen wird durch einen Kodewechsel ersetzt. Die Erzeugung und der schnelle Wechsel dieser Kodes ist ein Vorgang, der sich mit logischen (digitalen) und mikroelektronisch hochintegrierten Schaltungen viel einfacher als ein Frequenzwechsel realisieren lässt. Dem Empfänger wird der ihm im betreffenden Zeitpunkt zugeteilte Kode durch eine kurze Information mitgeteilt. Er erzeugt ihn dann selbst und korreliert ihn mit der Summe aller ankommenden Signale. Nur dann, wenn „sein" Kode in der Signalsumme enthalten ist, wird sein Korrelator einen sich aus einem chaotischen Rauschpegel heraus hebenden Impuls registrieren. Er hat dann ein Bit der ankommenden Signalfolge erkannt. Wieder kann ein Kontrollkanal mit einem gemeinsamen Kode eingeführt werden, über den die vorbereitenden Signale abgewickelt werden können.

Signalerkennung im Zufallssignal: siehe Bild 7.7

Bei der prinzipiellen Betrachtung des CDM-Verfahrens sind viele Vorteile schon erwähnt worden. Durch das spektrale „Verschmieren" des Signals über ein vielfach breiteres Frequenzband ist es unempfindlich gegen schmalbandige Störer. Man diskutiert sogar, im gleichen Frequenzband noch andere, konventionelle Übertragungssysteme einzusetzen. Da für die Übertragungsqualität allein die Signalenergie, nicht die Leistung des Senders maßgeblich ist, und der Sender jetzt ununterbrochen strahlt und nicht mehr wie beim GSM bursts abgeben muss, kann seine Leistung geringer sein. Zum Ausgleich der Mehrwegeausbreitung schließlich ist das Verfahren nahezu ideal. Auch das handover ist unproblematisch: Das schnelle Umschalten muss nicht mehr sein, vielmehr können in einer Zwischenphase durchaus zwei benachbarte Sender das gleiche Signal ausstrahlen.

Vorrang der Signalenergie: siehe Abschnitt 7.1

Und noch ein Gesichtspunkt ist interessant: Nur dieses Multiplexverfahren hat die Eigenschaft, keinen harten Besetztfall zu kennen. Steigt in einem solchen Übertragungssystem die Belastung, d.h. möchten immer mehr Teilnehmer in einer bestimmten Zelle sprechen, verringert sich ab einer bestimmten Belegung die Qualität der Übertragung – und zwar bei allen. Denn dann steigt die Zahl der durch die Korrelatoren falsch erkannten Kodes mehr als zulässig an. Übermäßige Besetztfälle in Spitzenzeiten können so abgefangen werden. Wer nicht unbedingt sprechen muss, legt vielleicht auf und macht anderen Teilnehmern den Kanal frei.

Das aber sind die beiden Hauptanliegen des UMTS:
Integration aller möglichen und notwendigen Anwendungen in einem einzigen System, und hohe Übertragungsraten, die schnelle Datenübertragung und damit auch Bildübertragungen zulassen. Alle bisherigen zellularen Mobilfunknetze sollen in dieses System integriert werden – das GSM in beiden Frequenzbereichen, aber auch die soge-

10.6 Versteigerte Frequenzen – das UMTS

genannten Schnurlos-Systeme der häuslichen Telefone, insbesondere das DECT-Verfahren, genauso wie drahtlose LANs oder die im Industriebereich eingeführten sogenannten Bündelfunksysteme.

DECT = digital european cordless telephone standard

Über die Breitbandigkeit des UMTS ist viel geschrieben worden; die 2 Mbit/s ließen große Hoffnungen wachsen. Hier sollte man aber die Realität nicht aus den Augen verlieren. Es ist ungeheuer schwierig, sich schnell bewegende Objekte mit derartig hohen Bitraten zu versorgen. Tatsächlich wird diese Übertragungsgeschwindigkeit nur in den eben zitierten indoor-Netzen erreichbar sein, wo Beweglichkeit nur bedeutet, dass drahtlos versorgte Geräte nicht ortsfest sein müssen. Bei wirklich sich bewegenden Teilnehmern kann dieser Wert nicht mehr erreicht werden und nimmt mit steigender Geschwindigkeit des Teilnehmers ab.

2 Mbit/s nur im Grenzfall

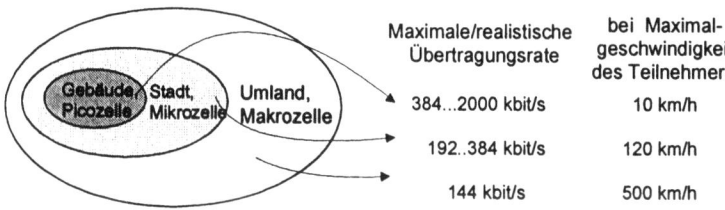

Bild 10.18 Erreichbare Bitraten im UMTS

Die übertragbare Bitrate im UMTS ist stark von der Bewegungsgeschwindigkeit der mobilen Teilnehmer und der Zellengröße abhängig. Die maximale Leistung von 2 Mbit/s wird tatsächlich nur in kleinsten Zellen erreicht werden.

Im Rahmen eines großen europäischen Forschungsprogramms ist übrigens der nächste Schritt schon abgesteckt. Das Projekt MBS sieht funkgestützte zellulare Breitbandsysteme mit einer Übertragungsrate von 34 Mbit/s vor, ebenso aber schnelle drahtlose Verfahren zur Anbindung von datengebenden Mobilgeräten an LAN-Strukturen.

MBS = mobile broadband system

LAN: siehe Abschnitt 10.9

Die Zukunft der mobilen breitbandigen Nachrichtensysteme wird sicher nicht nur von den Möglichkeiten der Technik bestimmt werden. Die Kosten-Nutzen-Relation wird auch zukünftig nicht nur Maßstäbe setzen, sondern auch Grenzen stecken. Feste und mobile, erdgebundene und satellitengestützte Systeme werden sich gegenseitig ergänzen – zunehmend integriert in einem weltumspannenden Netz.

10.7 Die letzte Meile – problematisch

Im weltweiten Netz laufen zwischen Orts-, Haupt- und Fernvermittlungsstellen dicke, multiplex genutzte Übertragungsleitungen der verschiedensten Art und übertragen die gebündelten Signale zehntausender Teilnehmer. Im letzten Netzteil aber – zwischen Ortsvermittlung und der Telefonsteckdose in der Wohnung – bleibt der Mensch allein. Ein dünnes Kupferdrahtpaar verbindet ihn und nur ihn allein mit der Außenwelt. Aus Sparsamkeitsgründen sind es sogar nur zwei und nicht die eigentlich notwendigen vier Drähte – wir sagten es schon. Dieses Problem war lösbar gewesen, im alten analogen Netz und auch im volldigitalen ISDN.

Billiger, breitbandiger Netzanschluss gesucht

Aber es ist nicht die einzige Schwierigkeit mit diesem auf den ersten Blick unscheinbaren Teil des Netzes. Mindestens zwei weitere Probleme sind es, die Kopfschmerzen machen. Zum Einen ist es die ständige Notwendigkeit, neue Fernsprech- und Datenanschlüsse bereit zu stellen, und das zu möglichst geringen Kosten. Das Eingraben eines neuen Kabels im dichtbebauten Stadtgebiet ist dabei sicher nicht die beste Lösung. Zum anderen ist es der Hunger nach Übertragungskapazität auch bei denen, die schon einen Telefonanschluss haben. Der Teilnehmer möchte schon beim Surfen im Internet nicht halbe Minuten lang auf eine neue Seite warten. Aber das Spektrum der Wünsche reicht noch viel weiter: Warum lässt sich nicht die Verbindung zur Umwelt von vornherein so auslegen, dass alle möglichen und zukünftig interessant werdenden Signale gemeinsam übertragen werden können – eine Art „Informationssteckdose" im Haus oder in der Wohnung, an der Sprache, Daten, Fernsehsignale und was sonst noch auf uns zukommen sollte, abgezapft und auch eingegeben werden können?

Das ist tatsächlich das Fernziel. Soweit besteht Einigkeit. Aber wie ist das zu erreichen? Wie erschließt man diesen Teil des Netzes billig – für den Nutzer wie für den Betreiber – und gleichzeitig mit einer so großen Übertragungskapazität, dass alle zukünftigen Dienste, vor allem auch die breitbandigen, integriert werden können?

CATV = cable television

Da liegt zunächst nahe, die ohnehin weit verbreiteten Fernseh-Breitbandkabel sowohl für Telefonverbindungen als auch zur breitbandigen Datenübertragung mit zu nutzen. Mehr als die Hälfte aller Fernsehteilnehmer beziehen heute in Deutschland ihre TV-Programme über das CATV-Breitbandkabelnetz; 20 Millionen Haushalte sind angeschlossen, weitere 5 Millionen könnten heute schon angeschlossen werden. Das Netz stellt eine Vielzahl von Kanälen für je ein *analoges* Fernsehsignal bereit. Durch die Digitalisierung und nachfolgende Quellenkodierung könnte statt dessen heute jeder dieser Kanäle drei bis sechs solche *digitale* Programme tragen. Wenn es auch durch den

10.7 Die letzte Meile – problematisch

Wunsch nach immer mehr TV-Programmen trotzdem eng wird auf dem Kabel – prinzipiell wäre dieses Medium geeignet, zusätzlich auch noch andere digitale Dienste aufzunehmen.

Mehr als ein Drittel der Fernsehnutzer hat sich dagegen auf die Rundfunksatelliten eingestellt. Das ist auf Dauer für den Teilnehmer billiger, wenigstens so lange die meisten deutschsprachigen Programme unverschlüsselt und damit kostenlos zu empfangen sind.

Anschluss über Satellit

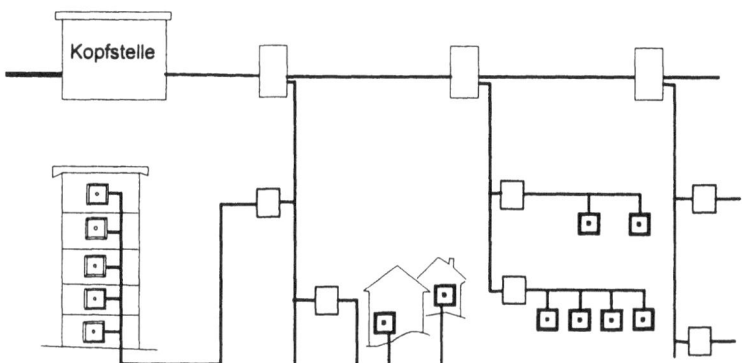

Bild 10.19
Das Kabelverteilnetz

Das Kabelverteilnetz für den Fernsehempfang geht von Kopfstellen aus, in denen die von Satelliten oder über Kabel angelieferten Programme in die frequenzgeschachtelten Kanäle umgesetzt werden. Die ursprünglich auf dem Kabel verfügbare Bandbreite bis 450 MHz wurde später um den Bereich von 606 bis 862 MHz erweitert, um Platz für mehr Kanäle zu schaffen Das Baumnetz verzweigt sich bis zu den Nutzern, enthält an allen Verzweigungspunkten Zwischenverstärker und endet an den Teilnehmersteckdosen.

Beide Lösungen – Kabel wie Satellit – haben jedoch einen Haken: Es sind zur Zeit einseitige Verbindungen. Man spricht deshalb in beiden Fällen von Verteilnetzen. Ein Rückkanal ist nicht vorgesehen. Eine Nutzung ausschließlich dieser Übertragungswege für das *video on demand*, die individuelle Anforderung von Videosignalen oder für den Einkauf im Internet ist also zunächst nicht möglich. Bisher muss dazu der Telefonkanal zusätzlich herangezogen werden. Sowohl für das Kabelnetz als auch für den Satellitenanschluss sind zwar inzwischen Projekte für einen eigenen Rückkanal weit gediehen. Dieser Rückkanal kann dabei sowohl für die Video-on-demand-Kunden als auch die Forderungen des Internetsurfers durchaus schmalbandiger als der Hinkanal sein, im Grenzfall also z.B. die Qualität eines digitalen Fernsprechkanals aufweisen. Obwohl technisch möglich, müssen dazu im Breitbandkabelnetz selbst unter diesen Minimalbedingungen jedoch mindestens alle Zwischenverstärker der heutigen Baumnetze ausge-

uplink: siehe Abschnitt 9.2

tauscht werden. In mehreren Teilnetzen ist das inzwischen realisiert. Aber man täusche sich nicht: In nicht allzu ferner Zeit wird mindestens die Forderung auftauchen, auch komplette Bewegtbilder im uplink übertragen zu können.

Fast unproblematisch sind bei allen diesen Überlegungen die höheren Netzebenen – hier entstehen durch die optischen Übertragungs- und Multiplexierungstechniken Übertragungskapazitäten, die mindestens technisch keine Schwierigkeiten machen werden. Es ist immer wieder der letzte Ausläufer des Netzes, der Kopfschmerzen bereitet – das Teilnehmernetz oder die „letzte Meile", neudeutsch: der *local loop*.

FTTH = fiber to the home

Zunächst sah man auch hier die Lösung in der Glasfaser – FTTH hieß die Devise, eine Glasfaser sollte anstelle des Kupferdrahtes auch noch im letzten Netzteil bis in jede Wohnung geführt werden. Die Lösung ist technisch gesehen ideal. Selbst in den kühnsten Träumen könnte man sich heute keine Bandbreitenforderung auch unserer Enkel vorstellen, die mit einem solchen Übertragungssystem nicht realisiert werden könnte – gegebenenfalls lediglich durch Austausch der Endgeräte im Haus.

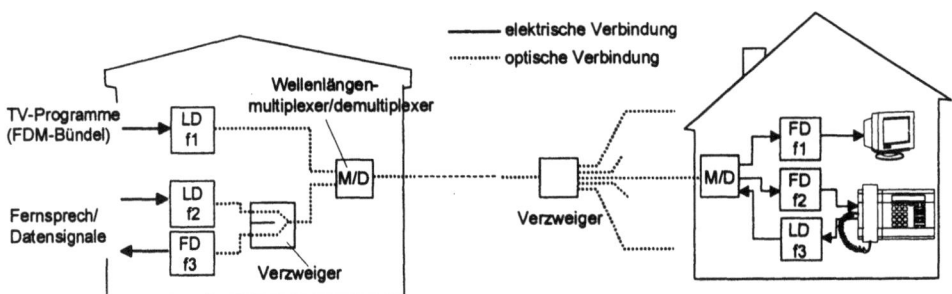

Bild 10.20 Das FTTH-Projekt

Eine einzige Faser anstelle des dünnen Kupferadernpaares könnte bereits durch den Einsatz einfacher Wellenlängenmultiplextechniken einen in beiden Richtungen extrem breitbandigen Übertragungsweg zwischen Vermittlung (links) und Wohnungsanschluss (rechts) schaffen. Für die absehbar nächste Zeit wird mit einem Kompromiss gearbeitet: Glas bis zum letzten Endverzweiger auf der Straße, ab dort dann die Nutzung des vorhandenen Kupferdrahtes. (LD – Laserdiode, FD – Fotodiode, M/D – optische Multiplexer/Demultiplexer für die verschiedenen optischen Trägerfrequenzen f1, f2, f3.)

Allerdings würde das den Neubau sämtlicher Teilnehmernetze bedeuten, und das vorhandene Kupfernetz im Teilnehmerbereich müsste aufgegeben werden – eine nicht bezahlbare Utopie.

10.7 Die letzte Meile – problematisch

Heute ist man zurückhaltender. An die Stelle des *fiber to the home* ist ein *fiber to the curb* getreten, die Faser reicht – bei ohnehin erforderlichen Neuinstallationen – bis zum „Bordstein", d.h. bis zur letzten Verzweigung vor der Tür eines Mehrfamilienhauses oder bis zum Straßenverteiler in dünn besiedelten Wohngebieten. Das ist schon eine enorme Hilfe. Denn der verbleibende Teil der kupfernen Leitung bis zur Wohnungssteckdose ist dadurch kürzer geworden. Und damit wächst dessen nutzbare Übertragungsbandbreite und/oder die erreichbare Übertragungsqualität.

FTTC = fiber to the curb

Aber es geht auch ganz ohne optische Leitungen. Eines der Zauberworte für den bandbreitehungrigen Internetsurfer heißt heute xDSL. Die letzten drei Buchstaben bedeuten digitaler Teilnehmeranschluss, und deuten darauf hin, dass unter der Voraussetzung kurzer Leitungslängen zwischen Teilnehmer und Ortsvermittlungsstelle die Leitungskapazität über die Möglichkeiten des ISDN hinaus tatsächlich noch einmal erhöht werden kann.

	Uplink	Downlink	Zugelassene Leitungslänge
ADSL	768 kbit/s	1.5...9 Mbit/s	< 2.7 km
SDSL	1.5...2 Mbit/s	1.5...2 Mbit/s	2...3 km
HDSL	1.5...2 Mbit/s	1.5...2 Mbit/s	3...4 km
VDSL	1.5..2.3 Mbit/s	13...52 Mbit/s	0.3...1.5 km
TDSL	128 kbit/s	768 kbit/s	2...3 km

Tabelle 10.1
xDSL-Verfahren zur hochbitratigen Nutzung der Kupferadern im Teilnehmeranschlussbereich (up- und downlink heißt hier: von und zum Teilnehmer).

Alle angegebenen Verfahren – es gibt noch mehrere, und hier ist einige Bewegung auf dem Markt – nutzen ein einheitliches Verfahren: Im Frequenz- und zukünftig auch im Zeitmultiplex werden 3 getrennte digitale Kanäle gebildet. In einem wird das Telefonsignal übertragen, in einem zweiten eine Verbindung von der Zentrale zum Teilnehmer, und im dritten eine Verbindung vom Teilnehmer zur Zentrale. Ein *splitter* teilt im Haus den auf dem Kupferpaar ankommenden Datenfluss einerseits auf die ISDN-Endgeräte, andererseits auf ein spezielles DSL-Modem auf, an das der Computer angeschlossen werden kann (Bild 10.21). Je nach Bedarf kann der Teilnehmer dabei eine symmetrische Verbindung nutzen, in der beide Datenkanäle die gleiche Übertragungskapazität haben, oder eine asymmetrische mit einer hohen Übertragungsrate zum Teilnehmer und eine geringere vom Teilnehmer zur Zentrale. Eine solche asymmetrische Verbindung ist, wie schon erwähnt, in der Regel völlig ausreichend für den Zugriff auf das Inter-

DSL = digital subscriber line;
ADSL = asymmetrical DSL;
SDSL = single line DSL;
HDSL = high date rate DSL;
VDSL = very high date DSL;
TDSL = DSL der Deutschen Telekom

net – das Anfordern von Internetseiten oder Dateien braucht nur eine geringe Datenmenge, und für den Kanal zum Teilnehmer steht die große Bandbreite zur Verfügung. Das Verfahren ist übrigens nicht nur für den ISDN-Kunden nutzbar. Auch neben dem klassischen analogen, dem sogenannten POTS-Signal kann das Breitbandsignal Platz finden, ein bisschen mehr noch sogar als neben dem ISDN-Signal (Bild 10.22). Wird wieder ein Echokompensationsverfahren genutzt, darf der downlink-Frequenzbereich sogar den uplink-Bereich überdecken und mit nutzen.

POTS = plain old telephone service

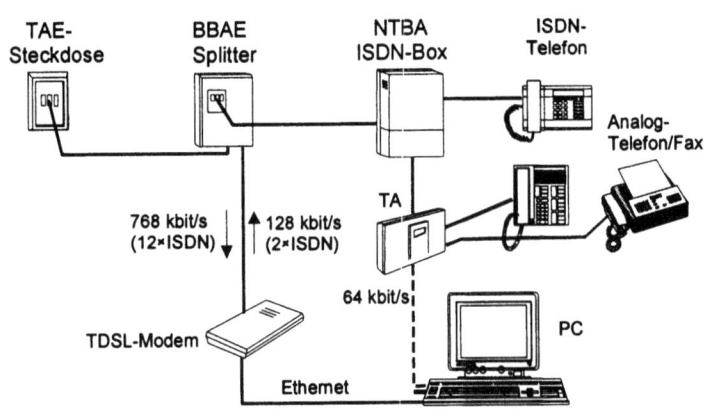

Bild 10.21 TDSL-Anschluss im ISDN-Netz

BBAE = Breitbandanschlusseinheit; NTBA = Netzwerk-Terminationspunkt Breitbandangebot TA = terminal adapter

Ethernet: siehe Abschnitt 10.9

So wird ein T-DSL-Anschluss genutzt: An der zweiadrigen Telefonsteckdose (TAE – Telefon-Anschlusseinheit) teilt ein splitter den ISDN-Kanal ab und führt zur bekannten NTBA-Einheit. Die beiden DSL-Kanäle werden in einem T-DSL-Modem dem Computer zur Verfügung gestellt, der mit einer Ethernet-Schnittstellenkarte ausgerüstet ist.

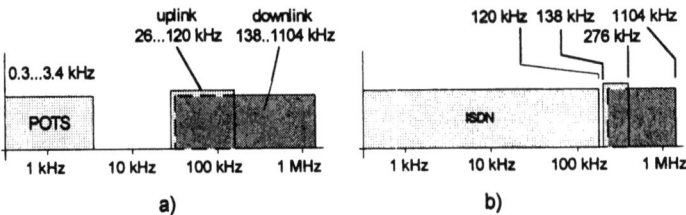

Bild 10.22 Spektrum der TDSL-Signale

Die DSL-Verfahren nutzen das Spektrum oberhalb des analogen (a) oder des digitalen (b) Signals zur Bereitstellung eines breiten downlink- und eines schmaleren uplink-Kanals zur schnellen Datenübertragung. Werden Echokompensationsverfahren eingesetzt, dann können sich uplink- und downlink-Kanal sogar, wie angedeutet, überdecken.

10.7 Die letzte Meile – problematisch

Aber die Telefongesellschaften werden nicht die einzigen Anbieter größerer Übertragungskapazitäten bleiben. Ein Konkurrent aus einer ganz anderen Sparte hat sich schon zu Wort gemeldet. Denn außer den Telefonnetzen gibt es ja ein weiteres, inzwischen auch 100 Jahre altes Netz: das Niederspannungsnetz der Energieversorger.

Das Prinzip ist nicht neu. Schon seit langem verwenden die Energiekonzerne ihre Freileitungs-Fernnetze gleichzeitig für eine Art betriebseigenes und landesweites Fernsprech- und Datennetz zwischen ihren Zentralen. Sie nutzen dabei ein Trägerfrequenzsystem, dessen Modulationsspektren weit über den 50 Hz der übertragenen Wechselströme liegt und sich deshalb leicht spektral trennen lässt. Jetzt geht es aber nicht um die landesweiten Fernleitungen, sondern um die letzten wenigen Kilometer von den Niederspannungstransformatoren bis zu den Zählerkästen der Haushalte, und es geht um einen breitbandigen Übertragungskanal. Das aber ist aus mehreren Gründen problematisch. Zwar ist das Vorhandensein der 50 Hz-Wechselspannung kein Hindernis – der spektrale Abstand ist groß genug, um diese Komponenten für die Signalübertragung unwirksam zu machen. Aber viele andere elektronische Geräte machen sich im Haushalt störend bemerkbar, etwa die beliebten und weit verbreiteten Dimmer, die ein kontinuierliches Regeln von Beleuchtungskörpern ermöglichen und dabei hochfrequente Spektralanteile und damit Störungen auf den Netzleitungen erzeugen. Aber die aufmodulierten Signale können auch selbst stören, wenn nämlich die Leitungen als Antennen wirken und selbst strahlen. Auch hier ist wieder das uns inzwischen bekannte Rezept der „Verschmierung" der Signale über ein breites Frequenzband im Gespräch – das OFDM-Verfahren.

Daten übers Stromnetz

Die Technik der DPL, des Breitbandanschlusses übers Stromnetz, ist also nicht unproblematisch. In den Versuchsnetzen wird den Nutzern heute eine gemeinsam und wie üblich zeitmultiplex zu nutzende Übertragungskapazität von etwas über 1 Mbit/s geboten, in späteren Ausbaustufen hofft man auf eine mögliche Erhöhung. Diese Zahlen gelten allerdings je Trafostation und müssen dann durch die Zahl der Nutzer – in der Regel 100 bis 200 je Station – geteilt werden. Am eigenen Zählerkasten werden entweder die Trägerfrequenzen und das Modulationssignal noch einmal umgesetzt und bis zur Netzsteckdose übertragen, oder das Datensignal wird vom Zählerkasten aus unmittelbar über eine getrennte Leitung einer Informationssteckdose zugeführt – vorausgesetzt, die genannten Probleme lassen sich beherrschen.

DPL = digital power line

Alle bisher genannten Varianten nutzten eine feste Leitung im letzten Stück des Anschlussnetzes. Daneben gibt es auch Überlegungen, eine drahtlose Übertragung einzusetzen. Das könnten kleine Richtfunkstrecken mit geringer Leistung sein, die mindestens bis in unmittelbare

Über Funk zum Teilnehmer

Nähe des Teilnehmers führen oder, für industrielle Anwender, auch unmittelbar bis zu ihm. In der Regel könnten von derartigen Endstellen aber dann rundstrahlende Antennen weiter bis zum Teilnehmer reichen – sehr kleine Funkzellen, sogenannte Picozellen, würden dann den Nutzer innerhalb seiner Wohnung und seiner näheren Umgebung von jeder Art elektrischer Strippe befreien.

Und nicht zuletzt ist es wieder der Satellit, der in naher Zukunft mindestens einen breitbandigen Kanal zum Teilnehmer hin möglich machen wird. Der Rückkanal wird in diesem Fall wohl zunächst am günstigsten durch einen konventionellen Schmalbandanschluss gebildet werden, also durch die konventionelle Telefonleitung. Aber auch für einen uplink ist ein Funkkanal – vom Teilnehmer zum Satelliten – nicht ausgeschlossen und in der Diskussion.

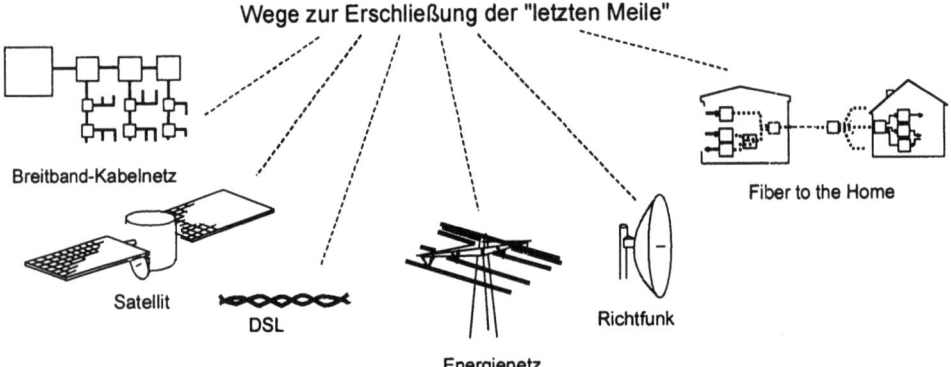

Bild 10.23 Die Varianten zur Erschließung der „letzten Meile"

Viele Wege werden heute für die zukünftigen breitbandigen Verbindungen im Teilnehmeranschlussnetz, der „letzten Meile", diskutiert.

Als Fazit: Im Teilnehmerbereich sind durchaus noch nicht alle Weichen gestellt. Die Probleme sind bekannt, Lösungen gibt es genug, aber keine allgemeingültigen und universalen. Die Ideallösung – die Neuverkabelung mit Glasfasern bis in die Wohnung – ist noch zu teuer. Billigere Varianten bieten Teillösungen für den einen oder anderen Dienst oder Nutzer. Kreative und bezahlbare Ideen sind nach wie vor gefragt.

10.8 Container sind oft zweckmäßig

Im festen Leitungsnetz wie auch im mobilen GSM werden Verbindungen *leitungsvermittelt*. Den Teilnehmern werden komplette Übertragungsleitungen für eine bestimmte Zeit zur Verfügung gestellt.

Das Verfahren ist für Fernsprechsignale gut geeignet. Ungestört von Anderen hat man eine Verbindung ganz für sich und bezahlt dafür auch mehr oder weniger gern. Allerdings ist sowohl der Hin- als auch der Rückkanal eigentlich nie völlig ausgenutzt, denn in der Regel wird ja entweder gesprochen oder zugehört. Während wir sprechen, könnte man die Rückleitung einsparen oder sie inzwischen für andere Zwecke verwenden. Bei dem ersten Telefon-Atlantikkabel, wir sagten es schon, hat man das tatsächlich gemacht. Mit oder ohne diesen speziellen Spareffekt: Auf alle Fälle möchte man fließend gesprochene Worte und Sätze auch im gleichen Zeitmaß fließend nacheinander hören. Und das wird durch eine solche vermittelte Leitung ja auch garantiert.

Leitungsvermittelnde Netze

Interessanter wird diese Frage nach der sinnvollen Nutzung der teuren Übertragungskanäle natürlich, wenn es sich um einen typisch nichtkontinuierlichen Signalfluss handelt. Da ist ganz offensichtlich ein anderes Verfahren zweckmäßiger: Man schickt die sporadisch auftretenden Signale in Gruppen von etwa einigen zehn Bit über die Leitung und über das Netz – eine Art Paketdienst.

Paketvermittelnde Netze

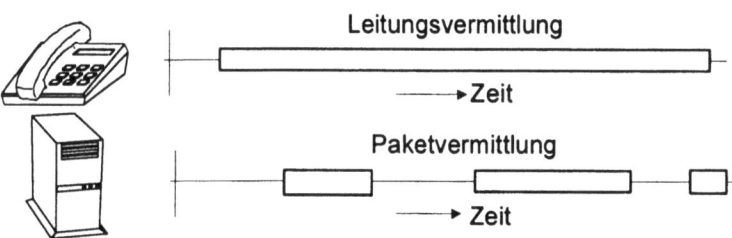

Bild 10.24
Leitungs- und Paketvermittlung

Leitungsvermittelnde Netze stellen dem Teilnehmer eine bestimmte Bandbreite für eine relativ lange Zeit ständig zur Verfügung. Paketvermittelnde Netze dagegen befördern Signale stückweise und liefern sie stückweise an – die Kapazität des Netzes kann erheblich effektiver ausgenutzt werden.

Das Verfahren ist effektiv. Jedes Paket belegt nur soviel Bandbreite und/oder Zeit, wie wirklich gebraucht wird. Da Bandbreite und Zeitbedarf der Übertragung für eine bestimmte Menge an Information ohnehin gegeneinander austauschbar sind – denken wir an das Bei-

Kanalkapazität: siehe Abschnitt 2.7

spiel mit dem Tonband – ist es auch leicht möglich, mit Hilfe von Zwischenspeichern einige langsam nacheinander ankommende Bits zeitlich zu komprimieren und einem vielleicht gewünschten schnelleren Bittakt auf einer Leitung anzupassen. Natürlich kann dadurch die zeitliche Regelmäßigkeit der Signale etwas außer Takt geraten. Aber das ist im Datenverkehr meist zulässig und kann wiederum durch Einschalten von Zwischenspeichern ausgeglichen werden.

Teilnehmer **A** möchte also über eine bestimmte Zeit hinweg, aber doch in unregelmäßigem Abstand, eine Reihe von Nachrichtenpaketen an seinen Partner **B** übersenden. Wie kann man einen solchen Versand organisieren?

Zwei Varianten der Realisierung werden heute genutzt.

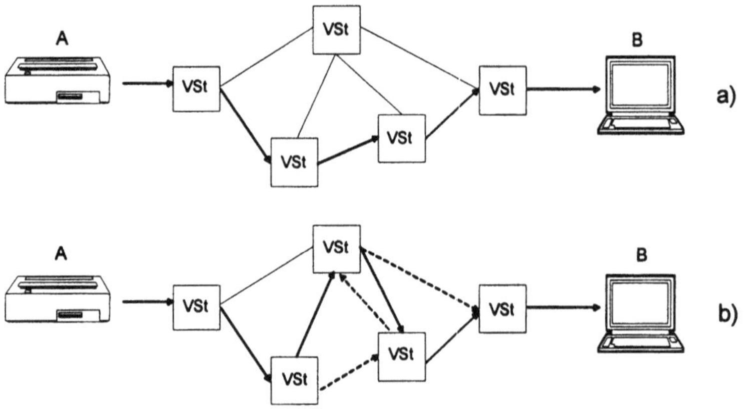

Bild 10.25
Zwei Varianten der Paketvermittlung

In Variante (a) wird eine gewünschte Verbindung zwischen A und B vor Beginn der Übertragung festgelegt. Jedes Datenpaket läuft bis zum Abschluss dieser Verbindung genau diesen Weg, an jeder Zwischenstelle erkannt durch seinen Identifizierungskode und gesteuert durch die dort gespeicherte Weginformation. Hier wird von einer virtuellen Verbindung gesprochen. In der zweiten Variante (b) sucht jedes Paket, ausgewiesen durch seine vollständige mitgeführte Adresse, sich seinen eigenen und momentan gerade freien und günstigen Weg (ausgezogene oder gestrichelte Linie).

Beim ersten Verfahren werden in einem wie üblich vielfach verzweigten und vermaschten Leitungsnetz in einem vorbereitenden Prozess des Verbindungsaufbaus „Spuren gelegt", d.h. der Weg der Pakete wird vorbereitet. Das geschieht ähnlich wie der Aufbau einer Verbindung in einem gewöhnlichen Fernmeldenetz, nur mit dem Un-

10.8 Container sind oft zweckmäßig

terschied, dass jetzt keine elektrischen oder elektronischen Schalter ständig geschlossen bleiben, sondern dass sich die einzelnen Verzweigungspunkte notwendige Informationen merken und in eine Tabelle eintragen, die in dem jeweiligen Knoten gespeichert wird. Ist das geschehen, steht dem Informationsfluss nichts mehr im Wege. Sobald die betreffenden Leitungen im gewünschten Moment nicht gerade durch andere Pakete belegt sind, wird jedes einzelne Paket auf dieser seiner individuellen Spur von Koppelstelle zu Koppelstelle durchgereicht. Da jedes einen eigenen kurzen Identifizierungskode enthält, kann es an jeder Stelle des Netzes leicht erkannt und gezielt weitergeleitet werden.

Variante zwei verzichtet auf die Spurenlegung vollständig. Jedes einzelne Paket trägt eine vollständige Adressierung und sucht sich seinen Weg selbst – das zweite vielleicht einen ganz anderen als das dritte.

Für beide Varianten gibt es mehrere technische Lösungen. Bleiben wir zunächst bei der ersten. Sie wird heute durch das ATM-Verfahren, den *asynchronen Übertragungsmodus*, repräsentiert. ATM war ursprünglich als Vermittlungsverfahren für das B-ISDN entworfen worden, das breitbandige Universalnetz der Zukunft. Das lässt inzwischen noch auf sich warten und entwickelt sich vielleicht auch ganz anders, als man vor Jahren erwartete. Inzwischen hat die schnelle Datenübertragung im weitesten Sinne vom ATM Besitz ergriffen.

ATM = asynchronous transfer mode

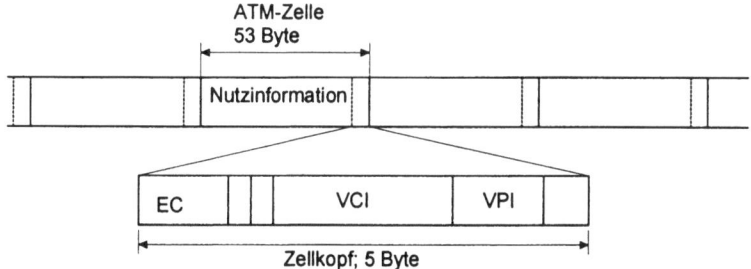

Bild 10.26
Die standardisierte ATM-Zelle

Jedes einzelne Paket (als ATM-Zelle bezeichnet) besteht aus einem Kopf (header) und einem Informationsteil und ist genau 53 byte lang, also 8·53 = 424 bit. Im Kopf sind u.A. die für den jeweiligen Knoten wichtigen Adressen konzentriert: die Angabe des virtuellen Pfads (VPI) und des virtuellen Kanals (VCI). Die mit EC bezeichneten 8 bit dienen der Fehlererkennung und -korrektur des für die Wegfindung der Zelle so wichtigen headers. Die Information selbst wird dagegen auf dem Weg zwischen A und B nicht besonders geschützt – das ist im ATM-Netz Sache des Teilnehmers selbst, wenn er besonders harte Forderungen an die Bitfehlerrate stellt.

VCI = virtual channel identifier ; VPI = virtual path identifier; EC = error correction

Im internationalen Güterverkehr haben sich heute Container eingeführt – Behälter bestimmter genormter Größe, auf die sich Krananlagen, Güterwagen und Frachtschiffe eingestellt haben. Sie lassen sich günstig stapeln und daher effektiv transportieren. Genau das macht ATM mit seinen Informationspaketen. Die Informationscontainer sind natürlich wieder binäre Folgen, ihre Länge und ihr Aufbau aber ist streng reglementiert. Offen ist lediglich ihr zeitliches Erscheinen – häufig bei großen zu übertragenden Informationsmengen, und selten, wenn es sich um einen langsamen Nachrichtenfluss handelt, der von **A** nach **B** transportiert werden soll.

SDH: siehe Abschnitt 10.3

Diese Standardisierung der Pakete hat Vorteile. Es macht den Transportmechanismus planbar – die Container lassen sich dadurch mühelos in den streng zeitmultiplex orientierten Kanälen der synchronen digitalen Hierarchie – dem SDH-Übertragungssystem – transportieren. Und die aktiven Vermittlungsfunktionen, die nun auf die einzelnen Knotenpunkte im Netz verschoben sind lassen sich in Hardware realisieren, also als elektronische oder optoelektronische Schaltungen, und damit extrem schnell – eine wichtige Forderung, denn jedes Paket muss ja möglicherweise an diesen Stellen aus dem zeitlichen Bündel heraus auf eine andere Leitung umgesetzt werden können. ATM-Netze werden heute bei Übertragungsraten bis in den Bereich von vielen Gigabit je Sekunde eingesetzt.

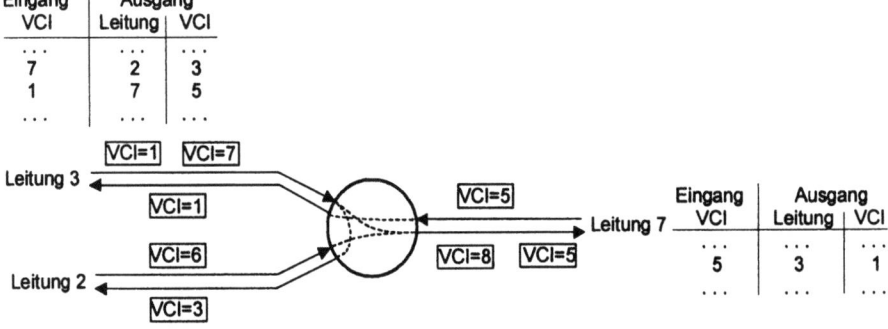

Bild 10.27
Der Weg einer Zelle

Der Weg einer Zelle durch einen Knoten, verdeutlicht am Beispiel des VCI-Eintrages: Die ankommende Zelle mit dem VCI-Eintrag 1 ist laut der für diese Leitung 3 geltenden Tabelle (links oben) des Knotens auf die Leitung 7 zu lenken und mit dem neuen VCI-Eintrag 5 zu versehen; in rückwärtiger Richtung kommen die Zellen dieser speziellen Verbindung mit VCI=5 auf Leitung 7 an und werden laut der für diese Leitung geltenden Tabelle (rechts) mit dem VCI-Eintrag 1 auf der Leitung 3 weitergeschickt. VCI und VPI sind also rein lokal interessante Größen, die von Knoten zu Knoten geändert werden.

Die eigentliche Steuerung der Zellen in den einzelnen Knoten des Netzes erfolgt mit Hilfe zweier im Zellenkopf befindlicher Daten, dem virtuellen Kanalkennzeichen VCI und dem virtuellen Pfadkennzeichen VPI. Das sind einfach zwei Nummern, die eine spezielle Verbindung von **A** nach **B** durch das Netz für einen ganz bestimmten Knoten kennzeichnen. VCI bezeichnet die Verbindung selbst, VPI die Nummer des Pfads, auf dem die Pakete der betreffenden Verbindung ankommen. An Hand der erwähnten Tabelle in diesem Knoten ist der weitere Weg der betreffenden Zelle nun festgelegt. Sie wird mit einer neuen VCI und/oder einer neuen VPI versehen und auf der festgelegten neuen Leitung weitergeschickt. An jeder neuen Verzweigung geschieht diese Prozedur einfach und vor allem schnell – Erkennung der VCI/VPI-Einträge, Vergleichen mit der gespeicherten Tabelle, Einschreiben der neuen VCI/VPI-Einträge, und schon ist die Zelle wieder auf dem Weg zur nächsten Verzweigung.

10.9 LANs als Ring- und Busstrukturen

Lange ehe das ATM-Verfahren entstand und praxisreif wurde, entstand schon der Bedarf, Computer miteinander zu verbinden. Nicht in dem großen Maßstab, wie das heute in den weltumspannenden militärischen, Universitäts- und Forschungsnetzen und letztlich im Internet praktiziert wird. Eher auf kleiner Flamme, innerhalb von Gebäuden oder in Firmengeländen, als *lokale* Anwendungen innerhalb geschlossener Nutzergruppen. Und das sagt auch der Name aus, der sich für diese Art von Netzen einbürgerte: LAN – local area network.

LAN = local area network

Solche Netze sollen so einfach, aber auch so flexibel wie möglich sein. Die Nutzer wechseln durchaus oft ihren Ort; Räume und Gebäude und damit Anschlussstellen werden geändert. Das muss das Netz aushalten, ohne großen Aufwand zu verursachen. Deshalb sind im einfachsten Fall alle Nutzer an eine einzige Leitung angeschlossen. Und deshalb verzichtete man auf die zeitlich strenge Ordnung: Es entstanden Netze, die in Bild 10.25b als die zweite Realisierungsvariante beschrieben wurden. Es sind paketorientierte Netze, die nun auch noch fast den letzten Freiheitsgrad nutzen. Die Datenpakete sind wie ein Postpaket vollständig adressiert, mit Absender- und Zielangabe. Jedes einzelne Paket sucht sich sein Ziel unabhängig von allen anderen Paketen der gleichen Sendung. Denn jedenfalls achten sie peinlichst darauf, nicht anderen Paketen in die Quere zu kommen. Exakt ausgedrückt: Zeitliche Überlagerungen müssen absolut vermieden werden. Das sind sie der strengen Forderung nach hoher Sicherheit der Datenübertragung schuldig.

Neben einer Vielzahl von LAN-Strukturen sind vorzüglich zwei zu nennen: der *Token Ring* und das *Ethernet*.

Token Ring Die Grundstruktur des von der Firma IBM entwickelten Token Ring ist, wie der Name schon verrät, ein geschlossener Leitungsring, an dem alle Nutzer mit ihren Computern angekoppelt sind. Jeder kann Datensegmente, sogenannte *frames*, also binäre Signalfolgen endlicher Länge, die in bestimmter Weise sowohl Adressen- und Hilfsinformationen als auch die eigentlichen Nutzinformationen tragen, in den Leitungsring senden und aus ihm entnehmen. Dass dieses ohne gegenseitige Behinderung und Störung geschieht, dafür sorgt eben der *token* – eine Impulsfolge, die auf der Ringleitung ständig kreist. Jeder Nutzer nimmt sie heraus und speist sie wieder ein, solange keiner den Wunsch verspürt, eine Nachricht zu versenden.

Sobald aber einer der angeschlossenen Rechner aktiv werden möchte, wartet er, bis der token zu ihm kommt. In diesem Moment speist er sein Datensegment ein und nimmt den token heraus. Weil nur ein einziger token im Umlauf ist, kann er sicher sein, dass auch nur er in diesem Moment mit dem Empfang des token die Erlaubnis zum Senden hat. Seine Daten laufen genau einmal im Ring um. Da alle anderen Nutzer den Ring ständig überwachen, wird auch der vorgesehene Empfänger das Datensegment empfangen, sich selbst als berechtigten Empfänger an der Adresse erkennen und die Nutzdaten lesen. Das Segment aber läuft weiter – bis zum Absender. Er nimmt es aus dem Kreislauf heraus, kann dabei kontrollieren, ob die Übertragung über den Ring fehlerfrei war, und speist dafür den token wieder ein. Nun hat ein anderer die Möglichkeit, seine Sendung abzusetzen.

Bild 10.28
Token Ring
und Ethernet

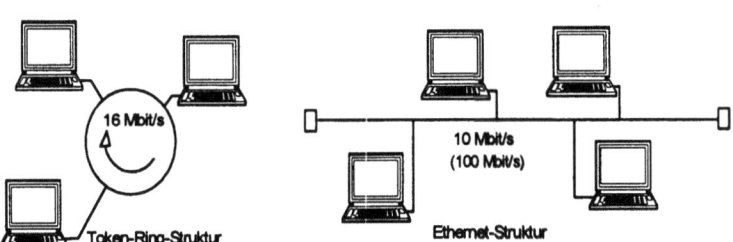

Token Ring (links) und Ethernet (rechts) sind die zwei wichtigsten Vertreter lokaler Netze (LANs). In beiden werden lange Datensegmente gesendet und empfangen, die voll adressiert sind. Im Token Ring sind Kollisionen von Datensegmenten von vornherein ausgeschlossen. Im Ethernet werden mögliche Kollisionen rechtzeitig entdeckt. Die Sendung wird in diesem Fall abgebrochen und neu gestartet. Die dargestellten Netzstrukturen sind übrigens sogenannte logische Strukturen, d.h. sie beschreiben das prinzipielle Wirken. In der Realität sind die Leitungen der einzelnen Teilnehmer dagegen oft ganz anders verlegt; die physikalische Struktur ist z.B. dann möglicherweise eine Sternstruktur.

10.9 LANs als Ring- und Busstrukturen

Die typische Übertragungsrate in einem Token Ring ist 16 Mbit/s. Wenn alle Nutzer Daten absenden, wird die Leitung optimal genutzt; weil die Laufzeit im Ring klein gegenüber der Länge der Datensegmente ist, folgt ein Segment nahezu unmittelbar auf das nächste. Als in den achtziger Jahren diese Geschwindigkeit nicht mehr ausreichte, wurde es durch das FDDI mit einem sehr ähnlichen Arbeitsprinzip ergänzt. Über Lichtwellenleiter arbeitet es mit einer Datenrate von 100 Mbit/s, lässt eine Ringlänge bis zu 100 km zu und kann bis zu 500 Nutzer verbinden.

FDDI = fiber distributed data interface

In dem heute in großem Umfang genutzten Ethernet fehlt diese a-priori-Sicherheit, die durch den token im Ring gegeben ist, der gewissermaßen die elektronische Erlaubnis für die Absendung eines Datenpaketes ist. Trotzdem gibt es auch unter diesen erschwerten Umständen keinen „Datensalat". Denn die gefürchteten Kollisionen – wenn nämlich zufällig zwei Computer gleichzeitig ihre Impulsfolgen einspeisen wollen – verraten sich sehr schnell selbst.

Das Ethernet

Zunächst einmal hat jeder Teilnehmer zu beliebigen Zeiten Zugriff auf die Leitung. Die Eigenschaften der Leitung selbst – in der ursprünglichen Version des Ethernets ein Koaxialkabel – sind eindeutig definiert. Insbesondere ist ihr elektrischer Abschlusswiderstand mit 50 Ω festgelegt. Der muss an jeder Stelle des Kabels eingehalten werden. Weil aber jede Quelle (jeder Computer) seine Daten sowohl nach der einen wie auch nach der anderen Richtung in ein solches Kabel einspeisen muss (Bild 10.29), um alle Nachbarn zu erreichen, und auch der Impulsstrom genau festgelegt ist, sind damit auch die beiden Amplitudenwerte der binären Daten bekannt.

Ω (Ohm) = Einheit des elektrischen Widerstands; Strom I, Spannung U und Widerstand R sind durch das ohmsche Gesetz $R=U/I$ verknüpft

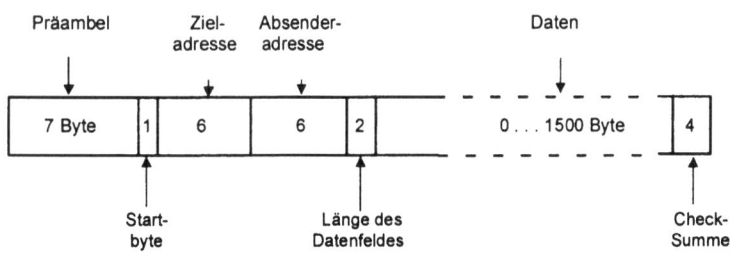

Bild 10.29 Rahmenstruktur des Ethernet-Datensegments

Die Menge der eigentlichen Nutzdaten kann zwischen 64 und 1500 Byte frei gewählt werden (1 Byte = 8 bit). Nach einer Präambel, die im Wesentlichen der zeitlichen Synchronisation dient (7 Byte) und dem Startbyte folgen je 6 Byte für Ziel- und Absenderadresse. In den folgenden 2 Byte wird die Länge des Nutzdatenfeldes mitgeteilt, das anschließend folgt. In den letzten 4 Byte wird ein Fehlercheck vorgenommen.

Alle Computer an der Leitung beobachten den Datenstrom und werden nicht selbst auf Sendung gehen, wenn sie ein Datenpaket auf der Leitung bemerken. Es gibt aber kritische Situationen. Denn die Pakete wandern ja nicht unendlich schnell auf dem Kabel, wenn auch fast mit Lichtgeschwindigkeit. Es gibt also durchaus eine Totzeit, in der ein vielleicht weit entfernter Teilnehmer noch gar nicht gemerkt hat, dass ein anderer gesendet hat, weil dessen Datenpaket bei ihm noch nicht angekommen ist. Also beginnt er in aller Unschuld ebenfalls zu senden. Sobald aber nun dieses zweite Datenpaket eingespeist ist, wieder mit dem gleichen Maximalstrom, erhöhen sich die im Kabel erscheinenden Amplitudenwerte auf das Doppelte – die Kollision ist entdeckt.

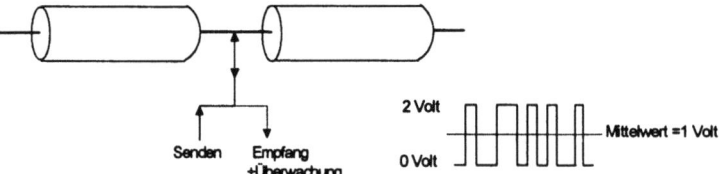

Bild 10.30
Teilnehmeranschlüsse im Ethernet

Jede Quelle (jeder angeschlossene Computer) in einem Ethernet speist nach beiden Richtungen in ein weiterführendes Kabel ein, und gleichzeitig empfängt er alles von der einen Seite Kommende und gibt es zur anderen Seite weiter. Die Teilnehmer, die ein Datenpaket senden oder senden möchten, überwachen dabei ständig den Mittelwert der Spannung auf der Leitung – wächst er über 1.5 Volt, reagieren beide mit dem Kollisionsschutz-Algorithmus.

Kollisionsvermeidung im Ethernet

Jetzt muss etwas geschehen, denn beide Datenpakete stören sich gegenseitig, sie lassen sich nicht mehr trennen, das erste wie das zweite würden gefälscht werden. Als erstes stellen beide sofort ihre Sendung ein. Und probieren es nach einer gewissen Wartezeit neu. Und diese Wartezeit wird *gezielt zufällig* eingestellt – da alle Computer am Netz in keiner Weise zeitlich synchronisiert sind, bleibt gar nichts anderes übrig. Zuerst beträgt die Wartezeit eine einzige Segmentlänge, das heißt: Nach einer Zeit, die der Dauer eines einzigen Datensegments entspricht, greift jeder der beiden Kontrahenten mit einer Wahrscheinlichkeit von genau ½ wieder auf die Leitung zu, oder eben auch nicht. Das kann gut gehen, wenn der eine zufällig ja sagt, und der andere nein. Wenn aber beide sich zufällig entschließen, wieder sofort zu senden, folgt die nächste Fehlermeldung und der nächste Abbruch. Jetzt reagieren in beiden Computern die Zufallsgeneratoren anders: Nur mit einer Zufallswahrscheinlichkeit von ¼ liefern sie jetzt den

Befehl: Neue Sendung beginnen. Jetzt ist es schon erheblich unwahrscheinlicher, dass beide gleichzeitig wieder zu senden beginnen. Geschieht es doch, wiederholt sich die Prozedur, aber jetzt mit einer vorgegebenen Wiederholwahrscheinlichkeit von 1/8. Und so weiter.

Hier haben sich die Systementwickler also ein interessantes Würfelspiel ausgedacht, um Kollisionen zu vermeiden, und in einer möglichst kurzen Zeit und deshalb mit minimalem Verlust an Kanalkapazität zwei gleichzeitigen Bewerbern um einen Sendeplatz einen Zugriff auf das Kabel zu ermöglichen.

Ethernets stellen heute den Großteil aller LANs. Ursprünglich für eine Übertragungskapazität von 10 Mbit/s ausgelegt, sind sie inzwischen um zwei Größenordnungen gewachsen: Das Gigabit-Ethernet arbeitet dabei mit den gleichen Protokollen und den gleichen Formaten der Datensegmente wie seine kleineren Brüder – ein wichtiger Gesichtspunkt, wenn ein Datennetz im Laufe der Zeit ausgebaut werden soll.

Und noch ein wesentlicher Gesichtspunkt: LANs lassen sich durch sogenannte Brücken verbinden. Die durch die Signallaufzeiten bedingten Einschränkungen entfallen dann – es entstehen großflächige Netze, WANs.

WAN = wide area network

10.10 König Harolds Piconetz

Nicht nur die langen Leitungen und die großen Netze sind es, die Probleme bereiten. Wen haben nicht schon die vielen Kabel geärgert, die Verstärker, Lautsprecher, Recorder, Fernseher, Kopfhörer und sonstige Geräte des heimischen Ton- und Bildcenters verbinden, von den Verbindungen zwischen Maus, Tastatur, Modem, Bildschirm, Drucker und Scanner gar nicht zu reden.

Natürlich liegt auch hier der Gedanke nahe, drahtlose Verbindungen zu verwenden. Für Kopfhörer und Babyfon wird seit langem ein schmaler Frequenzbereich im VHF-Band genutzt, der für solche Zwecke freigegeben ist. Ideal sind diese Lösungen nicht. In Räumen kann man Störungen und Interferenzen durch Mehrwegeausbreitung bei diesen Frequenzen nicht ausschließen.

Für ganz kurze Verbindungen zwischen ein und zwei Metern nutzte man optische Verbindungen nach einem IrDA-Standard. Die waren in dieser Hinsicht sicherer und erlaubten auch eine breitbandige Datenübertragung bis zu 4 Mbit/s – allerdings eben nur von einem zu einem anderen Punkt, und dazwischen musste der Lichtweg frei sein. Für manche Anwendungszwecke waren diese Einschränkungen akzeptabel, für andere nicht.

IrDA = infrared data association

Es waren nicht zuletzt die Hersteller von Mobilfunkgeräten, die sich mit den Computerherstellern zusammen fanden und eine außerordentlich interessante Konzeption entwickelten. Äußerlich ein winziger Baustein voller hochintegrierter Mikroelektronik, mit 2 mm kaum dicker und noch kleiner als eine viertel Chipkarte, ist er dabei, sich in beiden Techniken einen festen Platz zu erobern. Die Idee ging von den beiden skandinavischen Firmen Ericson und Nokia aus – nur so ist die Reminiszenz an den alten dänischen König Harold Blauzahn zu erklären, der dem Verfahren und der SIG Bluetooth seinen Namen gab.

SIG = special interest group Bluetooth

Bluetooth ist der Standard für ein Übertragungsverfahren, das im Gegensatz zum IrDA-Verfahren wieder im Hochfrequenzbereich arbeitet, im 2.45 GHz-Band. Das ist ein ebenfalls lizenzfreier Bereich, der allerdings auch von der medizinischen Gerätetechnik und von den Mikrowellengeräten im Küchenbereich genutzt wird. Bluetooth beschreibt ein breitbandiges Mehrkanalsystem, es nutzt die modernen signalverarbeitenden Verfahren zur Sicherung und Bündelung der übertragenen Daten, es ist für eine Punkt-zu-Punkt-Übertragung ebenso einsetzbar wie für eine Übertragung an viele Teilnehmer, und man kann mit seiner Hilfe vollständige Mininetze aufbauen – alles bei dem minimalen Stromverbrauch einer Taschenlampenbirne. Im Wartezustand braucht das Chip sogar gerade mal einen Betriebsstrom von 300 µA.

Ping-pong-Prinzip: siehe Abschnitt 10.3

Selbstverständlich ist Bluetooth ein digitales System. Es erlaubt Duplexverkehr, d.h. gleichzeitiges Senden und Empfangen. Hin- und rücklaufendes Signal sind zeitmultiplex getrennt. Das ist möglich, weil die Daten paketweise übertragen werden – auch eine Art ping-pong-System. In der Regel nimmt jedes Paket einen Zeitschlitz (einen *slot*) ein, aber ein Paket kann auch mehrere slots lang sein. Das TDM-Verfahren braucht allerdings, wie wir wissen, eine zeitliche Synchronisation. Deshalb ernennt sich grundsätzlich in jeder Verbindung und in jedem mit Bluetooth-Elementen aufgebautem Netz eines der „Geräte" zum Chef: Es funktioniert als Taktgeber, und alle anderen synchronisieren sich auf seinen Takt. Da die Sendeleistung und die Reichweite mit etwa 10 Metern bewusst gering eingestellt ist, gibt es keine Laufzeitprobleme.

Die mögliche Nachbarschaft zu Mikrowellengeräten ist natürlich problematisch und erfordert besondere Schutzmaßnahmen gegen Störungen. Das geschieht durch ein *Frequenz-hopping:* Bis zu 1600 mal je Sekunde wird die Trägerfrequenz gewechselt. Zwischen 2.402 und 2.480 GHz stehen 79 Kanäle zu je 1 MHz Bandbreite zur Verfügung (Bild 10.31). Sie werden nach einem bestimmten Muster, das spezifisch für die laufende Verbindung ist, gewechselt – ein spektrales Kodemultiplexverfahren. Ist eine zeitsynchrone Übertragung gefor-

10.10 König Harolds Piconetz

dert, etwa zur Übertragung von Sprache, können bestimmte slots für die Pakete bestimmter Signale reserviert werden.

Universell auch die Konzeption der Multiplexkanäle; die möglichen Varianten decken eine Vielzahl von verschiedenen Anwendungen ab. Sowohl asymmetrische als auch symmetrische Duplexkanäle können bereitgestellt werden, breitbandige mit einer Übertragungskapazität von 721 kbit/s ebenso wie 64 kbit/s-Kanäle, die für das ISDN-Signal zugeschnitten sind (Bild 10.32).

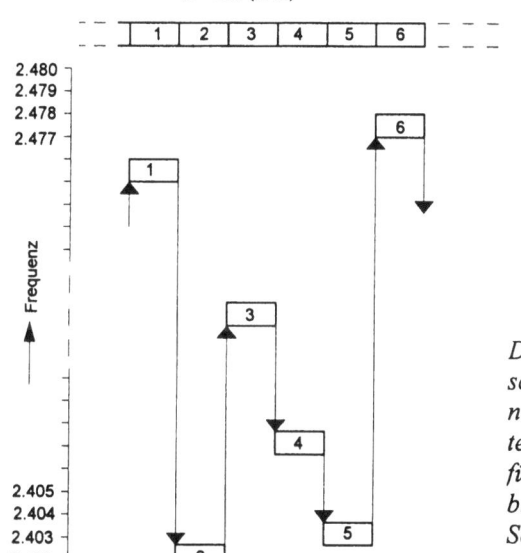

Bild 10.31
Prinzip des Frequenz-hopping der Zeitslots

Die einzelnen Zeitschlitze (slots) werden nach einem bestimmten vereinbarten und für die jeweilige Verbindung festgelegten Schlüssel ständig gewechselt.

Und es können vollständige Piconetze gebildet werden: Zwei bis acht Kanäle können zu einem Netz verbunden werden und sind dazu mit der gleichen hopping-Folge synchronisiert. Es ist sogar möglich, dass ein Bluetooth-Gerät zwei verschiedenen Netzen gleichzeitig angehört – jedes Netz hat dann seine eigene hopping-Sequenz. Zusätzliche Verschlüsselungsalgorithmen und vereinbarte Passworte sichern die Geheimhaltung der übertragenen Daten.

Bluetooth ist weit mehr als nur eine leistungsschwache Funkverbindung zwischen zwei Partnern. Es ist ein außerordentlich starker Standard für extreme Kurzstreckenverbindungen und vollständige Piconetze. Es wird sich mit Sicherheit einen wesentlichen Platz in den Geräten der Kommunikationstechnik erobern.

Es sind nicht nur Computerkomponenten, die mit seiner Hilfe kabellos verbunden werden können – unabhängig von Steckerstandards und Stellplätzen auf dem Schreibtisch. Verbindungen vom Handy zum Rechner oder zum Drucker sind möglich oder von der Tastatur zum Handy, um e-mails zu empfangen oder zu verschicken; das Handy kann dabei in der Aktentasche bleiben. Maschinen und Geräte im Haushalt können untereinander kommunizieren – die Bluetooth-Einheit ist heute schon billig und wird bei größeren Produktionszahlen nur noch wenige Mark kosten.

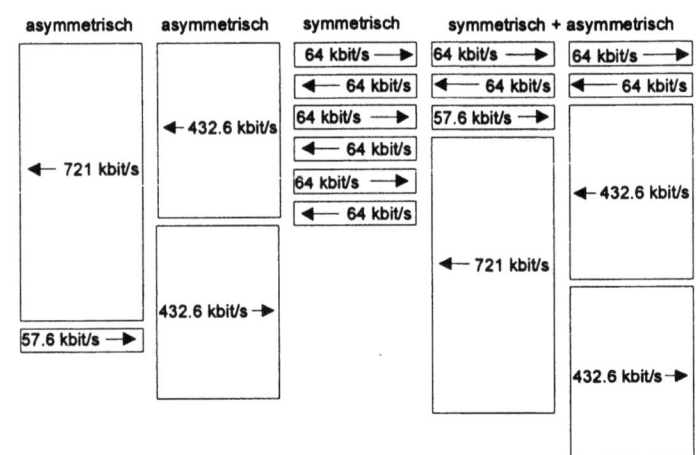

Bild 10.32 Multiplexvarianten des Bluetooth-Standards

Im Bluetooth-Standard sind mehrere Möglichkeiten zur Nutzung der Bandbreite von 1 MHz vorgesehen, die zum Teil asymmetrische, zum Teil symmetrische Verbindungen mit verschiedenen Bitratenverhältnissen erlauben.

10.11 Das „Netz der Netze"

Um es vorwegzunehmen: Das Thema Internet hier abzuhandeln, ist ein aussichtsloses Unterfangen. Dazu wäre ein eigenes Buch nötig, und sicher nicht nur eines. An dieser Stelle wollen wir uns also darauf beschränken, es als ein technisches Verfahren zu sehen, und es in die Vielzahl von anderen Möglichkeiten einzuordnen, Kommunikation zwischen Teilnehmern – und in diesem Fall: zwischen sehr vielen Teilnehmern und weltweit – herzustellen.

10.11 Das „Netz der Netze"

Die Geburtsstunde des Internet liegt weit zurück: Im Rahmen eines schon 1957 gestarteten militärischen Forschungsprojektes ARPA begann man Mitte der sechziger Jahre die Idee eines ganz neuartigen Nachrichtennetzes umzusetzen. Es war von Anfang an als Datennetz geplant, und man nutzte folgerichtig den Gedanken der paketweisen Übertragung und der Zeitteilung. Auf das strenge geordnete Zeitmultiplex aber verzichtete man – das hätte aufwändige zentrale Steuerungen erfordert. Gerade das aber wollte man möglichst nicht. Das Netz sollte flexibel sein – und möglichst unempfindlich gegen bösartige Eingriffe von außen. Zur gleichen Zeit, wir erinnern uns, entstanden übrigens die ersten Kodemultiplexsysteme, die ein ähnliches Ziel auf der Grundlage neuer Multiplexverfahren und im Funkbereich verfolgten.

ARPA = advanced research projects agency

So erfand man ein Netz ohne eigentliche Zentralen – ganz anders als die bekannten Fernmeldenetze. Es entstand ein Verbund untereinander vernetzter Computer, die alle gleichzeitig Datenquellen und Vermittlungsrechner waren. Das Ergebnis wurde ARPA-Netz genannt und gestattete eine maximale Übertragungsgeschwindigkeit von 768 kbit/s; die verwendeten Speicher hatten mit 12 kByte eine heute unvorstellbar geringe Größe.

Mit den wachsenden Möglichkeiten der Computertechnik wuchs auch langsam der Kreis der Anwender dieses experimentellen Netzes. Mitte der siebziger Jahre wurde ein *Protokoll für die Datenbündelung in Netzwerken* vereinbart. Es hat sich als TCP-Protokoll bis heute erhalten und regelt die Art, wie die einzelnen Datenpakete der verschiedenen über das Netz übertragenen Dienste organisiert und übertragen werden. Wenig später wurde es durch das IP-Protokoll ergänzt. Es definiert die Struktur und vor allem auch die Adressierung der Datenpakete im Netz; 1982 führte man das TCP/IP-Protokoll als Standard ein.

TCP = transmission control protocol;

IP = internet protocol

Die Adressierung der Teilnehmer erfolgt im Netz durch eine Kette von 4 Byte, die IP-Adresse. Ein Byte enthält 8 bit, womit $2^8 = 256$ Zahlen dargestellt werden können. Jede Adresse, jeder Teilnehmer am Netz wird demnach durch vier mit Punkten getrennte Zahlen zwischen 1 und 255 – die Null wird weggelassen – gekennzeichnet. Das ärgerte zunehmend, die lange Zahlenreihe war nicht leicht zu merken. So wurde 1984 ein System von Namen eingeführt. Die Zahlen wurden durch eine Folge von Kurzbezeichnungen ersetzt, die *Domain*-Adresse. *Yahoo.de* ist eine solche Domain für eine der beliebten Suchmaschinen des Internet. Ganz rechts steht das Kürzel für das Land (*de* für Deutschland), links davon das Kürzel für den *Diensteanbieter*. Dieses sein Kürzel kann er – soweit nicht schon anderweitig vergeben – frei wählen. Nicht frei wählen kann er allerdings seine ihm zugeordnete 4-Byte-Adresse. Und nur die wird bei der Vermittlung

DNS = domain name server — der für ihn bestimmten Pakete im Netz verwendet. Die Übersetzung erfolgt beim DNS-Server des Nutzers.

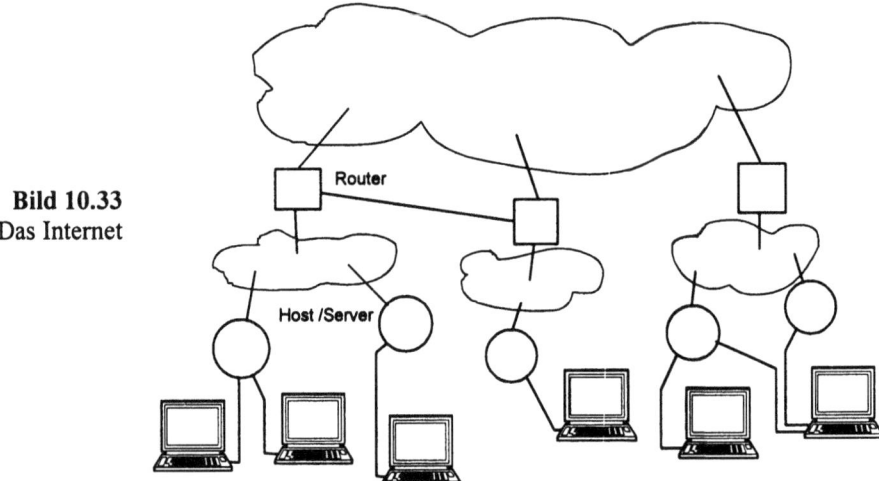

Bild 10.33 Das Internet

Das Internet besteht aus einer Vielzahl von gegenseitig vernetzten Unternetzen. Sogenannte Router zwischen ihnen wirken als Vermittler und orientieren sich dabei an den hierarchisch verteilten IP-Adressen. Der Datentransport geschieht in der untersten Ebene über Leitungen des Telefonnetzes und über LAN-Netze, darüber im ATM-Modus über die starken Bündel des SDH-Netzes. Am letzten Ausläufer des Netzes sitzt der Benutzer, also z.B. der Rechner des privaten Internetnutzers. Er ist mit einem Host (auch Server genannt) verbunden, der seinerseits mit weiteren Servern in Kontakt steht oder in Kontakt treten kann.

zentral: Die Adressenverwaltung — Die Notwendigkeit der Adressierung – und ohne sie wäre ja das weltweite Finden jedes Teilnehmers unmöglich – ist übrigens der einzige Grund, weshalb dieses vollständig dezentral organisierte Netz schließlich doch einen einzigen zentralen Punkt braucht: die Adressenverwaltung. Die befindet sich in einem Rechner in der Nähe von Washington, dem „Root Server A". Zweimal täglich werden von dort Teile des letzten Standes der Adressendatei an derzeitig 12 Tochter-Rechner übertragen. Jeder Verbindungswunsch hat zuerst die Anfrage bei einer dieser Tochter-Rechner nach dem Standort des gewünschten Teilnehmers – des Hosts – zur Folge; erst danach kann ja die Anforderung auf den Weg gebracht oder die gewünschte Seite aus dem Netz auf den eigenen Rechner geholt werden. Für deutsche Adressen kann

10.11 Das „Netz der Netze"

die Adressenkartei im Tochter-Rechner in Frankfurt/Main bereits Auskunft geben. Für alle anderen wird der Root Server A in Washington befragt. Der sagt dann, in welchem seiner Vasallen der Standort der gefragten Adresse gespeichert ist. Eine Anfrage dort – und jeder der hundert Millionen Teilnehmer in der Welt ist geortet. Die Daten können ihren Weg nehmen, weitergereicht von einem zum anderen Server, in Päckchen und Pakete verpackt, noch einmal wiederholt, wenn der Empfänger eine Störung gemeldet hat, und wieder entpackt und als geordneter Datenfluss schließlich am gewünschten Rechner abgeliefert.

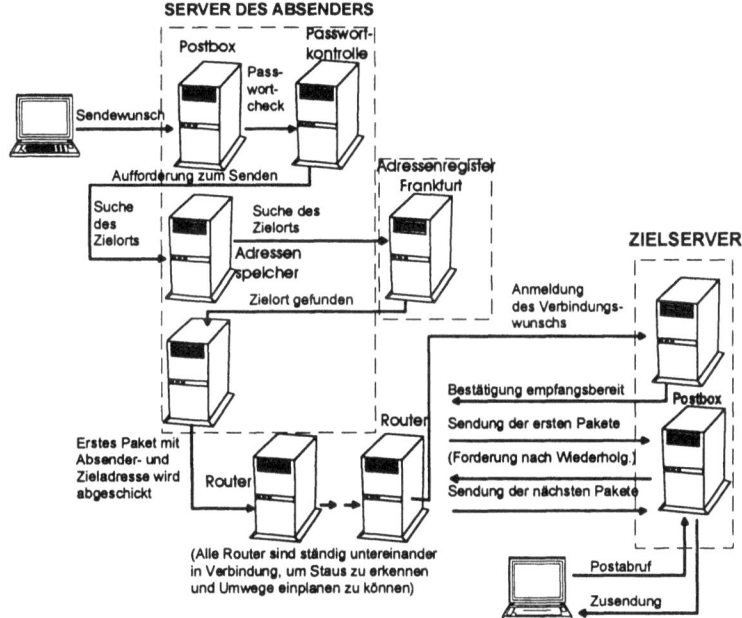

Bild 10.34 Sendung einer e-mail

So etwa erfolgt die Sendung einer e-mail über das Internet. Findet der Adressenspeicher des eigenen Servers den Zielort der mail nicht, wird bei deutschen Adressen in Frankfurt nachgefragt, u.U. auch beim Hauptadressenspeicher in den USA oder in Japan. Die Router wählen den momentan zweckmäßigsten Weg. Zwischen den Routern werden die Signale paketweise in Bündeln mit anderen Signalen übertragen, etwa mit ATM, und über Kabel, Funk oder Lichtwellenleiter. Als fehlerhaft erkannte Pakete werden neu angefordert. Die gesamte Prozedur des Verbindungsaufbaus ist in Bruchteilen einer Sekunde erledigt.

Aber nicht nur die Adressierung war bis dahin ärgerlich. Mehr noch war es der komplizierte Umgang mit diesem Netz. Es war inzwischen zum breit genutzten Kommunikationsmittel zwischen Universitäten und Wissenschaftszentren geworden, die über dieses universelle Datennetzwerk weltweit diskutierten, Ergebnisse austauschten und veröffentlichten. Und genau genommen waren auch nur sie in der Lage – und auch nur, wenn sie ihren Computer mehr als nur von außen kannten – dieses Netz zu benutzen.

CERN = Conseil Europeen pour la Recherche Nucleaire

Im Jahre 1991 hatte der Wissenschaftler Tim Berner-Lee des CERN, eines Schweizer Forschungsinstituts für Teilchenphysik, schließlich die Nase voll. Er entwickelte ein Übertragungsprotokoll, das die Adressierung, die Kennzeichnung der verschiedenen Dienste des Internet und die Inhalte der übertragenen Information in einer standardisierten Form zusammenfasste. Die Art des gewünschten Dienstes stehen in dieser URL zuvorderst, etwa http für ein sogenanntes Hypertext-Dokument, dann folgt nach Doppelpunkt und Schrägstrichen die Adresse des Anbieters des jeweiligen Dokuments, mit Punkt abgeschlossen durch die Länderkennung (für Deutschland: *de*) oder durch ein anderes Kürzel, etwa *.edu* zur Kennung von Bildungseinrichtungen. Mit mehreren Schrägstrichen getrennt sind dann die Verzeichnispfade, unter denen das gewünschte Dokument zu finden ist, und als Letztes wird schließlich das Dokument selbst genannt.

URL = uniform resource locator; Beispiel: http://www.xxx.de/verz1/xyz.html

Seitdem war der Erfolg des ehemaligen ARPA-Netzes, inzwischen in INTERNET umgetauft, nicht mehr zu bremsen. Durch die explosionsartige Verbreitung von PCs und die Entwicklung der Browser – derjenigen Programme, die das Navigieren durch das Netz einfach und übersichtlich machen – durch die Firmen Netscape und Microsoft ist die Nutzung des Netzes inzwischen kaum schwieriger als die des Telefons oder des Fernsehers.

Internet II mit stärkerer Basis

Längst laufen über das Internet nicht mehr nur Messdaten und trockene Texte. Das Rückgrat des Netzes – die Verbindungsleitungen zwischen den Servern – sind um Größenordnungen verstärkt. Das ist auch nötig, denn Bild und Ton haben sich wie selbstverständlich am Netz durchgesetzt und haben neue Anwendungsbereiche erschlossen, an die die damaligen Erfinder wohl nicht gedacht haben, e-mail und elektronische Spieler nutzen die Kapazität des Netzes. In vielen Ländern werden darüber hinaus spezielle Forschungsnetze gleicher Struktur und enormer Leistungsfähigkeit aufgebaut und eingesetzt. Unter dem Begriff Internet II entsteht inzwischen auch in Deutschland ein Breitbandnetz, das vorwiegend für Hochschulen und medizinische Forschungseinrichtungen gedacht ist, die besonders an schnellen und guten Bildübertragungen interessiert sind. Sein „Rückgrat" (*backbone*) hat eine Übertragungskapazität von 2.5 Gbit/s – eine Herausfor-

10.11 Das „Netz der Netze"

derung auch an Soft- und Hardware bei den Nutzern selbst. Immer mehr wird daneben das Internet zum ergänzenden Nachrichtenmedium für den Ton- und Fernsehrundfunk. Zusatzinformationen für laufende Sendungen werden angeboten und vergangene Sendungen im Speicher bereitgehalten.

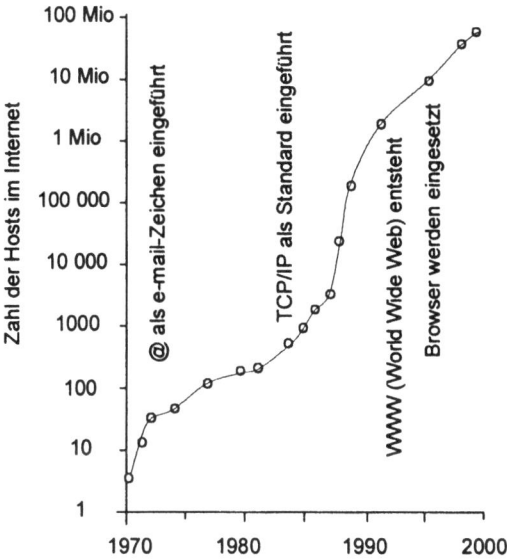

Bild 10.35
Die Entwicklung des Internet

Seit der Einführung des WWW-Dienstes hat sich die Zahl der Hosts im Internet exponentiell entwickelt; zur Jahrhundertwende waren allein knapp 100 Millionen Hosts weltweit in Betrieb – eine Steigerung um das rund 500-fache innerhalb des letzten Jahrzehnts.

Zunehmend wird auch darüber diskutiert, ob nicht zukünftig derart dezentral strukturierte Netze viele Aufgaben übernehmen könnten, die heute noch durch die strengen Hierarchien leitungsvermittelnder Netze wahrgenommen werden. Die Internet-Telefonie ist ein erster Anfang – eine Aufgabe, für die das Internet mit seinen sporadischen Mechanismen des Informationstransports eigentlich nicht gedacht war. Die heutigen immer noch zu geringen Übertragungskapazitäten bringen denn auch Schwierigkeiten mit sich, Unregelmäßigkeiten im Datenfluss und schlechte Sprachqualität wegen der starken notwendigen Datenreduktion lassen sich kaum vermeiden. Das sind aber keine prinzipiellen Gegenargumente; mit einer Erhöhung der Geschwindigkeiten im Netz werden auch diese Einwände bald vergessen sein.

Ein ganz wesentliches Problem aber hat mit der Übertragungstechnik wenig, umso mehr aber mit der zukünftigen Entwicklung des Internet zu tun: Wie wird es gelingen, aus der wachsenden Flut der Veröffentlichungen das heraus zu finden, was jeden Einzelnen von uns interessiert?

Intelligente Filter müssen lernen zu verstehen, was wir – individuell – meinen, wenn wir Fragen an das Netz stellen, und was aus den vielen möglichen Antworten dem Fragesteller wirklich nützlich ist. Es muss gelingen, die individuell für den Einzelnen wichtige Information von der riesigen Menge der für ihn redundanten Information zu trennen.

Womit der Bogen geschlagen ist zum ersten Kapitel. Wie definieren wir – jeder für sich und für den Moment -- subjektiv wertvolle Information?

11 Wie geht es weiter?

Das möchten alle gerne wissen – wir als Nutzer dieser Technik, die Industrie als zukünftige Verkäufer, nicht zuletzt die Politiker und Soziologen, die den wachsenden Einfluss der Informationstechnik auf die Entwicklung des Arbeitsmarktes beobachten, und viele andere.

Die Frage ist nicht leicht zu beantworten. Zu viele Prognosen der vergangenen Jahrzehnte haben daneben getroffen. Manche Entwicklungen hatte man viel eher erwartet – der flache Bildschirm an der Wohnzimmerwand schien schon seit Jahrzehnten greifbar nahe; erst heute ist er gerade realisierbar. Die schon in den siebziger Jahren in den USA eingeführte elektronisch-maschinelle Übersetzung der sowjetischen zentralen Tageszeitung Prawda ließ schon damals hoffen, das Problem der Übersetzung aus fremden Sprachen in wenigen Jahren in den Griff zu bekommen – auch heute ist es noch nicht zufriedenstellend gelöst. Andere Entwicklungen hatte man dagegen nicht vorhergesehen. Das Faxgerät ist ein Beispiel für einen solchen Fall. Es dümpelte seit den vierziger Jahren als Faksimileverfahren in den Redaktionen der Zeitschriftenverlage vor sich hin – groß und kompliziert, und keiner vermutete seine zukünftige Eroberung des Konsumbereichs. Das aber geschah innerhalb kurzer Zeit in den achtziger Jahren in Japan, und in den Neunzigern hatte es sich weltweit als fast selbstverständliche Ergänzung des Telefons in den Haushalten etabliert.

Seien wir also vorsichtig mit allen Prognosen, denn, frei nach Wilhelm Busch, erstens kommt es anders, und zweitens, als man denkt. Oder ein moderneres Zitat: Prognosen sind immer schwierig, besonders aber, wenn es um die Zukunft geht.

Zu den einigermaßen sicheren Voraussagen gehören wohl diejenigen, die auf der Weiterentwicklung bekannter, aber heute noch nicht voll ausgereizter Technik basieren.

Eine leichte Prognose ist deshalb die einer fortschreitenden Digitalisierung auf allen Gebieten der Signalübertragung und -verarbeitung. Die Vorteile des binären Signals hatten wir ja ausgiebig kennen gelernt. Im Tonrundfunk wird es nicht mehr lange dauern, bis das Jahrzehnte lang so hochgelobte UKW-FM-Radio durch den DAB-Empfänger abgelöst wird.

Das parallele DVB-Projekt wird den digitalen Programmaustausch der Sender zwischen den Kontinenten leichter und die Normenvielfalt vergessen machen, gleichzeitig aber ein außerordentlich anpassungsfähiges Übertragungsverfahren bieten.

Und es werden sicher zukünftig mehr und breitbandigere und damit schnellere Übertragungswege zur Verfügung stehen. Lichtwellenleiter werden Datenraten im Terabitbereich schon über eine einzige Faser übertragen, und diese extrem schnellen Daten werden zunehmend nicht nur elektronisch, sondern auch in optischen Funktionselementen geschaltet, vermittelt und in ihrer optischen Trägerfrequenz verändert werden. Schon schwerer ist vorher zu sehen, wie diese viel größeren Datenmengen letztendlich kostengünstig „die letzte Meile" bis zum Endverbraucher überwinden, also in die Wohnungen gelangen werden – mit trickreichen Verfahren über die konventionellen elektrischen Leitungswege, im GHz- oder UKW-Bereich über kleine Antennen oder letzten Endes und bei ohnehin notwendigen Neuinstallationen doch über billige Lichtwellenleiter, etwa aus Kunststoffen. Vermutlich wird es nicht *eine* Lösung des Problems geben, sondern mehrere jeweils kostenoptimale Varianten.

Die nur begrenzt zur Verfügung stehende Resource der Funkfrequenzbereiche wird zweifellos noch mehrmals neu geordnet und den entsprechenden Bedarfsträgern zugeordnet werden. Das UMTS ist sicher nur ein erster Schritt, um auch Videosignale und andere Breitbanddaten von, zu und zwischen mobilen Teilnehmern übertragen zu können; Datenkompression und vielleicht heute noch unbekannte Verfahren der Signalverarbeitung werden dabei eine wichtige Rolle spielen. Auch die Lücke zwischen den extrem hohen Funkfrequenzen und dem infraroten Licht ist immer noch unentdecktes Land – mit welchen Mitteln wird es erschlossen werden?

In jedem Fall aber wird die verfügbare Informationskapazität weiter steigen. Was werden wir damit anfangen? Natürlich nicht mehr ewig lange auf eine angewählte Internetseite warten müssen – falls nicht auch das Internet noch heute unvorhersehbare Änderungen erfährt, was nahe liegt. Aber Vorsicht auch mit solchen Hoffnungen: Heute noch überwiegen Texte, Bilder und Filme im Klötzchen-look, morgen werden Töne, Filmsequenzen, Filme und virtuelle 3D-Welten den Bildschirm des PCs bestimmen, und ihr in dieser Reihenfolge steigender Bandbreitebedarf wird die wachsende Übertragungskapazität sicher immer wieder einholen – genauso, wie der Nutzen eines ständigen Geschwindigkeitszuwachses heutiger Computer erfolgreich durch immer flüchtiger programmierte Software gebremst wird. Und schließlich: Wie sieht der PC von morgen aus? Wird es dieses Wort überhaupt noch geben? Wird man sich an diesen Apparat nur noch mit geheimen Gruseln erinnern: Ein technischer Blechkasten, nur nach intensivem Studium von dicken Gebrauchsanweisungen zu bedienen, für den Nutzer ein ewiger Grund von Ärger über Abstürze und unvorhersehbare Reaktionen der Software?

Zweifellos wird auch die Unterhaltungsindustrie von der größeren verfügbaren Übertragungskapazität profitieren. Die feste Bindung an Sendezeiten im Abendprogramm wird aufgeweicht werden, weil Filme und andere Beiträge jetzt individuell und „nach Bedarf" vom Kunden abgerufen werden können. Hier wird die Entwicklung der elektronischen Speichertechnik wesentlich das Nutzerverhalten und damit auch die Weiterentwicklung bestimmen. Erste Geräte für wiederbeschreibbare und vorteilhaft lesbare Medien hoher Speicher sind als Videodisk schon auf dem Markt; sie werden zukünftig vor allem – hoffentlich – sehr viel bedienungsfreundlicher werden als heutige Videorekorder. Und über die computerisierte Küche mit selbstbestellendem Kühlschrank und automatisch kochendem Herd ist wohl genug geschrieben worden – ersparen wir uns weitere Worte dazu. Interessant wären allerdings Überlegungen zum Einfluss bösartiger Computerviren auf die Qualität des produzierten Mittagsmahls...

Nachdem der flache Bildschirm inzwischen, wenn auch noch teuer, Realität geworden ist und sich gegenüber der gläsernen großen, schweren Bildröhre zweifellos durchsetzen wird, steht schon der nächste Wunschtraum an: Wir hätten gern das elektronisch beschreib- und wieder löschbare Papier – knitterbar, faltbar, vielleicht sogar heftbar, aber jedenfalls an jeder Informationssteckdose aufladbar mit den neuesten Nachrichten oder einem interessanten Buch- oder Fachtext samt zugehörigen farbigen, räumlichen und bewegten Bildern. Sicher keine Illusion, denn erste experimentelle Ergebnisse lassen durchaus hoffen. Nur – ist das die einzige Variante zur Ergänzung oder vielleicht sogar den Ersatz der konventionellen Zeitung? Wenn wir ohnehin zum Zeitungslesen eine Brille aufsetzen, warum dann nicht eine, die uns die Zeitung freischwebend im Raum vor uns zeigt und uns beide Hände freihält? Das Umblättern und Stichwortsuchen per mündlicher Anweisung dürfte ja dann das kleinste Problem sein, nachdem wir das inzwischen schon erfolgreich mit unserem Handy praktizieren.

Schließlich ist auch bedenkenswert, dass seit der Erfindung der Taschenuhr zwar jeder, der es möchte, jederzeit seine momentane Zeitkoordinate feststellen kann, aber erst seit wenigen Jahren auch die drei dazugehörigen Raumkoordinaten leicht bestimmbar sind. Die vierdimensional anzeigende Armbanduhr ist inzwischen Realität, wenn auch derzeit, im Jahre 2000, mit 150 g Gewicht noch nicht so recht bequem am Handgelenk. Wer sagt die Anwendungen voraus, die sich aus dieser Technik ergeben? Bedauerlich und bedenklich nur, dass eine der ersten Einsätze eines hochgenauen Mini-GPS-System wieder mal die zielsuchende Bombe war – eine High-Tech-Lösung der Freikugel des Jägerburschen Max aus dem Weberschen Freischütz.

Hoffen wir trotzdem, dass die vielen Möglichkeiten, die die Informations- und Kommunikationstechnik bietet, zukünftig nicht solchen Zielen dient, sondern mehr dem, was uns allen nutzt: Der Kommunikation und freundlichen Verständigung der Menschen untereinander.

Abkürzungen

ADPCM = adaptive differential pulse code modulation (69)
ADR = Astra digital radio (254)
ADSL = asymmetrical DSL (297)
AKF = Autokorrelationsfunktion (191)
AM = amplitude modulation (119)
ARPA = advanced research projects agency (313)
ATM = asynchronous transfer mode (303)

BBAE = Breitbandanschlusseinheit (198)
BLAST = Bell Labs layered space-time (181)

CATV = cable television (294)
CCCH = common control channel (285)
CDM = code division multiplex (173)
CDMA = code division multiple access (249)
CERN = Conseil Europeen pour la Recherche Nucleaire (316)
CW = continuous wave (193)

DAB = digital audio broadcast (78,179)
DCC = digital compact cassette (77)
DCT = discrete cosinus transformation (87)
DECT = digital european cordless telephone standard (293)
DiOV = digitale Ortsvermittlung (277)
DNS = domain name server (314)
DPCM = differential pulse code modulation (69)
DPL = digital power line (299)
DPSK = differential phase shift keying (131)
DSL = digital subscriber line (297)
DTH = direct to home (251)
DVB = digital video broadcast (179)
DWDM = dense wavelength division multiplex (223)

EDFA = erbium doped amplifier (230)

FDDI = fiber distributed data interface (307)
FDM = frequency division multiplex (148)
FDMA = frequency division multiple access (248)

FFT = fast Fourier transformation (63)
FM = frequency modulation (121)
FSK = frequency shift keying (132)
FTTC = fiber to the curb (297)
FTTH = fiber to the home (296)
GEO = geostationary earth orbit (255)
GI = graded index (218)
GLONASS = global navigation satellite system (260)
GNSS = global navigation satellite system (263)
GPRS = general packet radio (291)
GPS = global positioning system (261)
GSM = global system for mobile communication (283)
GSM = Groupe Spécial Mobile (68)

HDSL = high date rate DSL (297)
HDTV = high definition television (82)

IC = integrated circuit (154)
IMT = international mobile telecommunication (291)
IP = internet protocol (313)
IrDA = infrared data association (309)
ISBN = international standard book number (141)
ISDN = integrated services digital network (275)

JPEG = joint photographic experts group (87)

KKF = Kreuzkorrelationsfunktion (191)

LAN = local area network (305)
LASER = light amplification by stimulated emission of radiation (210)
LEO = low earth orbit (255)
LNC = low noise converter (251)
LWL = Lichtwellenleiter (215)

MBS = mobile broadband system (293)
MEO = medium earth orbit (263)
MP3 = MPEG audio layer 3 (78)
MPEG = motion pictures experts group (73)
MUSICAM = masking pattern adapted universal subband integrated coding and
multiplexing (78)

NT = network termination (277)
NTBA = Netzwerk-Terminationspunkt Breitbandangebot (298)
NTBA = NT für einen Basisanschluss (277)
NTSC = national television system committee (162)

OFDM = optical frequency division multiplex (223)
OFDM = orthogonal frequency division multiplex (178)
OTDM = optical time division multiplex (224)

PAL = phase alternate line (89)
PAM = pulse amplitude modulation (45)
PCM = pulse code modulation (51)
PDH = plesiochrone digitale Hierarchie (275)
PhM = phase modulation (121)
POTS = plain old telephone service (297)
PSK = phase shift keying (130)

QAM = quadratur amplitude modulation (131)

RADAR = radio detection and ranging (186)

SDH = synchrone digitale Hierarchie (275)
SDM = space division multiplex (149)
SDSL = single line DSL (297)
SECAM = séquential à mémoire (162)
SI = step index (218)
SIG = special interest group Bluetooth (310)
SIM = subscriber identity module (285)
SM = single mode (218)
SNR = signal to noise ratio (56)
SOA = semiconductor optical amplifier (233)
SONET = synchronous optical network (275)
STM = synchronous transport module (275)

TA = terminal adapter (298)
TCP = transmission control protocol (313)
TD-CDM = time division-code division multiplex (291)
TDM = time division multiplex (156)
TDMA = time division multiple access (249)
TDSL = DSL der Deutschen Telekom (297)

UMTS = universal mobile telecommunications system (291)
URL = uniform resource locator (316)

VCI = virtual channel identifier (303)
VDSL = very high date DSL (297)
VPI = virtual path identifier (303)

WAN = wide area network (309)
WDM = wavelength division multiplex (223)

Sachwortverzeichnis

A
Abtastfrequenz, 45
Abtasttheorem, 44
Adaptive Pulskodemodulation, 69
Amplitude, 18
Amplitudenbegrenzung, 41
Amplitudenmodulation, 67
Amplitudenspektrum, 23
angepasstes Filter, 201
Antenne, 106
Antennengewinn, 109
aperiodische Signale, 19
atmosphärische Dämpfung, 117
ATM-Zelle, 303
    Wegesteuerung, 304
Ausbreitung
    GHz-Bereich, 115
    Langwellenbereich, 112
    Licht, 116
    Mittelwellenbereich, 113
    Ultrakurzwellenbereich, 114
Austausch Bandbreite/Störfestigkeit
    bei Frequenzmodulation, 127
    im Modem, 128
Autokorrelationsfunktion, 191

B
Bandbreite
    bei Rundfunkübertragung, 29
    des digitalen Fernsehsignals, 84
    des Faserverstärkers, 231
    des Fernsehsignals, 30
    Einfluss auf Impulsform, 25
    von Leitungen, 97
Barkerkode, 192
Basisband, 132
BAS-Signal, 161
Bedeutung eines Zeichens, 9
Bewegungsschätzung, 90
Bildauflösung, 92
bit als Einheit, 12
Bitfehlerrate, 52
bluetooth, 310
Bodenwelle, 113
Bündelung im PCM-System, 158

C
Chirpsignal, 192
    Autokorrelationsfunktion, 195
    Einfluss von Störungen, 196
Compact Disk, 71
Cosinus-Transformation, 87, 89

D
Dämpfung
    des SiO_2-Lichtwellenleiters, 216
    optischer Medien, 214
Demodulation durch Gleichrichtung, 134
Dezibel: Definition, 73
Differenzpulskodemodulation, 69
Dipol, 108
Dispersion, 217
Dopplereffekt, 189
Dopplerkompensation, 198

E
Echokompensation, 280
Einseitenbandtechnik, 151
elektrisches Feld, 99
elektromagnetisches Feld, 98
    Ausbreitung, 111
Entropie, 13
Erbium-Faserverstärker, 230
Ethernet, 306

F
Faksimile-Übertragung, 65
Farbdifferenzsignale, 161
Faserverstärker, 230
    Bandbreite, 231
Fehlererkennung, 140
Fehlerkorrektur, 142
Fernsehsignal, 29, 160
Festzielunterdrückung, 188
Filter als Interpolator, 46
Fledermäuse, 193
Fourierreihe, 24
Fouriertransformation, 24
    im OFDM-Signal, 179
Freiraumausbreitung, optische, 118
Frequenzbereiche beim Mobilfunk, 291

Frequenz-hopping, 310
Frequenzmodulation, 67, 121
Frequenzmultiplex, 148
Funkenstörungen, 31
Funktionsprinzip und Realisierung, 199
Funkzellen, 283

G
Geräuschabstand, 56
Gewinn einer Antenne, 109
Gleichlageverfahren, 280
Grundfrequenz, 19
GSM, 287
    Sprachkodierung, 68

H
Halbleiterlaser, 211
handover, 286
harmonische Schwingung, 18
Heterodynempfang, 136
Hohlleiter, 101, 208
Hüllkurvendemodulation, 134, 184
Hyperbel-Navigation, 259

I
Impulsfrequenzmodulation, 42
Impulswahl, 266
Induktivität, 102
Informationsgehalt, 5, 9, 11
Informationstheorie, 7
Internet, 314
Ionosphäre, 112
Irrelevanz, 63
ISDN
    Anschluss, 277
    Datenkanäle, 278
    System, 275

J
JPEG-Kodierung, 87

K
Kabelverteilnetz, 295
Kanalkapazität, 54, 56
Kanalkodierung, 138
Kapazität, 102

eines Übertragungskanals, 54
Kodeabstand, 143
Kodemultiplex, 173, 249
Kodierung der PAM-Folge, 49
Kodierungsverfahren für Audiosignale, 79
kontinuierliches Spektrum, 24
Korrelation, 166
Korrelationsempfang, 184
Korrelationsfaktor, 166
Korrelationsfunktion, 191

L
LAN-Strukturen, 306
Laser, 212
    äußere Modulation, 220
    Modulation, 211
Lauflänge (*run*), 65
Leistungsspektrum, 24
Leistungsverhältnis dB, 74
Leitungsvermittlung, 301
Leitungswiderstand, 95
Licht als Photon und Welle, 209
Lichtwellenleiter, 215
    Lichtausbreitung, 219
lineares/nichtlineares Bauelement, 133

M
Magnetfeld, 99
man-made noise, 31
Maskierungseffekt, 75, 76
Mehrwegeausbreitung, 177, 288
mehrwertige Kodierung, 57, 129
Mischung, 136
Mithörschwelle, 76
Mobilfunk
    Frequenzbereiche, 291
    GSM-Netz, 284
    Sprachkodierung, 67
Modell der Nachrichtenübertragung, 8
Modem, 129
Modulation, 119
MP3, 78
MPEG; 73, 80
    zur Bildkodierung, 89

N
Nachricht, 14
Nachrichtensatelliten, 244
 direktsendende, 251
Navigationssatelliten, 260
Nervenleitung, 37
Netzhierarchie, 268
Netzmodelle, 266
Neuron, 37
Nichtlinearität, elektrische/optische, 226

O
Oberwellen, 19
optimaler Empfänger, 183
optische
 Freiraumverbindung, 309
 Integrationstechnologien, 235
 Nichtlinearität, 225, 236
 Übertragungsstrecke, 221
 Übertragungsbänder, 224
optischer
 Halbleiterverstärker, 232
 Wellenlängenbereich, 220
orthogonaler Frequenzmultiplex, 178
orthogonale Funktionen, 171
Orthogonalität, 168
Ortsspektrum, 86
Ortungsimpulse der Fledermäuse, 194
oversampling, 72

P
Paketvermittlung, 301, 302
Paritätsbit, 140
PCM-Grundsystem, 157
 Pulsrahmen, 273
Periodendauer, 18
periodische Signale, 19
Phase einer Schwingung, 23
Phasensprungmodulation, 130
Piconetze, 311
ping-pong-Prinzip, 279
plesiochrone PCM-Hierarchie, 274
Polarisation, 252
Prädiktion, 70, 90
Pseudo-Zufallssignal, 203
Pulsamplitudenmodulation, 45

Pulskodemodulation, 51

Q
Quantisierung, 50
Quellenkodierung, 63

R
Radartechnik, 187
Raman-Streuung/Verstärker, 232
Raummultiplex, 149, 250
Raumwelle, 113
Rauschen, 32
Redundanz, 64
 des Fernsehsignals, 84
Resonanzkreis als Filter, 104
Restseitenbandübertragung, 152
Richtantennen, 109
Richtfunk, 115, 244
roaming, 286
Ruhehörschwelle, 74

S
Satellitenbahnen, 246
Schall, 17
Schwingkreis, 103
Schwingung, 101
Schwingungserzeugung, optische, 211
Seitenbänder, 125
Signal, 15
Signalarten, 38
Signal-Geräuschabstand, 56
Signalvergleich, 165
Silbenverständlichkeit, 27
Skineffekt, 97, 98
Solitonübertragung, 277
spektrale Darstellung, 20
Spektrum
 der AM und FM, 123
 des Fernsehsignals, 82, 160
 des PCM-Signals, 53
 des Sprachsignals, 25
 des weißen Rauschens, 33
 eines Vokals/Konsonanten, 60
 periodischer/aperiodischer Vorgänge, 24
Sprachpausen, 70

Sprachsignal
    amplitudenbegrenztes, 41
    bandbegrenztes, 28
spread spectrum-Signal, 175, 203, 261
Störsignale, 31
Strahlung
    bei Leitungen, 101
    der Antenne, 106
Strahlungsdiagramm, 110
Streifenleiter, 234
Synchronimpuls, 30
Synchronisation
    im PCM-System, 158
    im TDM-Bündel, 272

T
Teilnehmeranschlussbereich, 294
Telegrafenkode, 65
Tiefpass zur Mittelwertbildung, 135
Token Ring, 306
Tonfrequenzwahl, 270
Totalreflexion, 213
Träger, 3, 15
Trägerfrequenztechnik, 151
Trägerschwingung, 119

U
Überlagerungsprinzip, 136
Übertragungsbandbreite, 26, 27

V
Vergleichsprinzip, 164
Verluste des Lichtwellenleiters, 214
Verständlichkeit, 27
Verstärkerfeldlänge, optische, 227
Vokoderprinzip, 62

W
Walshfunktionen, 171
Wechselstrom, 103
weißes Rauschen, 33
Wellenlänge, 18
Wellenlängenmultiplex, 233
Wellenleiter, 101
Wert eines Zeichens, 9
Winkelmodulation, 122

Z
Zahlensysteme, 48
Zeichen, 8
Zeichenmenge, 8
Zeichenvorrat, 9
Zeilensprungverfahren, 82, 85
Zeilenzahlen im Fernsehsignal, 82
Zeitbereich und Frequenzbereich, 20
Zugriffsverfahren, 248
Zwischenverstärkung in optischen
    Systemen, 229
Zwischenzeilenverfahren, 85

Rund um den Globus ...

mpetenz
ür eine
munikative
Welt

... sagt man einfach Rohde & Schwarz, wenn man Kompetenz in der Messtechnik, in der Funkkommunikation oder bei Hörfunk- und Fernsehsendern meint. Denn unsere Anlagen und Geräte sind weltweit im Einsatz. Mit 5000 Mitarbeitern in 70 Ländern dürfen wir uns als Europas größten Hersteller für Messtechnik bezeichnen. Global gelten wir als einer der führenden Spezialisten für Funkkommunikation sowie für Überwachungs- und Ortungstechnik. In der DVB-T-Sendetechnik, in der Mobilfunk-Messtechnik sowie bei EMV-Zulassungs-Systemen ist Rohde & Schwarz Weltmarktführer. Im Bereich IT-Sicherheit bieten wir kryptologische Lösungen auf höchstem Sicherheitsniveau an. Unsere Maximen sind Innovation, Qualität, Zuverlässigkeit und Präzision. Darauf gründet sich unser Erfolg. Unsere Kunden auf der ganzen Welt schätzen uns daher als Partner, auf den man zählen kann. Das haben wir bei vielen erfolgreichen Projekten immer wieder unter Beweis gestellt. Rohde & Schwarz – der Kommunikation verpflichtet.

ROHDE & SCHWARZ

www.rohde-schwarz.com

- ROHDE & SCHWARZ GmbH & Co. KG ◆ Mühldorfstraße 20 ◆ 81671 München
- Telefon (01 80) 51 21 42 ◆ Fax (089) 41 29 - 137 77
- E-Mail: CustomerSupport@rohde-schwarz.com

Die umfassenden Nachschlagewerke

Wolfgang Böge (Hrsg.)
Vieweg Handbuch Elektrotechnik
Nachschlagewerk für Studium und Beruf
1998. XXXVIII, 1140 S. mit 1805 Abb., 273 Tab. Geb. DM 172,00
ISBN 3-528-04944-8

Dieses Handbuch stellt in systematischer Form alle wesentlichen Grundlagen der Elektrotechnik in der komprimierten Form eines Nachschlagewerkes zusammen. Es wurde für Studenten und Praktiker entwickelt. Für Spezialisten eines bestimmten Fachgebiets wird ein umfassender Einblick in Nachbargebiete geboten. Die didaktisch ausgezeichneten Darstellungen ermöglichen eine rasche Erarbeitung des umfangreichen Inhalts. Über 1800 Abbildungen und Tabellen, passgenau ausgewählte Formeln, Hinweise, Schaltpläne und Normen führen den Benutzer sicher durch die Elektrotechnik.

Alfred Böge (Hrsg.)
Das Techniker Handbuch
Grundlagen und Anwendungen der Maschinenbau-Technik
16., überarb. Aufl. 2000. XVI, 1720 S. mit 1800 Abb., 306 Tab. und mehr als 3800 Stichwörtern, Geb. DM 158,00
ISBN 3-528-44053-8

Das Techniker Handbuch enthält den Stoff der Grundlagen- und Anwendungsfächer im Maschinenbau. Anwendungsorientierte Problemstellungen führen in das Stoffgebiet ein, Berechnungs- und Dimensionierungsgleichungen werden hergeleitet und deren Anwendung an Beispielen gezeigt. In der jetzt 15. Auflage des bewährten Handbuches wurde der Abschnitt Werkstoffe bearbeitet. Die Stahlsorten und Werkstoffbezeichnungen wurden der aktuellen Normung angepasst. Das Gebiet der speicherprogrammierbaren Steuerungen wurde um einen Abschnitt über die IEC 1131 ergänzt. Mit diesem Handbuch lassen sich neben einzelnen Fragestellungen ganz besonders auch komplexe Aufgaben sicher bearbeiten.

Abraham-Lincoln-Straße 46
65189 Wiesbaden
Fax 0611.7878-400
www.vieweg.de

Stand 1.4.2001
Änderungen vorbehalten.
Erhältlich im Buchhandel oder im Verlag.

Weitere Titel zur Nachrichtentechnik

Fricke, Klaus
Digitaltechnik
Lehr- und Übungsbuch für
Elektrotechniker und Informatiker
Mildenberger, Otto (Hrsg.)
2., durchges. Aufl. 2001. XII, 315 S.
Br. DM 52,00
ISBN 3-528-13861-0

Ludloff, Albrecht
Praxiswissen Radar und Radarsignalverarbeitung
2., verb. Aufl. 1998. X, 495 S. Mit 153 Abb. u. 22 Tab.
Geb. DM 78,00
ISBN 3-528-16568-5

Meyer, Martin
Kommunikationstechnik
Konzepte der modernen
Nachrichtenübertragung
Mildenberger, Otto (Hrsg.)
1999. XII, 493 S. Mit 402 Abb. u. 52 Tab.
Geb. DM 78,00
ISBN 3-528-03865-9

Meyer, Martin
Signalverarbeitung
Analoge und digitale Signale,
Systeme und Filter
Mildenberger, Otto (Hrsg.)
2., durchges. Aufl. 2000. XIV, 285 S.
Mit 132 Abb. u. 26 Tab.
Br. DM 38,00
ISBN 3-528-16955-9

Mildenberger, Otto (Hrsg.)
Informationstechnik kompakt
Theoretische Grundlagen
1999. XII, 368 S. Mit 141 Abb.
u. 7 Tab. Br. DM 54,00
ISBN 3-528-03871-3

Werner, Martin
Nachrichtentechnik
Eine Einführung für alle Studiengänge
Mildenberger, Otto (Hrsg.)
2., überarb. u. erw. Aufl. 1999.
VIII, 210 S. Mit 122 Abb. u. 19 Tab.
Br. DM 28,80
ISBN 3-528-17433-1

vieweg

Abraham-Lincoln-Straße 46
65189 Wiesbaden
Fax 0611.7878-400
www.vieweg.de

Stand 1.4.2001
Änderungen vorbehalten.
Erhältlich im Buchhandel oder im Verlag.

Weitere Titel aus dem Programm

Martin Vömel, Dieter Zastrow
Aufgabensammlung Elektrotechnik 1
Gleichstrom und elektrisches Feld.
Mit strukturiertem Kernwissen,
Lösungsstrategien und -methoden
1994. X, 247 S. (Viewegs Fachbücher der Technik) Br. DM 32,00
ISBN 3-528-04932-4

Die thematisch gegliederte Aufgabensammlung stellt für jeden Aufgabenteil das erforderliche Grundwissen einschließlich der typischen Lösungsmethoden in kurzer und zusammenhängender Weise bereit. Jeder Aufgabenkomplex bietet Übungen der Schwierigkeitsgrade leicht, mittelschwer und anspruchsvoll an. Der Schwierigkeitsgrad der Aufgaben ist durch Symbole gekennzeichnet. Alle Übungsaufgaben sind ausführlich gelöst.

Martin Vömel, Dieter Zastrow
Aufgabensammlung Elektrotechnik 2
Magnetisches Feld und Wechselstrom.
Mit strukturiertem Kernwissen,
Lösungsstrategien und -methoden
1998. VIII, 258 S. mit 764 Abb. (Viewegs Fachbücher der Technik) Br. DM 32,00
ISBN 3-528-03822-5

Eine sichere Beherrschung der Grundlagen der Elektrotechnik ist ohne Bearbeitung von Übungsaufgaben nicht erreichbar. In diesem Band werden Übungsaufgaben zur Wechselstromtechnik, gestaffelt nach Schwierigkeitsgrad, gestellt und im Anschluss eines jeden Kapitels ausführlich mit Zwischenschritten gelöst. Jedem Kapitel ist ein Übersichtsblatt vorangestellt, das das erforderliche Grundwissen gerafft zusammenträgt.

Abraham-Lincoln-Straße 46
65189 Wiesbaden
Fax 0611.7878-400
www.vieweg.de

Stand 1.4.2001
Änderungen vorbehalten.
Erhältlich im Buchhandel oder im Verlag.

MIX
Papier aus verantwortungsvollen Quellen
Paper from responsible sources
FSC® C105338

If you have any concerns about our products,
you can contact us on
ProductSafety@springernature.com

In case Publisher is established outside the EU,
the EU authorized representative is:
**Springer Nature Customer Service Center GmbH
Europaplatz 3, 69115 Heidelberg, Germany**

Printed by Libri Plureos GmbH
in Hamburg, Germany